仿真科学与技术及其军事应用

总装备部科技创新人才团队专项经费资助

系 统 建 模
（第 2 版）

穆　歌　李巧丽　孟庆均
黄一斌　樊延平　董志明　编著

国防工业出版社

·北京·

内 容 简 介

系统建模是系统仿真的基础和关键步骤,决定了系统仿真的质量。本书主要介绍系统建模相关理论和数学模型的建模方法,重点放在数学模型的建模方法上,内容包括定量建模方法:理论建模(连续系统建模方法和离散事件系统建模方法)、实验建模(基于系统辨识的建模方法、基于人工神经网络的建模方法和基于灰色系统理论的建模方法);定性建模方法(基于模糊数学的建模方法、基于 Kuipers 的建模方法和基于 SDG 的定性建模方法);定性与定量相结合的建模方法(基于系统动力学的建模方法和基于层次分析法的建模方法)。

本书可供高等院校有关专业作为本科生和研究生教材或参考书,也可供科研人员和工程技术人员作为技术参考书使用。

图书在版编目(CIP)数据

系统建模/穆歌等编著. —2 版. —北京:国防工业出版社,2013.4

(仿真科学与技术及其军事应用丛书)

ISBN 978 – 7 – 118 – 08300 – 2

Ⅰ. ①系… Ⅱ. ①穆… Ⅲ. ①系统建模 Ⅳ. ①N945.12

中国版本图书馆 CIP 数据核字(2012)第 294995 号

※

国防工业出版社 出版发行

(北京市海淀区紫竹院南路 23 号 邮政编码 100048)

北京嘉恒彩色印刷责任有限公司

新华书店经售

*

开本 710×960 1/16 印张 22½ 字数 489 千字

2013 年 4 月第 2 版第 1 次印刷 印数 1—3000 册 定价 48.00 元

(本书如有印装错误,我社负责调换)

国防书店:(010)88540777 发行邮购:(010)88540776

发行传真:(010)88540755 发行业务:(010)88540717

丛书编写委员会

主 任 委 员 郭齐胜

副主任委员 徐享忠 杨瑞平

委　　　员（按姓氏音序排列）

曹晓东	曹裕华	丁　艳	邓桂龙	邓红艳
董冬梅	董志明	范　锐	郭齐胜	黄俊卿
黄玺瑛	黄一斌	贾庆忠	姜桂河	康祖云
李　雄	李　岩	李宏权	李巧丽	李永红
刘　欣	刘永红	罗小明	马亚龙	孟秀云
闵华侨	穆　歌	单家元	谭亚新	汤再江
王　勃	王　浩	王　娜	王　伟	王杏林
徐丙立	徐豪华	徐享忠	杨　娟	杨瑞平
杨学会	于永涛	张　伟	张立民	张小超
赵　倩				

总　序

　　为了满足仿真工程学科建设与人才培养的需求,郭齐胜教授策划在国防工业出版社出版了国内第一套成体系的系统仿真丛书——"系统建模与仿真及其军事应用系列丛书"。该丛书在全国得到了广泛的应用,取得了显著的社会效益,对推动系统建模与仿真技术的发展发挥了重要作用。

　　系统建模与仿真技术在与系统科学、控制科学、计算机科学、管理科学等学科的交叉、综合中孕育和发展而成为仿真科学与技术学科。针对仿真科学与技术学科知识更新快的特点,郭齐胜教授组织多家高校和科研院所的专家对"系统建模与仿真及其军事应用系列丛书"进行扩充和修订,形成了"仿真科学与技术及其军事应用丛书"。该丛书共18本,分为"理论基础—应用基础—应用技术—应用"四个层次,系统、全面地介绍了仿真科学与技术的理论、方法和应用,体系科学完整,内容新颖系统,军事特色鲜明,必将对仿真科学与技术学科的建设与发展起到积极的推动作用。

中国工程院院士

中国系统仿真学会理事长

李伯虎

2011 年 10 月

序 言

　　系统建模与仿真已成为人类认识和改造客观世界的重要方法,在关系国家实力和安全的关键领域,尤其在作战试验、模拟训练和装备论证等军事领域发挥着日益重要的作用。为了培养军队建设急需的仿真专业人才,装甲兵工程学院从 1984 年开始进行理论研究和实践探索,于 1995 年创办了国内第一个仿真工程本科专业。结合仿真工程专业创建实践,我们在国防工业出版社策划出版了"系统建模与仿真及其军事应用系列丛书"。该丛书由"基础—应用基础—应用"三个层次构成了一个完整的体系,是国内第一套成体系的系统仿真丛书,首次系统阐述了建模与仿真及其军事应用的理论、方法和技术,形成了由"仿真建模基本理论—仿真系统构建方法—仿真应用关键技术"构成的仿真专业理论体系,为仿真专业开设奠定了重要的理论基础,得到了广泛的应用,产生了良好的社会影响,丛书于 2009 年获国家级教学成果一等奖。

　　仿真科学与技术学科是以建模与仿真理论为基础,以计算机系统、物理效应设备及仿真器为工具,根据研究目标建立并运行模型,对研究对象进行认识与改造的一门综合性、交叉性学科,并在各学科各行业的实际应用中不断成长,得到了长足发展。经过 5 年多的酝酿和论证,中国系统仿真学会 2009 年建议在我国高等教育学科目录中设置"仿真科学与技术"一级学科;教育部公布的 2010 年高考招生专业中,仿真科学与技术专业成为 23 个首次设立的新专业之一。

　　最近几年,仿真技术出现了与相关技术加速融合的趋势,并行仿真、网格仿真及云仿真等先进分布仿真成为研究热点;军事模型服务与管理、指挥控制系统仿真、作战仿真试验、装备作战仿真、非对称作战仿真以及作战仿真可信性等重要议题越来越受到关注。而"系统建模与仿真及其军事应用系列丛书"中出版最早的距今已有 8 年多时间,出版最近的距今也有 5 年时间,部分内容需要更新。因此,为满足仿真科学与技术学科建设和人才培养的需求,适应仿真科学与技术快速发展的形势,反映仿真科学与技术的最新研究进展,我们组织国内 8 家高校和科研院所的专家,按照"继承和发扬原有特色和优点,转化和集成科研学术成果,规范和统一编写体例"的原则,采用"理论基础—应用基础—应用技术—应用"的编写体系,保留了原"系列丛书"中除《装备效能评估概论》外的其余9本,对内容进行全面修订并修改了5本书的书名,另增加了10本新书,形成"仿真科学与技术及其军事应用丛书",该丛书体系结构如下图所示(图中粗体表示新增加的图书,括号中为修改前原丛书中的书名):

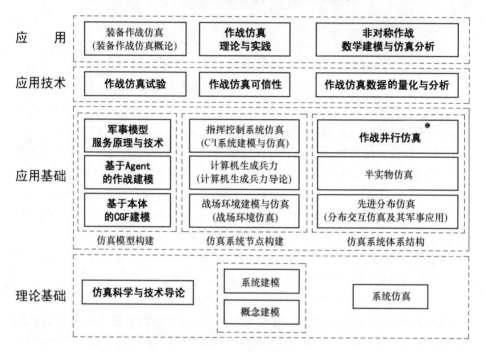

中国工程院院士、中国系统仿真学会理事长李伯虎教授在百忙之中为本丛书作序。丛书的出版还得到了中国系统仿真学会副秘书长、中国自动化学会系统仿真专业委员会副主任委员、《计算机仿真》杂志社社长兼主编吴连伟教授,空军指挥学院作战模拟中心毕长剑教授,装甲兵工程学院训练部副部长王树礼教授、装备指挥与管理系副主任王洪炜副教授和国防工业出版社相关领导的关心、支持和帮助,在此一并表示衷心的感谢!

仿真科学与技术涉及多学科知识,而且发展非常迅速,加之作者理论基础与专业知识有限,丛书中疏漏之处在所难免,敬请广大读者批评指正。

郭齐胜

2012 年 3 月

总 序

仿真技术具有安全性、经济性和可重复性等特点,已成为继理论研究、科学实验之后第三种科学研究的有力手段。仿真科学是在现代科学技术发展的基础上形成的交叉科学。目前,国内出版的仿真技术方面的著作较多,但系统的仿真科学与技术丛书还很少。郭齐胜教授主编的"系统建模与仿真及其军事应用系列丛书"在这方面作了有益的尝试。

该丛书分为基础、应用基础和应用三个层次,由《概念建模》、《系统建模》、《半实物仿真》、《系统仿真》、《战场环境仿真》、《C^{3}I 系统建模与仿真》、《计算机生成兵力导论》、《分布交互仿真及其军事应用》、《装备效能评估概论》、《装备作战仿真概论》10 部组成,系统、全面地介绍了系统建模与仿真的理论、方法和应用,既有作者多年来的教学和科研成果,又反映了仿真科学与技术的前沿动态,体系完整,内容丰富,综合性强,注重实际应用。该丛书出版前已在装甲兵工程学院等高校的本科生和研究生中应用过多轮,适合作为仿真科学与技术方面的教材,也可作为广大科技和工程技术人员的参考书。

相信该丛书的出版会对仿真科学与技术学科的发展起到积极的推动作用。

中国工程院院士

2005年3月27日

序 言

仿真科学与技术具有广阔的应用前景,正在向一级学科方向发展。仿真科技人才的需求也在日益增大。目前很多高校招收仿真方向的硕士和博士研究生,军队院校中还设立了仿真工程本科专业。仿真学科的发展和仿真专业人才的培养都在呼唤成体系的仿真技术丛书的出版。目前,仿真方面的图书较多,但成体系的丛书极少。因此,我们编写了"系统建模与仿真及其军事应用系列丛书",旨在满足有关专业本科生和研究生的教学需要,同时也可供仿真科学与技术工作者和有关工程技术人员参考。

本丛书是作者在装甲兵工程学院及北京理工大学多年教学和科研的基础上,系统总结而写成的,绝大部分初稿已在装甲兵工程学院和北京理工大学相关专业本科生和研究生中试用过。作者注重丛书的系统性,在保持每本书相对独立的前提下,尽可能地减少不同书中内容的重复。

本丛书部分得到了总装备部"1153"人才工程和军队"2110 工程"重点建设学科专业领域经费的资助。中国工程院院士、中国系统仿真学会副理事长、《系统仿真学报》编委会副主任、总装备部仿真技术专业组特邀专家、哈尔滨工业大学王子才教授在百忙之中为本丛书作序。丛书的编写和出版得到了中国系统仿真学会副秘书长、中国自动化学会系统仿真专业委员会副主任委员、《计算机仿真》杂志社社长兼主编吴连伟教授,以及装甲兵工程学院训练部副部长王树礼教授、学科学位处处长谢刚副教授、招生培养处处长钟孟春副教授、装备指挥与管理系主任王凯教授、政委范九廷大校和国防工业出版社的关心、支持和帮助。作者借鉴或直接引用了有关专家的论文和著作。在此一并表示衷心的感谢!

由于水平和时间所限,不妥之处在所难免,欢迎批评指正。

郭齐胜

2005 年 10 月

前 言

　　系统建模是系统仿真的基础,建模方法发展较快。本书是在《系统建模》(郭齐胜,等.北京:国防工业出版社,2007 年出版)的基础上进行修订的,重点放在数学建模上,删去了原书中概念建模、变分原理建模、随机变量模型建模和随机数性能检验。本书按照定量建模(理论建模和实验建模)、定性建模和定性定量结合建模的体系编写。全书共分 10 章,结构如下图所示。

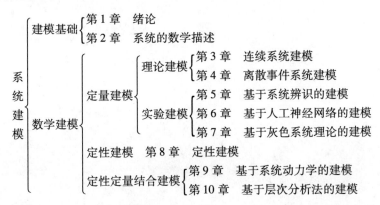

　　本书由郭齐胜设计框架和统稿,穆歌、李巧丽、孟庆均、黄一斌、樊延平和董志明共同修订。编写过程中参考或直接引用了国内外有关文献,在此一并表示感谢。

　　因水平所限,不妥之处在所难免,敬请广大读者批评指正。

郭齐胜

2012 年 3 月

目 录

第1章　绪论 001

1.1　系统与模型 001
　　1.1.1　系统 001
　　1.1.2　模型 007
　　1.1.3　模型与系统的关系 007
1.2　概念模型 008
　　1.2.1　概念模型的定义 008
　　1.2.2　概念模型的分类 008
1.3　数学模型 011
　　1.3.1　数学模型的定义 011
　　1.3.2　数学模型的分类 011
1.4　数学建模方法学 017
　　1.4.1　建模过程的信息源 017
　　1.4.2　建模的主要方法 018
　　1.4.3　模型的可信度 019
　　1.4.4　建模的一般原则 021
　　1.4.5　建模的一般过程 022
　　1.4.6　模型文档 024
1.5　复杂系统建模基础 026
　　1.5.1　基本概念 026
　　1.5.2　复杂性问题 027
　　1.5.3　复杂系统建模的困难 029
　　1.5.4　复杂系统建模的研究重点 030
　　1.5.5　复杂系统建模的主要方法 030
　　1.5.6　系统模型的简化 031

第2章　系统的数学描述　033

2.1　引言 …………………………………………………………… 033

2.2　系统的抽象化与形式化描述 ………………………………… 033

   2.2.1　系统的形式化描述 …………………………………… 034

   2.2.2　系统模型的几种描述水平 …………………………… 036

   2.2.3　特定的系统模型 ……………………………………… 038

   2.2.4　系统研究中的基本假定 ……………………………… 041

2.3　确定型数学模型 ……………………………………………… 042

   2.3.1　连续时间模型 ………………………………………… 042

   2.3.2　离散时间模型 ………………………………………… 049

2.4　随机型数学模型 ……………………………………………… 052

   2.4.1　随机噪声及其数学模型 ……………………………… 052

   2.4.2　系统随机型数学模型 ………………………………… 056

2.5　等价模型及模型的规范型 …………………………………… 058

第3章　连续系统建模　061

3.1　引言 …………………………………………………………… 061

3.2　微分方程的机理建模 ………………………………………… 062

   3.2.1　建模步骤 ……………………………………………… 062

   3.2.2　建模示例 ……………………………………………… 063

   3.2.3　非线性系统模型的线性化 …………………………… 070

3.3　状态空间模型的建模 ………………………………………… 077

   3.3.1　根据物理学定律直接建立状态空间模型 …………… 077

   3.3.2　由微分方程建立状态空间模型 ……………………… 081

   3.3.3　由传递函数建立状态空间模型 ……………………… 087

   3.3.4　状态方程的标准化 …………………………………… 093

第4章　离散事件系统建模　095

4.1　引言 …………………………………………………………… 095

   4.1.1　离散事件系统建模术语 ……………………………… 095

   4.1.2　离散事件系统建模结构 ……………………………… 097

4.2 随机数的产生 ·· 099
    4.2.1 均匀分布随机数的产生 ··············· 099
    4.2.2 非均匀分布随机数的产生 ············· 101
    4.2.3 随机数性能检验 ····························· 104
4.3 基于实体流图的建模 ·· 105
    4.3.1 实体流图 ······································· 105
    4.3.2 模型的人工运行 ····························· 109
4.4 基于活动周期图的建模 ··· 110
    4.4.1 活动周期图 ··································· 110
    4.4.2 实体流图与活动周期图的比较 ······· 115
4.5 基于 Petri 网的建模 ·· 117
    4.5.1 Petri 网的基本概念 ······················· 117
    4.5.2 Petri 网的行为特性及其分析方法 ···· 128
    4.5.3 高级 Petri 网 ······························· 136

第5章 基于系统辨识的建模   146

5.1 系统辨识概述 ·· 146
    5.1.1 系统辨识的定义 ····························· 146
    5.1.2 系统辨识的有关概念 ······················· 147
    5.1.3 系统辨识的基本过程 ······················· 148
    5.1.4 系统辨识方法 ································· 149
5.2 模型参数的辨识 ··· 150
    5.2.1 最小二乘法 ··································· 150
    5.2.2 广义最小二乘法 ····························· 160
5.3 模型阶次的辨识 ··· 166
    5.3.1 Hankel 矩阵法 ······························· 166
    5.3.2 行列式比(或积矩矩阵)法 ··············· 168
    5.3.3 残差平方和法 ································· 170
    5.3.4 信息准则法 ··································· 170
    5.3.5 最终预报误差准则法 ······················· 172
    5.3.6 小结 ··· 174
5.4 闭环系统辨识 ·· 174

第6章 基于人工神经网络的建模   175

6.1 人工神经网络简介 ··· 175

  6.1.1 人工神经元模型 ·· 175

  6.1.2 人工神经网络的分类 ······································ 178

  6.1.3 人工神经网络的工作过程 ································ 179

  6.1.4 人工神经网络的学习方式 ································ 179

  6.1.5 人工神经网络的学习规则 ································ 180

  6.1.6 人工神经网络的几何意义 ································ 183

  6.1.7 人工神经网络建模的特点 ································ 184

6.2 BP 网络 ··· 184

  6.2.1 BP 网络结构 ··· 184

  6.2.2 BP 学习算法 ··· 184

  6.2.3 BP 算法的计算步骤 ······································· 188

  6.2.4 BP 算法示例 ··· 189

  6.2.5 BP 算法的不足及其改进 ································ 191

  6.2.6 BP 网络工程应用中的若干问题 ····················· 193

6.3 反馈式神经网络 ··· 197

  6.3.1 连续型 Hopfield 网络 ···································· 198

  6.3.2 离散型 Hopfield 网络 ···································· 205

6.4 人工神经网络应用示例 ··· 209

  6.4.1 人工神经网络用于 CGF 智能行为建模 ············ 209

  6.4.2 人工神经网络用于规则搜索 ··························· 213

  6.4.3 人工神经网络用于火力分配 ··························· 216

  6.4.4 人工神经网络用于系统辨识 ··························· 217

第7章 基于灰色系统理论的建模   220

7.1 引言 ·· 220

  7.1.1 灰色系统的概念与基本原理 ··························· 220

  7.1.2 几种不确定性方法的比较 ······························ 222

  7.1.3 灰色系统理论在横断学科群中的地位 ·············· 223

  7.1.4 灰色系统建模基础 ··· 223

7.2　GM(1,1) 模型 ………………………………………… 232

　　7.2.1　灰色微分方程 …………………………………… 232

　　7.2.2　GM(1,1)模型的建立 ……………………………… 233

　　7.2.3　模型精度的检验 ………………………………… 235

　　7.2.4　GM(1,1)模型群 ………………………………… 239

　　7.2.5　GM(1,1)模型的适应范围 ………………………… 241

7.3　GM(1,1)的修正模型 …………………………………… 242

　　7.3.1　残差 GM(1,1)模型 ……………………………… 242

　　7.3.2　残差均值修正 GM(1,1)模型 ……………………… 245

　　7.3.3　尾部数列 GM(1,1)修正模型 ……………………… 247

7.4　直接灰色模型 DGM(1,1) ……………………………… 248

　　7.4.1　模型描述 ………………………………………… 248

　　7.4.2　模型应用 ………………………………………… 250

7.5　其他灰色模型 …………………………………………… 251

　　7.5.1　GM(1,N) ………………………………………… 251

　　7.5.2　GM(0,N) ………………………………………… 253

　　7.5.3　GM(2,1) ………………………………………… 256

第8章　定性建模　　　　　　　　　　　　　　　　　　261

8.1　引言 ……………………………………………………… 261

8.2　模糊建模 ………………………………………………… 261

　　8.2.1　模糊集合与隶属度函数 …………………………… 261

　　8.2.2　隶属度函数的表示形式 …………………………… 262

　　8.2.3　基本运算规则 …………………………………… 265

　　8.2.4　模糊矩阵 R ……………………………………… 265

　　8.2.5　模糊矩阵的运算 ………………………………… 266

　　8.2.6　模糊推理 ………………………………………… 267

　　8.2.7　模糊建模实例 …………………………………… 274

8.3　Kuipers 定性建模 ……………………………………… 280

　　8.3.1　可推理函数 ……………………………………… 280

　　8.3.2　约束的定义 ……………………………………… 281

　　8.3.3　定性微分方程 …………………………………… 282

8.3.4 建模示例 …………………………………………………… 282

8.4 基于 SDG 的定性建模 ……………………………………………… 283

8.4.1 引言 ……………………………………………………… 283

8.4.2 SDG 描述 ………………………………………………… 284

8.4.3 SDG 建模方法 …………………………………………… 286

8.4.4 SDG 的推理机制 ………………………………………… 287

8.4.5 SDG 方法的优缺点 ……………………………………… 287

8.4.6 SDG 方法应用 …………………………………………… 288

第 9 章 基于系统动力学的建模 293

9.1 引言 ………………………………………………………………… 293

9.2 系统动力学建模基础 ……………………………………………… 293

9.2.1 系统的因果关系 ………………………………………… 294

9.2.2 系统动力学模型的构造 ………………………………… 296

9.2.3 系统流图的基本构成 …………………………………… 298

9.2.4 系统流图设计中的几个问题 …………………………… 299

9.3 系统动力学建模方法 ……………………………………………… 300

9.3.1 系统动力学建模的主要环节 …………………………… 300

9.3.2 系统动力学建模步骤 …………………………………… 303

9.4 系统动力学建模实例 ……………………………………………… 304

9.4.1 系统定义 ………………………………………………… 304

9.4.2 因果关系图 ……………………………………………… 304

9.4.3 系统流图 ………………………………………………… 305

9.5 系统动力学建模总结 ……………………………………………… 307

9.5.1 系统动力学建模方法的优势 …………………………… 307

9.5.2 系统动力学建模方法的不足 …………………………… 307

第 10 章 基于层次分析法的建模 308

10.1 引言 ……………………………………………………………… 308

10.2 基于基本层次分析法的建模 …………………………………… 309

10.2.1 层次分析法的步骤 …………………………………… 309

10.2.2 递阶层次结构的建立 ………………………………… 309

　　　10.2.3　构造两两比较的判断矩阵 ·················· 310
　　　10.2.4　单一准则下元素相对排序权重计算 ·················· 311
　　　10.2.5　判断矩阵的一致性检验 ·················· 313
　　　10.2.6　计算各层元素对目标层的总排序权重 ·················· 314
　10.3　基于群组层次分析法的建模 ·················· 316
　　　10.3.1　引言 ·················· 316
　　　10.3.2　群组决策综合方法 ·················· 317
　10.4　基于灰色层次分析法的建模 ·················· 318
　　　10.4.1　步骤 ·················· 318
　　　10.4.2　示例 ·················· 322
　10.5　基于模糊层次分析法的建模 ·················· 330
　　　10.5.1　引言 ·················· 330
　　　10.5.2　方法描述 ·················· 331
　　　10.5.3　应用 ·················· 332

参考文献　　　　　　　　　　　　　　　　　335

第 **1** 章

绪　论

1.1　系统与模型

1.1.1　系统

1.1.1.1　系统的定义

"系统"是一个内涵十分丰富的概念,是关于"系统"研究的各个学科所共同使用的一个基本概念,是系统科学和系统论研究的一个重要内容。

G. 戈登(G. Gordon)在《系统仿真》一书中写道:"系统这个术语在各个领域用得很广,很难给它下定义。一方面要使该定义足以概括它的各种作用;另一方面又要能简明地将定义应用于实际。"正因为很难用简明扼要的文字准确地对"系统"一词加以定义,故在国内外学术界出现了从不同角度对系统进行的种种不同定义。

这里给出一种普遍能接受的定义:系统是由互相联系、互相制约、互相依存的若干组成部分(要素)结合在一起形成的具有特定功能和运动规律的有机整体。

应当指出,这里的系统是广义的,大至无垠的宇宙世界,小至原子、分子,我们都可以称为系统。

图 1-1 所示为一个电炉温度调节系统。在该系统中,给定温度值与温度计所测量到的实际温度进行比较,得到温度的偏差,该偏差信号被送到调节器中控制电炉的电压,从而实现控制电炉温度的目的。

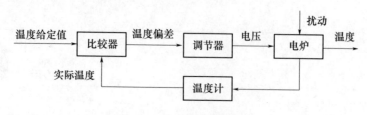

图 1-1　电炉温度调节系统

图 1-2 所示为商品销售系统。在这个系统中,各部门之间既互相独立,又互相联系,经理部负责各个部门之间的协调,并做出最终决策,以期使整个系统获得最大效益。

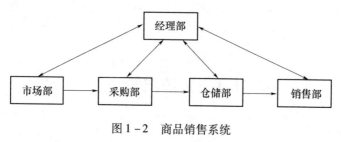

图 1-2　商品销售系统

上述两个系统的物理性质、功能和构成截然不同,然而它们却具有以下共性。

1. 系统是实体的集合

所谓实体是指组成系统的具体对象。例如,电炉调节系统中的比较器、调节器、电炉、温度计,商品销售系统中的经理、部门、商品、货币、仓库等都是实体。系统中的各个实体既具有一定的相对独立性,又相互联系构成一个整体,即系统。

2. 组成系统的实体具有一定的属性

所谓属性是指实体所具有的全部有效特性(如状态、参数等)。在电炉温度调节系统中,温度、温度偏差、电压等都是属性,商品销售系统中部门的属性有人员的数量、职能范围,商品的属性有生产日期、进货价格、销售日期、售价等。

3. 系统处在活动之中

所谓活动是指实体随时间推移而发生的属性变化。例如,电炉温度调节系统中的主要活动是控制电压的变化,而商品销售系统中的主要活动有库存商品数量的变化、零售商品价格的增长等。

各种系统,不论是简单的还是复杂的,总是由一些实体组成的,而每一实体又有其属性,整个系统有其主要活动。因此,实体、属性和活动构成了系统的三大要素。

　　系统是在不断地运动、发展、变化的。由于组成系统的实体之间的相互作用而引起的属性的变化,使得在不同时刻,系统中实体与属性都可能会发生变化,这种变化通常用状态的概念来描述。在任意时刻,系统中实体、属性及活动的信息总和称为系统在该时刻的状态,用于表示系统状态的变量称为状态变量。

　　系统并不是孤立存在的。自然界中的一切事物都存在着相互联系和相互影响。任何一个系统都将经常受到系统之外因素变化的影响,这种对系统的活动结果产生影响的外界因素称为系统的环境。对一个系统进行分析时,必须考虑系统所处的环境,而首要的便是划分系统与其所处的环境之间的界线,即系统的边界。系统的边界包含系统中的所有实体。

　　系统边界的划分在很大程度上取决于系统研究的目的。例如,在商品销售系统中,如果仅考虑商品库存量的变化情况,那么系统只需包含采购部门、仓库和销售部门即可。但如果要研究商品进货与销售的关系时,系统中还应包括市场调查部门,因为商品销售状况及对进货的影响这部分职能是由该部门完成的。

　　根据研究对象与目的的不同,系统可大可小,而且系统本身也可以由一系列相互作用的子系统构成,子系统又可以由更低一级的子系统构成,并且系统和它的部分环境又构成一个更大的系统,这就是所谓的系统等级结构。

　　系统研究包括系统分析、系统综合和系统预测的三个方面。研究系统,首先需要明确研究目的进而描述清楚所研究系统的三要素(实体、属性和活动)及环境。也只有在对实体、属性、活动和环境作了明确描述之后,系统才是确定的。

　　关于系统的描述将在"2.2 系统的抽象化和形式化描述"中还要作进一步的讨论。

1.1.1.2　系统的分类

　　系统的分类方法很多,按照不同的分类方法可以得到各种不同类型的系统。根据本课程的需要,这里只列出如下几种分类方法。

1. 按系统的特性分类

按系统的特性,可分为工程系统和非工程系统。

　　(1) 所谓工程系统是指人们为了满足某种需要或实现某个预定的功能,采用某种手段构造而成的系统,如机械系统、电气系统、化工系统、武器系统等。工程系统有时也称为物理系统。

　　(2) 所谓非工程系统是指由自然和社会在发展过程中形成的,被人们在长期的生产劳动和社会实践中逐步认识的系统,例如社会系统、经济系统、管理系统、交通系统、生物系统等,非工程系统有时也称为非物理系统。

2. 按系统中起主要作用的状态随时间的变化分类

按系统中起主要作用的状态随时间的变化,可分为连续系统和离散事件系统。

(1)状态随时间连续变化的系统称作连续系统。

(2)状态的变化在离散的时间点上发生,且往往又是随机的,这类系统称为离散事件系统。

3. 按对系统内部特性的了解程度分类

按对系统内部特性的了解程度,可分为白色系统、黑色系统和灰色系统。

(1)内部特性全部已知的系统称为白色系统。

(2)内部特性全部未知的系统称为黑色系统。

(3)内部特性部分已知,部分未知的系统称为灰色系统。

4. 按系统的物理结构和数学性质分类

按系统的物理结构和数学性质,可分为线性系统和非线性系统、定常系统、时变系统、集中参数系统、分布参数系统、单输入单输出系统和多输入多输出系统等。

5. 按系统内子系统的关联关系分类

根据系统的本质属性,从系统内子系统的关联关系角度分为简单系统与复杂系统。

简单系统是指组成系统数量较少,因而它们之间的关系也比较简单,或者尽管子系统数量多或巨大,但它们之间关联关系比较简单,则称为简单系统。按照子系统的数量级,简单系统还可分为小系统(子系统数量为几个、十几个)、大系统(子系统数量为几十个、上百个),以及简单巨系统(子系统数量成千上万、上百亿、万亿)。对于某些非生命系统,例如,一台测量仪器可视为一个小系统,这个类系统用传统的数学、物理学、化学可以很好地描述;一个仅考虑产品生产的普通工厂可视为一个大系统,可以用控制论、信息论和运筹学的部分内容加以研究。总之研究这些简单系统可以将各子系统之间的相互作用直接综合为整体系统的功能。简单巨系统的子系统数量巨大,但子系统差别较少,因而反映出此类系统的子系统种类少,关联关系比较简单。例如,激光系统就是简单巨系统,中国的围棋也可视为简单巨系统。这类系统无法用研究简单小系统和大系统的方法解决,连巨型计算机也不够使用。对于这样的系统,由于子系统往往具有共同待点,因此可把亿万个分子组成的巨系统的功能略去细节,而用19世纪后半叶发展起来的统计力学进行概括处理。处理这种系统的理论近20年来发展很快,如耗散结构理论和协同学。

另一类系统称为复杂系统。它们最主要的特征是系统具有众多的状态变量,反馈结构复杂,输入与输出呈现非线性特征,或将上述特点简单称为高阶次、多回路、非线性。如果复杂系统中的子系统数量极大,种类又很多,它们之间的关联关系又很复杂,就称为复杂巨系统,尽管这类系统有客观的确定规律,但子系统的差别造成了规律的多样化。目前,研究复杂巨系统还处于探索阶段,方法还很不成熟。例如,人体系统、地理系统、星系系统都是复杂巨系统。这些系统在结构、功能、行为、演化等方面,十分复杂,至今仍有大量问题还不了解。

6. 按子系统的数量分类

从子系统的数量划分,又可划分为小系统、大系统、巨系统。巨系统又可划分为简单巨系统与复杂巨系统。无论是自然界、人自身以及人类社会,都广泛存在着复杂巨系统。

对于复杂巨系统,如果它与外界有能量、信息与物质的交换,则称为开放的复杂巨系统。

不包括人的意识及其活动在内的系统,称为自然系统。包括人的因素的系统,称为社会系统;社会系统显然是复杂系统。钱学森教授认为,社会系统(如经济、政治、军事、科学技术、人口系统等)可称为开放的复杂巨系统。这一类系统的复杂性不仅是子系统种类多,各有其定性模型,而且子系统间及与外界存在着各种方式的信息交流和积累;子系统的结构也在随着系统的进展不断变化。社会系统的基本单元——人本身就是一个复杂巨系统,人是有意识,有主观能动性的。人的行为是决定社会系统行为的非常重要的基础。这就使得社会系统中不同行为的人或者子系统之间的关系异常复杂。因此社会系统的规律往往复杂、多变,难以把握。

1.1.1.3 系统的特性

正如前面所述,系统单从表象来看,呈现出千姿百态,不胜枚举,但就其本质原理和相关性质而言,仍然存在一些基本的共有特性。如整体性、层次性、目的性、相关性和适应性这五个特性,也有专家学者在前三个特性基础上提出了更多的特性,如开放性、突变性、稳定性、自组织性和相似性。本文重点介绍一般系统的五个特性。

1. 整体性

系统整体性说明,具有独立功能的系统要素及要素间的相互关系是根据逻辑统一性的要求,协调存在于系统整体之中。就是说,任何一个要素不能离开整体去研究,要素之间的联系和作用也不能脱离整体去考虑。系统不是各个要素的简单集合,否则它就不会具有作为整体的特定功能。脱离了整体性,要素的机能和要素之间的作用便失去了原有的意义,研究任何事物的单独部分不能得出有关整体性的结论。系统的构成要素和要素的机能、要素间的相互联系要服从系统整体的功能和目的,在整体功能的基础上展开各要素及其相互之间的活动,这种活动的总和形成了系统整体的有机行为。在一个系统整体中,即使每个要素并不都很完善,但它们也可以协调、综合成为具有良好功能的系统。相反,即使每个要素都是良好的,但作为整体却不具备某种良好的功能,也就不能称为完善的系统。

2. 层次性

系统作为一个相互作用的诸要素的总体来看,它可以分解为一系列的子系统,并存在一定的层次结构。这是系统结构的一种形式,在系统层次结构中表述了在不同层次子系统之间的从属关系或相互作用的关系。在不同的层次结构中存在着不同的运动形式,构成了系统的整体运动特性,为深入研究复杂系统的结构、功能和有效地进行控制与调节提供了条件。

3. 目的性

通常系统都具有某种目的,为达到既定的目的,系统都具有一定的功能,而这正是区别这一系统和那一系统的标志。系统的目的一般用更具体的目标来体现,比较复杂的社会经济系统都具有不止一个目标,因此,需要用一个指标体系来描述系统的目标。例如,衡量一个工业企业的经营业绩,不仅要考核它的产量、产值指标,而且要考核它的成本、利润和质量指标。在指标体系中各个指标之间有时是相互矛盾的,为此,要从整体出发,力求获得全局最优的经营效果,这就要求在矛盾的目标之间做好协调工作,寻求平衡或折衷方案。

4. 相关性

组成系统的要素是相互联系、相互作用的,相关性说明这些联系之间的特定关系和演变规律。例如,城市是一个大系统,它由资源系统、市政系统、文化教育系统、医疗卫生系统、商业系统、工业系统、交通运输系统、邮电通信系统等相互联系的部分组成,通过系统内各子系统相互协调的运转去完成城市生活和发展的特定目标。各子系统之间具有密切的关系,相互影响、相互制约、相互作用,牵一发而动全身。要求系统内的各个子系统根据整体目标,尽量避免系统的"内耗",提高系统整体运行的效果。

5. 适应性

任何一个系统都存在于一定的物质环境之中,因此,它必然要与外界产生物质、能量和信息交换,外界环境的变化必然会引起系统内部各要素的变化。

不能适应环境变化的系统是没有生命力的,只有能够经常与外界环境保持最优适应状态的系统,才是具有不断发展势头的理想系统。例如,一个企业必须经常了解市场动态、同类企业的经营动向、有关行业的发展动态和国内外市场的需求等环境的变化,在此基础上研究企业的经营策略,调整企业的内部结构,以适应环境的变化。

1.1.2 模型

为了对系统进行研究,需要对其进行试验。试验有两种方案,一种是直接在真实系统上进行;另一种则是按真实系统的"样子"构造一个模型,在模型上进行。通常由于下列原因而不能采用在真实系统上做试验的方案。

1. 系统不存在

例如,系统还处于设计阶段,还没有真正建立起来,因此不可能在真实系统上进行试验。

2. 在真实系统上做试验不安全,不经济

例如,火箭发动机及控制系统,如果直接在真实系统上进行试验,可能会造成无法挽回的严重后果;尤其是在经济活动中,一个新的经济政策出台后往往需要经过一定的时间才能确定其影响,而经过这段时间后,即使发现该政策是错误的,它所造成的损失已是无法挽回的了。因此,在模型上做试验成为对系统进行分析、研究的十分有效的手段。

模型(Model)是一个系统的物理的、数学的或其他方式的逻辑表述,它以某种确定的形式(如文字、符号、图表、实物、数学公式等)提供关于系统的知识。

在较复杂的情况下,对于由许多实体组成的系统来说,由于其研究目的不同,对同一个系统可以产生相应于不同层次的多种模型,这就是模型的多面性,该特性表明,根据系统研究的需要,可对模型进行粗化(简化),或精化(细化),也可对模型进行分解或组合。

模型一般可分为概念模型、物理模型和数学模型。物理模型又称为实物模型,它是根据一定的规则(如相似原理)对系统简化或比例缩放而得到的复制品,因此,其外观与实际系统极为相似,描述的逼真感较强,例如,风洞试验的飞行器外形和船体外形。物理模型常用于水利工程、土木工程、船舶工程、飞机制造等方面。本书仅介绍概念模型和数学模型。

1.1.3 模型与系统的关系

模型是用来研究相应系统的工具,它是对系统的某个或某些侧面的属性的描述、模仿和抽象,因此模型一般不是系统对象本身。但它反映了系统某些本质特性的主要因素的构成,集中体现出这些主要因素之间的关系。

对同一个系统,如果研究目的不同,所建立模型就会存在很大差别。因此模型的确定,很大程度上是由研究目的决定的。当然影响模型的因素还有很多,如技术手段、成本费用等。

由此可知,通过模型得到的结果与系统运行的结果势必存在差异,但这不妨碍模型的价值和研究意义。在人类认识和改造客观世界的三大研究方法(实验法、抽象法和模型法)中,模型法既避免了实验法的局限性,又避免了抽象法的过于概念化,成为了当前最常用的研究方法。

1.2 概 念 模 型

1.2.1 概念模型的定义

所谓概念模型就是为了某一目的,对真实世界及其活动进行的概念抽象与描述,是运用语言、符号和框图等形式,对从所研究的问题抽象出的概念进行有机的组合。也就是对真实世界(人、物、事等)进行人为处理,抽取它们的本质特征如结构特征、功能特征、行为特征等,把这些特征用各种概念,采取一定的形式精确地描述出来,并根据它们之间的相互关系,进行有机组合来共同说明所研究的问题。这些有机组合的概念就组成了某种概念模型。

不同的领域对应不同的概念模型,如分析军事行动问题,就是军事行动概念模型;分析企业活动,就对应企业活动概念模型;分析整个系统则是系统概念模型。概念模型是独立于系统执行的,概念模型只用于抽象和常规设计,它只是系统信息定义的规范描述,而不用于具体和专门的执行设计。

1.2.2 概念模型的分类

按不同的标准,概念模型可分为不同的类型。这里介绍三类分类标准和分类方法。

1. 基于概念描述内容的概念模型

从概念模型描述的内容来看,概念模型可分为面向领域的概念模型和面向设计的概念模型两大类。

(1)面向领域的概念模型。它是把真实世界划分成相应的领域,再对每个领域进行概念建模,如军事领域就对应着军事概念模型。即使在军事领域内，也存在着一些小的领域，如陆军领域，就有机动概念模型、射击概念模型等。

（2）面向设计的概念模型。它是在领域概念的基础上，进一步进行相应的概念设计，如数据库设计概念模型、系统结构设计概念模型等。

2. 基于用途的概念模型

按概念模型的用途，概念模型可分为两类，如图1-3所示。

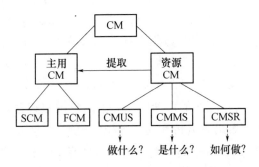

图1-3　仿真过程中常见的基于用途的概念模型

（1）资源概念模型。顾名思义，资源概念模型主要用作一种资源，作为进一步开发的支撑，不要求概念模型有其他的特殊功能，不要求有特别强的可执行性。如用户空间概念模型（Conceptual Model of the User Space，CMUS）、CMMS、合成描述概念模型（Conceptual Model of the Synthetic Representations，CMSR）等就是几种资源概念模型。

（2）主用概念模型。主要是在系统开发过程中，根据需求和资源概念模型而进一步开发出的概念模型就是主用概念模型，它可直接开发为实用的其他模型，如仿真模型等。如仿真概念模型（Simulation Conceptual Model，SCM）和联邦概念模型（Federation Conceptual Model，FCM）就是主用概念模型。

3. 基于知识获取与描述方法的概念模型

从知识工程角度来看，对所研究的问题进行概念分析本质上就是一种知识获取和知识描述过程。因而从这种角度来讲，它又可分为基于表示的概念模型、基于方法的概念模型和基于任务的概念模型等三种，这三种是与知识库紧密相联的。

（1）基于表示的概念模型。这种概念模型直接反映与推理机关联的符号级表示，是设计符号级表示语言和推理机制的基础，传统的知识库（KB）系统及开发工具的概念模型均属于这种类型。

基于表示的概念模型的主要弱点在于完全面向符号级建模分析，忽略了人的认识行为处于知识级这一特点。所以,在使用这些工具建模(建立知识库)时,知识级分析完全是用户(知识工程师)的事情,而且用户必须清醒地认识到他做的知识级分析结果能手工地转变为符合概念模型指定的符号级表示形式。若用户不能充分理解工具隐含的概念模型,就会发生知识级分析的结果与符号级实现的严重失配。此外,知识级分析的一个重要方面是决定问题求解的方法,但这些工具不提供任何支持手段,严重影响了 KB 系统的开发。

(2)基于方法的概念模型。这种概念模型面向知识级建模分析,提供预先定义的方法,使用户建模的注意力集中在获取实现方法所需领域的特有知识,而不是规则和框架等符号级表示结构。这种概念模型提供一组基本术语去描述在特别应用领域中实现方法的有关知识。例如,克拉希(Clancey)提出启发式的分类方法,基于这种方法的概念模型要求用户按照解答集、数据抽象、启发式匹配和解答精化等术语去分析和建立知识级模型。其中,解答集包括可枚举的所有可能的解答(例如传染病诊断中的各种病菌)。数据抽象将关于原始症状的信息抽象为高级的定性概念,启发式匹配要求提供定性概念和解答范畴之间的关联知识,再经精化处理,对应到解答集中的某个解答。

基于方法的概念模型的主要缺点是应用领域与概念模型的失配问题。用户必须认识到由概念模型预先确定的问题求解方法适合于手头的问题,并有能力正确而一致地使用概念模型提供的基本术语;否则,不足以开发好的问题求解模型。

(3)基于任务的概念模型。这种概念模型不是面向通用的问题求解方法,而只面向特别种类的任务;直接刻画任务结构而非执行任务的方法,因而可避免因用户不能正确理解问题求解方法而产生的问题。此外,许多任务综合应用多种通用的问题求解方法(弱法),因而直接刻画任务结构更为合适。

按基于特种任务的概念模型来建立问题求解模型的主要缺点在于,手头要解决的问题适合于概念模型。由于概念模型几乎完全确定了问题求解的控制流程,用户只能填充细节内容,而不能改变流程的结构化组织,所以,这种建模方式只适合于很受限制的范围。当然,若实际问题刚好适合于这种概念模型,则用户无需自行设计控制流程的结构化组织,只要直接填入内容知识(模型的细节)即可。这时,领域专家只需稍加训练,就能自行设计问题求解的过程模型——在包含概念模型的知识获取工具的指导下填入内容知识,而免除知识工程师的介入。这种方式可显著提高知识获取的自动化程度(不需知识工程师介入),是知识获取研究追求的目标。

1.3 数 学 模 型

1.3.1 数学模型的定义

一般说来,数学模型可以描述如下:对于现实世界的一个特定对象,为了一个特定目的,根据对象特有的内在规律,做出一些必要的简化假设,运用适当的数学工具,得到的一个数学结构,通过对系统数学模型的研究可以揭示系统的内在运动和系统的动态特性。

1.3.2 数学模型的分类

数学模型的类型一方面与所讨论的系统的特性有关,一般说来,系统有线性模型与非线性模型,静态模型与动态模型,确定性模型与随机性模型,微观模型与宏观模型,定常(时不变)模型与非定常(时变)模型,集中参数模型与分布参数模型之分,故描述系统特性的数学模型必然也有这几种类型的区别;另一方面与研究系统的方法有关,此时有连续模型与离散模型,时域模型与频域模型,输入/输出模型与状态空间模型之别,这些模型可用图1-4表示,对应的表达方程式(表达形式或特征)如表1-1所列。

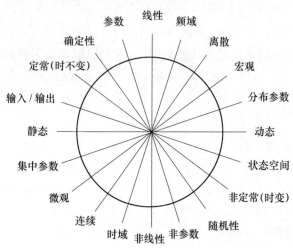

图1-4 数学模型的分类示意图

表 1-1　数学模型与表达形式

数学模型	表达形式(方程特征)	数学模型	表达形式(方程特征)
线性	线性方程	集中参数	常微分方程
非线性	非线性方程	分布参数	偏微分方程
静态	联立方程、含有空间变量的偏微分方程	连续	微分方程
动态	含有时间变量的微分方程、差分方程、状态方程	离散	差分方程
确定性	不含随机量的各类方程式	参数	数学表达式(各类方程)
随机性	含随机变量的各类方程式	非参数	图、表
微观	微分方程、差分方程、状态方程	时域	状态方程、微分方程、差分方程
宏观	联立方程、积分方程	频域	频率特性
定常(时不变)	不含对时间的系数项的各类方程式	输入/输出	传递函数、微分方程
非定常(时变)	含时间系数的各类方程式	状态空间	状态方程

1. 线性模型与非线性模型

线性模型是用来描述线性系统的,一般说来,线性模型一定能满足下列算子运算:

$$\begin{cases} (A_1 + A_2)X = A_1X + A_2X \\ A_1(A_2X) = A_2(A_1X) \\ A_1(X + Y) = A_1X + A_1Y \end{cases} \qquad (1-1)$$

式中:X 和 Y 为变量;A_1 和 A_2 为算子。

非线性模型是用来描述非线性系统的,它们一般不满足叠加原理,例如,气体体积 V 与压强 P、温度 T 之间的关系就是一种非线性模型,即理想气体状态方程:

$$PV = RT \qquad (1-2)$$

式中:R 为气体通用常数。

另外,讨论线性模型与非线性模型时,需要注意两点区别:

(1)系统线性和关于参数空间线性的区别。如果模型的输出关于输入变量是线性的,则称为系统线性;如果模型的输出关于参数空间是线性的,则称为关于参数空间线性。以模型

$$y = a_0 + a_1x + a_2x^2 \qquad (1-3)$$

为例,输出 y 关于输入变量 x 是非线性的(因为不满足叠加原理),但关于参数

a_0、a_1 和 a_2 却是线性的(满足叠加原理),因此,模型(1-3)是系统非线性,然而是关于参数空间线性的一种模型。

(2)本质线性与非本质线性的区别。如果模型经过适当的数学变换可将本来是非线性的模型转化为线性的模型,那么原来的模型称为本质线性模型,否则称为非本质线性模型,例如,气体状态方程(1-2)表面上看,输出 V 关于输入 P 和 T 是非线性的,但是,如果经过如下数学变换:

$$y = \lg V, x_1 = -\lg P, x_2 = \lg T, a_0 = \lg R \qquad (1-4)$$

则模型式(1-3)变成

$$y = a_0 + x_1 + x_2 \qquad (1-5)$$

新的模型式(1-5)的输出 y 关于输入 x_1 和 x_2 是线性的,所以,理想气体状态方程是一种本质线性模型。

2. 微观模型与宏观模型

微观模型与宏观模型的差别在于,前者是研究事物内部微小单元的运动规律,一般用微分方程或差分方程表示(如流体微元的运动分析);后者是研究事物的宏观现象的,一般用联立方程或积分方程模型,如研究流体作用在物体上的力。

3. 集中参数模型与分布参数模型

集中参数模型所描述的系统的动态过程可用常微分方程来描述,典型的如一个集中质量挂在一根质量可以忽略的弹簧上的系统,在低频下工作的由导线组成的电阻、电容和电感电路等。

分布参数系统要用偏微分方程来描述,如一个管路中流体的流动,若各点的速度相同,则此时流体的运动规律可作为集中参数系统来处理,否则,应作为分布参数系统来研究。

4. 定常模型与非定常模型

系统的输出量不随时间变化而变化,即方程中不含时间变量,该系统的模型为定常(时不变)模型,否则为非定常(时变)模型。

5. 动态模型与静态模型

系统的活动即系统的状态变化总是同组成系统的实体之间的能量、物质的传递和变化有关,这种能量流和物质流的强度变化是不可能在瞬间完成的,而总是需要一定的时间和过程的。用于描述系统状态变化的过渡过程(系统活动)的数学模型称为动态模型,它常用微分方程来描述,而静态模型则仅仅反映系统在平衡状态下系统特征值间的关系,这种关系常用代数方程来描述。

(1)静态模型。静态数学模型给出了系统处于平衡状态下的各属性之间的关系式,据此便可以求得当任何属性值的改变而引起平衡点变化时,模型内部所有属性的新值,但是,这并不能表示其中所有属性从原有值变化到新值的方式。

例如,市场上的某一商品,在需求与供应上存在一种平衡关系,这两个因素都与价格有关。图 1-5 所示为一种简单的线性市场模型,从中可以看出在什么价格下需求与供应将达到平衡。

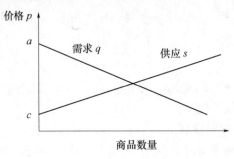

图 1-5　线性市场模型

假设经济规律中的调节作用存在着图 1-5 所示的线性关系,其数学描述为

$$\begin{cases} q = a - bp \\ s = c + dp \\ s = q \end{cases}$$

后一个方程说明市场上不会出现剩余商品的条件,由此确定的商品价格将使市场供求平衡。

由于模型中变量之间成线性关系,故通过分析法可由下式求得平衡价格:

$$p = (a - c)/(b + d)$$

更为一般的情况是图 1-6 所示的非线性市场模型。这时求解表达它们关系的方程式必须采用数值法。借助图解方式可确定供求平衡时的交点。实际上,要获得这些模型的准确系数是困难的。然而,可观测较长时间周期,在平衡点附近确定它们的斜率。当然,实际经验将有助于确定在各种条件下的平衡价格。因为这些数值取决于经济因素,所以在观测这些数值时,总希望与经济因素联系起来。当用市场情况来预测经济情况变化时,允许用这种模型作为预报变化的手段。

（2）动态模型。一个动态数学模型允许把系统属性值的变化推导为一个时间的函数,在进行求解运算时,按照属性模型的复杂程度可分别采用分析法

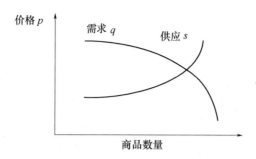

价格 p

需求 q　供应 s

商品数量

图 1-6　非线性市场模型

和数值法。

6. 连续模型与离散模型

当系统的状态变化主要表现为连续平滑的运动时,称该系统为连续系统;当系统的状态变化主要表现为不连续(离散)的运动时,则称该系统为离散系统。一个真实系统很少表现为完全连续的或完全离散的,而是考虑哪一种形式的变化占优势,即以主要特征为依据来划分系统模型的类型。

还有一类系统,虽然本身是连续的,但仅在指定的离散时间点上利用与变量有关的信息,这种系统称为离散采集系统或时间离散系统,对于这类系统,要考虑断续采样的影响问题。

一个系统可以这样表示,也可以那样表示,这种两重性说明了一个重要的观点,即描述一个系统时,并非根据系统本身的自然特征进行分类,而要根据研究目的来确定系统模型的类型。例如,对于一个完整的飞机系统,若研究飞机的航线,没有必要仔细研究它是如何改变飞行方向的,而只要按照事先预定的航线,把在各转折点改变飞机航向看作瞬时完成就可以了,这样就可以把这个系统看成是离散系统。对于一个工厂系统,若要研究在供应充足条件下的零件加工,则可以用包括机器活动控制速度在内的连续变量来表示。

虽然对如何表示一个特定系统并没有一个特殊的原则,但一般可以给定,所确定的系统模型不应该比研究目的所需要的模型更复杂。与此相联系的是,还必须研究所确定的系统模型的详细级别和精度,然而,对这些因素的衡量,模型类型的确定,全凭人的知识和经验来进行。

需要注意的是,区别仍然是需要的,这是因为,对于连续系统或离散系统,在仿真通用程序设计方法上是有差距的。

7. 确定性模型与随机性模型

当一个系统的输出(状态和活动)完全可以用它的输入(外作用或干扰)来描述,则这种系统称为确定性系统,例如,对于飞机自动驾驶仪系统,表示力矩

与所产生的加速度之间关系的方程为

$$T = JQ$$

式中：T 为力矩；J 为转动惯量；Q 为加速度。

上式是一个确定性模型,若一个系统的输出(状态和活动)是随机的,即对于给定的输入(外作用或干扰)在多种可能的输出,则该系统是随机系统,这种随机性不仅可表现在内在方面还可表现在外部环境方面。

一项活动具有随机性,意味着这项活动是系统环境的一部分。若发生的活动是随机活动,而执行这项活动的实际结果在任何时刻都不可预知,则可把这项活动看成为系统环境的一部分。这种随机活动的输出可以用概率分布的形式加以描述和度量,例如,在工厂系统中,机器操作的时间是随机变化的,需要用概率分布描述,它表现为系统内部的活动;另一方面,在随机的时间间隔内,由于电源故障产生的停机,则表现为一个外部环境的作用。上述情况可用如下模型来表示:

$$P(o) = m$$
$$P(f) = n$$

式中：$P(o)$ 是机器在加工运转时间的概率；$P(f)$ 是机器考虑了停电故障运转时间的概率。这种模型常称为概率模型或离散事件模型。

如果一项活动是真正的随机活动,则它的随机性将无法表示。此外,若全面地描述一项活动,觉得太琐碎或太麻烦,就干脆把这项活动表示为随机活动。

在为系统模型收集数据时,也往往会遇到一些不确定因素,例如采样误差或实验误差,若系统中实体的属性是确定的,则这些属性值必须在对包含随机误差的数据进行处理才能确定,例如,常用算术平均值作为属性值。

8. 参数模型与非参数模型

参数模型即用属性表达式描述的模型,如各种方程;而非参数模型则不是用属性表达式而是用图(曲线)表示的,如阶跃响应曲线、频率特性。

9. 时域模型与频域模型

在时间域和频率域内表示的数学模型分别称为时域模型和频域模型,例如,系统的过渡过程曲线和频率响应曲线。

10. 输入/输出模型与状态空间模型

只刻划系统外部特性(即只展现给定输入的系统输出而不提供系统内部有关信息)的数学模型为输入/输出模型,如微分方程、传递函数;而不仅能完全表达显然性能,而且还能描述系统内部全部状态的数学模型称作状态模型,如状态空间模型。

1.4 数学建模方法学

建立一个简明的适用的模型,尤其是构建抽象程度很高的系统数学模型,是一种创造性劳动,因此,有人说,建模既是一种技术,又是一种"艺术"。要求模型能够在一定程度上较好地反映系统的客观实际,而且在满足精度前提下尽量简单明了,同时尽量采取借鉴标准化模型,节约时间等成本。

1.4.1 建模过程的信息源

为了很好地了解建立数学模型的途径,考虑一下建模活动的"信息源"是很有用处的。可以认为:建模活动本身是一个持续的、永无止境的活动集合。然而,由于实际存在的一些限制,例如,有限的开销与时间,研究的目的及对实际系统认识的程度等。因此,一个具体的建模过程将以达到有限目标为止。

建模过程涉及许多信息源,其中主要的是三类,它们的关系如图1-7所示。

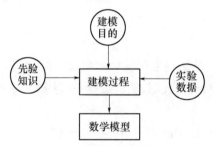

图1-7 数学建模的信息源

(1)目标和目的。一个数学模型事实上是对一个真实过程给出一个非常有限的映象。同一个实际系统可以有很多个研究目的,不同的研究目的将规定建模过程不同的方向。

(2)先验知识。在建模工作初始阶段,所研究的系统常常是前人已经研究过的。通常,随着时间的进展,关于"一类现象"的知识已经被集合起来,或被统一成一个科学分支,在这个分支中包含许多定理、原理及模型。牛顿说过:"假设我看得远,那是因为我站在巨人的肩上,所以我们获得了现有的进展。"这个观点同样可以应用于建模过程,它也是从以往的知识源出发进行开发的。一个人的研究结果可以成为另一些人为解决这个问题而进行研究的起点。除科学实验外,相同的或相关的系统已经被建模者为了类似的目的而进行过分析。建模者可能已从对类似的实际系统的实验中获得了某些似乎合理的概念。所有这些都可用先验知识这样一个信息源来表示。

（3）实验数据。在进行建模时，关于系统的信息也能通过对系统的实验与量测而获得。合适的定量观测是解决建模的另一个途径。

在三个信息源的支持下，建立的模型必须经过实际应用（模型应用）的检验，最终要看"目的是否达到"，如果没有达到，那么还必须再进行一次建模。

1.4.2　建模的主要方法

一般说来，建立数学模型的方法有三类：分析法、测试法和综合法。

（1）分析法/演绎法/理论建模/机理建模。分析法是根据系统的工作原理，运用一些已知的定理、定律和原理（例如，能量守恒定理、动量守恒定理、热力学原理、牛顿定理、各种电路定理等）推导出描述系统的数学模型。这就是理论建模方法，Astron 称为白箱问题，如图 1－8 所示。

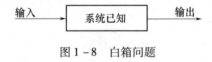

图 1－8　白箱问题

分析法属演绎法，是从一般到特殊的过程，并且将模型看作为从一组前提下经过演绎而得到的结果。此时，实验数据只被用来进一步证实或否定原始的原理。

演绎法有它的存在性问题。一组完整的公理将导致一个唯一的模型，前提的选择可能成为一个有争议的问题。演绎法面临着一个基本问题，即实质不同的一组公理可能导致一组非常类似的模型，爱因斯坦曾经遇到过这个问题，牛顿定理与相对论是有区别的。然而，对于当前大多数实验条件而言，二者将导致极其类似的结果。

（2）测试法/归纳法/实验建模/系统辨识。系统的动态特性必然表现在变化的输入/输出数据中。通过测取系统在人为输入作用下的输出响应，或正常进行时系统的输入输出记录，加以必要的数据处理和数学计算，估计出系统的数学模型。这种方法称为系统辨识，Astron 称为黑箱问题，见图 1－9。

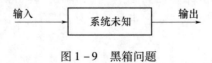

图 1－9　黑箱问题

测试法属归纳法,是从特殊到一般的过程。归纳法是从系统描述分类中最低一级水平开始的,并试图去推断较高水平的信息。一般来讲,这样的选择不是唯一的。这个问题可以用另外一个观点来表述,有效的数据集合经常是有限的,而且常常是不充分的。事实上,当模型所给出的数据在模型结构方面并不是有效的,任何一种表示都是一种对数据的外推。人们争议的问题是如何附加最少量的信息就能完成这种外推。这个准则虽然是有效的,但是一些特殊问题却很难运用。因为它没有告诉我们如何去获得这些最少量的信息,以及什么时候去获得它们。

(3) 综合法。分析法是各门学科大量采用的,但是,它只能用于比较简单的系统(如一些电路、测试系统、过程监测、动量学系统、飞行控制等),而且在建立数学模型的过程中必须作一些假设与简化,否则所建立的数学模型过于复杂,不易求解。测试法无需深入了解系统的机理,但必须设计一个合理的实验,以获得系统的最大信息量,这点往往是非常困难的。因此,两种方法在不同的应用场合各有千秋。实际应用时,两种方法应该是互相补充,而不能互相取代。在有些情况下可以将两种方法结合起来,即运用分析法列出系统的理论数学模型,运用系数辨识法来确定模型中的参数。例如,有些控制系统的运动方程式可以用动力学分析法求出,方程式中的参数可以用系统辨识法通过动态校准实验求得。两种方法结合起来往往可以得到较好的效果,而且所求得的数学模型的物理意义比较明确。Astron 称之为灰箱问题,如图 1 – 10 所示。

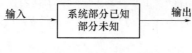

图 1 – 10　灰箱问题

要获得一个满意的模型是十分不易的。特别是在建模阶段,它会受到客观因素和建模者主观意志的影响,所以必须对所建立的模型进行反复校验,以确保其可信性。

1.4.3　模型的可信度

模型的可信度本身是一个非常复杂的问题,它一方面取决于模型的种类,另一方面又取决于模型的构造过程。模型本身可以通过试验在不同的水平上建立起来,所以我们可以区分不同的可信度水平。一个模型的可信度可以根据获得它的困难程度分为以下几种。

(1) 在行为水平上的可信度,模型是否能复现真实系统的行为。

（2）在状态结构水平上的可信度，即模型能否与真实系统在状态上互相对应，通过这样的模型对未来的行为进行唯一的预测。

（3）在分解结构水平上的可信度，即模型能否表示出真实系统内部的工作情况，而且是唯一地表示出来。

有时这些可信度水平又分别称为重复性、重复程度和重构性。查看这些情况的一条途径是将每个水平看作为一种对真实系统的知识的索取。随着认识水平的上升，这种索取变得更加强烈。也就是说，它们断言得越多，则越缺乏可信度，因此它们更需要加以验证。

不论研究的是哪一种可信性水平，可信性的考虑在整个建模阶段及以后各阶段都应是恰当的。一般来讲，人们应该考虑以下几点：

（1）在演绎中的可信性。很明显，演绎分析应在一个逻辑上正确、数学上严格的含义上进行。在这种条件下，数学表示的可信性将取决于先验知识的可信性。遗憾的是，一个有效的先验知识寓于正确性和普遍性之中。在文献中，为报告一个科学结果所普遍采用的和广泛被接受的程度并不那么容易估计出这些信息的正确性和普遍性。对一些基本假设的评价也很困难。除这些困难外，可信性能从以下两个途径进行分析：

① 通过对前提的正确性的研究来研究模型本身是否可信。

② 通过对前提的其他结果的验证来分析信息以及由此可得到的模型的可信性。

（2）在归纳中的可信性。首先可以检查归纳程序是否按数学上和逻辑上正确的途径进行，所以，进一步的可信性分析一般都可以归纳为模型行为与真实系统的行为之间的比较。

在这种检验中，将真实系统看作一个数据源是有好处的。人们可以通过量测输入/输出，获得这些数据源。这就意味着，人们主要注意的是真实的输入/输出关系，它们可以用 R_1 来表示。由于有效的实验数据是有限的，即在某一时刻 t，获得的数据仅仅是全部潜在的可获得的数据的一小部分，它们可记为 R_2。

模型本身也是数据 R_1 的来源。一个在某一时刻 t 可信的模型意味着 $R_1 = R_2$，其中等号必须加以说明。实际上人们必须选择量度，它能反映行为特征的某一确定的权。除了选择度量外，可信性也可通过对模型数据与真实系统的数据之间的偏离程度来确定。

假设系统的数据被确信为具有统计特性或模型是用一个随机过程来表示，那么必须做出第二种选择。此时，必须选择一种统计实验，以便估计实际系统（它具有有限个有效数据）与模型（它的数据可通过对随机过程进行采样获得）之间的一致程度。

（3）在目的方面的可信性。从实践的观点出发,假设运用一个模型能达到预期的目的、那么这个模型就是成功的,可信的,一个模型具有在它用于原定的目的时,它才真正地发出光来。

1.4.4 建模的一般原则

在模型建立中一般要遵循以下基本原则:

（1）简单性。从实用的观点看,由于在建模过程中忽略了一些次要因素和某些非可测变量的影响,因此,实际的模型已是一个简化了的近似模型。一般而言,在实用的前提下,模型越简单越好。

（2）清晰性。一个复杂的系统是由许多子系统组成的,因此对应的系统模型也是由许多子模型构成的。在子模型之间除为了研究目的所必须的信息联系外,互相耦合要尽可能少,结构要尽可能清晰。

（3）相关性。模型中应该只包括系统中与研究目的有关的那些信息。例如,对一个空中调度系统的研究,只需要考虑飞行的方位航向,而无需涉及飞机的飞行姿态。虽然与研究目的无关的信息包括在系统模型中可能不会有很大危害,但是,因为它会增加模型的复杂性,从而使得在求解模型时增加额外的工作,所以应该把与研究目的无关的信息排除在外。

但是,实际系统中到底哪些信息是本质的,哪些是非本质的,这要取决于所研究的问题。例如,为了制定大型企业的生产管理计划,模型就不必反映各生产装置的动态特性,但必须反映产品质量、销售和库存原料量等变化情况。这也就是说,各装置的动态特性对这种模型来说是非本质的。相反,为了实现各生产装置的最佳运行,模型就必须反映各装置内部状态变化的、详细的生产过程动态特性。这时,各装置的动态特性就变成本质的了。可见,模型所反映的内容将因其使用的目的不同而易。

对实际系统而言,模型一般不可能考虑系统的所有因素。从这个意义上讲,所谓模型可以说是按照系统的建模目的所做的一种近似描述。研究者必须承认,如果模型的输出响应 $\hat{y}(k)$ 和实际系统的输出响应 $y(k)$ "几乎必然"处处相等,记为 $\hat{y}(k) \xrightarrow{a.s.} y(k)$ (a. s. = almost surely),那么应该说所建立的模型就是满意的了。当然,如果要求模型越精确,模型就会变得越复杂。相反,如果适当减低模型的精度要求,只考虑主要因素而忽略次要因素,模型就可以简单些。这就是说,建立实际系统的模型时,存在着精确性和复杂性这一对矛盾,找出这两者的折衷解决方法往往是实际系统建模的关键。

（4）准确性。建立系统模型时,应该考虑所收集的、用以建立模型的信息的准确性,包括确认所对应的原理和理论的正确性和应用范围,以及检验建模过程中针对系统所作的假设的正确性。例如,在建立导弹飞行动力学模型时,应将导弹视为一个刚体而不是一个质点,同时要注意导弹在高超音速运动中的特殊性。如果仅考虑导弹的射程问题,导弹在大气中的运动可以作相应的简化,如果是考虑导弹的命中精度问题,就不能作这样的简化。

(5) 可辨识性。模型结构必须具有可辨识的形式。所谓可辨识性是指系统的模型必须有确定的描述或表示方式,而在这种描述方式下与系统性质有关的参数必须是唯一确定的解。若一个模型结构中具有无法估计的参数,则此模型就无实用价值。

(6) 集合性。建立模型还需要进一步考虑的一个因素,是能够把一些个别的实体组成更大实体的程度,即模型的集合性。例如对防空导弹系统的研究,除了能够研究每枚导弹的发射细节和飞行规律之外,还可以综合计算多枚导弹发射时的作战效能。

1.4.5 建模的一般过程

综上所述,建模过程可用图 1 – 11 来描述。

建模者根据建模目的、已掌握的先验知识以及数据(它们是通过为建模而设计的试验获得的),通过目的协调、演绎分析以及归纳程序三种途径构造模型,然后通过可信性分析,最后获得最终模型。

要获得一个作为整体的系统集合结构是很困难的,大多数建模程序是针对系统的某一部分。图 1 – 12 表示的是数学模型的以下有用分解。

第一种分解:

(1) 静态结构。静态结构是由集合 X、Y、Q 及输出函数所组成的。

(2) 动态结构。集合结构的动态成分包括集合 T、Q 及转移函数。

第二种分解:是将模型看成是由框架、结构、参数构成的。这个定义在一定程度上与所研究的描述类型有关。

(1) 框架。输入/输出行为模型:集合 X、Y、T、Q 和系统的行为。

(2) 结构。状态结构模型,函数关系 f,g(没有内在常数方面的知识);输入/输出模型,包括上述相同的成分,但是,状态集合可以任意。

(3) 参数。模型定义中的常数,它们可以有物理意义,也可以没有。

结合图 1 – 11 和图 1 – 12 可以获得图 1 – 13,它将模型构造具体分解为三个步骤:框架定义、结构特征化参数估计。

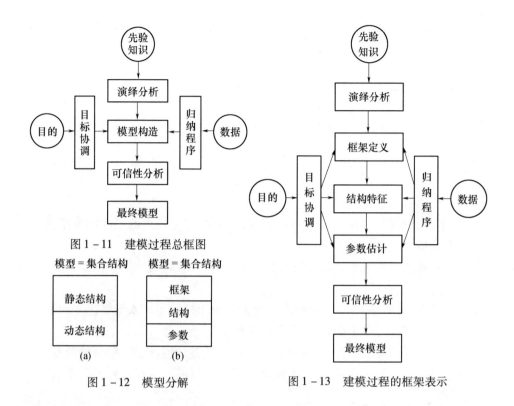

图 1－11　建模过程总框图

图 1－12　模型分解

图 1－13　建模过程的框架表示

　　复杂系统的研究必须以定性分析为先导,定量与定性紧密结合。系统模型的建立,一般要经历思想开发、因素分析、量化、动态化、优化五个步骤,故称为五步建模。

　　第一步:开发思想,形成概念,通过定性分析、研究,明确研究的方向、目标、途径、措施,并将结果用准确简练的语言加以表达,这便是语言模型。

　　第二步:对语言模型中的因素及各因素之间的关系进行剖析,找出影响事物发展的前因、后果,并将这种因果关系用框图表示出来(图 1－14)。

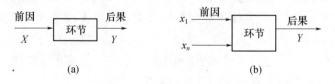

图 1－14　因果关系框图

　　一对前因后果(或一组前因与一个后果)构成一个环节,一个系统包含许多个这样的环节。有时,同一个量既是一个环节的前因,又是另一环节的后果,将所有这些关系连接起来,便得到一个相互关联的、由多个环节构成的框图(图1.15),即为网络模型。

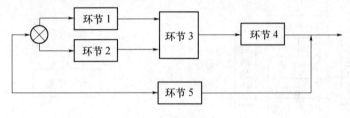

图1.15 多环节框图

第三步:对各环节的因果关系进行量化研究,初步得出低层次的概略量化关系,即为量化模型。

第四步:进一步收集各环节输入数据和输出数据,利用所得数据序列,建立动态模型。

动态模型是高层次的量化模型,它更能深刻地揭示出输入与输出之间的数量关系或转换规律,是系统分析、优化的基础。

第五步:对动态模型进行系统研究和分析,通过结构、机理、参数的调整,进行系统重组,达到最优配置、改善系统动态品质的目的。这样得到的模型,称为优化模型。

五步建模的全过程,是在五个不同阶段建立五种模型的过程:

语言模型→网络模型→量化模型→动态模型→优化模型

在建模过程中,要不断地将下一阶段所得的结果回馈,经过多次循环往复,使整个模型逐步趋于完善。

1.4.6 模型文档

模型文档是根据一定的规范对模型的文字描述。在模型开发的过程中,通过编写模型文档,可以加深建模者对模型的认识,有助于消除模型的不完全性、不明确性和不一致性,提高建模的规范化程度。模型文档是模型开发者与使用者之间信息交流的依据。完善的、规范化的文档能够帮助用户迅速、清晰地了解模型的结构、功能、使用方法和适用范围,而不必重复建模者的所有工作。

下面给出一个数学模型文档规范的参考示例。

[1] 综述

　　[1.1] 模型开发目的

　　[1.2] 模型功能

[1.3] 模型性质(随机/确定,动态/静态,离散事件/连续/混合)

[2] 假设及适用范围

    [2.1] 理论依据

    [2.2] 主要假设及理由

    [2.3] 主要简化计算及依据

    [2.4] 模型的应用条件或使用限制

    [2.5] 对预期使用目的的适应性

[3] 模型描述

    [3.1] 模型的结构与功能

    [3.2] 模型变量说明

        [3.2.1] 输入变量说明(包括外部控制变量或干扰变量)

        [3.2.2] 输出变量说明

        [3.2.3] 关键输入/输出变量

    [3.3] 随机变量及其分布函数的类型与参数

    [3.4] 模型参数和常数说明

    [3.5] 与其他模型的输入/输出联系

    [3.6] 形式化描述(数学关系、逻辑关系、知识规则等)

[4] 质量保证

    [4.1] 模型在其他项目中的应用情况及效果

    [4.2] 模型开发中参考其他模型的情况

    [4.3] 假设条件和简化对模型的影响分析

    [4.4] 分布函数类型及参数选取方法

    [4.5] 模型参数取值的依据

    [4.6] 模型算例

        [4.6.1] 输入条件设置

        [4.6.2] 驱动方式

        [4.6.3] 稳态特性分析

        [4.6.4] 样本数据采集方法

        [4.6.5] 结果比较

            [4.6.5.1] 原型系统/参考系统的情况

            [4.6.5.2] 原型系统/参考系统的样本数据采集方法

            [4.6.5.3] 结果对比曲线

    [4.7] 对模型精度的认识

    [4.8] 专家对模型的评价

1.5 复杂系统建模基础

1.5.1 基本概念

（1）信息源集成。系统仿真建模的信息源主要来自三个方面：先验理论、观测数据、专家经验。在传统系统仿真方法中，先验理论一般是充分可用的、确定的，因此，在系统建模中，特别在建立模型框架阶段，先验理论起着主要的作用。但在复杂系统仿真中，先验理论往往是不充分甚至是无用的，因此，复杂系统仿真的建模过程需要对一切可用的信息源加以集成，一切可用的先验知识、专家经验及观测数据，包括定性和定量的、精确和模糊的、形式化和非形式化的，统统集成起来，加以利用。这是复杂系统仿真方法一个重要的特征。

（2）同构与同态。对于系统的描述，一般可以分为三级，即行为级、状态结构级、结构分解级。行为级是最低一级，在这一级，系统实际上被视为黑箱。在系统与模型之间，如果在行为级等价，称为同态模型；如果在结构级等价，则称为同构模型。同态意味着系统与模型之间行为的相似，但并无结构上的对应关系。在复杂系统仿真中，低级阶段是建立系统的同态模型，它可用来复现和预测系统的行为。高级阶段则是建立系统的同构模型，从状态结构级一直到结构分解级，用于认识系统运行的机理和规律。

同态模型代表的是与原型同态的系统，同构模型代表的是与原型系统同构的系统。

所谓同构系统是指对外部激励具有同样反应的系统。由此，对两个同构系统来说，只有给予相同的输入，就会得到相同的输出。

相同 A 和 B 同构的条件可以用下列方程来表示：

对任何时刻 t 来说，如果有

$$R_{1A}(t) = R_{1B}(t), R_{2A}(t) = R_{2B}(t), \cdots, R_{nA}(t) = R_{nB}(t)$$

那么

$$Y_{1A}(t) = Y_{1B}(t), Y_{2A}(t) = Y_{2B}(t), \cdots, Y_{nA}(t) = Y_{nB}(t)$$

这就是说，两个相同 A 和 B 具有相"匹配"的输入和输出集（图 1 - 16）。

系统同态是指上述等价性弱化了的一类关系。换句话说，系统 B 是系统 A 的同态系统，是指系统 B 的输入信号集和输出状态集只与系统 A 中少数具有代表性的输入/输出相对应。如果说同构系统的原型与模型的输入和输出之间存在一对一的关系的话，那么，原型系统和它的同态系统（模型）的输入/输出之间

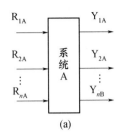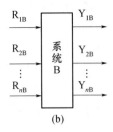

图 1 - 16　同构系统的输入/输出关系

存在的多对一的关系。应当指出,满足同构关系的原型系统和模型系统彼此之间是可逆的,而单纯满足同态关系的原型系统和它的模型系统之间是可逆的。同构系统一定是同态系统,但反过来未必成立。

　　有了同构和同态的概念,对建立模型的方法就可以有更深入的理解。所谓建立模型就是给出原型的同构象和同态象。如果能够找到一个系统的同构象,模型当然相当精确。但是,这个目标不一定能够实现,即便实现了,也未必是最好的。因为,一则可能要付出更高的代价,再则,对一个特定的系统来说,它有自己特定的工作环境,即环境对系统的激励作用是特定的,因而系统的输出状态响应也是特定的。这就是说,在特定的工作环境下,系统状态的各个状态变量在决定系统的性能方面并不是同等重要的。对应处在 n 为状态空间的原型系统 A,如果忽略那些不重要的状态分量,我们可以得到一个用 $m(m<n)$ 的状态向量描述的相似系统 B(模型),而这样的系统对应实现研究目标来说已经足够了。一般而言,系统 B 与原型系统 A 之间的关系大都是同态的。

　　一个原型系统的比较理想的模型,应该是原型系统的比较好的同态系统。所谓好,就是从具体的建模目的出发,通过对系统的深入分析和研究,在弄清系统的特定工作环境的条件下,抓住了决定系统性能的重要状态量,重要状态首先反映在概念模型之中。因此,建立概念模型是系统仿真的关键性阶段,它将在很大程度上决定模型与系统的相似程度。模型能否代表系统,需等到结果分析之后才能知晓。

1.5.2　复杂性问题

　　复杂性问题,存在于从物理学到工程科学、从生物学到社会科学等几乎一切近代科学研究领域中,因此,很难给出普遍满意的对"复杂"一词的定义。按日常的理解,太空飞船比汽车复杂,载有热核战斗部的导弹比手枪子弹复杂;这些是已经基本上解决的具一定复杂性的问题。不论飞船或氢弹都是主要以 20

世纪 60 年代以前发展起来的科学技术为基础的"人造系统",不论如何复杂,其制造和运行都基本上是遵照"确定性"的(或已知的)科学规律,如牛顿定律、麦克斯韦方程、相对论、量子力学等,其制造和运行的机制、过程和结果基本上是已知的或可预测的。然而,近代科学所面对的复杂性问题,更尖锐、丰富和深刻。近代科学所面对的复杂性问题,具有如下若干特征。

(1) 复杂性的现象往往具有较大的不确定性(包括随机性)。具不确定性的问题,常常比确定性问题更为"复杂",以概率统计方法对随机性问题进行研究已取得了相当的成就。然而,概率统计方法处理的主要是表面现象,而非复杂事物的本质机制。在随机性现象之下,常隐藏着尚不知道的复杂因素、结构、机制、规律等。模糊数学试图以一种"人为简化"的方法来处理复杂和不确定性问题,这种努力仍处于开端阶段。

(2) 复杂性往往是由于大量因素、组成部分相互作用的综合结果。拉普拉斯的名言:只要建立一个详尽的微分方程,并给出初始条件,就能预测世界上的任何时候的任何现象。但他的这个理论是不能验证的。例如,在 $1cm^3$ 的容积里,有大约 2.7×10^{19} 个气体分子,每个分子的运动都符合牛顿定律,全体分子运动的总和,构成其外部表现(如作用在飞行器上的阻力、升力等);若深究其根源,应该把每个分子的运动都列出方程(数目量级为 10^{19} 个),然后在一定的边界条件和初始条件下求解方程组。但是,即使能够建立这样的数学模型,在可预见的未来也没有足够强大的计算机可用来解算这个规模巨大、变量众多的方程组。于是,现在的流体力学家只能把这 $1 cm^3$ 的气体假设为"连续介质",对其中 2.7×10^{19} 个气体分子的运动进行平均(实质上是加以统计处理),观测其"宏观"的运动效果,再加以数学的包装。可以理解,为何当前在设计飞行器的时候,绝对离不开既费时又费钱的风洞试验和全尺寸样机的试验飞行;而且为何现代科学对湍流现象基本上不能解释、更无法预测等等。如果考察更大范围内的气体运动,例如,全球大气系统的运动,情况更加复杂。

(3) 复杂性问题往往表现为模式的多样性、变化的阶跃性、相变的突然性、多种多样因素的互相融合和转化、演化或衍生新事物等。

(4) 近代科学中的复杂性问题是非线性的问题。宇宙间,真实的系统绝大多数(若非全部的话)都是非线性的,线性系统只是美妙的近似。非线性系统蕴涵着真正的复杂性,是任何线性系统(尽管变量极多)的复杂性不可比拟的。混沌学的研究已经指出,对于相当多的非线性问题,初始条件的微小差异将导致结果的巨大差异,即"失之毫厘、谬以千里"。故拉普拉斯的理论不可能实现。

(5) 当前对人类认识能力挑战的问题都是复杂的。这些问题(略举其大者)如宇宙的范围(有无边界)和结构、时间的起点和终点(有无始终)、黑洞和类星体的奥秘、太阳系和地球的奥秘、深层粒子世界的奥秘、生命的起源、生态系统的机制、神经系统的机制、思维和精神现象的奥秘、人类集群活动(政治、经济、文化、军事、……)的规律和准确预测等。

(6) 对任何事物,只要把它作为一个系统而深入地探索下去,都会发现其具有非常复杂的内涵。另一方面,在把其作为部件(子系统)放在更大的系统中运行或考察时,人们所关心的往往只是其某些外延(外部特性),这时可以忽略其内部固有的复杂性而把它看作是一个简单系统。

系统的复杂性表现在如下:

(1) 各单元间的联系广泛而紧密,构成一个网络;

(2) 系统具有多层次、多功能的结构;

(3) 系统在发展过程中能不断学习,并能对其层次结合和功能结合进行重组和完善;

(4) 系统是开放的,与环境有密切关系,能与环境相互作用,并能不断向更好地适应环境的方向发展;

(5) 系统是动态的,且系统本身对未来的发展变换有一定的预测能力。

1.5.3 复杂系统建模的困难

与传统的系统建模方法相比较,复杂系统建模的难点如下:

(1) 复杂系统研究的理论基础尚未达到如物理系统领域的抽象程度,通过系统分析而产生的数学模型常常可信度比较低。

(2) 复杂系统往往具有病态定义的特征,即很难以一种严格的数学形式对它进行定义及定量分析。

(3) 复杂系统的另一个难点是病态结构,系统结构很难从空间和时间上加以分割,很难确定系统的边界和水平。

(4) 对复杂系统的观测和实验都比较困难,从而使获得的数据对于系统行为的反映可信度及可接受性降低。

由于种种原因,大系统的数学建模也非常困难,并具有如下特殊性。

① 解脱"维数灾难"始终是大系统数学建模的重要目标。因此,模型简化和降阶处理对于大系统尤为重要。

② 由于大系统内部结构和外部环境复杂,采用单一的建模方法难以满足要求,故只能采用组合建模方法,且得到的模型一般是不精确的集总模型。同时,探求适于大系统的新的建模方法是必要的。

③ 利用系统分层与聚合利论有利于大系统模型进行分层、集结和关联协

调。分层建模方法对大系统数学建模相当关键。

④ 采用协调辨识法和计算机辅助建模法可大大提高大系统建模的效率。

⑤ 一般地，大系统问题属于"灰箱问题"，因此，除采用数学模型外，不少问题还得采用描述模型。

⑥ 分级递阶控制和分层控制是现代工程大系统的重要结构特点和工作方式，因此是这类大系统数学建模的重要依据。

1.5.4 复杂系统建模的研究重点

对复杂系统建模与仿真方法的研究目前仍处于初期阶段，研究重点主要集中在解决系统病态问题和观测数据的低可接受性问题方面。主要研究以下问题。

（1）参数优化方法：基于系统辨识和参数估计理论的目标函数最优化方法。

（2）定性方法：基于建立模型框架，对于参数采取定性处理（从一个定性的约束集和一个初始状态出发，预测系统未来行为）的方法。

（3）模糊方法：基于模糊数学，在建立模型框架的基础上，对于观测数据的不确定性，采用模糊数学的方法进行处理。

（4）归纳推理方法：基于黑箱概念，假设对系统结构一无所知，只从系统的行为一级进行建模与仿真（同态模型），根据系统观测数据，生成系统定性行为模型，用于预测系统行为。

（5）系统动力学方法：基于信息反馈及系统稳定性的概念，认为物理系统中的动力学性质及反馈控制过程在复杂系统（如生物、生态、社会、经济）中同样存在。通过专家对复杂系统机理的研究，可以建立复杂系统的动力学模型，并通过运转这个模型去观察系统在外力作用下的变化。系统动力学建模方法用于主要研究系统的变化趋势，而不注重数据的精确性的场合。

1.5.5 复杂系统建模的主要方法

（1）朴素物理学方法（还原论方法）。该类方法的基本观点认为：复杂系统的运动形式和规律与物理系统的运动形式和规律相似，两类系统之间具有相似性和同构性。因此可以按照物理系统建模一样去构建复杂系统的模型框架。在没有足够先验理论的条件下，可以利用和集成有限的先验知识、专家经验和假设。选定一个适当的模型框架，然后经过模型结构的特征化，利用观测数据进行参数估计，从而建立起系统的同构模型。同时经过可信度分析，不断地修正这个模型,提高模型可信度以求得相对可用的模型,这类方法的建模过程如图 1 - 17 所示。与图 1 - 18 所示的传统建模过程相比,其基本过程是相似的,所以也有人称为模拟演绎推理方法。

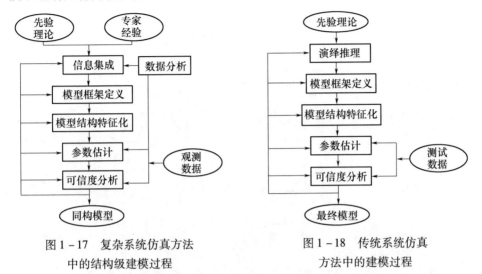

图 1 - 17　复杂系统仿真方法
中的结构级建模过程

图 1 - 18　传统系统仿真
方法中的建模过程

（2）归纳推理方法（行为建模方法）。这类方法的基点是反还原论的,它不考虑复杂系统与物理系统之间在运动形式和规律上是否存在相似性,也不去考虑复杂系统的内在结构。它把建模目标定位在行为一级,根据观测数据去建立系统的同态模型,研究系统的行为趋势。这类方法的建模过程如图 1.19 所示。图中非形式化描述主要确定系统观测变量,对于观测到的数据,通过归纳的方法进行处理,建立起系统的同态模型,通过外推产生新的数据,实现数据生成。归纳推理方法可以采用传统的统计归纳方法,也可以采用信息熵最小化方法。

大系统建模通常采用下列方法:
① 启发方法;
② 人机方法;
③ 拟人方法;
④ 灰箱方法;
⑤ 集成方法;
⑥ 分解方法（分解—协调方法、分解—集结方法、分解—联合方法）。

1.5.6　系统模型的简化

所谓模型简化就是为复杂系统准备一个低阶的近似模型（简称模型）,它在

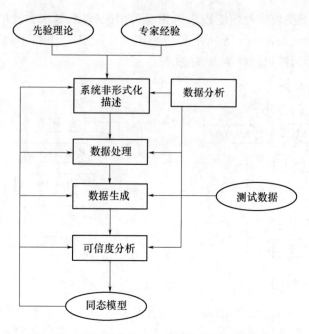

图 1-19 复杂系统仿真方法中的行为级建模过程

计算上、分析上都比原模型(简称原型)容易处理,而又能提供关于原系统足够多的信息。从这个定义出发,模型应该近似地等效原型。

模型简化技术实质上是对复杂的、精度较高的模型同简单的、简单较低的模型之间的科学折衷处理。处理中应该满足如下基本要求:

(1)准确性,即模型与原型特性应保持一致。

(2)稳定性,即要求当原型稳定时,模型也应是稳定的,且具有相应的稳定裕量。

(3)简便性,即要求从原型获得模型十分方便。

(4)应符合 Brogan 提出的建模原理准则。

第 **2** 章

系统的数学描述

2.1 引 言

系统建模技术主要是研究怎样建立系统数学模型的。因此有必要先介绍一下系统的数学描述，以备后续章节应用。

一个系统的数学模型可根据需要用不同的方式加以描述。在实际应用中主要区分为确定型模型和随机型模型、连续模型和离散模型、输入/输出模型和状态空间模型。本章先介绍系统的抽象化与形式化描述，然后就 SISO（单输入单输出）线性系统的常用数学模型加以简单介绍。

2.2 系统的抽象化与形式化描述

数学模型和系统之间最重要的关系之一就是抽象。抽象过程是建模过程的基础，比如，在讨论卫星在其轨道上的运动时，可以将卫星当作一个质点，应用质点运动学、动力学等基本运动定律，而不考虑卫星本身的详细性质（姿态）。这就是一种抽象。

在数学上，集合的概念是建立在抽象基础上的。集合的运算允许我们不必详细说明细节而去处理抽象后的关系。由于建模和集合论都是以抽象为基础的，因此，集合论对于建模过程是非常有用的。可以认为：通常使用的数学模型是由一个集合构造的。

在建立数学模型时，首先需要建立几个抽象，即定义以下几个集合：输入集、输出集、状态变量集。然后在这些集合的基础上建立复合的集合结构,包括一些特定的函数关系,这个过程通常称为理论构造。

另一方面,建模的目的是为了应用模型认识或改造系统,所以理论构造的集合最终要应用到系统中去。因此,抽象必须与真实目标相联系。由此提出了如下基本公理:为详细而精确地描述一个系统,总存在一个复杂程度适当的抽象模型。根据该公理,可以不断将细节增加到抽象中去,以达到抽象与真实目标相联系的目的。这个使抽象不断变得具体的过程称为具体化。

因此理论构造就是根据充分的抽象概念来建立集合结构,从而使模型具有更广泛的应用能力和应用范围。而具体化则相当于增添细节,用集合结构来代替抽象集合。可见,理论构造与具体化都包含着建立结构,所不同的是它们所进行的方向是相反的。

由前面系统的定义知,系统可理解为几个相互联系,相互作用的子系统的有机整体。根据隐含在这个定义中的递归性,一个系统是由若干个系统的合成,而若干个系统中的每一个又是另一些系统的合成,如此循环,直至无穷。因此我们所需要的系统的概念,不仅要满足当希望停止分解系统时能自动停止的需要,而且还要满足在希望继续分解时能继续分解的需要。从上述观点出发,可以看出集合论正好可以作为研究系统的工具。

2.2.1 系统的形式化描述

一个系统可以定义成下面的集合结构:

$$S: < T, X, \Omega, Q, Y, \delta, \lambda > \qquad (2-1)$$

式中,T 为时间集;X 为输入集;Ω 为输入段集;Q 为内部状态集;Y 为输出集;δ 为状态转移函数;λ 为输出函数。

它们的含义与限制如下:

(1) 时间集 T。T 是描述时间和为事件排序的一个集合。通常,T 为整数集 I 或实数集 R,相应的 S 分别被称为离散事件系统或连续时间系统。

(2) 输入集 X。X 代表界面的一部分,外部环境通过它作用于系统,例如,通过信息流和物质流作用于系统。因此,可以认为系统在任何时刻都受着输入流集合 X 的作用,而系统本身并不直接控制集合 X。通常选取 X 为 R^n,其中 $n \in I^+$,即 X 代表 n 个实值的输入变量;还有一种常用的 X,即 $X_m \cup \{\phi\}$,其中 X_m 是外部事件的集合,ϕ 是空事件。

(3) 输入段集 Ω。一个输入段描述了在某时间间隔内系统的输入模式,当系统嵌套在一个大系统中时,上述模式由系统的环境所决定。当系统处于孤立的情况(例如切断了输入导线,这时导线变成自由状态)时,环境被一个段集所替代。既然S是某个大系统的一个组成部分,考虑到重构,该段集应该包括S所能接受到的所有模式。因此,一个输入段集是这样一个映射:$\omega: <t_0,t_1> \to X$,其中$<t_0,t_1>$是时间集中从t_0(初始时刻)到t_1(终止时刻)的一个区间。所有上述输入段所构成的集合都记作(X,T),输入段集Ω是(X,T)的一个子集。

通常选取Ω为分段连续段集,这时$T=R, X=R^n$,或者选取Ω为X_m(外部事件集)上的离散事件段集,这时$T=R$。上述的离散事件段集是下述映射$\omega:$ $<t_0,t_1> \to X_m \cup \{\phi\}$,并且除有限的事件时间集合$\{\tau_1,\cdots,\tau_n\} \in <t_0,t_1>$以外,均使$\omega(t)=\phi$。事实上,$\Omega$是一个有限系列集。

(4) 内部状态集Q。内部状态集Q表示系统的记忆,即过去历史的遗留物,它影响着现在和将来的响应。集合Q是前面提到的内部结构建模的核心。

(5) 状态转移函数δ。状态转移函数是一个映射$\delta:Q \times \Omega \to Q$。它的含义是:若系统在时刻$t_0$处于状态$q$,并且施加一个输入段$\omega: <t_0,t_1> \to X$,则$\delta(q,\omega)$表示系统在$t_1$的状态。因此,任何时刻的内部状态和从该时刻起的输入段唯一地决定了终止时的状态。

对于每一个$q \in Q, \omega \in \Omega, t$在$\omega$的定义域中

$$\delta(q,\omega) = \delta[\delta(q,\omega_{t>})|,\omega_{<t}]$$

式中,$\omega_{t>}=\omega|<t_0,t>$(由$t_0$到$t$的$\omega$部分);$\omega_{<t}=\omega|<t,t_1>=\omega$(由$t$到$t_1$的$\omega$部分)。

我们要求对于任意时刻t的状态$q_1=\delta(q,\omega_{t>})$都概括了以前必要的历史情况,这是为了从该状态起继续实验,能和其他情况一样最终得到相同的状态。

根据给定的状态定义可知,状态集的选择不是唯一的,甚至其维数也是不固定的。因此,寻找系统的一个合适的而有利的状态空间,例如,一个具有组合特性的状态空间是一件很有意义的事,而且,一旦寻找到了,它将使能用当前的一个抽象的数值去替代过去的数值。这种内部结构的形式也大大简化了处理分解(内部结构的具体化)和仿真(和其他协调的关系)的技能。

很清楚,状态集合是一个建模概念,在真实系统中并没有什么东西和它直接对应。另外,我们也应该搞清楚,输入段集、状态集和状态转移函数这三者共同表示一个状态段集。

(6) 输出集Y。组合Y代表着界面的一部分,系统通过它作用于环境,除方向不同外,输出集的含义和输入集完全相同。如果系统嵌套在一个大系统中,那么,该系统的输入(输出)部分恰是其环境的输出(输入)部分。

(7) 输出函数λ。输出函数的最简单的形式是映射$\lambda:Q \to Y$。它使假想的

系统内部状态与系统对其环境的影响相关联。但是，在多数情况下，上述的输出映射通常并不允许输入直接影响输出，因此，更为普遍的一个输出函数是这样的一个映射 $\lambda: Q \times X \times T \to Y$。换言之，即当系统处于状态 Q，且系统的当前输入是 X 时，$\lambda(Q, X, T)$ 能够通过环境检测出来。进一步讲，输出函数并不一定是时不变的，通常，λ 是一个多对一的映射，因此，状态常常不能直接观测到。输出函数给出了一个输出段集。

根据上面提出的形式化的定义，可以给出关于系统行为的概念。一个系统的行为是其内部结构的外部表现形式，即在叉积 $(X, T) \times (Y, T)$ 上的关系。

这个关系可作如下计算：对于每一个状态 $q \in Q$ 和在 Ω 中的输入段 $\omega:\ <t_0, t_1> \to X$，存在一个相关联的状态轨迹：$\mathrm{STRAJ}_{q, \omega}:\ <t_0, t_1> \to Q$，使得 $\mathrm{STRAJ}_{q, \omega}(t_0) = q$ 和对于 $t \in <t_0, t_1>$，有

$$\mathrm{STRAJ}_{q, \omega}(t_0) = \delta(q, \omega_{t>})$$

上述的状态轨迹是一个可检测的结果，或者可在计算机仿真过程中被计算出来。这个轨迹的可观测投影是和 $q \in Q, \omega \in \Omega$ 相关的输出轨迹：

$$\mathrm{OTRAJ}_{q, \omega}:\ <t_0, t_1> \to Y$$

例如，使用简单的输出函数形式 $\lambda(q)$，则存在

$$\mathrm{OTRAJ}_{q, \omega}(t) = \lambda(\mathrm{STRAJ}_{q, \omega}(t))$$

这时，系统的行为就可通过输入—输出关系 R_s 表现出来：

$$R_s = \{(\omega, \rho) \mid \omega \in \Omega, \rho = \mathrm{OTRAJ}_{q, \omega}, \text{对于某一个} q \in Q\}$$

称每一个 $(\omega, \rho) \in R_s$ 的元素为输出段对，并用它来表示一个有关系的实验结果或观测结果。在该系统中 ω 是对系统的输入，ρ 是观测到的输出。由于一个系统在初始时可能处于任意一个状态，因此，对于同一个输入段 ω 可对应多个输出段 ρ。

2.2.2 系统模型的几种描述水平

根据前述，可以将一个实际过程看作为一个系统，它能在某种水平上描述和分解。具体讲，存在着以下三种水平（图 2-1）。

（1）行为水平。人们在这个水平上描述系统，是将它看成一个黑盒，并且对它施加一个输入信号，然后对它的输出信号进行测量与记录。为此，至少需要一个"时间基"，它一般是一个实数的区间（连续时间）或者是一个整数的区间（离散时间）。一个基本描述单位是"轨迹"，它是从一个时间基的区间到表示可能的观测结果的某个集合上的映射。一个"行为描述"是由这样一组轨迹

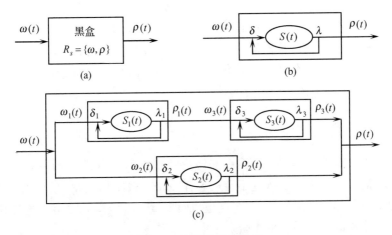

图 2 - 1　系统的描述水平

（a）在行为水平上的系统；（b）在状态结构水平上的系统；（c）在分解结构水平上的系统。

的集合所组成。这种描述也可称为系统的"行为"。通常，在仿真概念上，加到黑盒上的以箭头表示的某个变量看作是输入，它不受盒子本身的控制；而另一个是输出，它是指向表示系统边界以外的环境。

因为对实际过程的试验是处于行为水平上，所以这个水平是十分重要的。这个水平上的描述比起下面所要介绍的结构描述要简单一些。

（2）状态结构水平。人们在这个水平上描述系统是将它看成一个了解内部工作情况的机构。这样一种描述通过在整个时间上的递推足以产生一种轨迹，也即一个行为。能产生这种递推的基本单位是"状态集"以及"状态转移函数"，前者表示任意时刻所有可能的结果，而后者则提供从当前状态计算未来状态的规则。另外，正如我们已经看到的，为了反映状态集，需要一个输出函数，对能观测的输出集合来讲，这些状态集，不一定能直接观测。在状态结构水平上的描述比以前表示的行为更具有典型性。我们的意思是，状态集将足以计算出系统的行为。

（3）分解结构水平。人们在这个水平上描述系统，是将它看作由许多基本的黑盒互相连接起来而构成的一个整体。这种描述也可称为网络描述，其中的基本黑盒称为成分，它给出了一个系统在状态结构水平上的描述。另外，每个成分必须标明"输入变量"和"输出变量"，还必须给出一种"耦合描述"，它确定了这些成分之间的内部连接及输入与输出变量之间的界面。人们可以进一步分解系统，从而获得更高一层的描述。

涉及上述不同描述的一个基本规则是，如果给定一个在某种水平上的系统描述,那么人们至少可联想到一个比它低的水平上的描述。因此一个明确的分解结构描述具有唯一的一个状态结构描述(例如,它的状态集可通过对每个个别的成分的状态集施行某种集合运算而获得);而状态结构描述本身又只有唯一的一个行为描述。在这种情况下,一个系统或相同的系统能看作具有一个网络结构,一个状态结构和一个行为结构。

2.2.3 特定的系统模型

在前面几节中,已经给出了一个将系统看作为集合结构的一般定义。然而,在实际情况下,人们是永远不会从这样一个一般结构出发的。通常,是采用一个更加特殊的"建模形式"。在这里,所谓"形式"是指为说明系统描述的一个子集而采用的一个适宜的集合。

一旦给出这个形式,那么这个形式就表示了被参考系统的子集所公用的信息。所以,用这样一个形式来表示一个模型,人们仅仅需要给出为区别这个模型和该级的其他模型的信息。从这个意义看,可以将一个特殊的模型形式看作是提供了说明一个系统的子级的一条捷径。表示成一个形式的模型是对系统的一个描述,也即,它从所有系统的集合中简要地选择出一个特殊的系统。

Oren 已经提供了一个关于建模形式的分类,根据这个分类,表 2-1 给出了不同模型的具体描述形式。

表 2-1 模型形式的分类

模型的描述变量的轨迹		模型的时间集合	模型形式	变量范围	
				连续	离散
混合(变化)模型	连续变化模型	连续时间模型	偏微分方程	✓	
	不连续变化模型	连续时间模型	常微分方程	✓	
			事件调度 活动扫描 进程交互	✓	✓
		离散时间模型	差分方程	✓	✓
			有限状态机 马尔科夫链		✓

2.2.3.1 连续系统的集中参数模型形式

(1) 时不变的,连续时间的,集中参数模型(常微分方程)为

$$M_1: \ <U,\ X,\ Y,\ f,\ g> \qquad\qquad (2-2)$$

式中:$u \in U$ 为输入集合;$x \in X$ 为状态集合;$y \in Y$ 为输出集合;f 为函数的变化率,满足 Lipschitz 条件;g 为输出函数。

$$\dot{x} = f(x,u) \qquad\qquad (2-3)$$
$$y = g(x,u)$$

这样的模型形式是一个由式(2-2)定义的集合结构的特殊情况。事实上

$$M_1 = S_1, \ \text{且} \ S_1: \ <T_1, X_1, \Omega_1, Q_1, Y_1, \delta_1, \lambda_1>$$

式中:$t \in T_1 : [t_0, \infty] \subset R; X_1 \equiv U:R^m, m \in I^+; \Omega_1: \{\omega:[t_0, t_0 + \tau] \to U$ 处处连续的函数,$\tau > 0\}; Q_1 \equiv X:R^n, n \in I^+; Y_1 \equiv Y:R^p, p \in I^+; \delta_1:$ 假设微分模型(2-3)具有唯一解 $\phi(t)$,以致

$$\phi(0) = q$$
$$\mathrm{d}\phi(t)/\mathrm{d}t = f(\phi(t), \omega(t))$$

则映射 $\delta_1: Q \times \Omega \to Q$ 能在解 $\phi(t)$ 情况下被确定,即

$$\lambda_1 = g$$

(2)随机的,连续时间的,集中参数模型。在许多应用情况下,人们希望有一个可选项,它用来表示不可量测的和随机的输入,例如一些干扰。它们可看作为实际世界填在模型中的不可控部分或不可观部分,这样可获得更加有代表性的模型行为:

$$\begin{cases} M_2: \ <U,\ W,\ V,\ X,\ Y,\ f,\ g> \\ \dot{x} = f(x,u,w,t) \\ y = g(x,v,t) \end{cases} \qquad (2-4)$$

附加量 w 和 v 是随机模型干扰。已经提供了一个解的存在条件和随机微分方程的内部规律。

假设 w 和 v 是一个随机数或是一个随机矢量过程,那么,x 和 y 也将是这样一个过程。式(2-4)给出的模型与式(2-1)中定义的集合结构相符与否还有待进一步的讨论和研究。

通常,不将 w 和 v 向量看作一个输入。这些向量的随机特性不属于模型说明的范围。对一个已知的 w 和 v,式(2-4)能被看作一个集合结构,即

$$M_2 \equiv S_2, \text{且} \ S_2: \ <T_2, X_2, \Omega_2, Q_2, Y_2, \delta_2, \lambda_2> \qquad (2-5)$$

式中,$t \in T_2:[t_0, \infty] \subset R; X_2 \equiv U \cup W \cup V:R^{m+m_1+m_2}, \quad m, m_1, m_2 \in I^+; Q_2 \equiv X:R^n,$

$n \in I^+; Y_2 \equiv Y : R^p, \; p \in I^+; \Omega_2, \delta_2 :$ 按前一例中的相同方式定义;$\lambda_2 \equiv g : X_2 \times Q_2 \times T_2 \to Y_2$。

由于存在着许多种 w 和 v 的实现,所以,一个随机模型是一组确定的集合结构。

2.2.3.2 离散事件系统的模型形式

在某些情况下,特别是在制造系统、计算机网络系统、信息管理系统的研究中,真实世界的过程能看作是由一组事件所构成,而这些事件是在特定的时间点上发生变化。可以给出离散事件模型 M_3 的公式来作为该系统的数学描述,即

$$M_3 : \; < X, S, Y, \delta, \lambda, \tau >$$

式中,X 为外部事件集合;S 为序列离散事件状态集合;Y 为输出集合;δ 为准转移函数。

准转移函数可用以下两种方式之一来描述。

(1) δ^{ϕ},映射 $S \to S$,这说明,假如没有外部事件发生,系统也将从一个给定状态进展到另一个状态。

(2) δ^{ex},映射 $X \times S \times T \to S$,它说明,假设系统处于状态 S,同时在上一个状态转移发生后的时间 e 内有一个外部事件 x 发生,则状态将发生上述转移。

λ 为输出函数:映射 $Q \to Y$。

τ 为时间拨动函数,它是一个映射 $S \to R_{0,\infty}^+$,同时说明系统在没有外部事件作用下,在一个新的转移发生之前它将在状态 S 下保持多长时间。

对于一个控制专家来讲,这样一个系统描述似乎是很粗劣的,但是它对其他一些领域的研究者来讲却是很适宜的,我们能证明:

$$M_3 \equiv S_3 \text{ 且 } S_3 : \; < T_3, X_3, \Omega_3, Q_3, Y_3, \delta_3, \lambda_3 >$$

式中,$T_3 : [t_0, \infty] \subset R; X_3 : X_m \cup \{\phi\}; \Omega_3 :$ 离散事件段集;

$\Omega_3 : \{\omega \mid \omega : \; < t_0, t_1 > \to X_3, \omega(t) \neq \phi, \text{对} (t_0, t_1) \text{的大部分有限子集}\}$

$Q_3 :$ 从顺序集合 S_m 及时间拨动函数 τ_m 构造出来的实际状态集合,即

$$\tau_m : S_3 \to R_{0,\infty}^+, \text{且 } Q_3 : \{(s, e), s \in S_3, 0 \leq e \leq \tau_m(s)\}$$

因此一个合成的状态是 (s, e) 对,其中 s 是一个顺序状态,而 e 是在这个状态下停留的时间。

$\delta_3 :$ 由 δ_m 构造而得。

映射 $Q_3 \times X_3 \to Q_3$,对每个 τ,状态可从以下公式获得:

$$\begin{cases} \delta(s,e,\phi) = s, e < \tau_m(s) \\ \delta(s,\tau_m(s),\phi) = \delta_3^\phi \\ \delta(s,e,x) = \delta_3^{ex}(s,e,x) \end{cases}$$

2.2.4 系统研究中的基本假定

显然,模型仅仅是现实世界的一个十分简单的局部映射,也仅仅是一小部分成分和一小部分概念被表示成抽象集合——数学描述。幸好,模型常常具有一个有限目的,所以这种简单的、局部的抽象也常常可能是足够的了。

这里,有一个基本假设,即整个世界被研究的过程、被建模的目标,当它们用于某种特殊目的时,至少是"部分可分解"的。

可给出一个部分可分解的实例,如表2-2所列。实际世界的研究对象是人为的,比如一个商业部门。根据对商行的经营,可以列出它们的简单分类。在这个分类中,一个完整的(内容全面的)模型可以作为决策的基础。然而,要构造出这样一个综合模型存在很大困难,这些困难使得所获得的综合模型不太可能具有很好的预见性。实际上,可以将许多局部模型集合起来,而它们中的每一个只具有一个或几个研究目的。

表2-2 一个多面向系统

研究对象	所需要的模型	研究对象	所需要的模型
人力的需要	工厂的运转:时间、路线等	顾客满意度	与顾客的界面:等待、路径等
工厂的位置	环境:资源、能源、人才、其他方面的可利用性	存货控制（库存）	环境:顾客、订货商行:购买、生产、交货部门
工厂的布置	工厂的机器:尺寸、排列等		
市场	环境:顾客的心理、竞争	协作工厂	环境:投资的资本、长期的趋向等商行:不用的资本、增长潜力
安全性保证	材料特性:报警、排泄路线等		
质量控制	材料特性:生产过程等	研究与开发	计划:交互性、支付

除可分解性以外,另一个基本假设是状态的存在,即状态捕获了系统的全部过去历史状态,以便计算出在已知的输入作用下今后的状态,至少是今后的输出。状态的存在是一个基本假设,它使模型能应用于许多情况。对于某种确定的数学分工,状态集的维数是有限的。但有时却不是这样,例如,偏微分方程就具有无限维的状态集。不管整个实际世界系统是否能用一个状态机构来合适地加以描述,基本方程是无限的。

2.3 确定型数学模型

2.3.1 连续时间模型

一个系统,从数学上讲可视作输入量与输出量之间的动态变换,这种变换可以用两种方法加以描述:

(1)输入/输出变量描述。利用输入/输出关系直接描述系统,即

$$y(t) = g(u(t_0,t),t) \qquad (2-6)$$

式中,u 和 y 分别为系统的输入量和输出量。

若已知 $t = t_0$ 时刻系统的输出量 y 及其各阶导数,并规定了该时刻以后的输入信号 $u(t_0,t)$,就可以完全确定系统未来的行为 $y(t)$。这种描述又称为系统的外部描述。

(2)状态变量描述。通过引进系统的一组状态变量(用状态要量 x 表示)间接地描述系统,即

$$x(t) = \phi(x(t),u(t_0,t),t),t \geqslant 0 \qquad (2-7a)$$
$$y(t) = \varphi(x(t),u(t_0,t),t) \qquad (2-7b)$$

对一个连续时间系统,如果 $t = t_0$ 时刻 $x(t) = x(t_0)$ 已知,当 $t > t_0$ 时输入变量 $u(t)$ 给定时,状态变量 $x(t)$ 即可唯一地确定,输出变量 $y(t)$ 也由初始状态 $x(t_0)$ 及输入变量 $u(t)$ 唯一确定。这种描述方式称为系统的内部描述法。

2.3.1.1 微分方程

微分方程是描述系统特性的一种重要方法。在描述系统的微分方程中,包括有输入函数(激励函数)$u = u(t)$、输出函数(响应函数)$y = y(t)$ 及其对时间变量的各阶导数。微分方程就是这些函数的线性组合(通常 $m = n$):

$$\sum_{i=0}^{n} a_i \frac{\mathrm{d}^{n-i}y}{\mathrm{d}t^{n-i}} = \sum_{i=0}^{m} b_i \frac{\mathrm{d}^{m-i}u}{\mathrm{d}t^{m-i}} \qquad (2-8)$$

此外,还有初始条件:

$$\left. \frac{\mathrm{d}^i y}{\mathrm{d}t^i} \right|_{t=0} \qquad (i = 0,1,2,\cdots,n-1)$$

系数 a_i, b_i 与 u、y 及其导数无关时称为线性系统;若 a_i, b_i 还与时间 t 无关,则为线性时不变(定常)系统;若 a_i, b_i 与时间有关,则为线性时变(非定常)系统。

2.3.1.2 脉冲响应函数

若初始条件为零时系统受一理想脉冲函数 $\delta(t)$ 的作用,其响应为 $h(t)$,则 $h(t)$ 就称为该系统的权函数,或称脉冲过渡函数。理想的脉冲函数 $\delta(t)$ 的定义为

$$\delta(t) = \begin{cases} \infty & (t = 0) \\ 0 & (t \neq 0) \end{cases}$$

$$\int_0^\infty \delta(t)\,\mathrm{d}t = 1$$

我们知道,任何输入信号 $u(t)$ 均可以分解为脉冲信号(或阶跃信号)之和。根据系统的脉冲响应(或阶跃响应),利用叠加原理,在所有初始条件为零的前提下,线性时不变系统对任何输入的响应(即输出)均可以用输入信号 $u(t)$ 和系统的脉冲响应函数(或称权函数)$h(t)$ 的卷积积分公式来表示:

$$y(t) = \int_0^\infty h(\tau)u(t - \tau)\,\mathrm{d}\tau = \int_0^\infty h(h - \tau)u(\tau)\,\mathrm{d}\tau \qquad (2-9)$$

可见,系统的脉冲响应函数 $h(t)$ 完全描述了系统的特性。

2.3.1.3 传递函数

描述线性连续系统输入输出关系的另一种方法就是常用的传递函数法。传递函数就是在复频域内描述系统特性的一种数学模型,定义为在初始条件为零时,输出量的拉普拉斯变换与输入量的拉普拉斯变换之比。控制系统的零初始条件有两方面的含义:①指输入量是在 $t \geq 0$ 时才作用于系统,因此,在 $t = 0^-$ 时,输入量及其各阶导数均为零;②指输入量加于系统之前,系统处于稳定的工作状态,即输出量及其各阶导数在 $t = 0^-$ 时的值也为零,现实的工程控制系统多属此类情况。

设线性连续系统的微分方程为式(2-8),当初始条件为零时,对该式两端进行拉普拉斯变换即可得到该系统的传递函数,即

$$H(s) = \frac{Y(s)}{U(s)} = \frac{\sum\limits_{i=0}^m b_i s^{m-i}}{\sum\limits_{i=0}^n a_i s^{n-i}} \qquad (2-10)$$

式中,$Y(s)$ 和 $U(s)$ 分别为输出 $y(t)$ 和输入 $u(t)$ 的拉普拉斯变换。

由于 $U(s) \cdot H(s) = Y(s)$,好像输入信号经过系统传递后成为输出信号,故称 $G(s)$ 为传递函数。

既然系统的脉冲响应函数和传递函数都完整地描述了系统的特性,它们之间必存在一定的关系。由于

$$U(s) = L[u(t)] = \int_{-\infty}^{\infty} u(t)e^{-st}dt$$

$$Y(s) = L[y(t)] = \int_{-\infty}^{\infty} y(t)e^{-st}dt$$

利用拉普拉斯变换的定义及卷积积分公式(2-9),输出响应的拉普拉斯变换可表示为

$$Y(s) = \int_{-\infty}^{\infty} \int_{0}^{\infty} h(\tau)u(t-\tau)d\tau e^{-st}dt$$

令 $t-\tau=v$,有 $dt=dv$,于是

$$Y(s) = \int_{-\infty}^{\infty} \int_{0}^{\infty} h(\tau)u(v)e^{-s(v+\tau)}d\tau dt =$$

$$\int_{-\infty}^{\infty} u(v)e^{-sv}dv \int_{0}^{\infty} h(\tau)e^{-s\tau}d\tau = U(s)\int_{0}^{\infty} h(\tau)e^{-st}dt$$

根据系统传递函数的定义,有

$$H(s) = \frac{Y(s)}{U(s)} = \int_{0}^{\infty} h(\tau)e^{-s\tau}d\tau = L[h(\tau)] \qquad (2-11)$$

由此可见,系统的传递函数 $H(s)$ 是该系统的脉冲响应函数 $h(t)$ 的拉普拉斯变换。

2.3.1.4 状态空间模型

在系统理论和现代控制理论中,状态空间概念的引入起了很重要的作用。线性系统的内部描述也就是通常所说的状态空间描述,即所谓的状态空间模型。

1. 状态空间的概念

(1)状态变量。系统的状态变量就是指确定该系统状态的最小的一组变量。如果知道这组变量在任何时刻($t=t_0$)的值及 $t \geq t_0$ 时系统所加入的输入,便能完全知道系统任何将来时刻($t>t_0$)的状态。下面举例说明状态变量。

例 2-1 R-L-C 电路系统(见图 2-2)

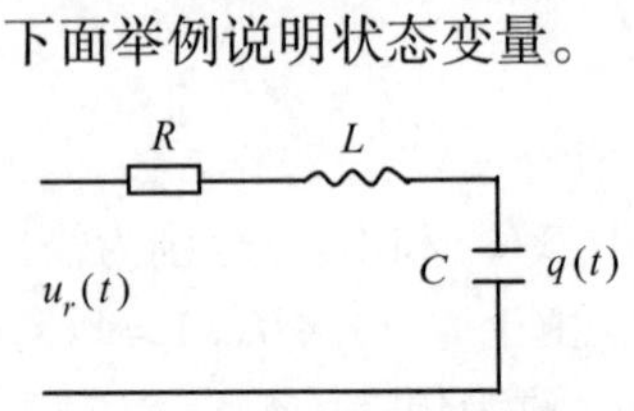

以 $u_r(t)$ 为输入,$q(t)$ 为输出,系统的微分方程为

图 2-2 R-L-C 系统

$$L\ddot{q} + R\dot{q} + \frac{1}{C}q = u_r$$

系统的传递函数为

$$H(s) = \frac{Q(s)}{U(s)} = \frac{1}{Ls^2 + Rs + 1/C}$$

取 $R = 3$，$L = 1$，$C = 0.5$，则有

$$H(s) = \frac{2}{s^2 + 3s + 2} = \frac{2}{s+1} - \frac{2}{s+2}$$

设系统在 t_0 时刻为非松弛状态，即 t_0 时刻系统（电路）中积蓄有能量，则 t_0 时刻以后的系统输出（利用系统的单位脉冲响应）为

$$q(t) = [2e^{-(t-t_0)} - e^{-2(t-t_0)}]q(t_0) + [e^{-(t-t_0)} - e^{-2(t-t_0)}]\dot{q}(t_0) +$$
$$2\int_0^t [e^{-(t-\tau)} - e^{-2(t-\tau)}]u_r(\tau)d\tau$$

将上式对比状态变量的定义，知 $q(t)$ 和 $q(t_0)$ 为系统的状态变量，因为 $q(t_0)$、$\dot{q}(t_0)$ 及 $u[t_0, \infty)$ 唯一确定 $q(t)$。$q(t_0)$（t_0 时刻电容两端的电压）、$\dot{q}(t_0)$（t_0 时刻流经电感的电流）这两个变量描述 t_0 时刻电路的状态。

例 2-2 弹簧—质量—阻尼系统（见图 2-3）

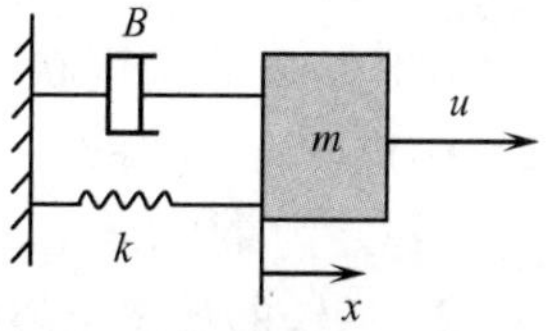

该系统的运动微分方程为

$$m\frac{\mathrm{d}^2 x}{\mathrm{d}t^2} + B\frac{\mathrm{d}x}{\mathrm{d}t} + kx = u \quad (2-12)$$

式中有三个变量：位移 x，速度 $\frac{\mathrm{d}x}{\mathrm{d}t}$ 及加速度 $\frac{\mathrm{d}^2 x}{\mathrm{d}t^2}$。设

图 2-3 弹簧—质量—阻尼系统

$$\begin{cases} x_1 = x \\ x_2 = \dfrac{\mathrm{d}x}{\mathrm{d}t} \\ x_3 = \dfrac{\mathrm{d}^2 x}{\mathrm{d}t^2} \end{cases}$$

代入式（2-12），得

$$mx_3 + Bx_2 + kx_1 = u$$

可见，只要知道 x_1、x_2、x_3 中的任意两个，就可以知道第三个变量了。根据定义，状态变量应是最小的一组变量，故该系统就只有两个状态变量，它们可以是 x_1、x_2 和 x_3 中的任何两个。可见，系统的状态变量不是唯一的；另外，状态变量并不一定是物理上可观测的，例如复杂系统中 $\mathrm{d}^3 x/\mathrm{d}^3 t$ 等往往是不容易观测的。实际应用中，往往选状态变量为一些容易测量的量，如位置、速度、加速度、压力、电压、电流等。

由于建立系统状态方程时必须考虑状态变量的初始值对系统的影响,所以,通常选择与系统中的储能元件有关的变量作为系统的状态变量,这是由于任何储能元件初始储蓄的能量都会影响系统的未来状态。一个状态变量一般都同一个相应的储能元件发生联系。不过某些系统的状态变量数目可能与储能元件的数目不一致,这是因为元件之间的某种联系引起了多余的变量,或者是因为有某个变量与储能元件无关所致。

(2)状态向量。设系统的状态变量为 $x_1, x_2, \cdots, x_n$,将这些变量看作是向量 X 的分量,即

$$X = \begin{bmatrix} x_1, x_2, \cdots, x_n \end{bmatrix}^{\mathrm{T}}$$

则称 X 为状态向量。一旦给定了 $t > t_0$ 时的输入 $u(t)$,状态向量就唯一地确定了在任何时刻($t \geqslant t_0$)系统的状态。在例 2-2 中,若取状态变量为 x_1 和 x_2,则系统的状态向量为

$$X = \begin{bmatrix} x_1, x_2 \end{bmatrix}^{\mathrm{T}}$$

(3)状态空间。以状态向量 X 的分量 $x_1, x_2, \cdots, x_n$ 为轴所组成的 n 维空间称为状态空间,任何状态 X 都可以用状态空间中的一点表示。例如,$n = 2$ 时为二维空间。二维空间状态 X 可用平面上的一点表示。

引进状态空间的概念后,系统表达式就表述了系统在状态空间中的运动特性,故称之为系统的状态空间表达式,即系统的状态空间模型。

2. 系统的状态空间模型

例 2-2 中,若取状态变量为 x_1, x_2,则状态方程为

$$\begin{cases} \dot{x}_1 = x_2 \\ \dot{x}_2 = -\dfrac{k}{m}x_1 - \dfrac{b}{m}x_2 + \dfrac{u}{m} \end{cases} \qquad (2-13\mathrm{a})$$

当系统的输出变量就是系统的状态变量时,状态方程便完全描述了系统的动态特性,否则,还应写出一组输出方程。在例 2-2 中,输出的变量 x_1 和 x_2 本身就是系统状态变量,故式(2-13a)已完全描述了系统的动态特性,事实上(2-13a)的第二式就是从系统运动方程式(2-12)推导出来的。尽管输出量已是状态变量,但为完整起见,仍写出输出方程,即取输出量为

$$\begin{cases} y_1 = x_1 \\ y_2 = x_2 \end{cases} \qquad (2-13\mathrm{b})$$

综上所述,在实际系统中,输入将驱动状态的变化。状态方程描述了系统运动的内部过程,而输出方程则表达系统内部运动与外部的联系。故描述系统的状态空间模型应包括以下两部分:

（1）状态方程，即输入对状态的作用关系式，是一阶微分方程组，或矩阵方程，如式（2－13a）。

（2）输出方程，即状态变量与输出间的关系式，为一般代数方程，如式（2－13b）。

对于一个具有 n 个状态变量、m 个输入变量和 p 个输出变量的线性定常（时不变）系统而言，式（2－13a）和（2－13b）可分别写成如下一般形式：

$$\begin{cases} \dot{x}_1 = a_{11}x_1 + a_{12}x_2 + \cdots + a_{1n}x_n + b_{11}u_1 + b_{12}u_2 + \cdots + b_{1m}u_m \\ \dot{x}_2 = a_{21}x_1 + a_{22}x_2 + \cdots + a_{2n}x_n + b_{21}u_1 + b_{22}u_2 + \cdots + b_{2m}u_m \\ \vdots \qquad\qquad\qquad\qquad\qquad\qquad\qquad\qquad \vdots \\ \dot{x}_n = a_{n1}x_1 + a_{n2}x_2 + \cdots + a_{nn}x_n + b_{n1}u_1 + b_{n2}u_2 + \cdots + b_{nm}u_m \end{cases}$$

$$(2-14a)$$

和

$$\begin{cases} \dot{y}_1 = c_{11}x_1 + c_{12}x_2 + \cdots + c_{1n}x_n + d_{11}u_1 + d_{12}u_2 + \cdots + d_{1m}u_m \\ \dot{y}_2 = c_{21}x_1 + c_{22}x_2 + \cdots + c_{2n}x_n + d_{21}u_1 + d_{22}u_2 + \cdots + d_{2m}u_m \\ \vdots \qquad\qquad\qquad\qquad\qquad\qquad\qquad\qquad \vdots \\ \dot{y}_p = c_{p1}x_1 + c_{p2}x_2 + \cdots + c_{pn}x_n + d_{p1}u_1 + d_{p2}u_2 + \cdots + d_{pm}u_m \end{cases}$$

$$(2-14b)$$

写成矩阵形式，有

$$\text{状态方程：} \dot{X} = AX + BU \qquad (2-15a)$$
$$\text{输出方程：} Y = CX + DU \qquad (2-15b)$$

式中，A 为状态矩阵（$n \times n$）；

    B 为输入矩阵（$n \times m$）；

    C 为输出矩阵（$p \times n$）；

    D 为直接关联矩阵（$p \times m$），即输入是如何直接影响输出的；

    X 为状态向量（$n \times 1$）；

    U 为输入向量（$m \times 1$）；

    Y 为输出向量（$p \times 1$）。

以上各矩阵（向量）的表达式分别为

$$\boldsymbol{A} = \begin{bmatrix} a_{11} & a_{12} & \cdots & a_{1n} \\ a_{21} & a_{22} & \cdots & a_{2n} \\ \vdots & \vdots & \ddots & \vdots \\ a_{n1} & a_{n2} & \cdots & a_{nn} \end{bmatrix}_{n \times n} , \quad \boldsymbol{B} = \begin{bmatrix} b_{11} & b_{12} & \cdots & b_{1m} \\ b_{21} & b_{22} & \cdots & b_{2m} \\ \vdots & \vdots & \ddots & \vdots \\ b_{n1} & b_{n2} & \cdots & b_{nm} \end{bmatrix}_{n \times m}$$

$$\boldsymbol{C} = \begin{bmatrix} c_{11} & c_{12} & \cdots & c_{1n} \\ c_{21} & c_{22} & \cdots & c_{2n} \\ \vdots & \vdots & \ddots & \vdots \\ c_{p1} & c_{p2} & \cdots & c_{pn} \end{bmatrix}_{p \times n} , \quad \boldsymbol{D} = \begin{bmatrix} d_{11} & d_{12} & \cdots & d_{1m} \\ d_{21} & d_{22} & \cdots & d_{2m} \\ \vdots & \vdots & \ddots & \vdots \\ d_{p1} & d_{p2} & \cdots & d_{pm} \end{bmatrix}_{p \times m}$$

$$\boldsymbol{X} = \begin{bmatrix} x_1 \\ x_2 \\ \vdots \\ x_n \end{bmatrix}_{n \times 1} , \quad \boldsymbol{U} = \begin{bmatrix} u_1 \\ u_2 \\ \vdots \\ u_m \end{bmatrix}_{m \times 1} , \quad \boldsymbol{Y} = \begin{bmatrix} y_1 \\ y_2 \\ \vdots \\ y_p \end{bmatrix}_{p \times 1}$$

其方块图见图 2 - 4。

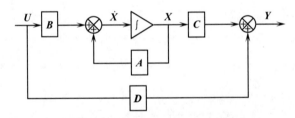

图 2 - 4　多输入多输出线性系统状态模型方块图

通常, $D = 0$, 故常用的状态空间模型为

$$\dot{\boldsymbol{X}} = \boldsymbol{AX} + \boldsymbol{BU} \qquad (2 - 16a)$$

$$\boldsymbol{Y} = \boldsymbol{CX} \qquad (2 - 16b)$$

对于例 2 - 2 所描述的系统, 若取位移和速度为输出时, 其状态模型为

$$\dot{\boldsymbol{X}} = \boldsymbol{AX} + \boldsymbol{BU}$$

$$\boldsymbol{Y} = \boldsymbol{CX}$$

式中

$$\boldsymbol{X} = \begin{bmatrix} x_1 \\ x_2 \end{bmatrix} , \quad \boldsymbol{Y} = \begin{bmatrix} y_1 \\ y_2 \end{bmatrix}$$

$$\boldsymbol{A} = \begin{bmatrix} 0 & 1 \\ -k/m & -b/m \end{bmatrix}, \boldsymbol{B} = \begin{bmatrix} 0 \\ 1/m \end{bmatrix}, \boldsymbol{C} = \begin{bmatrix} 1 & 0 \\ 0 & 1 \end{bmatrix}$$

由于状态变量的非唯一性, 对应的状态模型也不是唯一的。

2.3.2 离散时间模型

若系统的一个或多个变量仅在离散的瞬间改变其数值,这样的系统叫做离散时间系统,相应的数学模型称为离散时间模型。

随着数字计算机的广泛应用,数字处理技术已在许多科技领域得到应用。一个连续时间系统中的模拟信号在送入计算机之前,必须经过采样过程和模—数转换过程,以便该模拟信号在时间上离散化,在幅值上增量化,形成离散数字信号,这样才能为计算机所接受,构成离散时间系统。分时数据传送系统、数字控制系统等都是离散时间系统的例子。另一方面,有一些系统本身就是以离散时间形式出现的,例如,产量、人口增长率等问题以及许多经济系统。由此看来,完全不同的实际系统,它们的动态行为都可以采用离散时间的数学模型加以描述。

和连续时间系统相似,线性离散时间系统的数学描述也可以用多种不同的但是等价的形式来表示。对离散时间系统可以有下列几种表示方法:差分方程表示法、权序列表示法、离散时间状态变量表示法和脉冲传递函数表示法。其中前三种是时域模型,后面一种是 Z 域模型。按照描述系统的变量关系,同样可以将离散系统的数学模型区分为外部描述法和内部描述法。

2.3.2.1 差分方程

一个 SISO 的线性离散时间系统可以用线性差分方程来描述:

$$y(k) + \sum_{i=1}^{n} a_i y(k-i) = \sum_{i=0}^{n} b_i u(k-i) \qquad (2-17)$$

式中,$y(k)$ 和 $u(k)$ 分别为时刻 kT_0(第 k 次采样)时系统的输入量及输出量;T_0 为采样周期。

该差分方程的阶次是输出量 y 的最高的自变量序号(k)与最低的自变量序号($k-n$)之差(n),即为 n 阶差分方程。系数 $a_i(i=1\sim n)$ 和 $b_i(i=0\sim n)$ 是表征系统动态行为的参数。如果这些参数是常数,则系统就是时不变系统,否则(参数取决于离散时间参数 k),系统是时变系统。当系统以差分方程形式描述其特性时,系统辨识的任务就是识别系数 $a_i(i=1\sim n)$ 和 $b_i(i=0\sim n)$。如果系统具有纯时间滞后 d,则在模型中应以($k-d$)代替式中所有控制变量 $u(k)$,$u(k-1)$,…中的 k。由于这种取代并不影响问题的一般性,故以后仍采用式(2-17)。

如果在上述差分方程中引入向后时移算子 q^{-1},则 q^{-1} 定义为

$$q^{-1} y(k) = y(k-1)$$

令多项式

$$A(q^{-1}) = \sum_{i=0}^{n} a_i q^{-i}(a_0 = 1)$$

$$B(q^{-1}) = \sum_{i=0}^{n} b_i q^{-i} \tag{2-18}$$

则差分方程式(2-17)可写成

$$A(q^{-1})y(k) = B(q^{-1})u(k) \tag{2-19}$$

这种形式的差分方程在系统辨识中常用。

2.3.2.2 权系列

若对一初始条件为零的系统施加一单位脉冲序列 $\delta(k)$,则其响应称为该系统的全权序列 $\{g(k)\}$,而 $\delta(k)$ 定义为

$$\delta(k) = \begin{cases} 1 & (k = 0) \\ 0 & (k \neq 0) \end{cases}$$

类似于连续时间系统的卷积积分,对于任意的输入系列 $u(k)(k=0,1,2,\cdots)$,离散时间系列在时刻 k 的零状态响应 $y(k)$ 可以由下列输入序列 $u(k)$ 和系统的权序列 $h(k)$ 的卷积和给出:

$$y(k) = \sum_{i=0}^{k} h(k-i)u(i) = \sum_{i=0}^{k} u(k-i)h(i) \tag{2-20}$$

2.3.2.3 脉冲传递函数

线性离散系统的脉冲传递函数定义:当起始条件为零时,系统输出响应的 Z 变换与输入信号的 Z 变换之比。

设线性系统的差分方程式(2-17),当起始条件为零[$y(k)=u(k)=0$, $k<0$],对式(2-17)两边取 Z 变换(z 是复变量),就可以得到系统的脉冲传递函数:

$$H(z) = \frac{Y(z)}{U(z)} = \frac{b_0 + b_1 z^{-1} + \cdots + b_n z^{-n}}{1 + a_1 z^{-1} + \cdots + a_n z^{-n}} \tag{2-21}$$

利用式(2-19),式(2-21)又可写成

$$H(z) = \frac{B(z^{-1})}{A(z^{-1})} \tag{2-22}$$

这里,$Y(z)$ 和 $U(z)$ 分别为 $y(k)$ 和 $u(k)$ 的 Z 变换。正如连续系统传递函数与微分方程直接联系在一起一样,离散系统的脉冲传递函数与差分方程也直接联系在一起。

类似于连续系统传递函数与脉冲响应函数的关系式(2-11),离散系统脉冲传递函数与权系列之间存在如下关系:

$$H(z) = Z[h(k)] \qquad (2-23)$$

利用上述关系,可以将权序列 $h(k)$ 与差分方程的系数 a_i 及 b_i 直接联系起来。用长除法将 $G(z)$ 展开:

$$\frac{b_0 + b_1 z^{-1} + \cdots + b_n z^{-n}}{1 + a_1 z^{-1} + \cdots + a_n z^{-n}} = g_0 + g_1 z^{-1} + g_2 z^{-2} + \cdots$$

显然,等号右边就是权序别的 z 变换式。于是有

$$b_0 + b_1 z^{-1} + \cdots + b_n z^{-n} = (g + g_1 z^{-1} + g_2 z^{-2} + \cdots)(1 + a_1 z^{-1} + \cdots + a_n z^{-n})$$

比较等式两边 z 的同次幂系数,得

$$\begin{cases} \sum_{m=1}^{i} a_m g(i-m) = \begin{cases} b_i & (i = 0,1\cdots m) \\ 0 & (i > n) \end{cases} \\ a_0 = 1 \end{cases} \qquad (2-24)$$

这组方程直接表达了权序列 $g(k)$ 与差分方程系数 a_i、b_i 间关系。

2.3.2.4 离散状态空间模型

对离散时间系统,状态变量 $x(k)$ 取决于系统的起始状态向量 $x(0)$ 和输入向量 $\{u(0), u(1), \cdots, u(k-1)\}$。如果状态向量 $x(k)$ 已知,则 $x(k+1)$ 完全由输入向量 $u(k)$ 所决定,即

$$x(k+1) = f\{x(k), u(k), k\} \qquad (2-25a)$$

同理,输出向量为

$$y(k+1) = m\{x(k), u(k), k\} \qquad (2-25b)$$

这里认为离散时间间隔相等,即对任意整数 k,有

$$t_k - t_{k-1} = T_0 = 常数$$

在向量函数为线性的情况下,系统的状态空间模型为

$$X(k+1) = A(k)X(k) + B(k)U(k) \qquad (2-26a)$$
$$Y(k) = C(k)X(k) + D(k)U(k) \qquad (2-26b)$$

式中,X 为 n 维状态向量;U 为 m 维输入向量;Y 为 p 维输出向量。

离散系统的状态空间模型中各系数矩阵完整地描述了系统的特性。如果这些系数矩阵与时间无关,则方程(2-26)可进一步简化为

$$X(k+1) = AX(k) + BU(k) \qquad (2-27a)$$
$$Y(k) = CX(k) + DU(k) \qquad (2-27b)$$

这就是线性时不变离散系统的状态空间模型。由该方程所构成的离散时间系统的方块图如图 2-5 所示。其中 q^{-1} 表示后向时移算子,它用以表示具有 T_0 秒时间延迟的单位延迟元件。

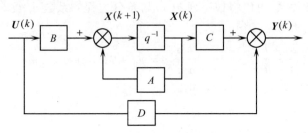

图 2-5　离散时间系统方块图

2.4　随机型数学模型

2.4.1　随机噪声及其数学模型

以上所讨论的是系统的确定型数学模型,其前提是假定系统不受到任何噪声的干扰,即其中所有输入量、输出量及状态变量均看作是确定变量。然而,实际的系统或多或少总会受到各种干扰,这里所指的干扰包括对系统本身的干扰以及在对系统进行观测过程中的干扰。这里系统本身所受的干扰分为确定型干扰和随机型干扰,它们都是外界环境对系统的作用量。其中确定型干扰是可测量但不可控制的,随机型干扰是事先不能确切知道也不能控制的,例如环境温度、风速等对系统的干扰作用。在实际观测过程中,必然会引入测量误差等干扰,这种干扰属随机型干扰。这些随机型干扰具有随机量的性质,被称为数学模型中的"噪声",如果在数学模型中考虑噪声的影响,就得到相应的随机型数学模型。

一般说来,噪声对系统的影响是比较小的,因此,处理它们的方式应尽量简化。另外,在实际系统中,噪声的来源可能很多,但在数学模型中则是将它们的影响综合在一起,用一个等效的噪声来代替。

当认为有必要在系统的数学模型中考虑噪声的影响时,就要设法寻找一个合适的数学形式来描述它,即需要找到能以可信赖的精度大致反映实际情况的噪声模型。噪声的主要特点是不可精确地预报其未来值,所以不能认为它是一个预先已知的函数,这就意味着不能用解析函数来加以描述,因为倘若已知某个解析函数在某个区间内的值,就有可能确定其他区间内该函数的值。如何设计出用以描述噪声特性的数学模型? 经过一段时间的尝试探索,认为只有引进随机过程的概念,用随机过程作为描述噪声的模型,才能比较合适地反映出实际存在的随机噪声的作用。

　　不论系统噪声还是观测噪声,当它们用一个特定的随机过程来描述时,它们的特性就由随机过程的统计特性所反映,也就是由该随机过程的概率密度或概率分布函数所反映。描述噪声的随机过程的特性,可以通过它们的数字特征(均值、方差、协方差函数或功率谱密度)来表示。这些统计特性有时可以根据经验得出,有时则需要通过实际观测数据来估计得出。

2.4.1.1　白噪声

　　白噪声是一类最简单但却非常重要的随机过程。其定义为:均值为零、谱密度为非零有限值的平稳随机过程,或者说它是由一系列不相关的随机变量组成的一种理想化的随机过程。白噪声没有"记忆性",也就是说 t 时刻的数值与 t 时刻以前的过去值无关,也不影响 t 时刻以后的将来值。

　　综上所述,白噪声过程在数学上的描述:如果随机过程 $w(t)$ 的自相关函数为(见图2-6)

$$R_w(\tau) = \sigma^2 \delta(\tau) \tag{2-28}$$

式中,$\delta(\tau)$ 为 Dirac 函数,即

$$\delta(\tau) = \begin{cases} \infty & (\tau = 0) \\ 0 & (\tau \neq 0) \end{cases} \tag{2-29}$$

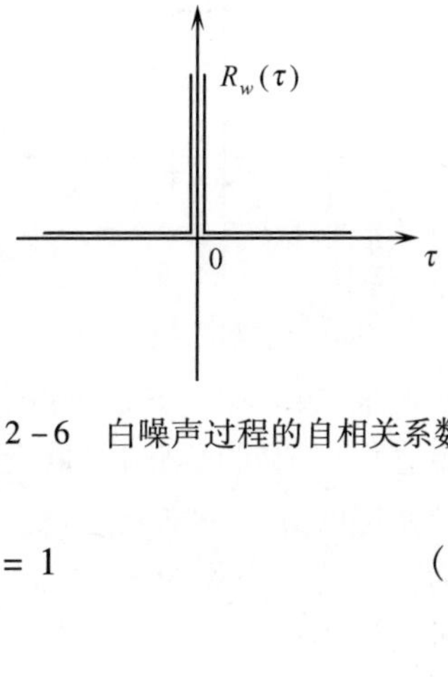

且

$$\int_{-\infty}^{\infty} \delta(\tau) \mathrm{d}\tau = 1 \tag{2-30}$$

图2-6　白噪声过程的自相关系数

则称该随机过程为白噪声过程。

　　由 Wiener – Khintchine 关系式

$$S_w(\omega) = \int_{-\infty}^{\infty} R_w(\tau) \mathrm{e}^{-j\omega\tau} \mathrm{d}\tau \tag{2-31}$$

知白噪声过程 $w(t)$ 的功率谱密度 $S_w(\omega)$ 为常数,即

$$S_w(\omega) = \sigma^2 \quad (-\infty < \omega < \infty) \tag{2-32}$$

式(2-32)表明,白噪声过程的功率在 $-\infty \sim +\infty$ 的全频段内均匀分布,如图2-7所示。基于这一特点,人们借用光学中"白色光"一词称这种噪声为"白

噪声"。这就是白噪声一词的来历。

上面是有关连续时间白噪声的描述。对于离散时间的白噪声,可以证明,在不同时刻白噪声过程的值不相关。

严格符合上述定义的白噪声过程,意味着它的方差和平均功率是 ∞ ,而且它在任意两个瞬间的取值,不管这两个瞬间相距多么近,都是互不相关的。可见,严格符合这个定义的理想白噪声只是一种理论上的抽象,在物理上是不能实现的。然而,白噪声的概念,如同力学中"质点"的概念一样,具有极其重要的实际意义。在随机过程的理论和应用上都占有极其重要的地位。白噪声之所以被广泛使用,原因就在于不同时刻白噪声过程之间是互不相关的,这将给整个随机系统的分析带来很大的方便。对于在一定范围内基本上具有不变谱密度的随机过程,如果我们感兴趣的频率范围以外的谱密度的变化情况对于我们是不重要的,则白噪声往往就用来作为这种随机过程的模型。在实际应用中,如果 $R_w(\tau)$ 接近 δ 函数,如图 2-8 所示,则可近似认为 $w(t)$ 是白噪声。

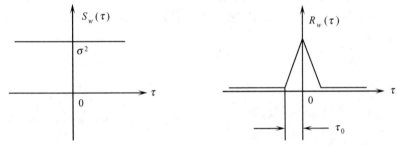

图 2-7 白噪声过程的谱密度   图 2-8 近似白噪声过程

一般说来,实际噪声的谱密度是不均匀的,工程上称这种噪声为有色噪声,这种噪声过程在不同时刻的值是相关的,故又称为相关噪声。这种相关特性往往给整个问题的分析带来复杂性。倘若能将具有相关性的有色噪声看作是以白噪声为输入的动态系统的输出,则随机动态系统的分析与仿真就能大为简化。随机过程的表示定理告诉我们,上述想法在一定条件下是可以实现的。

2.4.1.2 表示定理

设平稳噪声序列 $\{e(k)\}$ 的谱密度 $S_e(\omega)$ 是 ω 的是实函数或是 $\cos\omega$ 的有理函数,那么必定存在一个渐近稳定的线性环节,使得如果环节的输入是白噪声序列,则环节的输出是谱密度为 $S_e(\omega)$ 的平稳噪声序列 $\{e(k)\}$ 。

该定理表明,有色噪声序列可以看成由白噪声序列驱动的线性环节的输出。这个线性环节称为成形滤波器,如图 2-9 所示。

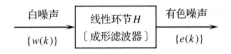

图 2 - 9   成形滤波器

可以证明,如果 $e(k)$ 的谱密度是 $\cos\omega$ 的有理函数,那么必定存在一个成形滤波器,其脉冲传递函数可以写成

$$H(z^{-1}) = \frac{D(z^{-1})}{C(z^{-1})} \qquad (2-33)$$

式中

$$C(z^{-1}) = 1 + c_1 z^{-1} + c_2 z^{-2} + \cdots + c_{n_c} z^{-n_c}$$

$$D(z^{-1}) = 1 + d_1 z^{-1} + d_2 z^{-2} + \cdots + d_{n_d} z^{-n_d} \qquad (2-34)$$

且 $C(z^{-1})$ 和 $D(z^{-1})$ 的根都在 Z 平面上的单位圆内。

在系统辨识中,如果将线性环节 $H(z^{-1})$ 也看作待辨识对象的一部分,那么辨识方法就会变得灵活得多。

2.4.1.3 噪声模型及其分类

将式(2-33)应用于图2-9,得噪声模型的方块图(见图2-10)。

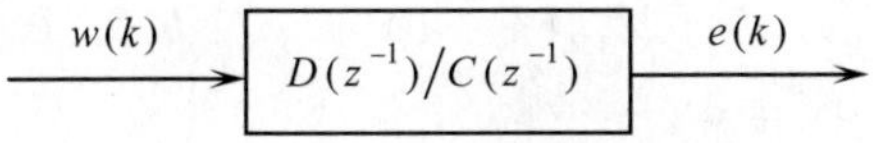

$$w(k) \longrightarrow \boxed{D(z^{-1})/C(z^{-1})} \longrightarrow e(k)$$

图 2 - 10   噪声模型图

由图可见,噪声模型的一般表达式为

$$C(z^{-1})e(k) = D(z^{-1})w(k) \qquad (2-35)$$

式中, $C(z^{-1})$ 和 $D(z^{-1})$ 如式(2-34)所示。

如果 $C(z^{-1})$ 或 $D(z^{-1})$ 简化为1,则噪声模型的结构和特性也随之改变。根据其组合,噪声模型可分为以下三类。

(1) 自回归模型(简称 AR 模型)为

$$C(z^{-1})e(k) = w(k) \qquad (2-36)$$

(2) 平均滑动模型(简称 MA 模型)为

$$e(k) = D(z^{-1})w(k) \qquad (2-37)$$

(3) 自回归平均滑动模型(简称 ARMA 模型)为

$$C(z^{-1})e(k) = D(z^{-1})w(k) \qquad (2-38)$$

2.4.2 系统随机型数学模型

2.4.2.1 连续模型

状态空间模型为

$$\begin{cases} \dot{X} = AX + BU + V \\ Y = CX + DU + W \end{cases} \qquad (2-39)$$

式中,$V(t)$ 为模型噪声;$W(t)$ 为量测噪声。

比较式 $2-15$ 和式 $2-39$ 知:一个随机型系统可看作是一个在确定型系统上增加随机型的模型噪声和量测噪声的系统,为确定型系统的推广。

对于连续时间系统,其随机模型的推导涉及较深的数学知识,在此不作深入讨论。

2.4.2.2 离散模型

1. 差分方程

若线性离散时间系统的输出 y 与输入 u 之间的确定型关系可用 m 阶差分方程描述

$$\begin{aligned} &y(k) + a'_1 y(k-1) + \cdots + a'_m y(k-m) \\ &= b'_0 u(k) + b'_1 u(k-1) + \cdots + b'_m u(k-m) \end{aligned} \qquad (2-40)$$

引入后向位移算子 q^{-1},并令

$$A(q^{-1}) = 1 + a'_1 q^{-1} + \cdots + a'_m q^{-m}$$

$$B(q^{-1}) = b'_0 + b'_1 q^{-1} + \cdots + b'_m q^{-m}$$

则差分方程 $(2-40)$ 可写成

$$y(k) = \frac{B(q^{-1})}{A(q^{-1})} u(k) \qquad (2-41)$$

现在考虑系统受到噪声污染问题。对于稳定的线性系统,可以认为,运用叠加原理,所有的随机干扰因素可以用一个等价的在输出端的随机噪声 v 来代替。这里,等价随机噪声 v 的含义就是没有控制作用($u(k) = 0$)时,在系统输出端所观测到的"输出"。经这样处理后,离散时间系统的随机型数学模型可表示为

$$z(k) = y(k) + v(k) = \frac{B(q^{-1})}{A(q^{-1})} u(k) + v(k) \qquad (2-42)$$

一般说来,式中的 $v(k)$ 是有色噪声。如果 $v(k)$ 是具有有理谱密度的平稳随机过程,原则上讲,根据表示定理,它可以表示为

$$v(k) = \frac{D(q^{-1})}{C(q^{-1})} w(k)$$

式中,$\{w(k)\}$ 为白噪声序列;$C(q^{-1})$ 和 $D(q^{-1})$ 均为 q^{-1} 的多项式。

上式可简化为

$$z(k) = \frac{B(q^{-1})}{A(q^{-1})} u(k) + \frac{D(q^{-1})}{C(q^{-1})} w(k) \qquad (2-43)$$

设 $A_1 = AC, B_1 = ABC, C_1 = ACD$,则有

$$A_1(q^{-1}) z(k) = B_1(q^{-1}) u(k) + C_1(q^{-1}) w(k) \qquad (2-44)$$

其中

$$A_1(q^{-1}) = 1 + a_1 q^{-1} + \cdots + a_n q^{-n}$$
$$B_1(q^{-1}) = b_0 + b_1 q^{-1} + \cdots + b_n q^{-n}$$
$$C_1(q^{-1}) = 1 + c_1 q^{-1} + \cdots + c_n q^{-n}$$

这里假设所有多项式的次数都是 n,这样做并不失一般性。因为如果各多项式的次数不都是 n,我们总可以令后面的某些项的系数为零。

有时,式(2-44)常展开而表现成如下形式:

$$\begin{cases} z(k) = -\sum_{i=1}^{n} a_i z(k-i) + \sum_{i=0}^{n} b_i u(k-i) + \sum_{i=0}^{n} c_i w(k-i) \\ c_0 = 1 \end{cases}$$

$$(2-45)$$

若将上式最后的求和项代之以有色噪声 $\xi(k)$,即

$$\begin{cases} \xi(k) = \sum_{i=0}^{n} c_i w(k-i) \\ c_0 = 1 \end{cases}$$

则有模型

$$z(k) = -\sum_{i=1}^{n} a_i z(k-i) + \sum_{i=0}^{n} b_i u(k-i) + \xi(k) \qquad (2-46)$$

这就是所谓的广义回归模型。

式(2-44)或式(2-45)就是系统的随机型输入输出差分方程模型,这类模型描述了相当广泛的随机线性离散时间系统的运动规律,如图2-11所示。

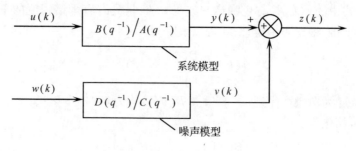

图 2-11　广义回归模型

2. 离散状态空间模型

在一定条件下,离散时间系统随机型状态方程可表示为

$$\boldsymbol{X}(k+1) = \boldsymbol{A}(k)\boldsymbol{X}(k) + \boldsymbol{B}(k)\boldsymbol{U}(k) + \varepsilon(k) \tag{2-47a}$$

$$\boldsymbol{Z}(k) = \boldsymbol{C}(k)\boldsymbol{X}(k) + \boldsymbol{D}(k)\boldsymbol{U}(k) + v(k) \tag{2-47b}$$

式中,$\varepsilon(k)$ 和 $v(k)$ 分别为过程噪声和观测噪声。

2.5　等价模型及模型的规范型

科学的基本原则之一是,系统的各种基本性质应当与描述系统所采用的坐标系无关。例如,描述一个质点在空间的运动状态时,可以选球坐标系,也可以选柱坐标系来建立该质点的运动方程,而质点的运动特性并不会因此而改变。当然,由于坐标系不同,所得的质点运动方程(即数学模型)是不一样的。所以,在适当的变换组合下,系统的数学模型可以有不同的结构形式,而系统的外部特性是不变的。

用状态空间模型描述一个系统时,状态变量的选择是不唯一的,由状态空间的概念知,这相当于可以选取不同的坐标系,即状态变量选取的不唯一性正好反映了数学上状态变量坐标系选取的不同。同一系统,由于所选状态变量的坐标不同,其状态空间模型的形式也不相同,下面定义状态变量的坐标变换。

设有系统 S,其状态空间模型的形式为

$$\dot{\boldsymbol{X}}(t) = \boldsymbol{A}(t)\boldsymbol{X}(t) + \boldsymbol{B}(t)\boldsymbol{U}(t) \tag{2-48a}$$

$$\boldsymbol{Y}(t) = \boldsymbol{C}(t)\boldsymbol{X}(t) + \boldsymbol{D}(t)\boldsymbol{U}(t) \tag{2-48b}$$

如果函数矩阵 $\boldsymbol{T}(t)$ 对 t 可微,且对每个 t 值,$\boldsymbol{T}(t)$ 是可逆的,即 $\det\boldsymbol{T}(t) \neq 0$,则称

$$\overline{\boldsymbol{X}}(t) = \boldsymbol{T}(t)\boldsymbol{X}(t) \tag{2-49}$$

为系统式(2-48)状态变量的坐标变换。

经过变换后,式(2-48)变成

$$\dot{\bar{X}} = \bar{A}(t)\bar{X}(t) + \bar{B}(t)U(t) \qquad (2-50a)$$

$$Y(t) = \bar{C}(t)\bar{X}(t) + \bar{D}(t)U(t) \qquad (2-50b)$$

式中

$$\begin{cases} \bar{A}(t) = \dot{T}(t)T^{-1}(t) + T(t)A(t)T^{-1}(t) \\ \bar{B}(t) = T(t)B(t) \\ \bar{C}(t) = C(t)T^{-1}(t) \\ \bar{D}(t) = D(t) \end{cases} \qquad (2-51)$$

如果系统是时不变系统,式(2-51)变成

$$\begin{cases} \bar{A} = TAT^{-1} \\ \bar{B} = TB \\ \bar{C} = CT^{-1} \\ \bar{D} = D \end{cases} \qquad (2-52)$$

比较式(2-48)和式(2-50)的参数矩阵,可以发现,当系统 S 的状态变量选择不同时,除了参数矩阵 D 不变外,其他参数矩阵均发生了变化。但是,状态的变换过程中并未改变系统的输入和输出。这意味着,当系统 $S(A,B,C,D)$ 的初始状态为 x_0,系统 $S(\bar{A},\bar{B},\bar{C},\bar{D})$ 的初始状态为 Tx_0 时,在相同的输入作用下,两个模型的输出是相同的。

所以,对同一系统,可以有许多个状态空间模型,这些模型在输入/输出关系相同这个意义上讲是等价的。即若两个模型之间存在关系式(2-51),则称这两个模型是代数等价的。

另外可以证明,代数等价的关系还具有传递性,对两个代数等价的模型有下列性质成立:

(1)保持可观测性和可控性;

(2)保持相同的特征值,即有 $\det(sI-A) = \det(sI-\bar{A})$;

(3)输入输出关系相同。

上述结论对离散时间系统同样成立。

综上所述,对于给定系统,由于状态变量的非奇异线性变换 T 是不唯一的,理论上讲,可以得到无穷多个等价的状态空间模型。从系统分析的角度讲,只需从中选取一个方便的模型即可,这种方便的模型应能满足下列条件:

（1）通用，即可描述一定条件下的所有系统；

（2）在给定输入/输出信息下具有最小可能的维数；

（3）用尽可能最少的参数来描述系统的行为。

满足上述要求的参数模型称为规范型（标准型）模型。此时的变换关系 $\boldsymbol{T}$ 正是我们所要寻求的目标。

对一般的多变量系统，除了结构参数外，模型 $S(\boldsymbol{A},\boldsymbol{B},\boldsymbol{C},\boldsymbol{D})$ 包含

$$N_1 = n^2 + nm + np + pm \qquad (2-53)$$

个参数，即使是对单输入单输出系统（$m=1, p=1$），根据输入/输出观测数据辨识出所有这 N_1 个参数也是非常困难的。如果选用某种规范型，需辨识的参数数目会大大减少。例如，下面会看到单输入单输出系统的规范型我们只需辨识

$$N_2 = 2n$$

个参数。可见规范型之重要。

需要指出的是，对于一个给定的系统，可以有几种不同形式的规范型，这取决于所依据的系统特征及所选的变换组合。

第3章

连续系统建模

3.1 引 言

连续系统的常用数学模型有微分方程、传递函数和状态空间模型。

微分方程是系统最基本的数学模型。在自然界里,许多系统,不管是机械的、电气的、液压的、气动的,还是热力的等都可以通过微分方程来描述,由微分方程可以导出系统的传递函数、差分方程和状态方程等多种数学模型。因此,怎样建立系统的微分方程是建模技术中的重要内容,系统的微分方程可以通过反映具体系统内在运动规律的物理学定理来获得。例如机械系统的牛顿定理、能量守恒定律,电学系统中的欧姆定理、基尔霍夫定律,流体方面的 $N-S$ 方程及其他一些物理学基本定律等,这些物理学定律是建立系统微分方程的基础。用物理学基本定理建立系统的微分方程(机理建模法)是微分方程建模法中的最重要的一种方法,除此之外,还有拉普拉斯逆变换法、变分法等。另外,非线性方程的线性化也是应该讨论的内容之一。

传递函数是描述线性连续系统输入输出特性的一种数学模型,是经典控制理论的数学基础,由它可以引出一系列的分析与研究方法。系统传递函数的建模方法大体可以分为两类:直接法和间接法。对于简单的系统,可对其微分方程(包括状态方程)进行拉普拉斯变换,然后求出 $X_c(s)/X_r(s)$ 来建立传递函数,这种方法称为直接法。对于复杂的系统,可先求出环节的传递函数,绘制出系统的方块图,然后利用方块图的各种连接及简化法则来计算出总的传递函数,或绘制出系统的信号流图,然后用梅逊(Mason)公式求取系统总的传递函数,这种方法称为间接法。

用传递函数描述系统时,系统初始条件必须为零;传递函数的模型一般只适用于线性定常系统,且基本上只限于单输入单输出线性系统;这种数学模型只能展现给定输入时系统的输出,而不能提供该系统内部的有关状态信息。可能有时系统的输出是稳定的,而系统内某些元件出现超过它们额定值的趋势。为了稳定与改善系统性能,要提供与系统内部的某些变量成比例的反馈信号,而不单靠输出。这一点基于传递函数模型的经典设计方法实现观测与控制是困难的,需要一种描述系统的更一般的数学模型,与输出一道给出沿信号流的一些确定的系统变量的状态信息。这就导致了状态空间模型的产生。状态空间模型是一种直接的时域模型,它为现代控制理论和系统的优化奠定了基础。对于线性与非线性,定常或非定常的多输入多输出系统的分析与设计是一种很有效的方法。此外,用计算机对微分方程进行求解时,都是先将高阶微分方程化为一阶微分方程,然后求数值解。系统的状态方程正是合乎这种数值解法的一种数学模型。本章介绍状态空间模型的直接建模方法(机理建模法)和间接建模方法(由微分方程、传递函数建立状态空间模型)。

本章除介绍微分方程和状态空间模型的建模方法外,还简要介绍变分原理的建立与变换方法。

3.2 微分方程的机理建模

3.2.1 建模步骤

一个系统是由许多具有不同功用的元件所构成的。同时,这些元件的动态性能又各不相同。在对元件和系统进行研究时,由于研究的内容不同,出发点也不一样。例如,对控制系统的元件大都以下列两种观点加以讨论。

第一种观点,是根据元件的功用来研究元件。在这种情况下,可以分成测量、放大、执行等作用及其他作用的元件。当研究系统的结构组成时,采用这种方法比较方便。利用这种划分方法,根据系统原理图可以很容易画出系统方块图。

第二种观点,是按照运动方程式将元件或系统划分为若干环节。在建立数学模型,研究系统的动态特性时,用这种方法可以使问题得以简化。

所谓环节就是指可以组成独立的运动方程式的那一部分。环节可以是一个元件,也可以是一个元件的一部分或几个元件。环节方程中的系数只取决于本环节中元件的参数,与其他环节无关。

划分环节时应注意相邻两个元件间的相互影响。元件前后连接时,前一元件的输出信号就变成后一元件的输入信号,后一元件就变成前一元件的负载了。元件承受负载后,其运动方程可能改变,即称后一元件对前一元件产生了负载效应。这样,前一元件就不能单独作为一个环节,必须与后一元件同时考虑,在环节划分时必须注意到这一点。

建立系统微分方程的一般步骤如下:

(1) 将系统划分为若干环节,确定每一环节的输入及输出信号,此时应注意前一环节的输出信号是后一环节的输入信号。

(2) 根据物理学基本定律,写出每一环节输出量与输入量间的数学关系式,即环节的原始方程。

(3) 对每一环节的原始方程进行一定的简化(如非线性因素的线性化处理)及数学处理。

(4) 消去中间变量,最后得到只包含系统输入量和输出量的方程,这就是系统的微分方程。

下面按上述步骤建立机械系统、电气系统、液压系统、自控系统的常微分方程。

3.2.2 建模示例

例 3 - 1 机械平移系统。

设有一个弹簧—质量—阻尼器系统,如图 3 - 1 所示。阻尼器是一种产生黏性摩擦或阻尼的装置。它由活塞和充满油液的缸体组成,活塞杆与缸体之间的任何相对运动都将受到油液的阻滞,因为这时油液必须从活塞的一端经过活塞周围的间隙(或通过活塞上的专用小孔)而流到活塞的另一端。阻尼器主要用来吸收系统的能量,被阻尼器吸收的能量转变为热量而散失掉,而阻尼器本身不储藏任何动能或热能。

记系统的输入量为外力 x,输出量为质量 m 的位移 y。我们的目标是求系统输出量 y 与输入量 x 之间所满足的关系式,即系统的微分方程。

取质量 m 为分离体,根据牛顿第二定律,有

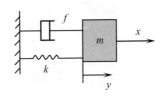

图 3 - 1 机械平移系统

$$m \frac{\mathrm{d}^2 y}{\mathrm{d}t^2} = x - x_1 - x_2 \qquad (3-1)$$

式中,x_1 为阻尼器的阻尼力;x_2 为弹性力。

x_1 和 x_2 为中间变量，必须找出它们与系统有关参数之间的关系，这样才能消去它们。设阻尼器的阻尼系数为 f，弹簧为线性弹簧，其弹性系数为 k，则有

$$x_1 = f\frac{\mathrm{d}y}{\mathrm{d}t}$$

$$x_2 = ky$$

将以上二式代入式(3-1)整理后得出系统的微分方程，即

$$m\frac{\mathrm{d}^2 y}{\mathrm{d}t} + f\frac{\mathrm{d}y}{\mathrm{d}t} + ky = x \qquad (3-2)$$

这是一个线性常系数二阶微分方程。

例 3-2 机械转动系统。

设有一机械转动系统，它由惯性负载和黏性摩擦阻尼器组成，如图3-2所示。

令 J 为负载的转动惯量；

f 为黏性摩擦系数；

ω 为角速度(rad/s)；

T 为作用到系统上的转矩(N·m)。将机械转动系统的牛顿第二定律

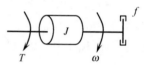

图 3-2 机械转动系

$$J\frac{\mathrm{d}\omega}{\mathrm{d}t} = \sum T$$

应用到本系统，设输入量为转矩 T，输出量为角速度 ω，则有

$$J\frac{\mathrm{d}\omega}{\mathrm{d}t} = T - T_1 \qquad (3-3)$$

式中，T_1 为阻尼器产生的阻尼转矩，其计算公式为

$$T_1 = f\omega$$

将上式代入式(3-3)即消去中间变量 T_1 得到本系统的微分方程，即

$$J\frac{\mathrm{d}\omega}{\mathrm{d}t} + f\omega = T \qquad (3-4)$$

若设系统转角为 α，则上式可表示为

$$J\frac{\mathrm{d}^2 \alpha}{\mathrm{d}t^2} + f\frac{\mathrm{d}\alpha}{\mathrm{d}t} = T \qquad (3-5)$$

可见，以转角 α 为输出量时该系统亦为线性常系数二阶系统。

例3-3 电气系统(R-L-C电路)。

图3-3为由电阻R、电感L和电容C组成的R-L-C电路。试建立以电压 $u_r(t)$ 为输入量,电量 q 为输出量的系统微分方程。

根据基尔霍夫定律写出电路方程如下:

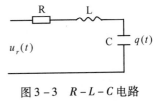

图3-3 R-L-C电路

$$\begin{cases} L\dfrac{\mathrm{d}i}{\mathrm{d}t} + \dfrac{1}{C}\displaystyle\int i\mathrm{d}t + Ri = u_r(t) \\[2mm] i = \dfrac{\mathrm{d}q}{\mathrm{d}t} \end{cases}$$

消去中间量 i 便得到系统的微分方程式,即

$$L\frac{\mathrm{d}^2 q}{\mathrm{d}t^2} + R\frac{\mathrm{d}q}{\mathrm{d}t} + \frac{1}{C}q = u_r \qquad (3-6)$$

以上推出的各种系统的运动方程(数学模型),尽管它们的物理模型不同,但却可能具有相同的数学模型,这种具有相同的微分形式的系统称之为相似系统。在微分方程中占据相同位置的物理量称之为相似量,比较方程(3-2)、方程(3-5)和方程(3-6)可以看出它们具有相同的数学模型,是相似系统,表3-1给出了机电系统中相似变量一览表。

表3-1 机电系统相似变量一览表

模型类型	相 似 参 数						模 型
机械平移系统	质量 M	阻尼 N	刚度 K	位移 y	速度 V	力 F	$M\dfrac{\mathrm{d}^2 y}{\mathrm{d}t^2} + N\dfrac{\mathrm{d}y}{\mathrm{d}t} + Ky = F$
机械转动系统	惯性矩 J	阻尼 β	刚度 K	角位移 α	角速度 ω	力矩 T	$J\dfrac{\mathrm{d}^2 \alpha}{\mathrm{d}t^2} + \beta\dfrac{\mathrm{d}\alpha}{\mathrm{d}t} + K\alpha = T$
R-L-C系统	电感 L	电阻 R	电容 $1/C$	电量 q	电流 I	电压 U	$L\dfrac{\mathrm{d}^2 q}{\mathrm{d}t^2} + R\dfrac{\mathrm{d}q}{\mathrm{d}t} + \dfrac{1}{C}q = U$

相似理论在工程上很有用处,在处理复杂的非电系统时,如果能将其转化成相似的电系统,则更容易通过实验进行研究。元件的更换,参数的改变及测量都很方便,且可应用电路理论对系统进行分析和处理。

另外,尽管各种物理系统的结构不一样,输入量、输出量及中间变量可以是各种不同的物理量,但它们的运动方程却有下列几点共同之处:

(1) 常参量线性元件和线性控制系统的运动方程都是常系数线性微分方程。

（2）运动方程的系数由元件或系统结构本身的参量组合而成，因而都是实数。

（3）运动方程式的形式取决于元件或系统的结构及在其中进行的物理过程，即取决于元件或系统本身的特殊矛盾。因此运动微分方程是揭示系统内部特殊矛盾的工具，它的解反映了元件或系统的运动规律。

（4）对于统一元件或系统，由于所取的输出量不同，其运动方程式的形式也就不同。

（5）所有一维常系数线性系统的运动微分方程式都可以表示成下列普遍形式：

$$\begin{cases} a_n \dfrac{\mathrm{d}^n y}{\mathrm{d}t^n} + a_{n-1}\dfrac{\mathrm{d}^{n-1}y}{\mathrm{d}t^{n-1}} + \cdots + a_1\dfrac{\mathrm{d}y}{\mathrm{d}t} + a_0 y = \\ \\ b_m\dfrac{\mathrm{d}^m x}{\mathrm{d}t^m} + b_{m-1}\dfrac{\mathrm{d}^{m-1}x}{\mathrm{d}t^{m-1}} + \cdots + b_1\dfrac{\mathrm{d}x}{\mathrm{d}t} + b_0 x \end{cases} \tag{3-7}$$

式中，x 和 y 分别为输入量和输出量（$n > m$）。

例 3-4 液压系统（阀控液压缸）。

图 3-4 为阀控液压缸的工作原理图。下面推导以滑阀阀芯位移 x 为输入量、以液压缸活塞位移 y 为输出量的阀控液压缸的数学模型。

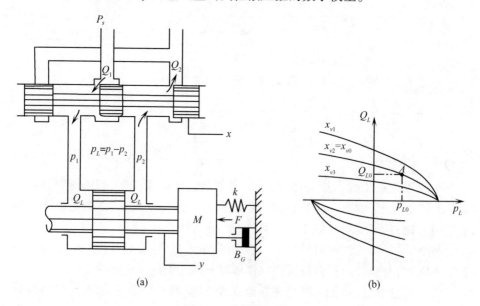

(a)　　　　　　　　　　　(b)

图 3-4　阀控液压缸

阀控液压缸可以划分为两个环节:滑阀和液压缸。

(1)滑阀。设输入量为阀芯位移 x,输出量为负载流量 Q_L。显然,Q_L 不仅与 x 有关,而且还与负载压差 $p_L = p_1 = p_2$ 有关,即 Q_L 是 x 和 p_L 的函数,如图3 - 4(b)所示。由图可见,$Q_L = f(x, p_L)$ 是一个非线性函数,经线性化处理后(见3.2.3节),滑阀流量方程式为

$$Q_L = K_q x - K_c p_L \tag{3-8}$$

式中,x 为阀芯位移(m);p_L 为负载压差(N/m²);Q_L 为负载流量(m³/s);K_q 为滑阀的流量增益(m²/s);K_c 为滑阀的流量压力系数(m⁵/Ns)。

(2)液压缸。输入量为上一环节(滑阀)的输出量 Q_L,输出量为液压为位移 y。将连续性方程应用于液压缸工作腔液流,有

$$Q_L = A \frac{dy}{dt} + C_{tc} p_L + \frac{v_t}{4\beta_e} \frac{dp_L}{dt} \tag{3-9}$$

式中,A 为液压缸工作面积(m²);y 为液压缸的活塞位移(m);C_{tc} 为液压缸总漏损系数(m⁵/Ns);V_t 为从滑阀出口到液压缸活塞的两腔总容积(m³);β_e 为油液有效体积弹性系数(N/m²)。

方程(3-9)中 p_L 可根据牛顿第二定律求出,即对液压缸列力平衡方程如下:

$$p_L = \frac{1}{A} \left(M \frac{d^2 y}{dt^2} + B_c \frac{dc}{dt} + Ky \right) + \frac{F}{A} \tag{3-10}$$

式中,M 为负载质量(N·s²/m);B_c 为负载阻尼系数(N·s/m);K 为负载弹性刚度(N/m);F 为外加负载力(N)。

联立求解方程(3-8)、方程(3-9)和方程(3-10),消去中间变量 θ_1,即获得阀控液压缸的运动方程式:

$$a_3 \frac{d^3 y}{dt^3} + a_2 \frac{d^d y}{dt^2} + a_1 \frac{dy}{dt} + a_0 y = b_1 x + b_0 \tag{3-11}$$

式中

$$\begin{cases} a_3 = \dfrac{v_t M}{4\beta_e} \\[3mm] a_2 = (C_{tc} + K_c)M + \dfrac{v_t B_c}{4\beta_e} \\[3mm] a_1 = A^2 + \dfrac{v_t K}{4\beta_e} + (C_{tc} + K_c)B_c \\[3mm] a_0 = K(K_c + C_{tc}) \\[3mm] b_1 = AK_q \\[3mm] b_0 = (K_c + C_{tc})F + \dfrac{v_t}{4\beta_e}\dfrac{\mathrm{d}F}{\mathrm{d}t} \end{cases} \qquad (3-12)$$

式(3-11)是在控制信号 x 和扰动力 F 同时作用的情况下,全面考虑了负载质量、阻尼、刚度以及液压油的弹性、液压缸的泄漏等各种因素时推导出来的阀控液压缸的数学模型。实际应用中可根据具体情况忽略一些次要因素而使该数学模型得以简化。

例 3-5 自动控制系统。

上面从系统广义的概念上分析了机械、电气和液压系统的数学模型的建立问题。下面再分析一个更复杂的系统——控制工作台位置的电液反馈控制系统的数学模型的建立问题。

图 3-5(a)和(b)分别为一控制工作台位置的电液反馈控制系统的工作原理图和方块图。该控制系统的任务是控制工作台的位置,使之按指令电位计给定的规律变化。操作者移动指令电位计的滑臂,滑臂的角度位置 θ_r 被转换成为控制电压 u_r。被控制的工作台位置由反馈电位器检测,转换成电压 u_c。当工作台的位置与指令信号的位置有偏差时,通过由两个电位器接成的桥式电路而得到该偏差电压 $u_1 = u_r - u_c$,当开始指令电位器和反馈电位器的滑臂都处于右端位置时,$u_r - u_c = 0 - 0 = 0$,即没有偏差信号,工作台处于静止状态。若突然有一指令信号,将指令电位计的滑臂移到中间位置,设此时 $u_r = 15\text{V}$,而在负载(工作台)改变位置之前瞬间,反馈电压 $u_c = 0$,此时 $u_1 = 15\text{V}$。该偏差经放大器放大后变成电流信号去控制伺服阀,伺服阀便输出压力液压油,使液压缸推动工作台移动,以减小偏差,直到反馈电位器滑臂达到中间位置,$u_c = 15\text{V}$,即输出完全复现输入,此时,$u_1 = 0$。伺服阀恢复零点而不再输出压力油,液压缸活塞便停止运动,于是工作台达到了指令信号所规定的位置。如果指令电位器滑臂位置不断改变,则工作台位置也随着不断变化。

为了便于建立该系统的数学模型,对方块图 3-5(b)进行简化,得到如

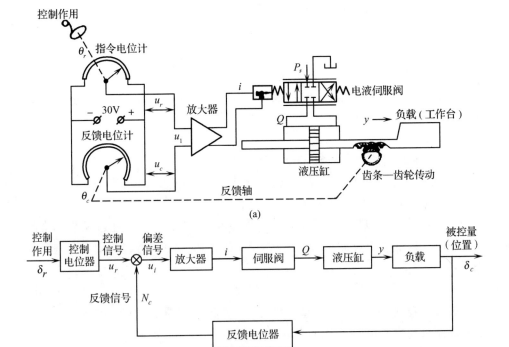

(a)

(b)

图 3-5　工作台位置控制系统

(a) 原理图；(b) 方块图。

图 3-6 所示的系统方块图，可见，该系统共有五个环节。如果能列出每一环节的数学模型，消去中间变量后即可得到系统的数学模型。

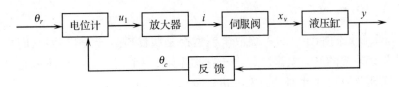

图 3-6　位置控制系统方块图

（1）电位器。电位器是用来作比较检测元件的。引起它动作的原因是电位器手柄的旋转，即 θ_r 和 θ_c 的变化。运动的结果是产生偏差电压 u_1。设指令电位器和反馈电位器每转一弧度的电压均为 K_1，那么偏差电压为

$$u_1 = k_1(\theta_r - \theta_c) \qquad (3-13)$$

这就是电位器的数学模型。

（2）放大器。放大器的输入量为电位器的输出量 u_1，而输出量为电流 I，若

将放大器看作一纯放大环节,则其方程为

$$I = k_2 u_1 \qquad (3-14)$$

式中,k_2 为电流放大系数(A/V)。

(3)伺服阀。该系统中伺服阀的作用是进行电—液转换及功率放大。其输出量为滑阀阀芯的位移。推导电液伺服阀的数学模型涉及伺服阀的工作原理,为简化起见,可近似将其看作是一个放大环节,即

$$x = k_3 I \qquad (3-15)$$

式中,k_3 为伺服阀的放大系数(cm/A)。

(4)液压缸。输入量为阀芯的位移 x,输出量为液压缸活塞位移 y,其数学模型在前面已推出,即式(3-11)。

(5)反馈传动机构。液压缸活塞一面带动负载运动,一面通过齿条齿轮传动将位移 y 转换为电位器轴的转角 θ_c。若用 k_4 来表示该转换比,则反馈电位器的转角为

$$\theta_c = k_4 y \qquad (3-16)$$

联立方程式(3-13)~方程(3-16)及方程(3-11),消去中间变量 u_1、I、x、y,即可得到输出量 θ_c 与输入量 θ_r 间的关系式,即系统的数学模型:

$$a_3 \frac{\mathrm{d}^3 \theta_c}{\mathrm{d}t^3} + a_2 \frac{\mathrm{d}^2 \theta_c}{\mathrm{d}t^2} + a_1 \frac{\mathrm{d}\theta_c}{\mathrm{d}t} + (a_0 + K)\theta_c = K\theta_r + K_4 b_0 \qquad (3-17)$$

式中 $K = k_1 k_2 k_3 k_4$,$b_0, b_1, b_2, a_0, a_1, a_2$ 和 a_3 的表达式见式(3-12)。

3.2.3　非线性系统模型的线性化

3.2.3.1　问题的提出

4.2.2 节我们推导出的系统数学模型都是线性微分方程式,即它们均不包含变量及其导数的非一次幂项。对于这类系统,一个很重要的性质就是可以应用叠加原理及应用线性理论对系统进行分析与设计。

在实际问题中,纯粹的线性系统并不多见,经常遇到系统具有固有的非线性特性或者只有在特定条件下才呈现线性特性。此外,系统模型中还可能有一个或多个随时间变化的系数使系统呈现非线性。

非线性系统是指含有一个或多个非线性元件的系统。一般而言,系统中一个元件的输出 y 都可以用某个已知输入量 x 的函数描述,即

$$y = f(x)$$

若 $f(x)$ 是直线,该元件便是线性元件;否则就是非线性元件。

对非线性元件,用分析法求解有一些困难,因此首先要将其线性化,然后求解。

典型的非线性元件有非线性弹簧;非线性阻尼器;非线性电阻;非线性电容与电感;线性时变的电容与电感。

3.2.3.2 线性化的基本法则

非线性系统数学模型的线性化的目的是导出一个与非线性系统响应十分逼近的线性模型,使复杂问题变得比较简单。

图3-7是非线性弹簧的特性曲线,x代表非线性弹簧的总变形,$f(x)$代表弹性恢复力,x_0表示弹簧的自由长度。

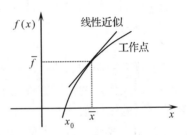

考虑图3-7中非线性弹簧特性曲线上的特定点$(\bar{x},\bar{f})$作为工作点,假定工作点$(\bar{x},\bar{f})$是已知的,对应于任一时刻,可将$x(t)$看成两部分之和:一部分是与工作点对应的,记作$\bar{x}$,另一部分是随时间变化的,记作$\hat{x}(t)$,即

图3-7 非线性弹簧的特性曲线

$$x(t) = \bar{x} + \hat{x}(t) \qquad (3-18)$$

式中,常数项$\bar{x}$称为函数$x(t)$的名义值;随时间变化的项$\hat{x}(t)$称为函数的增值。

$f(x)$的泰勒展开式为

$$f(x) = f(\bar{x}) + \left.\frac{\mathrm{d}f}{\mathrm{d}x}\right|_{\bar{x}}(x-\bar{x}) + \frac{1}{2!}\left.\frac{\mathrm{d}^2f}{\mathrm{d}x^2}\right|_{\bar{x}}(x-\bar{x})^2 + \cdots$$

$$(3-19)$$

当$(x-\bar{x})$很小时,可忽略$(x-\bar{x})$的高阶项,$f(x)$在$(\bar{x},f(\bar{x}))$点的泰勒展开式变成

$$f(x) = f(\bar{x}) + \left.\frac{\mathrm{d}f}{\mathrm{d}x}\right|_{\bar{x}}(x-\bar{x})$$

记

$$f(\bar{x}) = \bar{f}, \quad x - \bar{x} = \hat{x}(t)$$

$$\left.\frac{\mathrm{d}f}{\mathrm{d}x}\right|_{\bar{x}}(x-\bar{x}) = \hat{f}(x)$$

则式(3-19)可写成

$$f(x) = \bar{f} + \hat{f}(x) \qquad (3-20)$$

显然,式(3-20)与式(3-18)对应。

用式(3-20)逼近$f(x)$所带来的误差为

$$\varepsilon = \frac{f''(\xi)}{2!}(x-\bar{x})^2,\ (\xi \in (x,\bar{x})) \qquad (3-21)$$

3.2.3.3 线性化步骤

非线性模型线性化的步骤如下:

(1)根据系统的物理条件,导出合适的非线性方程,并确定模型的工作点。

(2)用变量的名义值与增值之和表述该变量,并重新写出系统的微分方程。

(3)将方程中的非线性项用泰勒展开式表示。

(4)用工作点的代数方程式消去微分方程式中的对应常数项,仅保留只包含增值变量的线性项。

(5)用非线性模型变量的初值确定所有增量的初值。

执行完步骤(4)以后,保留在模型中的各项仅包含增值变量,且它们是带常系数的线性项。通常,这些常数是由非线性项的展开式得到的。因此,用数值形式使非线性模型线性化之前,必须找到一个特定的工作点,在此点作泰勒展开。

下面举例说明非线性模型的线性化方法及步骤。

例 3-6 试导出图 3-8(a)所示非线性系统的线性化模型。该系统的非线性弹簧特性曲线$f_k(x)$如图 3-8(c)所示,已知作用力$f_a(t)$的平均值为零。

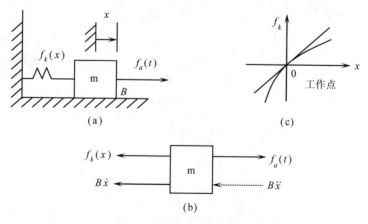

(a)   (c)

(b)

图 3-8 例 3-6 的附图
(a)系统结构图;(b)m脱离体受力图;(c)特性曲线。

解:第一步,根据图3-8(b)写出非线性模型得力平衡方程(牛顿第二定律),即

$$m\frac{\mathrm{d}^2x}{\mathrm{d}t^2} + B\frac{\mathrm{d}x}{\mathrm{d}t} + f_k(x) = f_a(t) \qquad (3-22)$$

为了确定工作点,用 $f_a(t)$ 的平均值 $\bar{f}_a$ 及 x 的平均值 $\bar{x}$ 重新写出式(3-22),得

$$m\frac{\mathrm{d}^2\bar{x}}{\mathrm{d}t^2} + B\frac{\mathrm{d}\bar{x}}{\mathrm{d}t} + f_k(\bar{x}) = \bar{f}_a(t)$$

因为 $\bar{x}$ 为常数,故 $\mathrm{d}\bar{x}/\mathrm{d}t$ 和 $\mathrm{d}^2\bar{x}/\mathrm{d}t^2$ 均为0,且 $\bar{f}_a(t) = 0$,所以

$$f_k(\bar{x}) = 0$$

记 $f_k(\bar{x}) = \bar{f}_k$ 即 $\bar{f}_k = 0$ 工作点可定在 $\bar{x} = 0, \bar{f}_k = 0$ 处,也就是弹性曲线的原点。

第二步,将系统的代数方程中的各线性项用增值变量 $\hat{x} = (x - \bar{x})$ 和 $\hat{f}_a(t) = (f_a(t) - \bar{f}_a)$ 表示,得

$$m\left(\frac{\mathrm{d}^2\bar{x}}{\mathrm{d}t^2} + \frac{\mathrm{d}^2\hat{x}}{\mathrm{d}t^2}\right) + B\left(\frac{\mathrm{d}\bar{x}}{\mathrm{d}t} + \frac{\mathrm{d}\hat{x}}{\mathrm{d}t}\right) + f_k(x) = \bar{f}_a + \hat{f}_a(t)$$

因 $\mathrm{d}^2\bar{x}/\mathrm{d}t^2 = \mathrm{d}\bar{x}/\mathrm{d}t = 0$,故上式为

$$m\frac{\mathrm{d}^2\hat{x}}{\mathrm{d}t^2} + B\frac{\mathrm{d}\hat{x}}{\mathrm{d}t} + f_k(x) = \bar{f}_a + \hat{f}_a(t) \qquad (3-23)$$

第三步,由于 $f_k(x) = f_k(\bar{x} + \hat{x})$,故可将式(3-23)中的非线性弹簧力 $f_k(x)$ 在工作点 $\bar{x} = 0$ 处展开,于是

$$f_k(x) = f_k(0) + \left.\frac{\mathrm{d}f_k}{\mathrm{d}t}\right|_{\bar{x}=0} \hat{x} + \cdots$$

将上式代入式(3-23),并略去二阶以上高阶项,得

$$m\frac{\mathrm{d}^2\hat{x}}{\mathrm{d}t^2} + B\frac{\mathrm{d}\hat{x}}{\mathrm{d}t} + k(0)\hat{x} + f_k(0) = \bar{f}_a + \hat{f}_a(t)$$

式中, $k(0) = \left.\dfrac{\mathrm{d}f_k}{\mathrm{d}t}\right|_{\bar{x}=0}$ 。

第四步,因 $f_k(0) = \bar{f}_k = 0$ 故可得线性模型,即

$$m\frac{\mathrm{d}^2\hat{x}}{\mathrm{d}t^2} + B\frac{\mathrm{d}\hat{x}}{\mathrm{d}t} + k(0)\hat{x} = \hat{f}_a(t) \qquad (3-24)$$

这是一个具有增值输入 $\hat{f}_a(t)$,用增值变量 $\hat{x}$ 表示的线性微分方程,式中的三个

系数 m, B 和 $k(0)$ 都为常数。

最后,应确定方程(3 - 24)的初值条件,以便于求解。由于

$$\hat{x}(0) = x(0) - \bar{x}, \left.\frac{\mathrm{d}\hat{x}}{\mathrm{d}t}\right|_0 = \left.\frac{\mathrm{d}x}{\mathrm{d}t}\right|_0 - \left.\frac{\mathrm{d}\bar{x}}{\mathrm{d}t}\right|_0$$

且

$$\bar{x} = \frac{\mathrm{d}\bar{x}}{\mathrm{d}t} = 0$$

所以

$$\hat{x} = x(0), \left.\frac{\mathrm{d}\hat{x}}{\mathrm{d}t}\right|_0 = \left.\frac{\mathrm{d}x}{\mathrm{d}t}\right|_0$$

这就是式(3 - 24)的初值条件。

只要得到了线性化模型,就可以获得由变量的名义值加增值所表示的非线性模型的近似解。

3.2.3.4 多自变量非线性系统模型的线性化

现以两个自变量的非线性系统为例,说明多自变量非线性系统模型的线性化方程。

假定这个函数是 $f(x, y)$,该函数在 $x = \bar{x}, y = \bar{y}$ 处的泰勒展开式为

$$f(x, y) = f(\bar{x}, \bar{y}) + \left.\frac{\partial f}{\partial x}\right|_{\bar{x}, \bar{y}} (x - \bar{x}) + \left.\frac{\partial f}{\partial y}\right|_{\bar{x}, \bar{y}} (y - \bar{y}) + \cdots$$

因为 $f(\bar{x}, \bar{y}), \left.\frac{\partial f}{\partial x}\right|_{\bar{x}, \bar{y}}, \left.\frac{\partial f}{\partial y}\right|_{\bar{x}, \bar{y}}$ 都是常数,故上式是由一个常数项和两个线性函数项构成的。常数项便是工作点的函数值,两个线性项便是函数的增值变量。将函数 $f(x, y)$ 写成常数项和增值变量之和的形式,即

$$f(x, y) = f(\bar{x}, \bar{y}) + \left.\frac{\partial f}{\partial x}\right|_{\bar{x}, \bar{y}} \hat{x} + \left.\frac{\partial f}{\partial y}\right|_{\bar{x}, \bar{y}} \hat{y} \qquad (3 - 25)$$

式(3 - 25)的右端是非线性函数的线性化模型。

例 3 - 7 试将图 3 - 4(b)所示阀的压力—流量特性的非线性方程

$$Q_L = f(x, p_L) \qquad (3 - 26)$$

线性化。

解:设阀的额定工作点参量为 (x_0, p_{L0}),其静态方程式为

$$Q_{L0} = f(x_0, p_{L0}) \qquad (3 - 27)$$

将式(3 - 27)在工作点 (x_0, p_{L0}) 处展成泰勒级数,有

$$Q_L = f(x_0, p_{L0}) + \frac{\partial f}{\partial x}\bigg|_{x_0, p_{L0}} \Delta x + \frac{\partial f}{\partial p_L}\bigg|_{x_0, p_{L0}} \Delta p_L \qquad (3-28)$$

将式(3-28)减去式(3-27)即得式(3-26)的线性化方程表达式

$$\Delta Q_L = \frac{\partial f}{\partial x}\bigg|_{x_0, p_{L0}} \Delta x + \frac{\partial f}{\partial p_L}\bigg|_{x_0, p_{L0}} \Delta p_L \qquad (3-29)$$

上式中两个偏导数给出了两个重要参数,其中阀的流量放大系数

$$K_q = \frac{\partial f}{\partial x}\bigg|_{x_0, p_{L0}} = \frac{\partial Q_L}{\partial x}\bigg|_{x_0, p_{L0}}$$

阀的流量—压力系数为

$$K_c = -\frac{\partial f}{\partial p_L}\bigg|_{x_0, p_{L0}} = -\frac{\partial Q_L}{\partial p_L}\bigg|_{x_0, p_{L0}}$$

K_q 和 K_c 可以根据工作点值,从阀的特性曲线求得。于是式(3-29)可以改写成

$$\Delta Q_L = K_q \Delta x - K_c \Delta p_L \qquad (3-30)$$

式(3-30)表明了负载流量 ΔQ_L、阀芯位移 Δx 和负载压力 Δp_L 之间的线性关系。可以看出,随着工作不同,阀系数 K_q 和 K_c 也在变化。阀的最重要的工作点在零位,因为系统在闭环工作状态下,阀总是在零位下工作,即 $\Delta \theta_{L0} = 0, x_0 = 0, p_{L0} = 0$,因此,从方程式(3-30)可以得到

$$Q_L = K_q x - K_c p_L \qquad (3-31)$$

这就是式(3-8)。

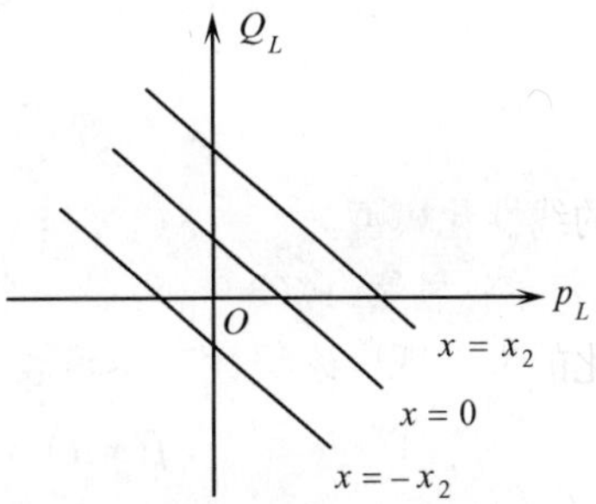

图3-9表示 $Q_L = f(x, p_L)$ 经过线性化后 Q_L, x 与 p_L 之间的线性关系。

图3-9　负载流量特性的线性化

3.2.3.5　线性时变系统模型的线性化

随时间作线性化的系统虽然服从叠加原理,但通常难以用解析方法求解。然而,可以用线性化方法将其变成确定的线性化模型。

线性时变函数的一般形式为

$$f(x, t) = a(t)x \qquad (3-32)$$

式中,x 为系统变量;$a(t)$ 为随时间改变的系数。

将 x 写成 $\bar{x} + \hat{x}$ 的形式,名义值 $\bar{x}$ 由系统的平衡条件确定;$a(t)$ 可以写成

$(\bar{a} + \hat{a}(t))$，通常 $\bar{a}$ 为 $a(t)$ 的平均值。那么，式（3-32）便可写成

$$f(x,t) = [\bar{a} + \hat{a}(t)](\bar{x} + \hat{x})$$
$$= \bar{a}\bar{x} + \bar{a}\hat{x} + \bar{x}\hat{a}(t) + \hat{a}(t)\hat{x} \qquad (3-33)$$

式中，第一项 $\bar{a}\bar{x}$ 为常数；$\bar{a}\hat{x}$ 为增值 $\hat{x}$ 的线性项；$\bar{x}\hat{a}(t)$ 为模型输入变量，至于第四项，当 $|\hat{a}(t)| \ll |\bar{a}|$ 时，二变量的增值之积 $\hat{a}(t)\hat{x}$ 与第二项相比可以忽略不计。又若 $|\hat{x}| \ll |\bar{x}|$，则 $\hat{a}(t)\hat{x}$ 与第三项相比也可以忽略。

所以对于上述两种情况中的任一种，式（3-33）均可写成

$$f(x,t) = \bar{a}\bar{x} + \bar{a}\hat{x} + \bar{x}\hat{a}(t) \qquad (3-34)$$

这就是模型中随时间变化的函数 $f(x,t)$ 的线性化形式。

另外，也可直接从泰勒展开式得到函数 $f(x,a)$ 关于工作点 $(\bar{x},\bar{a})$ 的表达式，即

$$f(x,a) = f(\bar{x},\bar{a}) + \left.\frac{\partial f}{\partial x}\right|_{\bar{a},\bar{x}} \hat{x} + \left.\frac{\partial f}{\partial a}\right|_{\bar{a},\bar{x}} \hat{a}$$

若 $f(x,a) = a(t)x$，则上述表达式就是式（3-34）。

例 3-8 试写出系统方程式

$$\frac{\mathrm{d}^2 x}{\mathrm{d}t^2} + (1 + \alpha\sin\omega t)x = u(t) \qquad (3-35)$$

的线性化模型。

解：显然，式（3-35）是一个线性方程，但 x 的系数 $(1 + \alpha\sin\omega t)$ 是随时间变化的量。现讨论线性时变函数

$$f(x,t) = (1 + \alpha\sin\omega t)x = a(t)x \qquad (3-36)$$

其工作点为 $(\bar{x},\bar{a}) = (\bar{x},1)$。将式（3-36）在工作点 $(\bar{x},1)$ 处作泰勒展开，得

$$f(x,t) = \bar{a}\bar{x} + \left.\frac{\partial f}{\partial x}\right|_{\bar{x},\bar{a}} \hat{x} + \left.\frac{\partial f}{\partial a}\right|_{\bar{x},\bar{a}} \hat{a} =$$
$$\bar{x} + \hat{x} + \alpha\sin\omega t\bar{x} \qquad (3-37)$$

将式（3-37）代入式（3-35），同时将式（3-35）中的 $\mathrm{d}^2 x/\mathrm{d}t^2$ 和 $u(t)$ 在 $(\bar{x} + \hat{x})$ 和 $(\bar{u} + \hat{u}(t))$ 处展开，得

$$\frac{\mathrm{d}^2 \hat{x}}{\mathrm{d}t^2} + \hat{x} + \bar{x} + \bar{x}\alpha\sin\omega t = \bar{u} + \hat{u}(t) \qquad (3-38)$$

至此,$\hat{x}$ 的系数为 1,不再随时间变化。另外,在工作点 $(\bar{x}, 1(t))$,从方程式(3-35)可得

$$\bar{x} = \bar{u}$$

将上式代入式(3-38)得

$$\frac{\mathrm{d}^2\hat{x}}{\mathrm{d}t^2} + \hat{x} + \bar{x}\alpha\sin\omega t = \hat{u}(t) \qquad (3-39)$$

若 $\alpha = 0$,式(3-39)成为

$$\frac{\mathrm{d}^2\hat{x}}{\mathrm{d}t^2} + \hat{x} = \hat{u}(t)$$

式(3-39)也成为

$$\frac{\mathrm{d}^2 x}{\mathrm{d}t^2} + x = u(t)$$

上面两个方程式是等同的。

最后对利用泰勒展开式进行非线性函数(包括时变函数)线性化时应注意的事项归纳如下:

(1)线性化是相对某一工作点进行的。工作点不同,得到的线性化微分方程的系数也不同。

(2)若使线性化具有足够的精度,调节过程中变量偏离工作点的偏差信号应足够小。

(3)线性化后运动方程是相对于工作点,以增量描述的,故认为初始条件为零。

(4)线性化只适用于没有间断点、折断点和非单值关系的函数,对含本质非线性的系统不使用。

3.3 状态空间模型的建模

3.3.1 根据物理学定律直接建立状态空间模型

基于物理学定律的系统状态空间模型的建模步骤如下:

(1)确定状态变量,并写出第一组状态变量方程式;写出状态方程时,只需根据物理定义直接写出相应表达式,例如,$\dot{x} = v$(机械平移系统),$\dot{\theta} = w$(机械转动系统),$\dot{q} = i$(电磁系统)等;

(2)写出用微分形式描述的系统物理方程;

（3）将上述方程式处理成状态变量表示的状态方程式；

（4）如有必要，再写出输出方程。

例3-9 建立图3-10所示机械系统的状态方程。

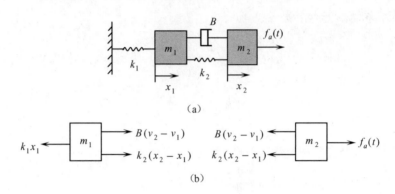

图3-10 机械系统附图

(a) 系统结构图；(b) 脱离体图。

解：

（1）选择 x_1, v_1, x_2, v_2 为状态变量（这四个变量是相互独立的）。按定义写出四个状态方程中的头两个，即

$$\begin{cases} \dot{x}_1 = v_1 \\ \dot{x}_2 = v_2 \end{cases}$$

（2）对质量 m_1, m_2 的分离体（图3-10(b)）进行受力分析，并应用牛顿第二定律得到两个微分方程式，即

$$m_1 \dot{v}_1 + k_1 x_1 - k_2(x_2 - x_1) - B(v_2 - v_1) = 0$$
$$m_2 \dot{v}_2 + k_2(x_2 - x_1) + B(v_2 - v_1) = f_a(t)$$

由以上两式可以得到另外两个状态方程，故系统的状态方程为

$$\begin{cases} \dot{x}_1 = v_1 \\ \dot{v}_1 = \dfrac{1}{m_1}[B(v_2 - v_1) - (k_1 + k_2)x_1 + k_2 x_2] \\ \dot{x}_2 = v_2 \\ \dot{v}_2 = \dfrac{1}{m_2}[B(v_1 - v_2) - k_2(x_2 - x_1) + f_a(t)] \end{cases}$$

若取 x_1, v_1, x_2 为输出，则有输出方程：

$$\begin{cases} y_1 = x_1 \\ y_2 = v_1 \\ y_3 = x_2 \end{cases}$$

系统状态空间模型的矩阵形式为

$$\dot{X} = AX + BU$$
$$Y = CX$$

式中

$$X = \begin{bmatrix} x_1 \\ v_1 \\ x_2 \\ v_2 \end{bmatrix}, \quad Y = \begin{bmatrix} x_1 \\ v_2 \\ x_2 \end{bmatrix}, \quad U = \begin{bmatrix} f_a(t) \end{bmatrix}$$

$$A = \begin{bmatrix} 0 & 1 & 0 & 0 \\ -\dfrac{k_1 + k_2}{m_1} & -\dfrac{B}{m_1} & \dfrac{k_2}{m_1} & \dfrac{B}{m_1} \\ 0 & 0 & 0 & 1 \\ \dfrac{k_2}{m_2} & \dfrac{B}{m_2} & -\dfrac{k_2}{m_2} & -\dfrac{B}{m_2} \end{bmatrix}$$

$$B = \begin{bmatrix} 0 \\ 0 \\ 0 \\ 1 \end{bmatrix}, \quad C = \begin{bmatrix} 1 & 0 & 0 & 0 \\ 0 & 1 & 0 & 0 \\ 0 & 0 & 1 & 0 \end{bmatrix}$$

若选另一组状态变量为 $x_1, v_1, \Delta x, \Delta v$,其中,$\Delta x = x_2 - x_1$,$\Delta v = v_2 - v_1$,$\Delta x$ 与 Δv 分别表示弹簧的伸缩量以及与阻尼相关的速度差,则系统的状态方程为

$$\begin{cases} \dot{x}_1 = v_1 \\ \dot{v}_1 = \dfrac{1}{m_1}(-k_1 x_1 + k_2 \Delta x + B \Delta v) \\ \Delta \dot{x} = \Delta v \\ \Delta \dot{v} = \dfrac{k_1}{m_1} x_1 - \dfrac{m_1 + m_2}{m_1 m_2} k_2 \Delta x - \dfrac{m_1 + m_2}{m_1 m_2} B \Delta v + \dfrac{1}{m_2} f_a(t) \end{cases}$$

上述两种状态方程中均已设弹簧与阻尼器是线性元件。若弹簧 k_1 与阻尼

器 B 是非线性元件，则弹簧 k_1 的恢复力是弹簧位移的函数，设为 $f_{k1}(x_1)$；阻尼器的阻尼是相对速度 Δv 的函数，记为 $f_B(\Delta v)$。于是上述第二种状态方程可以表示为

$$\begin{cases} \dot{x}_1 = v_1 \\ \dot{v}_2 = \dfrac{1}{m_1}[-f_{k1}(x_1) + k_2\Delta x + f_B(\Delta v)] \\ \Delta\dot{x} = \Delta v \\ \Delta\dot{v} = \dfrac{1}{m_1}f_{k1}(x_1) - \dfrac{m_1+m_2}{m_1m_2}k_2\Delta x - \dfrac{m_1+m_2}{m_1m_2}f_B(\Delta v) + \dfrac{1}{m_2}f_a(t) \end{cases}$$

由本例可知，状态方程并不存在唯一性；建立非线性系统的状态方程也并非十分困难。当然，解非线性状态方程比解线性状态方程要困难得多，可用近似解决。

例 3 – 10 建立 R – C – L 电气网络系统（图 3 – 11）的状态方程。

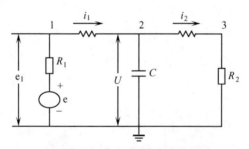

图 3 – 11 电气网络系统

解：该系统中有三个储能元件：电容 C 与电感 L_1，L_2。系统的初始状态完全由 $t=0$ 时刻电容两端电压及通过电感的电流来确定。如果已知初始条件 $v(0)$，$i_1(0)$，$i_2(0)$ 和 $t \geqslant 0$ 时的输入信号 $e(t)$，则完全可以确定在 $t \geqslant t_0$ 时刻的系统行为。但是，只要有一个初始条件是未知的，就不能确定该系统对给定输入的响应了。因此，初始条件 $v(0)$，$i_1(0)$，$i_2(0)$ 和 $t \geqslant 0$ 时的输入信号一起构成所需要的最少信息。由此可以得出结论，状态变量应从这四个变量中选取，其中，仅有三个是独立的，故只有三个状态变量，令选取：$x_1 = v$，$x_2 = i_1$，$x_3 = i_2$。由电路定理不难建立 R – L – C 网络系统的微分方程式，即

$$\begin{cases} i_1 + i_2 + C\dfrac{\mathrm{d}v}{\mathrm{d}t} = 0 \\ L_1\dfrac{\mathrm{d}i_1}{\mathrm{d}t} + R_1i_1 + e - v = 0 \\ L_2\dfrac{\mathrm{d}i_2}{\mathrm{d}t} + R_2i_2 - v = 0 \end{cases}$$

由上述方程进行变换,写成如下形式:

$$
\begin{cases}
\dfrac{\mathrm{d}v}{\mathrm{d}t} = -\dfrac{1}{C}i_1 - \dfrac{1}{C}i_2 \\[2mm]
\dfrac{\mathrm{d}i_1}{\mathrm{d}t} = \dfrac{1}{L_1}v - \dfrac{R_1}{L_1}i_1 - \dfrac{1}{L_1}e \\[2mm]
\dfrac{\mathrm{d}i_2}{\mathrm{d}t} = \dfrac{1}{L_2}v - \dfrac{R_2}{L_2}i_2
\end{cases}
$$

可是,根据定义的状态变量及输入变量,得状态方程:

$$
\begin{bmatrix} \dot{x}_1 \\ \dot{x}_2 \\ \dot{x}_3 \end{bmatrix} =
\begin{bmatrix}
0 & -\dfrac{1}{C} & -\dfrac{1}{C} \\[2mm]
\dfrac{1}{L_1} & -\dfrac{R_1}{L_1} & 0 \\[2mm]
\dfrac{1}{L_2} & 0 & -\dfrac{R_2}{L_2}
\end{bmatrix}
\begin{bmatrix} x_1 \\ x_2 \\ x_3 \end{bmatrix} +
\begin{bmatrix} 0 \\ -\dfrac{1}{L_1} \\ 0 \end{bmatrix} u
$$

如果取 R_2 两端的电压和通过 R_2 的电流作为输入变量 y_1 和 y_2,则输出方程为

$$
\begin{bmatrix} y_1 \\ y_2 \end{bmatrix} =
\begin{bmatrix} 0 & 0 & R_2 \\ 0 & 0 & 1 \end{bmatrix}
\begin{bmatrix} x_1 \\ x_2 \\ x_3 \end{bmatrix}
$$

上述两个方程组成了系统的状态空间模型。

上述两个例子有一个共同的特征,那就是所选择的状态变量都是系统中可以测量到的物理量。我们知道,在反馈控制系统中,除了输出量外,还有其他一些状态量用于反馈。如果状态变量用于反馈,那么反馈设计的手段变得简单。因此,选择系统的物理变量作为状态变量有助于简化设计。选择系统的物理变量作为状态变量的另一个优点是:状态方程的解给出了与物理系统直接相关的一些变量随时间变化的规律。其缺点是:使状态方程的求解变得很困难。下面的讨论中将采用别的变量作状态变量。

3.3.2 由微分方程建立状态空间模型

下面讨论采用相变量作为状态变量的系统的另一种状态空间模型。所谓相变量是指一组特殊的状态变量,这组变量是根据一个系统变量及其各阶导数求得的。通常使用的系统变量是系统的输出,而其余的状态变量则是输出的各阶导数。如果知道以微分方程表示的系统数学模型,则相变量状态空间模型是

容易确定的。下面分两种情况讨论。

3.3.2.1 作用函数不含导数项的情形

设系统的数学模型是其作用项 $f(x,t)$ 中不含导数项的 n 阶 SISO 系统的微分方程

$$\frac{\mathrm{d}^n y}{\mathrm{d}t^n} + a_1 \frac{\mathrm{d}^{n-1} y}{\mathrm{d}t^{n-1}} + \cdots + a_{n-1} \frac{\mathrm{d}y}{\mathrm{d}t} + a_n y = u(t) \qquad (3-40)$$

选取状态变量:

$$\begin{cases} x_1 = y \\ x_2 = \dfrac{\mathrm{d}y}{\mathrm{d}t} \\ \vdots \\ x_n = \dfrac{\mathrm{d}^{n-1} y}{\mathrm{d}t^{n-1}} \end{cases} \qquad (3-41)$$

则方程 $(3-40)$ 可改写为有下列 n 个一阶微分方程构成的方程组:

$$\begin{cases} \dot{x}_1 = x_2 \\ \dot{x}_2 = x_3 \\ \vdots \\ \dot{x}_{n-1} = x_n \\ \dot{x}_n = -a_n x_1 - a_{n-1} x_2 - \cdots - a_1 x_n + u(t) \end{cases}$$

由上面方程组可导出下列状态方程(令 $f(x,t) = u$):

$$\begin{bmatrix} \dot{x}_1 \\ \dot{x}_2 \\ \vdots \\ \dot{x}_{n-1} \\ \dot{x}_n \end{bmatrix} = \begin{bmatrix} 0 & 1 & 0 & \cdots & 0 \\ 0 & 0 & 1 & \cdots & 0 \\ \vdots & \vdots & \vdots & \ddots & \vdots \\ -a_n & -a_{n-1} & -a_{n-2} & \cdots & -a_1 \end{bmatrix} \begin{bmatrix} x_1 \\ x_2 \\ \vdots \\ x_{n-1} \\ x_n \end{bmatrix} + \begin{bmatrix} 0 \\ 0 \\ \vdots \\ 0 \\ 1 \end{bmatrix} [u]$$

或写成

$$\dot{X} = AX + BU \qquad (3-42\text{a})$$

若输出为 $y = x_1$,则输出方程为

$$Y = CX \qquad (3-42\text{b})$$

式中,$C = \begin{bmatrix} 1 & 0 & 0 & \cdots & 0 \end{bmatrix}$。

Y 的初始条件由式 $(3-41)$ 定义的状态变量的初始条件 $x_1(0)$,$x_2(0)$,$\cdots$,

$x_n(0)$ 决定。

3.3.2.2 作用函数含有导数项的情形

（1）方法一：设系统微分方程为

$$y^{(n)} + a_1 y^{(n-1)} + \cdots + a_{n-1}\dot{y} + a_n y$$
$$= b_0 u^{(n)} + b_1 u^{(n-1)} + \cdots + b_{n-1}\dot{u} + b_n u \qquad (3-43)$$

由于上述方程包含有输入函数 $u(t)$ 的导数项，故不能简单地把 $y,\dot{y},y^{(n-1)}$ 当作一组状态变量。因为如果输入 $u(t)$ 在 $t=t_0$ 时刻出现一个阶跃函数，则 $u(t)$ 便在 $t=t_0$ 时刻出现单位阶跃函数，$u''(t)$，$u^{(3)}(t)$，$\cdots$ 等将在 $t=t_0$ 时刻产生高阶脉冲函数。这样，状态轨迹将在 $t=t_0$ 时刻产生无穷大跳跃。因此，在 $t=t_0$ 以后系统的行为将不可能由选定的状态变量唯一确定，即系统将得不到唯一解。对这种情况，关键在于设置的一组状态变量能够消去状态方程的导数项，为此，引入微分算子 $p(p=\mathrm{d}/\mathrm{d}t)$，方程（3-43）变成

$$p^n y + a_1 p^{(n-1)} y + \cdots + a_{n-1} p y + a_n y$$
$$= b_0 p^n u + b_1 p^{(n-1)} u + \cdots + b_{n-1} p u + b_n u \qquad (3-44)$$

整理得

$$p^n(y - b_0 u) + p^{n-1}(a_1 y - b_1 u) + \cdots + p^{n-i}(a_i y - b_i u) + \cdots +$$
$$p(a_{n-1} y - b_{n-1} u) = -a_n y + b_n u \qquad (3-45)$$

令 $p x_n = -a_n y + b_n u$，又

$$p^{n-1}(y - b_0 u) + p^{n-2}(a_1 y - b_1 u) + \cdots + p(a_{n-2} y - b_{n-2} u)$$
$$= -a_{n-1} y + b_{n-1} u + p^{-1}(-a_n y + b_n u)$$
$$= -a_{n-1} y + b_{n-1} u + x_n$$

（上式相当于式（3-45）两边同除 p，即式（3-45）两边同时对 t 积分一次）

令 $p x_{n-1} = x_n - a_{n-1} y + b_{n-1} u$，同时有

$$p x_j = x_{j+1} - a_j y + b_j u \qquad (3-46)$$

令 $y - b_0 u = x_1$，则 $y = x_1 + b_0 u$，代入式（3-46），得

$$p x_j = x_{j+1} - a_j(x_1 + b_0 u) + b_j u$$
$$= -a_j x_1 + x_{j+1} + (b_j - a_j b_0)u \quad (j = 1,2,3,\cdots,n)$$
$$\qquad (3-47)$$

将式(3-47)写成状态方程的形式,并注意到 $x_{n+1}=0$,用矩阵表示的系统状态空间模型为

$$\dot{X} = AX + BU \qquad\qquad (3-48\text{a})$$

$$Y = CX + DU \qquad\qquad (3-48\text{b})$$

$$\dot{x} = \begin{bmatrix} \dot{x}_1 & \dot{x}_2 & \cdots & \dot{x}_n \end{bmatrix}^{\mathrm{T}}$$

$$x = \begin{bmatrix} x_1 & x_2 & \cdots & x_n \end{bmatrix}^{\mathrm{T}}$$

$$u = \begin{bmatrix} u \end{bmatrix}$$

$$A = \begin{bmatrix} -a_1 & 1 & 0 & \cdots & 0 \\ -a_2 & 0 & 1 & \cdots & 0 \\ \vdots & \vdots & \vdots & \ddots & \vdots \\ -a_{n-1} & 0 & 0 & \cdots & 1 \\ -a_n & 0 & 0 & \cdots & 0 \end{bmatrix}$$

$$B = \begin{bmatrix} b_1 - a_1 b_0 \\ b_2 - a_2 b_0 \\ \vdots \\ b_{n-1} - a_{n-1} b_0 \\ b_n - a_n b_0 \end{bmatrix}$$

$$C = \begin{bmatrix} 1 & 0 & 0 & 0 & \cdots & 0 \end{bmatrix}$$

$$D = b_0$$

若已知 y 与 u 及其各阶导数的初值,代入式(3-47)便可直接求出各个状态变量的初值,由此可用计算机解状态方程。

（2）方法二:设系统的微分方程为

$$y^{(n)} + a_1 y^{(n-1)} + \cdots + a_{n-1} y^{(1)} + a_n y$$

$$= b_0 u^{(n)} + b_1 u^{(n-1)} + \cdots + b_n u \qquad\qquad (3-49)$$

一般输入量中导数的次数小于或等于 n,这里讨论次数等于 n 的情况即 $b_0 \neq 0$ 的情况。当输入量导数项的次数小于 n 时,所推导的公式仍适用。为了避免在状态方程中出现输入导数项,可按如下规则选择状态变量,设

$$x_1 = y - h_0 u$$

$$x_i = \dot{x}_{i-1} - h_{i-1} u \qquad (i = 2, \cdots, n)$$

其展开式为

$$
\begin{cases}
x_1 = y - h_0 u \\
x_2 = \dot{x}_1 - h_1 u = \dot{y} - h_0 u - h_1 u \\
x_3 = \dot{x}_2 - h_2 u = \ddot{y} - h_0 \ddot{u} - h_1 \dot{u} - h_2 u \\
\vdots \\
x_{n-1} = \dot{x}_{n-2} - h_{n-2} u = y^{(n-2)} - h_0 u^{(n-2)} - h_1 u^{(n-3)} - \cdots - h_{n-2} u \\
x_n = \dot{x}_{n-1} - h_{n-1} u = y^{(n-1)} - h_0 u^{(n-1)} - h_1 u^{(n-2)} - \cdots - h_{n-1} u
\end{cases}
$$

$$(3-50)$$

式中，$h_0, h_1, \cdots, h_{n-1}$ 为 n 个待定常数。

由式（3-50）的第一个方程可得到输出方程，其余可得到下列 $(n-1)$ 个状态方程：

$$
\begin{cases}
\dot{x}_1 = x_2 + h_1 u \\
\dot{x}_2 = x_3 + h_2 u \\
\vdots \\
\dot{x}_{n-2} = x_{n-1} + h_{n-2} u \\
\dot{x}_{n-1} = x_n + h_{n-1} u
\end{cases}
$$

对 x_n 是求导数并考虑式（3-49）

$$
\begin{aligned}
\dot{x}_n &= y^n - h_0 u^n - h_1 u^{(n-1)} - \cdots - h_{n-1} \dot{u} \\
&= (-a_1 y^{(n-1)} - \cdots - a_{n-1} y^{(1)} + a_n y + b_0 u^{(n)} + \\
&\quad b_1 u^{(n-1)} + \cdots + b_n u) - h_0 u^n - h_1 u^{(n-1)} - \cdots - h_{n-1} \dot{u}
\end{aligned}
$$

由式 3-50 将 $y^{(n-1)}, \cdots, y^{(1)}, y$ 均以 x_i 及 u 的各阶导数表示，经整理后可得

$$
\begin{aligned}
\dot{x}_n &= -a_n x_1 - a_{n-1} x_2 - \cdots - a_2 x_{n-1} - a_1 x_n + \\
&\quad (b_0 - h_0) u^{(n)} + (b_1 - h_1 - a_1 h_0) u^{(n-1)} + \\
&\quad (b_2 - h_2 - a_1 h_1 - a_2 h_0) u^{(n-2)} + \cdots + \\
&\quad (b_{n-1} - h_{n-1} - a_1 h_{n-2} - a_2 h_{n-3} - \cdots - a_{n-1} h_0) \dot{u} + \\
&\quad (b_n - a_1 h_{n-1} - a_2 h_{n-2} - \cdots - a_{n-1} h_1 - a_n h_0) u
\end{aligned}
$$

令上式中各阶导数项系数为零,可确定各 h 值,即

$$\begin{cases} h_0 = b_0 \\ h_1 = b_1 - a_1 h_0 \\ \vdots \\ h_{n-1} = b_{n-1} - a_1 h_{n-2} - a_2 h_{n-3} - \cdots - a_{n-1} h_0 \end{cases}$$

记

$$h_n = b_n - a_1 h_{n-1} - a_2 h_{n-2} - \cdots - a_{n-1} h_1 - a_n h_0$$

故

$$\dot{x}_n = -a_n x_1 - a_{n-1} x_2 - \cdots - a_2 x_{n-1} - a_1 x_n + h_n u$$

则式 3 - 49 的向量 - 矩阵形式的动态方程为

$$\dot{X} = AX + BU \ , \ Y = CX + DU$$

式中

$$A = \begin{bmatrix} 0 & 1 & 0 & \cdots & 0 \\ 0 & 0 & 1 & \cdots & 0 \\ \vdots & \vdots & \vdots & \ddots & \vdots \\ 0 & 0 & 0 & \cdots & 1 \\ -a_n & -a_{n-1} & -a_{n-2} & \cdots & -a_1 \end{bmatrix} , \quad B = \begin{bmatrix} h_1 \\ h_2 \\ \vdots \\ h_{n-1} \\ h_n \end{bmatrix}$$

$$C = \begin{bmatrix} 1 & 0 & \cdots & 0 \end{bmatrix} , \quad D = h_0$$

若输入量中仅含 m 次导数且 $m < n$,可将高于 m 次导数项的系数置零,仍可使用所得公式。

例 3 - 11 设某系统的微分方程为

$$\dddot{y} + 6 \ddot{y} + 11 \dot{y} + 6y = \dddot{u} + 8 \ddot{u} + 17 \dot{u} + 8u$$

试写出相应的状态空间模型。

解:该方程的系数 a_i 与 b_j 分别为

$$a_1 = 6, a_2 = 11, a_3 = 6, b_0 = 1, b_1 = 8, b_2 = 17, b_3 = 8$$

式(3 - 48a)中的矩阵 B 的元素为

$$\begin{cases} b_1 - a_1 b_0 = 2 \\ b_2 - a_2 b_0 = 6 \\ b_3 - a_3 b_0 = 2 \end{cases}$$

故由式(3 - 48b)可直接写出系统的状态空间模型:

$$\begin{bmatrix} \dot{x}_1 \\ \dot{x}_2 \\ \dot{x}_3 \end{bmatrix} = \begin{bmatrix} -6 & 1 & 0 \\ -11 & 0 & 1 \\ -6 & 0 & 0 \end{bmatrix} \begin{bmatrix} x_1 \\ x_2 \\ x_3 \end{bmatrix} + \begin{bmatrix} 2 \\ 6 \\ 6 \end{bmatrix} [u]$$

$$y = \begin{bmatrix} 1,0,0 \end{bmatrix} \begin{bmatrix} x_1 \\ x_2 \\ x_3 \end{bmatrix} + u$$

从上面的分析可以看出:相变量为状态变量提供了一种很好的方法。数学实现很简单。但它有一个很大的缺点,就是相变量通常不是系统的物理变量,不便测量与控制。既然方程作用函数项中没有导数(即 $G(s)$ 没有零点),由输出及其各阶导数给出的相变量,要取得二阶以上导数也是困难的。因此,从测量及控制观点来看,相变量不是一组适用的状态变量。从分析观点出发,正则变量是最合适的。后面会讲到这个问题。

3.3.3 由传递函数建立状态空间模型

3.3.3.1 状态变量图

系统传递函数是描述线性定常(时不变)系统输入与输出间微分关系的另一种方法。为便于实现计算机数字仿真,应将传递函数变换为状态空间模型。由系统传递函数导出系统状态空间模型的方法是先将传递函数用状态变量图描述,然后根据状态变量图中积分器的输出确定系统状态变量及状态方程。

例如,一个一阶系统,传递函数是 $1/s + a$,便可以用一个带反馈的积分器模拟此传递函数,如图 3-12(a)所示。把积分器的输出 y 看成一个状态变量,积分器的输入是 $\dot{y}$,将 y 与 $\dot{y}$ 标在模拟图上,便得到状态变量图(图 3-12(b))。从图可以看出

$$\dot{y} = -ay + u$$

这正是该一阶系统的状态方程,这种方法可以推广至高阶系统。

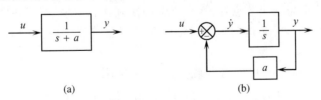

图 3-12 一阶系统

(a)系统框图;(b)状态变量图。

例 3 − 12 有一个三阶系统,其传递函数为

$$H(s) = \frac{4s + 10}{s^3 + 8s^2 + 19s + 12} \qquad (3-51)$$

上式可以写成三种形式:

$$H(s) = \frac{\dfrac{4}{s^2} + \dfrac{10}{s^3}}{1 + \dfrac{8}{s} + \dfrac{19}{s^2} + \dfrac{12}{s^3}} \qquad (3-52a)$$

$$H(s) = \frac{4}{s+1} \frac{s+2.5}{s+3} \frac{1}{s+4} \qquad (3-52b)$$

$$H(s) = \frac{1}{s+1} + \frac{1}{s+3} + \frac{-2}{s+4} \qquad (3-52c)$$

根据传递函数 $H(s)$ 的三种不同表达形式,可以画出三种不同形式的状态变量图,进而可以写出三种不同形式的状态方程。以式(3−52a)、式(3−52b)和式(3−52c)为基础的方法分别称为级联法、串联法、并联法。其中级联法相当于由信号流图求状态空间模型,而串联法与并联法则相当于由方块图求状态空间模型。

3.3.3.2 由信号流图求状态空间模型(级联法)

式(3−52a)与 Mason 公式(参见《自动控制理论》教材)比较知,二者分母中均含有 1 的项。如果我们构造出的信号流图的回路满足下列条件:

(1) 使它的所有回路均相互接触,并使所有回路增益之和 $\sum L_{(1)}$ 等于式(3−52a)分母中的 $8/s + 19/s^2 + 12/s^3$ 。

(2) 构造出的前向通路与所有回路都接触(即使所有 $\Delta_k = 1$),且使

$$\sum p_k \Delta_k = \frac{4}{s^2} + \frac{10}{s^3}$$

这样,就构造出我们所需要的信号流图,如图 3−13(a)或 3−13(b)所示。图中,除输入节点与输出节点外,其余节点均代表状态变量,两状态变量节点之间的支路增量为 $1/s$ 。与这两个信号流图相应的状态变量图分别为图 3−13(c)与图 3−13(d)。

观察图 3−13(c)可以写出系统的状态空间模型:

$$\begin{bmatrix} \dot{x}_1 \\ \dot{x}_2 \\ \dot{x}_3 \end{bmatrix} = \begin{bmatrix} 0 & 1 & 0 \\ 0 & 0 & 1 \\ -12 & -19 & -8 \end{bmatrix} \begin{bmatrix} x_1 \\ x_2 \\ x_3 \end{bmatrix} + \begin{bmatrix} 0 \\ 0 \\ 1 \end{bmatrix} [u] \qquad (3-53a)$$

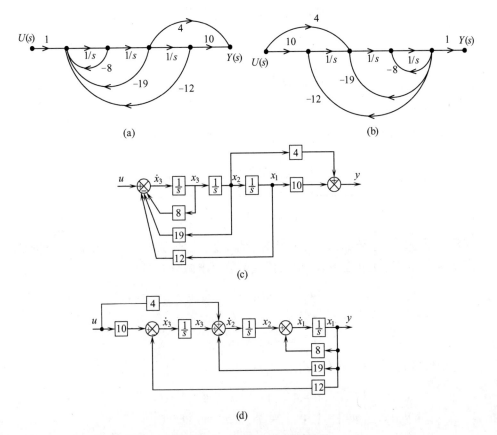

$$(a)$$

$$(b)$$

$$(c)$$

$$(d)$$

图 3 - 13   级联法状态变量图

（a）信号流图之一；（b）信号流图之二；（c）状态变量图之一；（d）状态变量图之二。

$$y = [\,10 \quad 4 \quad 0\,] \begin{bmatrix} x_1 \\ x_2 \\ x_3 \end{bmatrix} \qquad\qquad (3-53\mathrm{b})$$

同理，用图 3 - 13（b）可写出系统状态空间模型：

$$\begin{bmatrix} \dot{x}_1 \\ \dot{x}_2 \\ \dot{x}_3 \end{bmatrix} = \begin{bmatrix} -8 & 1 & 0 \\ -19 & 0 & 1 \\ -12 & 0 & 0 \end{bmatrix} \begin{bmatrix} x_1 \\ x_2 \\ x_3 \end{bmatrix} + \begin{bmatrix} 0 \\ 4 \\ 10 \end{bmatrix} [\,u\,] \qquad (3-54\mathrm{a})$$

$$y = [\,1 \quad 0 \quad 0\,] \begin{bmatrix} x_1 \\ x_2 \\ x_3 \end{bmatrix} \qquad\qquad (3-54\mathrm{b})$$

式(3－53)与式(3－54)分别为能控标准型状态方程和能观测标准型状态方程。

很显然,这里采用的状态变量仍为相变量。

3.3.3.3 由方块图求状态空间模型

1. 串联法

式(3－52b)是三个一阶子系统的传递函数连乘的结果。如图3－14所示。

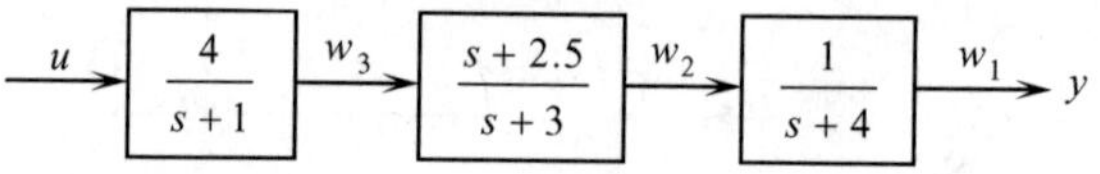

图3－14 串联法方块图

现将三个一阶子系统的输出看作状态变量,令它们分别为 w_1、w_2 和 w_3。分析状态变量图可以写出状态方程(即由传递函数反求微分方程):

$$\begin{cases} \dot{w}_1 = -4w_1 + w_2 \\ \dot{w}_2 = -3w_2 + 2.5w_3 + \dot{w}_3 \\ \dot{w}_3 = -w_3 + 4u \end{cases}$$

经过整理得到(将第三式代入第二式):

$$\begin{bmatrix} \dot{w}_1 \\ \dot{w}_2 \\ \dot{w}_3 \end{bmatrix} = \begin{bmatrix} -4 & 1 & 0 \\ 0 & -3 & 1.5 \\ 0 & 0 & -1 \end{bmatrix} \begin{bmatrix} w_1 \\ w_2 \\ w_3 \end{bmatrix} + \begin{bmatrix} 0 \\ 4 \\ 4 \end{bmatrix} [u]$$

输出方程为

$$y = \begin{bmatrix} 1 & 0 & 0 \end{bmatrix} \begin{bmatrix} w_1 \\ w_2 \\ w_3 \end{bmatrix}$$

2. 并联法

式(3－52c)是三个一阶传递函数相加的结果,画成方块图就是三个一阶方块图并联的形式,如图3－15所示。将三个一阶子系统的输出看成是状态变量,分别记为 z_1, z_2, z_3,由此可写出系统的状态空间模型:

$$\begin{bmatrix} \dot{z}_1 \\ \dot{z}_2 \\ \dot{z}_3 \end{bmatrix} = \begin{bmatrix} -1 & 0 & 0 \\ 0 & -3 & 0 \\ 0 & 0 & -4 \end{bmatrix} \begin{bmatrix} z_1 \\ z_2 \\ z_3 \end{bmatrix} + \begin{bmatrix} 1 \\ 1 \\ 1 \end{bmatrix} [u] \qquad (3-55a)$$

$$y = \begin{bmatrix} 1 & 1 & -2 \end{bmatrix} \begin{bmatrix} z_1 \\ z_2 \\ z_3 \end{bmatrix} \qquad (3-55\mathrm{b})$$

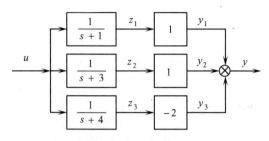

图 3-15　并联法方块图

从式(3-55a)可以看出系统矩阵是对角阵,对角线上的元素是传递函数 ($G(s)$)的极点,且矩阵 **B** 元素全是1。

把以上三种状态方程的形式推广到一般形式的传递函数为

$$G(s) = \frac{b_0 s^m + b_1 s^{m-1} + \cdots + b_{m-1} s + b_m}{s^n + a_1 s^{n-1} + \cdots + a_{n-1} s + a_n} \quad (n \geqslant m) \qquad (3-56)$$

以上的部分分式展开式为

$$H(s) = \sum_{i=1}^{n} \frac{\alpha_i}{s - \lambda_i} \qquad (3-57)$$

仿级联法可以写成式(3-56)的状态空间模型如下:

$$\begin{bmatrix} \dot{x}_1 \\ \dot{x}_2 \\ \vdots \\ \dot{x}_{n-1} \\ \dot{x}_n \end{bmatrix} = \begin{bmatrix} 0 & 1 & 0 & \cdots & 0 \\ 0 & 0 & 1 & \cdots & 0 \\ \vdots & \vdots & \vdots & \ddots & \vdots \\ 0 & 0 & 0 & \cdots & 1 \\ -a_n & -a_{n-1} & -a_{n-2} & \cdots & -a_1 \end{bmatrix} \begin{bmatrix} x_1 \\ x_2 \\ \vdots \\ x_{n-1} \\ x_n \end{bmatrix} + \begin{bmatrix} 0 \\ 0 \\ \vdots \\ 0 \\ 1 \end{bmatrix} [u]$$

$$(3-58\mathrm{a})$$

$$y = \begin{bmatrix} b_m & b_{m-1} & \cdots & b_0 & \cdots & 0 \end{bmatrix} \begin{bmatrix} x_1 \\ x_2 \\ \vdots \\ x_{m+1} \\ \vdots \\ x_n \end{bmatrix} \qquad (3-58\mathrm{b})$$

式(3-58)与式(3-53)相似。

仿式(3-54)、式(3-56)对应的状态方程为

$$\begin{bmatrix} \dot{x}_1 \\ \dot{x}_2 \\ \vdots \\ \dot{x}_{n-1} \\ \dot{x}_n \end{bmatrix} = \begin{bmatrix} -a_1 & 1 & 0 & \cdots & 0 \\ -a_2 & 0 & 1 & \cdots & 0 \\ \vdots & \vdots & \vdots & \ddots & \vdots \\ -a_{n-1} & 0 & 0 & \cdots & 1 \\ -a_n & 0 & 0 & \cdots & 0 \end{bmatrix} \begin{bmatrix} x_1 \\ x_2 \\ \vdots \\ x_{n-1} \\ x_n \end{bmatrix} + \begin{bmatrix} 0 \\ b_0 \\ b_1 \\ \cdots \\ b_m \end{bmatrix} \begin{bmatrix} u \end{bmatrix} \quad (3-59a)$$

$$y = \begin{bmatrix} 1 & 0 & \cdots & 0 \end{bmatrix} \begin{bmatrix} x_1 \\ x_2 \\ \vdots \\ x_n \end{bmatrix} \quad (3-59b)$$

式(3-58)与式(3-59)是用级联法建立的状态空间模型的两种一般形式。

由式(3-57)可以写出用并联法建立的状态空间模型,其矩阵形式为

$$\begin{bmatrix} \dot{z}_1 \\ \dot{z}_2 \\ \vdots \\ \dot{z}_{n-1} \\ \dot{z}_n \end{bmatrix} = \begin{bmatrix} \lambda_1 & 1 & 0 & \cdots & 0 \\ 0 & \lambda_2 & 0 & \cdots & 0 \\ \vdots & \vdots & \ddots & \cdots & 0 \\ 0 & 0 & \cdots & \lambda_{n-1} & 1 \\ 0 & 0 & \cdots & 0 & \lambda_n \end{bmatrix} \begin{bmatrix} z_1 \\ z_2 \\ \vdots \\ z_{n-1} \\ z_n \end{bmatrix} + \begin{bmatrix} 1 \\ 1 \\ \vdots \\ 1 \\ 1 \end{bmatrix} \quad (3-60a)$$

$$y = \begin{bmatrix} a_1 & a_2 & \cdots & a_n \end{bmatrix} \begin{bmatrix} z_1 \\ z_2 \\ \vdots \\ z_n \end{bmatrix} \quad (3-60b)$$

显然,式(3-60)是标准状态空间模型。

由于串联法与系统传递函数的结构和系数密切相关,无法用一般结构形式关系写出状态空间模型。对于一个确定的系统传递函数,构造状态空间模型的方法很多,因此,状态空间模型的形式也是多样的,这就说明了系统状态空间模型的非唯一性。相比之下,式(3-60)给出的标准形式是值得重视的,因为式(3-60a)给出的系统矩阵 **A** 的对角线元素正是该矩阵的特征值。这里的状态变量称为正则变量,相应的状态空间模型称为正则状态空间模型。另一种形式的正则状态空间模型为

$$\begin{bmatrix} \dot{z}_1 \\ \dot{z}_2 \\ \vdots \\ \dot{z}_n \end{bmatrix} = \begin{bmatrix} \lambda_1 & 0 & \cdots & 0 \\ 0 & \lambda_2 & \cdots & 0 \\ \vdots & \vdots & \ddots & 0 \\ 0 & 0 & \cdots & \lambda_n \end{bmatrix} \begin{bmatrix} z_1 \\ z_2 \\ \vdots \\ z_n \end{bmatrix} + \begin{bmatrix} a_1 \\ a_2 \\ \vdots \\ a_n \end{bmatrix} \begin{bmatrix} u \end{bmatrix} \qquad (3-61a)$$

$$y = \begin{bmatrix} 1 & 1 & \cdots & 1 \end{bmatrix} \begin{bmatrix} z_1 \\ z_2 \\ \vdots \\ z_n \end{bmatrix} \qquad (3-61b)$$

若式(3-56)中 $m = n$,则输出方程增加 $b_0 u$ 项,即出现矩阵 D,这与输入有关。此外,当传递函数有重极点时,标准状态方程的形式与式(3-60a)或式(3-61a)相同,但输出方程不同。

上面给出了一些使用物理变量、相变量与正则变量的状态空间模型。从应用观点出发,对于系统的描述,物理变量最有用,因为所取的状态变量就是所研究的真实物理量,且这些物理量易于测量与控制。但是,这种形式的状态空间模型对于系统性能的研究和时间响应的评价通常是不方便的,而用正则变量作状态变量则方便得多,因为此时矩阵 A 为对角线形式。因此,通常要通过对角线化的方法将一般状态空间模型转化为正则状态空间模型。

3.3.4　状态方程的标准化

标准形式的状态方程就是系统变量系数矩阵 A 为对角阵,作用函数的系数矩阵是各元素都为 1 的列阵的矩阵微分方程式,如式(3-61)所示。解标准状态方程是方便的。

设有对角型状态方程

$$\dot{z} = Jz + \hat{B}u \qquad (3-62)$$

式中, J 为对角阵; $\hat{B}$ 为列矩阵,但元素不为 1,可作如下变换:

$$\hat{B} = \begin{bmatrix} v_1 \\ v_2 \\ \vdots \\ v_n \end{bmatrix} = \begin{bmatrix} v_1 & 0 & \cdots & 1 \\ 0 & v_2 & \cdots & 0 \\ \vdots & \vdots & \ddots & \vdots \\ 0 & 0 & \cdots & v_n \end{bmatrix} \begin{bmatrix} 1 \\ 1 \\ \vdots \\ 1 \end{bmatrix} = V\Gamma$$

于是式(3-62)可以改写为

$$\dot{z} = Jz + V\Gamma u \qquad (3-63)$$

若作线性变换 $z = Vx$,则式(3-63)为

$$\dot{x} = V^{-1}JVx + \Gamma u \qquad (3-64)$$

即

$$\dot{x} = Jx + \Gamma u \qquad (3-65)$$

式(3-65)中已经用到 $V^{-1}JV = J$,因为 V 是对角阵。式(3-65)即为状态

方程的标准形式。

当式(3-64)中的系数矩阵不是对角阵时,可用波杰(M. Bochar)提出来的求特征多项式系数的迭代方法,列写特征多项式,从而求出特征值,以获得对角阵 J。

波杰方法基于这样的事实:A 矩阵的主对角线元素之和等于特征值(J 矩阵对角线元素)之和。现将 A 矩阵主对角线元素之和记为 $\mathrm{tr}[A]$,即

$$\mathrm{tr}[A] = a_{11} + a_{22} + \cdots + a_{nn} = \lambda_1 + \lambda_2 + \cdots + \lambda_n$$

波杰证明了如下关系:若记 $Tp = \mathrm{tr}[A]^p (p = 1, 2, \cdots, n)$ 那么必存在以下关系,即

$$\begin{cases} \alpha_1 = -T_1 \\ \alpha_2 = -\dfrac{1}{2}(\alpha_1 T_1 + T_2) \\ \alpha_3 = -\dfrac{1}{3}(\alpha_2 T_1 + \alpha_1 T_2 + T_3) \\ \vdots \\ \alpha_n = -\dfrac{1}{n}(\alpha_{n-1} T_1 + \alpha_{n-2} T_2 + \cdots + \alpha_1 T_{n-1} + T_n) \end{cases}$$

式中,$\alpha_i (i = 1, 2, \cdots, n-1)$ 为特征多项式中第 $(i+1)$ 项的系数;α_n 为常数项。

下面以例说明。

例 3-13 用波杰方法列写矩阵 A 的特征方程,并求相应的对角阵。已知 $A = \begin{bmatrix} -3 & -1 \\ 2 & 0 \end{bmatrix}$。

解:

$$[A]^1 = \begin{bmatrix} -3 & -1 \\ 2 & 0 \end{bmatrix}$$

$$[A]^2 = \begin{bmatrix} -3 & -1 \\ 2 & 0 \end{bmatrix}\begin{bmatrix} -3 & -1 \\ 2 & 0 \end{bmatrix} = \begin{bmatrix} 7 & 3 \\ -6 & -2 \end{bmatrix}$$

$$T_1 = \mathrm{tr}[A]^1 = -3, \quad T_2 = \mathrm{tr}[A]^2 = 7 - 2 = 5$$

$$\alpha_1 = -T_1 = 3$$

$$\alpha_2 = -\frac{1}{2}(\alpha_1 T_1 + T_2) = 2$$

所以特征方程式为:$\lambda^2 + 3\lambda + 2 = 0$,解该方程得特征值为 $\lambda_1 = -1, \lambda_2 = -2$,故对角阵为

$$J = \begin{bmatrix} -1 & 0 \\ 0 & -2 \end{bmatrix}$$

第 **4** 章

离散事件系统建模

4.1 引 言

离散事件系统建模方法有着与连续系统截然不同的特点。离散事件系统的时间是连续变化的,而系统的状态仅在一些离散的时刻上由于随机事件的驱动而发生变化。由于状态是离散变化的,而引发状态变化的事件是随机发生的,因此这类系统的模型很难用数学方程来描述。随着系统科学和管理科学的不断发展及其在军事、航空航天、计算机集成制造和国民经济各领域中应用的不断深入,逐步形成一些与连续系统不同的建模方法,其主流是流程图和网络图。本章先介绍离散事件系统中常用的随机数的产生与检验方法,然后介绍离散事件系统建模方法的两种图示方法(实体流图法和活动周期图法)和一种网络图方法(Petri 网法)。

在介绍方法之前,先简要介绍一下离散事件系统中要用到的一套建模术语和离散事件系统建模结构。

4.1.1 离散事件系统建模术语

1. 实体

实体是组成系统的个体,为系统的三要素之一。

在离散事件系统中,实体可以分为两大类:临时实体和永久实体。临时实体按一定规律由系统外部到达系统,在系统中接受永久实体的"服务",按照一定的流程通过系统,最后离开系统。因此,临时实体只在系统中存在一段时间即自行消失。这里所谓的消失,有时是指实体从物理意义上退出了系统的边界或自身不存在了;有时则仅是一种逻辑意义上的消失,意味着不必再予考虑。进入商店购物的顾客显然是临时实体,他们按一定的统计分布规律到达商店,经过售货员的服务后离开商店。另外可看做临时实体的还有交通路口的车辆、生产线上的电视机、进入防空火力网的战斗机、驶入地下停车场的汽车等。与临时实体相反,那些永久驻留在系统中的实体称为永久实体,它们是系统产生功能的必要条件。系统要对临时实体产生作用,就必须有永久实体的活动,也就必须有永久实体。这时我们说临时实体和永久实体协同完成了某项活动,永久实体作为活动的资源而被占用。理发店中的理发员、生产线上的加工装配机械、交通路口的红绿灯等,都是永久实体的例子。

2. 属性

属性是实体特征的描述,也称为描述变量,一般是实体所拥有的全部特征的一个子集,用特征参数或变量表示。属性是系统的三大要素之一。

3. 状态

状态是对实体活动的特征状况或性态的划分,其表征量为状态变量。如"顾客"有"等待服务","接受服务"等状态。

4. 事件

事件就是引起系统状态发生变化的瞬间操作或行为。如"顾客到达"事件会使服务员的状态由"闲"变"忙",或使队列长度增加1。

5. 活动

两个可以区分的事件之间的过程,它标志着系统状态的转移。例如,"顾客到达"事件与"顾客开始接受服务"事件之间可称为一个活动,该活动使系统的状态(队长)发生变化(排队)。"顾客开始接受服务"事件与"顾客服务结束"事件之间也可以称为一个活动,它使队列长度减1,使服务员由"忙"变"闲"。

6. 进程

进程由若干个有序事件及若干个有序活动组成。一个进程描述了它所包括的事件及活动之间的相互逻辑关系及时序关系。

7. 队列

处于等待状态的实体序列称为队列。一般按新到的实体排在队尾的次序组成队列。在离散事件系统建模中,队列可作为一种状态或特殊实体对待。

为了对系统的几个基本概念有更深入的了解,特列举了一些系统的简化模型中有关实体、属性、活动、事件和状态变量的具体说明,见表4-1。

表 4 - 1　系统基本概念实例

系统	实 体	属 性	活动	事 件	状 态 变 量
银行	出纳员、顾客	账户号、支票号、余额	存款、取款	顾客到达、顾客离去、出纳员服务	出纳员忙度、等待的顾客数量
超级市场	购物篮、结账台、顾客	售价、购货单、货物、位置	选购、交款	顾客到达、找到货物、结账离去	结账台忙度、等待的顾客数、等待时间
港口	码头、船台、起重机、船	码头号、船台好、载重量、船号	装卸货	到港、靠码头、装卸货、离港	起重机闲忙度、港内停留船舶数及停留时间
急救室	护士、医生、病床、病人	病情类型、护士和医生的服务速度、病人发病率	病人就诊	病人到达、离去、检查、诊断	护士和医生的忙度、就诊的病人数、病人的等候时间
通信	信道、接收站、发送站、信息	站名、速率、信息量、距离	传输	信道忙、信道闲、发送	信道闲忙度、传输等待时间
库存	库房、管理员、物品	容量、库房号、地点	进货、出货	作业到达、机器故障	库存水平、缺货量、费用

事件、活动、进程间的关系如图 4 - 1 所示。

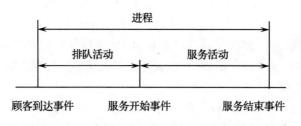

图 4 - 1　事件、活动、进程间的关系示意图

4.1.2　离散事件系统建模结构

　　任何一种仿真方法都必须提供一种描述模型动态行为的手段和方法，即建模结构，建模结构反映了仿真方法组织状态转移过程中执行的动作或操作的方式。每种仿真方法都决定了自己特有的建模结构，都要求建模人员把整个系统的操作（动作）划分成自己的基本构建块（或代码块）。传统的仿真方法与事件、活动、过程概念密切相关，每一种构建块都是一个与状态转移有关的动作（操作的程序块），程序块的执行和交互由控制结构处理。根据建模机理的不同，目前离散事件仿真的建模结构主要分为以下五类。

1. 事件建模

事件调度(Event Scheduling, ES)建模方法。ES 的基本构建块是事件子程序,ES 首先要确定引起系统状态发生改变的事件,然后把与该事件有关的所有状态改变组织在一个代码块中,即事件子程序。它包括与这些状态改变有关的所有要执行的动作,所有条件测试均在相应的子程序内完成,包括状态改变所需资源的测试,以及事件发生所释放的资源等。

2. 活动建模

活动扫描(Activity Scanning, AS)建模方法。AS 的基本构建块是活动,AS 首先确定系统要执行的活动,它描述系统由于状态的改变而执行的动作,描述分两部分:①条件,即执行活动所必须满足的条件;②动作,即描述活动所执行的操作集合。这些操作只有当条件满足时才能执行,因而活动的描述非常类似于 AI 中的规则。

3. 过程建模

过程交互(Process Interaction, PI)建模方法。PI 的基本构建块是过程,PI 的基本思想是认为模型应描述一个实体流经系统的生命周期过程,按顺序描述一个实体在它的整个生命周期中所经历各个阶段,以及在每个阶段应执行的动作,每个过程都是一个单独的代码块,并与其他过程进行交互。交互由控制结构控制,在仿真中每个实体按自己的过程描述相继通过各个阶段。直到由于某些原因而被停止,从而产生一定的延迟,这时控制转移到其他过程,一旦满足某些条件,延迟被解除,控制又返回该过程,则实体继续向前移动,因此过程要详细地描述它的阻塞点和重新激活点,以便能正确地控制过程之间的交互。

4. 对象建模

面向对象(Object Oriented, OO)建模方法。OO 的基本构建块是代表系统中实体的对象,对象封装了实体的所有属性、特征、事件和行为,它们是现实中真实对象的一种计算机抽象。面向对象方法不仅仅是一种程序设计技术,而且是一种新的思维方式,是一种完全不同于传统功能设计的方法。面向对象的方法为离散事件仿真提供了一种新的建模途径,它试图使用户能够以应用领域熟悉的、直观的对象概念来建立仿真模型,建模观点与人们认识现实世界的思维方式一致。传统的仿真建模方法利用事件、活动或过程的概念建立仿真模型,面向对象的仿真则通过构成系统的对象来建立模型,在结构上对象的抽象层次更高,在概念上对象更接近于现实世界,而且对象具有模块性、封装性、局部性、可重用性等显著特点,因此,与传统的仿真方法相比,面向对象的仿真建模具有更大的灵活性,更强的建模能力,而且构造的模型容易理解、交流,便于修改、扩充和维护。面向对象的仿真一直是近些年仿真研究领域的热点之一。

5. Agent 建模

基于 Agent(Agent Based,AB)的建模方法。它是随着 DAI 技术的发展而逐渐兴起的新建模分析技术,在这种建模结构中,Agent 成为仿真模型的基本构成元素。Agent 可以理解为具有完整计算能力的智能主体,它具有认知、推理、决策、规划、通讯以及协作等行为能力和特征,是有别于对象的一种更高层次的建模概念。在基于 Agent 的仿真建模中,建模人员是以赋予知识与技能的形式来赋予 Agent 一定的行为特征和智能,并以 Agent 组织的形式来构筑模型;在仿真中,通过 Agent 之间自主的交互、协作行为来模拟现实系统的行为。

基于 Agent 的仿真建模技术是一种新兴的面向智能体的建模与仿真技术,可以说,它继承了对象建模的一般形式和所有优点,并且由于建模元素具有更高的主动性和智能性,使得这种建模方法,能够实现更加复杂、传统方法无法完成的仿真建模分析,例如对人类的学习、合作、协商等行为的模拟,对自然、生态中的演化行为的仿真等等。另外,由于 Agent 本身具有完整的计算能力,所以仿真模型在结构上和控制方式上与其他方法有很大差别,具有更灵活的实现形式,并且能够充分利用计算机系统的并行计算和分布式计算能力,使仿真系统具有更强大的仿真能力。基于 Agent 的仿真建模技术,已经成为当前仿真技术领域的一个主要研究方向。

4.2   随机数的产生

对随机现象进行模拟,实质上是要给出随机变量的模拟,也就是说利用计算机随机地产生一系列数值,它们的出现服从一定的概率分布,我们称这些数值为随机数。随机数产生的方法有多种:手工法、随机数表法、物理行法、数学方法等,其中数学方法适用于用计算机产生,其方法有平方取中法、移位指令加法、同余法(又分为乘同余法、加同余法、混合同余法)。通常是先在计算机上产生在[0,1]区间均匀分布的随机数,通过变换再得到所要求给定的随机数,这个过程一般称为随机抽样。计算机产生均匀分布的随机数是借助确定的递推算法实现的,这种随机数只有近似相互独立和在给定区间分布的特征,故此称为伪随机数。

4.2.1   均匀分布随机数的产生

最常用的是在(0,1)区间内均匀分布的随机数,也就是我们得到的这组数值可以看做是(0,1)区间内均匀分布的随机变量的一组独立的样本值。其他分布的随机数可利用均匀分布的随机数产生。

乘同余法(Multiplicative congruential method)使用较广。用以产生均匀分布随机数的乘同余法的递推公式为

$$\begin{cases} x_n = x_n/M \\ x_{n+1} = (\lambda x_n) \bmod M \end{cases} \tag{4-1}$$

式中,λ 为乘因子;M 为模数。

式(4-1)的右端称为以 M 为模数(modulus)的同余式,式(4-1)可理解为以 M 除 λx_n 后得到的余数为 x_{n+1},给定了一个初值 x_0(称为种子)后,计算出的 $r_1,r_2,\cdots$,即为$(0,1)$上均匀分布的随机数。

若取 $x_0 = 1,\lambda = 7,M = 10^3$,有

$\lambda x_0 = 7 \times 1 = 7$,	$x_1 = 7$,	$r_1 = 7/1000 = 0.007$;
$\lambda x_1 = 7 \times 7 = 49$,	$x_2 = 49$,	$r_2 = 49/1000 = 0.049$;
$\lambda x_2 = 7 \times 49 = 343$,	$x_1 = 343$,	$r_1 = 343/1000 = 0.343$;
$\lambda x_3 = 7 \times 343 = 2401$,	$x_1 = 401$,	$r_1 = 401/1000 = 0.401$;
$\lambda x_4 = 7 \times 401 = 2807$,	$x_1 = 807$,	$r_1 = 807/1000 = 0.807$;

其余类推。

从上述的构造过程可知,不同的数值至多只能有 M 个,即序列 $\{x_i\}$ 有周期 $L,L \leq M$,因此 r 就不是真正的随机数列。只有当 L 充分大时,在同一个周期内的数才有可能经受得住作为均匀随机变量的独立样本的独立性和均匀性的检验(这样的数我们称之为伪随机数)。至于如何选取参数,主要通过计算机进行试验,一些文献报道如下的参数可供使用时参考:

$$\begin{cases} x_0 = 1, \ \lambda = 7, \ M = 10^{10} \ (L = 5 \times 10^7) \\ x_0 = 1, \ \lambda = 5^{13}, \ M = 2^{36} \ (L = 2^{34} \approx 2 \times 10^{10}) \\ x_0 = 1, \ \lambda = 5^{17}, \ M = 2^{42} \ (L = 2^{40} \approx 10^{12}) \end{cases}$$

无论用哪一种方法产生的随机数都存在这样的问题,即能否在实际中把它们看做是在$(0,1)$区间上均匀分布的随机变量的独立的样本值。我们必须对它进行统计检验,看看它们是否具有较好的独立性和均匀性。一般在计算机(或计算器)及其使用的算法语言中都有随机数生成的命令,它们所生成的随机数都是经过检验并且可用的,这里就不再详细介绍检验的方法了。

为了提高线性同余发生器的性能,人们将两个独立的线性同余发生器组合起来,即用一个发生器控制另一个发生器产生的随机数,这种发生器称为组合发生器。

迄今为止,有两种控制方法使用得比较广泛。

第一种方法:首先从第一个发生器产生 K 个 $x_i(U_i)$,得到数组 $U = (U_1,U_2, \cdots, U_K)$ 或 $x = (x_1, x_2, \cdots, x_K)$;然后用第二个随机数发生器产生在 $[1, K]$ 区间上均匀分布的随机整数 I;以 I 作为数组 U 或 x 的元素下标,将 U_I 或 x_I 作为组合发生器产生的随机数,然后从第一个发生器再产生一个随机数来取代 U_I 或 x_I 依次下去。

第二种方法:设 $x_i^{(1)}$ 与 $x_i^{(2)}$ 分别是由第一个与第二个线性同余发生器产生的随机数,则令 $x_i^{(2)}$ 的二进制表示的数循环移位 $x_i^{(1)}$ 此,得到一个新的位于 0 至 $(m-1)$ 间的整数 $x_i^{'(2)}$;然后将 $x_i^{(1)}$ 与 $x_i^{'(2)}$ 的相应二进制位"异或"相加得到组合发生器的随机变量 x_i,且令 $U_i = x_i/m$。

组合发生器的优点。大大减少了由式(4-1)式带来的自相关性,提高了独立性;还可以加长发生器的周期,提高随机数的密度,从而提高了均匀性。而且它一般对构成组合发生器的线性同余发生器的统计特性要求较低,得到的随机数的统计特性却比较好。组合发生器的缺点是速度慢,因为要得到一个随机数,需要产生两个基础的随机数,并执行一些辅助操作。

4.2.2 非均匀分布随机数的产生

随机变量的产生就是生成非均匀分布的随机数的过程。利用均匀分布的随机数可以产生具有任意分布的随机变量的样本,从而可以对随机变量的取值情况进行仿真。

4.2.2.1 离散型随机变量的产生

设随机变量 X 的分布律为 $P_r(X = x_i) = p_i, i = 1, 2, \cdots$。令 $p^{(0)} = 0$,

$$p^{(n)} = \sum_{i=1}^{n} p_i, n = 1, 2, \cdots.$$ 将 $p^{(n)}$ 作为分点,将区间 $(0,1)$ 分为一系列小区间 $(p^{(n-1)}, p^{(n)})$。对于均匀的随机变量 $R \sim U(0,1)$,则有

$$P_r(p^{(n-1)} < R \leqslant p^{(n)}) = p^{(n)} - p^{(n-1)} = p_n, (n = 1, 2, \cdots).$$

由此可知,事件 $(p^{(n-1)} < R \leqslant p^{(n)})$ 和事件 $(X = x_n)$ 有相同的发生概率,因此我们可以用随机变量 R 落在小区间内的情况来模拟离散的随机变量 X 的取值情况。具体执行的过程是,每产生一个 $(0,1)$ 上均匀分布的随机数(简称随机数)r,若 $p^{(n-1)} < R \leqslant p^{(n)}$,则理解为发生事件"$X = x_n$",于是就可以模拟随机变量的取值情况。

还可以利用某些分布自身的特点得到其他的模拟方法。二项分布是一类非常重要的分布,它有分布律 $P_r(X = k) = C_n^k p^k (1-p)^{n-k}, k = 0, 1, 2, \cdots, n$。我们知道这个随机变量 X 是在 n 次独立实验中事件 A 发生的次数,其中 p 是事件

A 发生的概率。根据这个特点我们可以通过在计算机上模拟 n 重贝努利实验来产生二项分布的随机数,即首先产生 n 个随机数 $r_i, i = 0, 1, 2, \cdots, n$,统计其中使得 $r_i < p$ 的个数,这就是所要求的随机数。

4.2.2.2 连续型随机变量的产生

[0,1]区间均匀分布随机数的产生是进行蒙特卡洛法模拟的一个基础。一般说来,具有给定分布的连续型随机变量可以利用在区间(0,1)上均匀分布的随机数来模拟,最常用的方法是反函数法。

在将一个标准均匀分布的变量转换为其他任意一种分布下的随机分布变量的方法中,反变换法是最常用最简单的方法。当由分布密度函数 $p(x)$ 可积分得出累积分布函数 $F(x)$ 或 $F(x)$ 是一个经验分布时可以使用该方法。

假定我们需要从某一个分布上产生一个伪随机数,这个分布的累积分布函数为 $F(x)$,$F(x)$ 具有累积分布函数的所有性质,则从以下两步可以得到所需要的伪随机数。

(1)利用已知的随机数产生方法产生一个服从 $U(0,1)$ 分布的随机数。

(2)若计 r 为所产生的均匀分布下的随机数,则所需的非均匀分布下的随机变量为

$$x_0 = F^{-1}(r)$$

反变换法的原理如图 4 - 2 所示。

随机变量累积分布函数 $F(x)$ 的取值范围为[0,1]。现以在[0,1]上均匀分布的独立随机数作为 $F(x)$ 的取值规律,则落在 Δx 内的样本个数的概率就是 ΔF,从而随机变量 x 在区间 Δx 内出现的概率密度函数的平均值为 $\Delta F / \Delta x$,当 $\Delta x \to 0$ 时,其概率密度函数就等于 $\mathrm{d}F/\mathrm{d}x$,符合给定的密度分布函数,满足正确性要求。

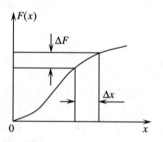

图 4 - 2　反变换法求随机变量

概率分布函数服从均匀分布(0,1)的证明:

设随机变量 x 有严格单调递增连续的分布函数 $F(x)$,$F^{-1}(x)$ 为其反函数。令 $U = F(x)$,显然 U 是随机变量,且由 $0 \leqslant F(x) \leqslant 1$ 知 $0 \leqslant U \leqslant 1$,于是对任一 $0 \leqslant u \leqslant 1$ 有:

$$p\{U \leqslant u\} = p\{F(x) \leqslant u\} = p\{x \leqslant F^{-1}(u)\} = F[F^{-1}(u)] = u$$

即　$U \sim U(0,1)$

例 4 - 1　设随机变量 x 是 $[a,b]$ 上均匀分布的随机变量,即

$$p(x) = \begin{cases} \dfrac{1}{b-a} & (a \leqslant x \leqslant b) \\ 0 & (\text{其他}) \end{cases}$$

试用反变换法产生 x。

解：由 $f(x)$ 可得到 x 的分布函数为

$$F(x) = \begin{cases} 0 & (x < a) \\ \dfrac{x-a}{b-a} & (a \leqslant x \leqslant b) \\ 1 & (x > b) \end{cases}$$

用随机数发生器产生 $U(0,1)$ 随机变量 u，并令

$$u = F(x) = \frac{x-a}{b-a} \quad (a \leqslant x \leqslant b)$$

从而可得

$$x = a + (b-a)u$$

例 4-2 设随机变量 x 服从参数为 a 的指数分布的随机变量，即密度函数为

$$p(x) = \begin{cases} ae^{-ax} & (x \geqslant 0) \\ 0 & (\text{其他}) \end{cases}$$

试用反变换法产生 x。

解：由 $f(x)$ 可得到 x 的分布函数为

$$F(x) = \begin{cases} 1 - e^{-ax} & (x \geqslant 0) \\ 0 & (\text{其他}) \end{cases}$$

先用随机数发生器产生 $u \sim U(0,1)$，并令

$$u = F(x) = 1 - e^{-ax}$$

从而可得

$$x = F^{-1}(x) = -\frac{1}{a}\ln(1-u)$$

由于 $u \sim U(0,1)$，则 $1-u \sim U(0,1)$，即 u 与 $1-u$ 的分布相同，则上式可写成

$$x = -\frac{1}{a}\ln u$$

由上面两个例子可以看出，用反变换法产生随机变量时首先必须用随机数

发生器产生在 $[0,1]$ 上均匀分布的独立的 u ,以此为基础得到的随机变量 x 才能保证分布的正确性。可见,选择一个均匀性及独立性较好的随机数发生器在产生随机变量中是十分重要的。

4.2.2.3 正态分布随机数的产生

对于正态分布随机数,除了可用反函数法产生外,还可用坐标变换法(Box-Muller 法)。

设 r_1,r_2 是 $(0,1)$ 上相互独立的均匀随机数,令

$$\begin{cases} x_1 = (-2\ln r_1)^{1/2}\cos(2\pi r_2) \\ x_2 = (-2\ln r_1)^{1/2}\sin(2\pi r_2) \end{cases}$$

则 x_1,x_2 是相互独立的标准正态的随机数。

4.2.3 随机数性能检验

4.2.3.1 随机数性能检验的必要性

随机数已经在仿真、数值分析、计算机程序设计、决策、美学和娱乐等领域得到了广泛的应用;尤其是在作战模拟当中,随机数的应用更加是十分基础和重要的。例如在随机型作战模拟中,使用蒙特卡洛方法处理各种随机现象;研究随机现象的分布规律;以简易的方法产生符合这些分布规律的随机变量的抽样序列,从而得到有关于所模拟的战斗的各种定量数据。从原理上讲,蒙特卡洛方法能用任何手工方法产生的随机数进行工作,但要保证结果的可信度,需要模拟大量的独立事件,这需要优良的随机数序列为基础。

然而,由用数学方法产生随机数的原理和方法,可以知道,计算机产生随机数是借助确定的递推算法实现的,这种随机数只有近似相互独立和在给定区间分布的特征,因而,它们实际上是伪随机数,有必要根据实际需要,制定性能指标,对其性能进行检验。

4.2.3.2 随机数性能指标

1. 伪随机数方法的要求

一般来说,人们对产生伪随机数的方法有如下要求:

(1)有较理想的随机性和均匀性,一般应通过统计检验的方法来确定伪随机数对随机性和均匀性的拟合程度;

(2)伪随机数序列中的数和数之间,子列和子列之间是相互独立的;

(3)伪随机数的循环周期应尽可能长,以满足模拟的要求;

（4）产生的算法应尽量简单，以节省计算机资源；

（5）能达到所要求的精度。

2. 数学算法产生的伪随机数序列的要求

与此相对应，对用数学算法产生的伪随机数序列也有一定要求。伪随机数性能的优劣一般由以下几个条件，即性能指标来衡量：

（1）分布的均匀性；

（2）统计的独立性；

（3）周期性；

（4）生成速度；

（5）使用的方便性。

这些指标的重点是伪随机数的均匀性、独立性和周期性，检验的原理是依据假设检验的方法。

4.2.3.3 随机数性能检验的原理及方法

对于伪随机数的均匀性和独立性，可以运用假设检验的方法，即按照如下步骤进行：

（1）建立原假设 H_0 和备择假设 H_1；

（2）选定统计方法，选择合适的统计量，如 u_0 等，根据样本数据计算出实得值 u_0 根据资料的类型和特点，可分别选用 t 检验、F 检验、秩和检验以及 χ^2 检验等；

（3）规定一个显著性水平（$\alpha = 0.05$ 或 $\alpha = 0.01$）。根据显著性水平，查有关统计量的分布表，得到临界值；

（4）建立拒绝域，在拒绝域中 H_0 将被拒绝；

（5）确定检验用的观测数据，依此计算检验统计量，对假设进行检验，并做出接受或拒绝的决定。

关于随机数的检验方法参见有关文献。

4.3 基于实体流图的建模

4.3.1 实体流图

4.3.1.1 引言

实体流图（Entity Flow Chart，EFC）采用与计算机程序流程图相类似的图示符号和原理,建立表示临时实体产生、在系统中流动、接受永久实体"服务"以及消失等过程的流程图。借助实体流图,可以表示事件、状态变化及实体间相互作用的逻辑关系。在离散事件系统中,实体流图法应用比较普遍,原因如下:

(1)计算机程序框图的思想和方法已广为人们接受;

(2)实体流图方法简单,且对离散事件系统的描述比较全面。

该方法对建模者要求不高,主要原因如下:

(1)对实际系统的工作过程有深刻的理解和认识;

(2)将事件状态变化、活动和队列等概念贯穿于建模过程中。

4.3.1.2 建模思路

(1)辨识系统的实体(含队列)及属性;

(2)分析实体的状态和运动,队列的状态;

(3)确定系统事件,合并条件事件;

(4)分析事件发生时,实体状态的变化;

(5)在一定的服务流程下,分析与队列有关的特殊操作(如换队等);

(6)以临时实体的活动为主线,画出系统的实体流图;

(7)给出模型参数的取值;

(8)给出排队规则、服务规则、优先级、换队规则。

4.3.1.3 实例

下面通过两个例子来进一步介绍实体流图的建模方法。例4-3是一个简单的单服务台、单队列服务系统。此例虽然简单却颇具代表性,例中的顾客和服务员分别具备了离散事件系统中临时实体和永久实体的基本行为特性,它们之间的关系则代表了永久实体和临时实体之间典型的服务与被服务关系。该模型可供其他系统建模时借鉴。例4-4中则出现了两类顾客来竞争资源,使实体流图法有些力不从心。

例4-3 理发店服务系统。

设理发店只有一个理发员,顾客来到理发店后,如果有人正在理发就坐在一旁等候,理发员按先来先理的原则为每一位顾客服务,而且只要有顾客就不休息。建模目的是在假定顾客到达时间间隔和理发花费的时间服从一定的概率分布时,考察理发员的忙闲情况。

对该系统分析如下:

(1)实体。

临时实体:顾客;

永久实体:服务员;

特殊实体:队列。

（2）状态。

服务员:忙、闲;

顾客:等待服务、接受服务;

队列:队长。

（3）活动。

排队、服务。

（4）事件。

顾客到达、顾客结束排队(条件时间)、顾客服务完毕并离去。

三类实体的活动及状态之间存在逻辑上的联系:

① 某一顾客到达时,如果理发员处于"忙"状态,则该顾客进入"等待服务"状态;否则,进入"接受服务"状态。

② 理发员完成对某一顾客的服务后,如果队列处于"非零"状态,则立即开始服务活动;否则进入"闲"状态。

（5）排队规则:FIFO。

以顾客流动为主线,画出流程图,如图4-3所示。需给出的模型属性变量:顾客的到达时间(随机变量)、理发员为一个顾客理发所需的服务时间(随机变量)等,它们的值可分别从不同的分布函数中抽取。队列的排队规则是先到先服务(FIFO),即每到一名顾客就排在队尾,服务员先为排在队首的顾客服务。

这里特别要提到实体流图法建模的一般原则,即"如果事件 A 导致条件1成立(此时为状态!),而条件1(状态)又导致事件 B 发生,则事件 B 并入事件 A。"该原则可通过图4-14得到更直观的体现。在本例中,"顾客结束排队"可以导致"服务"活动的开始,而"顾客理完离去"

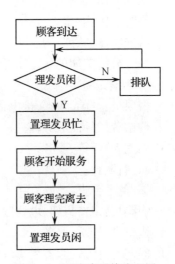

图4-3　理发店系统流程图

可以导致"服务"活动的结束,因此这两件事情均可作为事件看待。但是,由于"顾客结束排队"(事件 B)是以理发员状态是"闲"(状态)为条件的,因此是条件事件;而队列状态为"非零"时理发员状态为"闲"(状态)是由事件"顾客理完离去"(事件 A)导致的,因此将"顾客结束排队"事件(事件 B)并入"顾客理完离去"事件(事件 A),不予单独考虑。

例4-4　售票窗口服务系统。

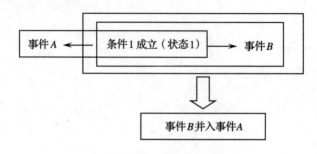

图4-4 事件合并原则

剧院雇佣一名售票员同时负责剧票的窗口销售和对电话问讯者的咨询服务。窗口服务比电话服务有更高的优先级,问讯者打来的电话由电话系统存储后按先来先服务的原则——予以答复。建模的目的是研究售票员的忙闲率。

解:对该系统分析如下:

(1)分析实体构成。

永久实体:售票员;

临时实体:购票者、电话问询者;

特殊实体:队列:购票队列、问询队列。

(2)分析实体的状态和活动。

① 实体状态。

售票员:空闲、售票、接电话;

购票者:等待、服务;

问询者:等待、服务;

队列:队长。

② 实体活动。

售票员:窗口售票、电话服务;

购票者:排队、服务;

问询者:排队、服务。

(3)确定系统事件。

购票者:到达、结束排队(开始服务)、服务完毕离去;

问询者:到达、结束排队(开始服务)、服务完毕离去。

(4)分析事件发生时永久实体的状态。

(5)确定排队、服务规则。

模型属性变量有"购票者到达时间"、"电话问讯者到达时间"、"售票服务时间"和"电话服务时间",它们均为随机变量。排队规则为 FIFO,服务规则是

"窗口购票者和电话问讯者分别排队,优先进行售票服务"。

(6) 以临时实体为主线,画实体流图(图4-5)。

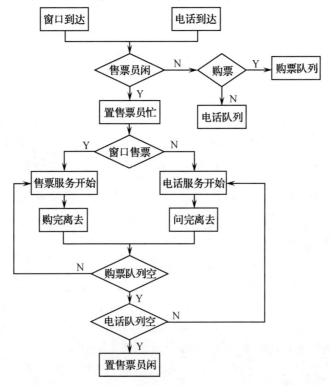

图4-5 售票窗口服务系统流程图

(7) 给出模型参数的取值、参变量的计算方法及属性描述变量的取值方法(随机变量的分布模型)。

本例与例4-3的主要区别是有两条服务途径,因此可同时存在两个队列,但顾客不可能换队。注意,图4-5中有两处是与服务规则有关的判断和特殊操作。当"电话问讯者"和"窗口购票者"同时到达而售票员处于"闲"状态时,前者加入电话问讯者队列,后者接受服务;当服务完毕而购票队列和电话队列均不为空时,先为购票者服务。

由于本例中有两类临时实体同时流动,因此可能出现资源冲突。对这类问题的描述,活动周期图有其独到之处(见4.4节)。

4.3.2 模型的人工运行

建立实体流图模型后,选取有代表性的例子将流程图全部走一遍,即所谓人工运行。人工运行模型要求遍历流程图的各个分支和实体的各种可能状态,在时间逐步变化的动态条件下,分析事件的发生及状态的变化过程,以检查模型的组成和逻辑关系是否正确。

4.4　基于活动周期图的建模

在上节关于实体流图法的介绍中,我们可以看到这样一种现象:实体的行为模式在有限的几种情况之间周而复始地变化,表现出一定的生命周期形式。例如,例4-5中的理发员实体的状态在"闲"和"忙"之间不断变化,而"忙"状态意味着理发员与顾客正在协同完成"理发"活动。顾客实体是临时实体,虽然单个实体仅在系统中停留一段时间,但是顾客实体的群体行为则是在"到达"、"等待"、"理发"和"离去"之间周而复始地变化,出现周而复始的行为模式。活动周期图(Activity Cycle Diagram,ACD)正是基于这样一种思想逐步形成的一种离散事件系统建模方法。

活动周期图以直观的方式显示了实体的状态变化历程和各实体之间的交互作用关系,便于理解和分析。活动周期图可以充分反映各类实体的行为模式,并将系统的状态变化以"个体"状态变化的集合方式表示出来,因此可以更好地表达众多实体的并发活动和实体之间的协同。但是,它只描述了系统的稳态,而没有表示系统的瞬态,即活动的开始和结束事件。

4.4.1　活动周期图

活动周期图建模方法将实体的状态分为静寂(Dead)和激活(Active)两种,并分别用不同的符号予以表示,如图4-6所示。状态之间用箭头线相连,不同的实体用不同的线型,表示各种实体的状态变化历程。激活状态通常是实体的活动,模型中活动的忙期可采用随机抽样等方法事先加以确定。相反,静寂状态通常表示无活动发生,是实体等待参加某一活动时的状态,其持续时间在模型中无法事先确定,取决于有关活动的发生时刻和忙期。每一类实体的生命周期都由一系列状态组成,随着时间的推移和实体间的相互作用,各个实体从一个状态变化到另一个状态,形成一个动态变化过程。

活动周期图建模过程如下。

1. 辨识组成系统的实体及属性

辨识组成系统的永久实体和临时实体,队列不作为实体考虑。

2. 分别画出各实体的活动周期图

实体活动周期图的绘制要以实际过程为依据,队列作为排队等待状态来处

(a)　　　　　　　　　　　　(b)

图 4 - 6　ADC 基本图符

(a) 静寂；(b) 激活。

理。实体流图法中作为事件看待的某些操作或行为,要拓展为活动来处理。活动周期图服从以下两项原则。

（1）交替原则。静寂状态和激活状态必须交替出现。如果实际系统中某一活动完成后其后续活动就立即开始,则后续活动称为直联活动。为了使直联活动与其前置活动的连接仍符合交替原则,规定这两个活动之间存在一个虚拟的队列。

（2）闭合原则。每类实体的活动周期图都必须是闭合的,其中临时实体的活动周期图表示一个或几个实体从产生到消失的循环过程,而永久实体的活动周期图则表示一个或几个实体被占用和释放的循环往复过程。

3. 将各实体的活动周期图联接成系统活动周期图

以各实体之间的协同活动为纽带,将各种实体的活动周期图合并在一起。

4. 增添必要的虚拟实体

在活动周期图中,当一个活动的所有前置静寂状态均取非零值(队列不空)时,该活动才有可能发生。利用这一特性,可以增添某些必要的虚拟实体,并假定它们与另外的实体协同完成某项活动。用这种办法可以为实体活动的发生加上某种附加条件,从而实现"隔时发生"的建模效果。

5. 标明活动发生的约束条件和占用资源的数量

（1）活动是否可以发生的判断条件,这些条件应是用 ACD 图示符号无法或不便表达的;

（2）永久实体在参加一次协同活动时被占用和活动完成时释放的数量。活动发生的条件一般为某种表达式,标在活动框的旁边。协同活动发生时占用/释放永久实体(资源)的数量标在相应箭头线的旁边(带有 +/- 符号),数量为 1 时不标。

6. 给出模型参数的取值、参变量的计算方法及属性描述变量的取值方法,并给出排队规则和服务规则

例 4 - 5　机床加工系统。

考虑一个简单的加工车间。车间内有数台自动机床,由一名工人负责看管。工人的任务:①如果机床的刀具完好,则为机床安装工件,然后按下运行按钮;②如果机床的刀具损坏,则先要重装刀具,然后完成任务①。只有当机床完成一次自动加工工序,并停止运行后,工人才能执行上述两项任务。假定每台机床均可加工各种工件,并且不会发生工件短缺的现象。建模的目的是为了研究工人的忙闲率。

显然,建模时要考虑两类实体:机床和工人。

(1) 工人。工人从事的两项主要活动是"安装工件"(RESET)和"安装刀具"(RETOOL),另外,他(她)也可能在一定的时间内离开去干一些其他的事情(如饮水)而暂时无法看管机床。为了处理这种情况,可以增加一种"其他活动"(AWAY),其忙期可按某种规律事先确定。上述三种活动均为激活状态。

当工人不处在三种激活状态时,就处于静寂状态"等待",这一状态的持续时间可能较长,也可能很短,取决于激活状态的情况。

工人实体的活动周期图如图4-7所示。

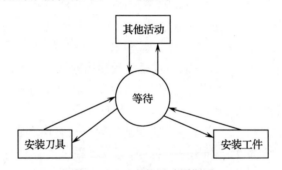

图4-7 工人的活动周期图

(2) 机床。它有三种激活状态:"安装刀具"、"安装工件"和"加工"(RUN-NING),前两项是与工人实体协同完成的活动。活动周期图见图4-8,图中激活状态之间均有静寂状态相隔,符合交替原则。虽然"预备"和"停机"两种静寂状态在实际工作过程中也许非常短暂,但它们的引入既满足了交替原则的要求,又便于研究的深化。例如可以很方便地将模型扩充到两个操作工的情景,一个负责所有机床的刀具安装,另一个负责工件安装。

工人和机床实体的活动周期图可以合并成图4-8所示的一张大图。从图中可见,工人和机床实体的活动周期图是由"安装工件"和"安装刀具"两个协同活动联系到一起的。每一个静寂状态对应唯一的实体,如只有工人才有等待状态,只有机床才能"预备"、"停机"和"完毕"等。

图4-8还不能算是一个完善的活动周期图模型,图中所示的工人只要不从事"安装工件"和"安装刀具"的工作(处于等待状态),即可从事"其他活动",例如"饮茶",因为"等待"是"其他活动"的唯一前置状态。假如我们限定工人

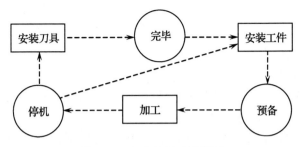

图 4-8　机床的活动周期图

每隔2h才能休息10min饮茶,那么怎样在活动周期图中加以表示呢? 解决的办法是引入虚拟实体——工人休息饮茶的权力(简称权力)。权力实体协同工人实体完成"饮茶"活动,其生命周期中要完成"计时"(RECORD)这一活动。为了满足交替原则,还增添了"有权"(YES)和"无权"(NO)两种状态(见图4-9)。这样,当权力实体停留在"有权"状态时,处于"等待"状态的工人方可进行10min的饮茶活动。饮茶后,权力实体进入"无权"状态,并开始计时活动。当计时2h后,又进入"有权"状态。可见,权力实体的引入满足了每隔一段时间方可进入某一活动的建模需要。

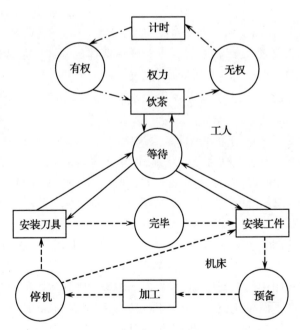

图 4-9　引入权力实体后的机床加工系统 ACD

"机床数量"应作为模型参数加以考虑。每台机床"累计加工的工件数"作为模型的参变量，用以判断当机床处于"停机"状态而工人处于"等待"状态时，机床是否需要重换刀具，从而决定是进入"安装刀具"活动还是"安装工件"活动。属性变量有"加工时间"、"安装刀具时间"和"安装工件时间"（随机变量），以及"饮茶时间"（10min）和"轮休时间"（2h）。服务规则中应明确规定当工人处于"等待"状态时，是先饮茶休息，还是先工作（假定机床处于"停机"状态且权力处于"有权"状态），这里工作指"安装刀具"或"安装工件"中的一种，其选择取决于模型参数的值，例如前述的"累计加工的工件数"。当然，也可采用引入虚拟实体的办法处理。

本例说明，活动周期图中允许进行分支处理，即从同一活动（或静寂状态）引出多个供选择的后续静寂状态（或活动），以表示实体行为模式中存在的多种可能性。这时分支状态（本例中的停机状态）需要有一个判断变量，根据判断变量的取值情况，可以确定实体的走向。

例 4 – 6　售票窗口服务系统。

同例 4 – 4，本系统有三类实体：售票员、窗口购票者、电话问讯者。

（1）售票员。有两种激活状态：窗口售票和电话服务。当售票员不处于以上两种状态时，便处于一种静寂状态——空闲。因此，售票员的活动周期图如图 4 – 10 所示。有时，空闲状态的持续时间很短。

（2）窗口购票者。参考例 4 – 4 中对顾客实体的描述。显然购票者早有一个激活状态"窗口服务"（与售票员协同完成）和一个静寂状态"排队等待"。购票者离去的事件已隐含在"窗口服务"活动中，但是购票者到达事件怎样在活动周期图中体现出来呢？

购票者接受售票员的服务后即从系统中消失，我们假想他进入了系统的外部，即进入"外部"状态。根据交替原则，该状态是静寂状态。新的购票者是从系统"外部"到达窗口排队并接受服务的。根据交替原则和封闭原则，"外部"与"排队等待"状态之间应存在一个激活状态，称之为"到达"。为了理解"到达"活动的含义，想象购票者是乘坐同一交通工具从系统"外部"抵达窗口"队列"的，该交通工具一次只能容纳一名乘客（约束）；其往返一趟的时间是一个随机变量，服从某一概率分布。这一随机变量的作用相当于顾客到达的时间间隔。因此实体流图中的"到达"事件对应着 ACD 中"到达"活动的结束事件，这从一个侧面反映了两种建模方法的不同之处。购票者的 ACD 模型见图 4 – 11。注意"到达"活动上方的约束条件 CUSTOMER = 0，这表明前一顾客"到达"活动完成后，下一顾客才能开始"到达"。

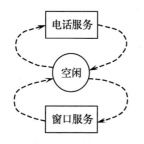

图 4-10　售票员的活动周期图

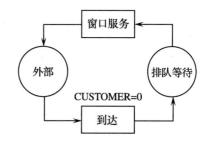

图 4-11　购票者的活动周期图

上面已经给出了对"到达"活动的一种处理方法,它将到达看成是一种由顾客单独完成的活动,其忙期是表征顾客到达时间间隔的随机变量(或时间表)。还有一种经常使用的方法,用它来处理到达活动也许比上面的方法更直观易解,这就是引入一个虚拟实体"门"(图5-12)来代替给活动施加的约束(CUS-TOMER =0)。这样,到达活动就变成了由"顾客"和"门"协同完成的一种活动,只有当门处于"打开"状态时,"外部"的顾客才能进行"到达"活动。"计时"活动的忙期取顾客到达的时间间隔。

(3)电话问讯者。电话问讯者的 ACD 与窗口购票者的相似(图4-13)。他有两个激活状态"电话服务"(与售票员协同完成)和"打电话",分别与"窗口服务"和"到达"相对应。静寂状态有"等回话"和"局外",分别与"排队等待"和"外部"相对应。"局外"和"外部"一样,均表示系统的环境,称为源状态。

通过"窗口服务"和"电话服务"两个协同活动,将图4-10、图4-12和图4-13合并在一起,形成售票窗口服务系统的活动周期图模型,如图4-14所示。将此图与图4-8(售票窗口服务系统实体流图)加以比较,可见活动周期图在描述两类以上临时实体资源竞争问题时有简练、清晰的特点。

模型的描述变量和排队、服务规则,参见例4-6。

4.4.2　实体流图与活动周期图的比较

下面简要分析一下实体流图和活动周期图之间的区别及各自的特点。

(1)实体流图 EFC 是以临时实体在系统中的流动过程为主线建立的模型,永久实体浓缩于表示状态和事件的图示符号之中,队列被作为一种特殊的实体来对待。对这三种实体的描述交织在一起,使得各类临时和永久实体没有单独的图示。活动周期图 ACD 则基于各类临时和永久实体的行为模式,它们均有其单独的图示表达,队列很自然地成为实体生命周期中的一种状态。

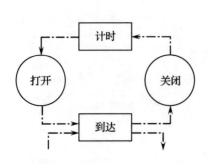

图 4 - 12　引入虚拟实体后的到达活动

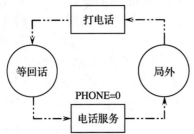

图 4 - 13　电话问讯者的活动周期图　　图 4 - 14　售票窗口服务系统的活动周期图

（2）ACD 中,各类实体的图示是"环形"的循环图,整个系统的 ACD 由多个环套在一起组成;而 EFC 则是带有小循环的"树形"流程图。

（3）事件是 EFC 的重要组成部分,在 EFC 中有显式的表达;而在 ACD 中,事件蕴含在活动之中,没有显式表达。

（4）状态判断框在 EFC 中的作用十分重要。ACD 将 EFC 中需作判断的状态用"空闲"、"等待"等静寂状态表示,而对实体是否处于该状态的判断则勿需标在图中,因为它已升华为模型运行时的一般规则。实际上,根据 ACD 人工运行规则（略）,每一个静寂状态都有"条件"的底蕴。

（5）从人工运行规则来看,ACD 存在普适性很强的运行规则,它与每个具体的 ACD 无关;而 EFC 的运行规则中只有一条是通用的（体现了事件调度法）,其他各条均从具体的 EFC 中抽取,普适性很差。

（6）由（1）和（5）知,ACD 更易于用面向对象的技术实现,软件上也更易于实现仿真程序的自动生成。另外,由（1）知,ACD 表示冲突和并发现象更方便、直观。

（7）正是由于 EFC 没有 ACD 那样规范,因此如果不考虑模型的运行问题,

EFC 比 ACD 的适用范围更广。另外，EFC 中可以对队列的排队规则和服务规则进行比较详细的描述。

4.5 基于 Petri 网的建模

1962 年，联邦德国的 Carl Adam Petri 博士在他的博士论文"Communication with automata"（用自动机通信）中首次提出了一种网状结构的信息流模型，后来被称为 Petri 网。Petri 网是一种系统的数学和图形描述与分析工具。对于具有并发、异步、分布、并行、不确定性和/或随机性的信息处理系统，都可以利用这种工具构造出相应的 Petri 网模型，然后对其进行分析，即可得到有关系统结构和动态行为方面的信息，根据这些信息就可以对所研究的系统进行评价和改进。经过近 40 年的发展，目前 Petri 网建模方法已在分布式软件系统、分布式数据库系统、离散事件系统、神经网络、决策模型、化学系统、法律系统、机械加工系统、计算机通信系统、C^3I 系统等众多领域中得到广泛应用。

4.5.1 Petri 网的基本概念

4.5.1.1 Petri 网的定义与图示方法

任何系统都由两类元素组成：表示状态的元素和表示状态变化的元素。在 Petri 网中，前者用库所（place 或 site）表示，后者用变迁（transition）表示。变迁的作用是改变状态（如离散事件系统中的事件），库所的作用是决定变迁能否发生（如离散事件系统中的状态/活动）。二者之间的这种依赖关系用弧（箭头）表示出来就是一个 Petri 网。

三元组 $N = (P, T; F)$ 称为 Petri 网的充要条件如下：

（1）$P \cup T \neq \phi$；

（2）$P \cap T \neq \phi$；

（3）$F \subseteq (P \times T) \cup (T \times P)$；

（4）$\mathrm{dom}(F) \cup \mathrm{cod}(F) = P \cup T$。

其中：$P = \{P_1, P_2, \cdots, P_n\}$ 是 N 的有穷库所集合；$T = \{T_1, T_2, \cdots, T_m\}$ 是 N 的有穷变迁集合；F 是由 N 中的一个 P 元素和一个 T 元素组成的有序偶的集合，称为 N 的流关系；$\mathrm{dom}(F) = \{x \mid \exists\, y\colon (x, y) \in F\}$ 为 F 所含有序偶的第一个元素的集合；$\mathrm{cod}(F) = \{x \mid \exists\, y\colon (y, x) \in F\}$ 为 F 所含有序偶的第二个元素的集合；$\times$ 表示集合的直积运算（笛卡儿积），定义为：假定 $A = \{x_h \mid h \in H\}$，$B = \{y_k \mid k \in K\}$，其中，H 和 K 为整数集，那么有序偶 $\{(x_h, y_h) \mid x_h \in A, y_k \in B\}$ 称为 A 和 B 的

直积,记作 $A \times B$。

条件(1)和(2)表明,Petri 网由 P 和 T 两类元素组成。

条件(3)表明,F 是由一个 P 元素和一个 T 元素组成的有序偶的集合。

条件(4)表明,N 不能有孤立元素,从而 P,T 和 F 均不能为空集。Petri 网又称有向网,简称网。$X = P \cup T$ 称为 N 的元素集。

为方便起见,定义库所或变迁的前集和后集。设 $x \in X$ 为网 $N = (P,T;F)$ 的一个元素,令 ${}^*x = \{y \mid (y,x) \in F\}$,$x^* = \{y \mid (x,y) \in F\}$,则 ${}^*x$ 称为 x 的前集或输入集;x^* 称为 x 的后集或输出集。

Petri 网的标准图形表示是用圆圈代表库所,用方框或竖线表示变迁,用从 x 到 y 的有向弧表示有序偶 (x,y)。如果 (x,y) 是从 x 到 y 的有向弧,就称 x 是 y 的输入,y 是 x 的输出。

例 4-7　用螺钉将零件1、零件2和零件3连接起来得到零件4的 Petri 网的图形表示,如图4-15所示。其中,库所 p_1、p_2 和 p_3 可以分别理解为处于就绪状态的零件1、零件2和零件3,p_4 表示连接成功的零件4,变迁 t_1 表示三个零件之间的连接。

该网的数学表示为 $N = (P,T;F)$,其中:

$$P = \{p_1, p_2, p_3, p_4\},\ T = \{t_1\},\ F = \{(p_1,t_1),(p_2,t_1),(p_3,t_1),(p_4,t_1)\}$$

窗口服务系统的 Petri 模型如图4-16所示。

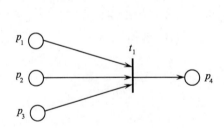

图4-15　螺钉连接 Petri 网

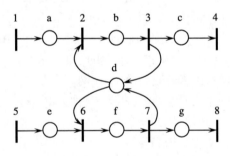

图4-16　窗口售票服务系统的 Petri 网

图中,库所和变迁的意义如下:

(1)库所集。

① 购票者等待;

② 售票员为购票者售票;

③ 购买票的顾客;

④ 售票员闲;

⑤ 问讯者等待；

⑥ 售票员为问讯者咨询；

⑦ 问讯完的顾客。

（2）变迁集。

① 购票者到达；

② 开始购票；

③ 购票毕；

④ 购票者离去；

⑤ 问讯电话打来；

⑥ 问讯毕；

⑦ 问讯者离开。

表 4-2 是与计算机科学关系密切的库所和变迁的若干可能的解释。这些解释使 Petri 网与应用领域联系起来，从而使 Petri 网的理论和方法也在应用领域得到相应的解释和应用。

表 4-2　库所和变迁的若干可能解释

库所	变迁	逻辑语句	演绎、证明、依赖	化学物质	化学反应
状态	变化	信息站	信息传递器	国家	边界
条件	事件(信息变化)	生产资料	生产活动	语用状态	语用变换
语言	翻译器	开集	闭集	条件	事实
结构	构造	角色	活动	数据表示功能单元	数据处理功能单元

4.5.1.2　网系统

网是系统静态结构的基本描述，要模拟系统的动态行为，需要定义网系统。在定义网系统之前，先定义容量、标识和权函数。

1. 容量、标识、权函数的定义

设 $N = (P, T; F)$ 是有向图，则有以下说明：

（1）映射 $K: P \to N^+ \cup \{\omega\}$ 称为 N 上的一个容量函数，即库所 P 中所容纳的资源数量，其中 $N^+ = \{1, 2, 3, \cdots\}$。$K(P) = \omega$ 表示 P 的容量为无穷，一般不标注，$K(P) = \{k(p_1), k(p_2), \cdots, k(p_n)\}$。

（2）若 K 是 N 上的容量函数，映射 $M: P \to N^+ \cup \{0\}$ 称为 N 的一个标识的充要条件：$p \in P$ 均满足 $M(p) \leqslant K(p)$。标识为库所中实际资源数量。

（3）映射 $W: F \to N^+$ 称为 N 的权函数。W 在弧 (x, y) 上的值用 $W(x, y)$ 表示，表示变迁对资源的消耗或产品的生产量。

在理解容量、标识和权的含义之前，首先看一个例子。

例 4 - 8   用螺钉将 3 个零件 1、1 个零件 2 和 2 个零件 3 连接起来得到 1 个零件 4 的 Petri 网如图 4 - 17 所示。弧上标出的正整数用以表示某一变迁对资源的消耗量或产品的生产量(未标明的地方假定是 1),也就是弧上的权值。用 k 给出的数字说明某一库所中允许存放资源的最大数量,即为库所的容量值,未加标注的库所容量为无穷大。库所中的黑点数表示该库所当前的实际资源/产品数。这里,同一库所中的资源或产品被看作是完全等价的个体,均用黑点表示;黑点称为令牌或标记,各个库所中的黑点数就是标识,未标注时为零。图 4 - 17 中的容量 $K = \{\omega, \omega, 500, \omega\}$,标识 $M = \{5, 3, 4, 0\}$,权 $W = \{3, 1, 2, 1\}$。

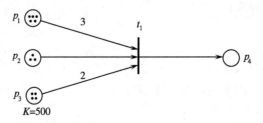

图 4 - 17   螺钉连接 Petri 网图

至此,可以得到如下关于容量、标识和权函数的更一般化的说明:

(1) 容量 $K(p)$ 表示库所 p 中允许存放令牌的最大数量,其值标在表示库所的圆圈旁;不标明时容量为 ω。

(2) 权 $W(x, y)$ 表示变迁发生时消耗或产出的令牌数量,其值标在弧 (x, y) 上;不标明时表示权为 1。

(3) 令牌表示原料、部件、产品、人员、工具、设备、数据和信息等组成系统的"资源",标识 $M(p)$ 的值用令牌数表示,而令牌则表示为库所中的黑点。同一库所中的诸多令牌代表同一类完全等价的个体,默认值为 0。

容量、权、标识也是系统静态结构描述的一部分。

2. 网系统的定义

六元组 $\sum = (P, T; F, K, W, M_0)$ 称为一个网系统,当且仅当:

(1) $N = (P, T; F)$ 是 Petri 网,称为 $\sum$ 的基网;

(2) K, W, M 分别是 N 上的容量函数、权函数和标识。M_0 是 $\sum$ 的初始标识。

网系统的状态用令牌在库所中的分布来表示,系统状态变量 $\overline{M} = (m_1, m_2, \cdots, m_n)$,其中,$m_i = M(p_i), p_i \in P$。

当变迁不断发生时,网系统的状态也不断发生变化,这一过程称为网系统的运行。

3. 网系统的运行规则

设 $\sum = (P,T;F,K,W,M_0)$ 为网系统,M 为其基网上的一个标识。t 在 M 下有效的条件如下:

对所有的 $p1 \in {}^*t \Rightarrow M(p1 \geqslant W(t,p1))$ 且对所有的 $p2 \in {}^*t \Rightarrow M(p2) + W(t, p2) \leqslant K(p2)$。这时说 M 授权 t 发生(M enables t),记作 $M[t>$。

若 t 在 M 下有效,那么 t 就可以发生。发生的结果是把 M 变成后继标识 M',记作 $M[t>M'$。对所有 $p \in P$,有

$$
M'(p) = \begin{cases}
M(p) - W(p,t); p \in {}^*t - t^* & \text{(前非后)} \\
M(p) + W(p,t); p \in t^* - {}^*t & \text{(后非前)} \\
M(p) + W(t,p) - W(p,t); p \in t^* \cap {}^*t & \text{(同为前后)} \\
M(p); p \in t^* \cup {}^*t & \text{(t 的外延)}
\end{cases}
$$

变迁条件和发生规则可以解释如下:

(1) 一个变迁被授权发生,当且仅当该变迁的每一个输入库所中的令牌数大于或等于输入弧的权值,并且该变迁的输出库所中已有的令牌数与输出弧权值之和小于输出库所的容量;简单地说就是"前面够用,后面够放"。

(2) 变迁发生的充要条件是该变迁是有效的。

(3) 变迁发生时,从该变迁的输入库所中移出与输入弧权值相等的令牌数,在该变迁的输出库所中产生与输出弧权值相等的令牌数。

例 4-9 根据网的运行规则,按照 $t_1 t_2 t_3 t_4$ 的顺序,依次对图 4-18 中变迁的发生权进行检查。

显然,t_1 可以发生,t_1 发生后的结果如图 4-19 所示;t_2 不能发生,t_3 可以发生,结果见图 4-20;t_4 可以发生,结果见图 4-21。

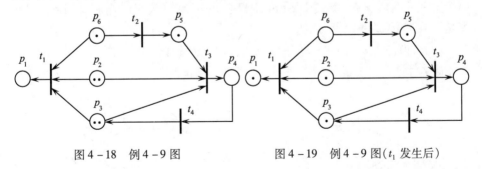

图 4-18 例 4-9 图　　　　图 4-19 例 4-9 图(t_1 发生后)

注意:网运行时一定要事先规定变迁的扫描顺序,不同的扫描顺序将导致不同的结果。

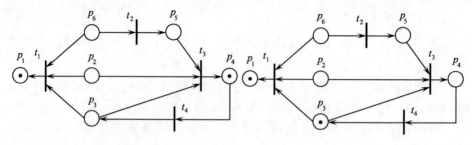

图 4 - 20　例 4 - 9 图(t_3 发生后)　　　　图 4 - 21　例 4 - 9 图(t_4 发生后)

4. 变迁间的关系

在网系统中,可以定义变迁之间的顺序、并发、冲突和冲撞关系。另外,库所集还存在死锁和陷阱的可能性。如图 4 - 22 ~ 图 4 - 25 所示。

(1)顺序关系(先后关系)。图 4 - 22 中的变迁 t_1 和 t_2 为先后关系,t_1 先发生。

(2)并发关系。两个以上的变迁都可以发生,且互不影响。如图 4 - 23 中的变迁 t_2 和 t_3 并发。

图 4 - 22　顺序关系　　　　　　图 4 - 23　并发关系

(3)冲突关系。如果两个变迁中的一个发生,则另一个必不能发生,则这两个变迁冲突。图 4 - 24 中库所 p_1 中仅有一个令牌,故变迁 t_1 和 t_2 冲突,即冲突是因共享资源不够所引起的。

(4)冲撞关系。图 4 - 25 中变迁 t_1 和 t_2 中只有一个发生,否则库所 p_3 中的令牌大于 1。故冲撞是由库所容量不够所引起的。

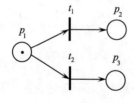

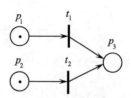

图 4 - 24　冲突关系　　　　　　图 4 - 25　冲撞关系

（5）迷惑关系。图 4-26 中,如果变迁 t_2 先发生,则 t_1、t_3 不能发生,反之,如果 t_1、t_3 发生,则 t_2 不能发生,即变迁的发生取决于发生的次序。该图中,t_1 和 t_3 并发,t_1 和 t_2 冲突,t_2 和 t_3 冲突,即迷惑的表现形式为并发和冲突并存。

（6）死锁关系。图 4-27 中,变迁 t_1 发生的条件是库所 p_4 中有一个令牌,而要 p_4 中有一个令牌必须变迁 t_2 发生,但 t_2 发生必须要库所 p_3 中有一个令牌,然而要 p_3 中有一个令牌必须变迁 t_1 发生。故 t_1 和 t_2 不可能发生。

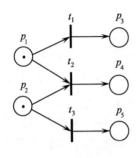
图 4-26 迷惑关系

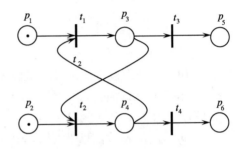
图 4-27 死锁关系

5. 网系统的分类

根据容量函数和权函数的特点,可将网系统分为三类。

（1）条件/事件网系统或 C/E 网系统。

$$K \equiv 1, \ W \equiv 1$$

该系统也称基本网系统,库所只有两种状态:有一个令牌或没有令牌,因此称为条件。有令牌条件满足(取真值),无令牌条件不满足(取假值)。相应地,基本网系统中变迁称为事件。

（2）库所/变迁网系统或 P/T 网系统。

K,W 可以取任意有限值。

（3）Petri 网系统。

$$K \equiv \omega, \ W \equiv 1$$

以上三种 Petri 网称为基本 Petri 网。在应用过程中,Petri 网得到不断的改进,产生了很多改进形式,称为高级 Petri 网。高级 Petri 网给令牌赋予某种属性,可以丰富 Petri 网的模型语义。高级 Petri 网有谓词/变迁网(Predicate/Transition Net)、有色 Petri 网(Colored Petri Net,CPN)和时间 Petri 网(Timed Petri Net)(包括随机 Petri 网(Stochastic Petri Net,SPN))。

（1）谓词/变迁网。谓词/变迁网为变迁的发生规定了谓词条件。

（2）有色 Petri 网。有色 Petri 网为网中每一库所定义了一个令牌色彩集,并且为网中的每一变迁定义一个动作色彩集。

（3）时间 Petri 网（Timed Petri Net）。时间 Petri 网考虑变迁（事件）发生到结束所需的时间，它将每一时间标在对应的库所旁，这样库所中的令牌要经过一段时间才能参与 Petri 网的运行。也可以将时间标在变迁上，这样，授权发生的变迁需延迟一段时间后才能发生；或者变迁发生后立即从输入库所移走相应数量的令牌，但要延迟一段时间才在输出库所产生令牌。随机 Petri 网则把变迁的发生看作是一个随机过程，其持续时间服从一定的概率分布。

4.5.1.3 Petri 网建模举例

1. 有限状态机

例 4-10 自动面包售货机可接受面值为 0.5 元和 1.0 元的硬币，销售价格为 1.5 元和 2.0 元的面包，最大硬币储存量为 2.0 元。

解：储存量为 0 元、0.5 元、1.0 元、1.5 元和 2.0 元这 5 种状态分别由 5 个库所 p_1、p_2、p_3、p_4、p_5 表示，而从一种状态变换到另一种状态则由标以输入条件的变迁表示，如"投 0.5 元"为变迁 t_1，"投 1.0 元"为变迁 t_2，变迁 t_3 和 t_4 分别为"取 1.5 元的面包"和"取 2.0 元的面包"。以库所 p_1 中放一个标记作为 Petri 网的初始标识，表示售货机最初货币储存量为 0 元。

图 4-28 中，每个变迁都正好有一个输入弧和一个输出弧。具有这种状态的 Petri 网叫做状态机，任何一个有限状态机都可以用 Petri 网来模拟。

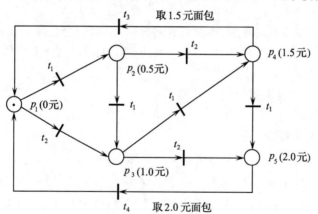

图 4-28　自动面包售货机 Petri 网

2. 机械加工系统

例 4-11 最简单的工件加工系统，其 Petri 网模型如图 4-29 所示。若考虑对工具的使用，则可根据使用方式的不同列举出如下两种形式的 Petri 网模型。

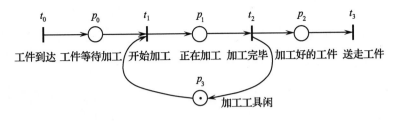

图 4-29 例 4-11 图(1)

第一种形式:变迁 t_1 和 t_2 共享一件工具,两个变迁不能同时启动,但每个变迁都可以多次启动,见图 4-30。

第二种形式:变迁 t_1 和 t_2 各使用自己的工具,见图 4-31。

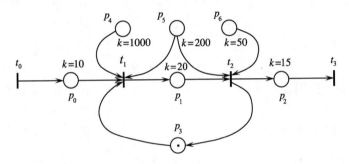

图 4-30 例 4-11 图(2)

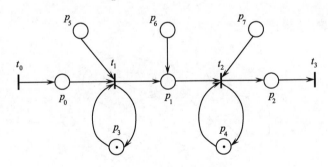

图 4-31 例 4-11 图(3)

例 4-12 若加工车间有 3 台不同的机器 M_1、M_2 和 M_3,两个操作工 F_1 和 F_2。操作工 F_1 可以操作机器 M_1 和 M_2,操作工 F_2 可以操作机器 M_1 和 M_3。工件分为两个阶段加工,第 1 阶段必须用机器 M_1 加工,第 2 阶段可用 M_2 或 M_3 加工。当 M_2 和 M_3 均处于空闲状态时,工件在 M_2 上加工;否则哪个空闲就在哪个上面加工。该加工车间模型如图 4-32 所示。图中各符号的意义如下:

库所集：

a - 工件到达,等待用 M_1 加工；

b - 工件由 M_1 加工完,等待 M_2 或 M_3 加工；

c - 工件完成加工；

d - 机器 M_1 空闲；

e - 机器 M_2 空闲；

f - 机器 M_3 空闲；

g - 操作员 F_1 空闲；

h - 操作员 F_2 空闲；

i - 机器 M_1 由 F_1 操作；

j - 机器 M_1 由 F_2 操作；

k - 机器 M_2 由 F_1 操作；

l - 机器 M_3 由 F_2 操作。

变迁集：

1 - 工件到达；

2 - 操作员 F_1 开始在 M_1 上加工；

3 - 操作员 F_1 结束在 M_1 上加工；

4 - 操作员 F_2 开始在 M_1 上加工；

5 - 操作员 F_2 结束在 M_1 上加工；

6 - 操作员 F_1 开始在 M_2 上加工；

7 - 操作员 F_1 结束在 M_2 上加工；

8 - 操作员 F_2 开始在 M_2 上加工；

9 - 操作员 F_2 结束在 M_2 上加工；

10 - 工件输出。

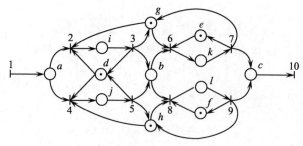

图 4-32　例 4-12 图

例 4-13 图 4-33 为流水生产车间制造系统,该系统由两台机床 mch1 和 mch2 加工两种零件 part1 和 part2。所有零件按相同的顺序通过两台机床。每台机床的入口处有一个零件库,在系统的出口处也有一个零件库。系统作业进度计划要求两种零件交替加工。

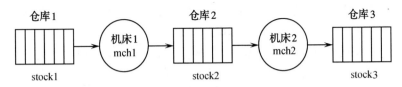

图4-33 流水生产车间制造系统简图

图4-34为该系统的Petri网模型。其中：

stock ij-机床 j 的入口零件库中的零件 $i(j=1,2)$，stock $i3$-零件库3中的零件 i；

part ij-机床 j 上的零件 i；

mch ij-机床 j 空闲，等待零件 i；

t_{ij}-将零件 i 装到机床 j 上；

t'_{ij}-将零件 i 从机床 j 上卸下。

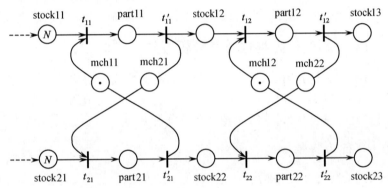

图4-34 例4-13的Petri网

关于图中所示标记的解释：标记（库所中有字母 N）表示有 N 个零件part1和 N 个零件part2在机床mch1的入口零件库stock1，标记（库所中有一个黑点）表示机床mch1和mch2正等待part1类零件。变迁 t_{11} 启动使零件part1（标为part11）进入机床mch1加工。通过启动变迁 t'_{11}，将零件part1从机床mch1上卸下，空出机床mch1，标记机床库所mch21并将零件装入零件库stock2。之后可能产生以下两个并行动作：

（1）启动 t_{12} 将零件part1装上机床mch2；

（2）启动 t_{21} 将零件part2装上机床mch1。

这两种变迁标记零件库所part12和part21。part1加工完后，变迁 t'_{21} 启动，将零件装入输出零件库stock3，空出机床mch2，并标记机床库所mch22。变迁

t'_{21} 启动时,机床 mch1 卸料。当机床 mch2 空闲时,启动 t_{22} 可装上零件 part2,并在加工完成后启动 t'_{22} 卸下零件 part2。

该模型清楚地表示了运行顺序 $t_{11} \rightarrow t'_{11} \rightarrow t_{12} \rightarrow t'_{12}$ 和 $t_{11} \rightarrow t'_{11} \rightarrow t_{12} \rightarrow t'_{12}$ 的并行性,以及共享资源(机床 mch1 和 mch2)的管理。

4.5.1.4 Petri 网的特点

(1)采用图形建模方法,使模型直观、易于理解。

(2)可以清楚地描述系统内部的相互作用,如并发、冲突等;特别适用于异步并发离散事件系统建模。

(3)可以采用自顶向下的方法(递阶 Petri 网)来建立系统的模型,使所建模型层次分明。

(4)有良好的形式化描述方法,用 Petri 网建立的模型具有成熟的数学分析方法,如可达性、可逆性及死锁分析等,对 Petri 网的仿真也比较简单。

(5)用 Petri 网建立的模型,在一定条件下可以翻译为系统的控制代码。

4.5.2　Petri 网的行为特性及其分析方法

Petri 网的特性分为两大类,一类特性依赖于系统的初始状态,直接反映系统的实际行为,这类特性称为行为特性;另一类特性独立于 Petri 网的初始标识,称为结构特性。这里仅讨论行为特性及其分析方法。

4.5.2.1　行为特性

Petri 网的行为特性包括可达性、有界性、活性、可逆性、可覆盖性、同步距离等。

1. 可达性

当一个 Petri 网对于给定的初始标识 M_0 和目标标识 M_n 存在一个启动序列 σ,可以使 M_0 变迁为 M_n,则称 M_n 是从 M_0 可达的,用 $M_0 \rightarrow M_n$ 或 $M_0 [\sigma > M_n$ 表示,其中,$\sigma = M_0 t_1 M_1 t_2 M_2 \cdots t_n M_n$,简记为 $\sigma = t_1 t_2 \cdots t_n$。所有可达标识的集合称为可达集合,用 $R(M_0)$ 表示。因此,Petri 网的可达性问题就是寻找是否存在 $M_n \in R(M_0)$。

2. 有界性

对于 Petri 网,若存在一个整数 K,使得与 M_0 的任何一个可达标识 M_n 对应的每个库所中的标记数不超过 K,则称 Petri 网为 K 有界,简称有界。若 $K = 1$,则称此 Petri 网为安全的。

在计算机系统中,通常用 Petri 网中的库所表示实际系统中存储数据的缓冲区和寄存器。通过 Petri 网的有界性分析,就可以考查实际系统中缓冲区或寄存器是否溢出。

3. 活性

Petri 网经常用在一些运动实体的数量和分布发生变化的场合。例如,计算机中的数据、仓库中的货物、管理机构中的档案和生产系统中的工序等。在阻塞状态下,譬如由于资源短缺或由于拥挤引起的状态,可能导致系统局部或整体的运行停止。在这种系统中,我们可以将活动的系统元素(如处理器、机器等)表示为变迁,将不动的系统元素(如缓冲区、仓库等)表示为库所,运动的实体表示为标记,则阻塞状态下就没有任何变迁可以启动,这样的网不是活的。一个活的网应保证无死锁操作。活性是许多系统的理想特性,实际上很难实现,如一些大型计算机的操作系统中,要验证这一特性会花费很大。因此,我们应放宽对活性的限制,定义不同的活性等级。

设网中从 M_0 出发的所有可能启动序列的集合为 $L(M_0)$,所有从标识 M_0 可达的标识集合为 $R(M_0)$,则一个变迁 t 被称为:

(1) L_0 – 活的(死的),仅当 t 在 $L(M_0)$ 中的任何启动序列中都无法启动;

(2) L_1 – 活的,仅当 t 在 $L(M_0)$ 中的一些启动序列中至少可以启动一次;

(3) L_2 – 活的,仅当 t 在 $L(M_0)$ 中的一些启动序列中至少可以启动 k 次(k 为大于 1 的任一正整数);

(4) L_3 – 活的,仅当 t 在 $L(M_0)$ 中的一些启动序列中可以经常无限制地启动;

(5) L_4 – 活的(活的),仅当 t 在 $R(M_0)$ 中的每个标识 M 是 L_1 – 活的。

一个变迁是 L_k – 活的,而不是 $L_{(k+1)}$ – 活的($k = 1,2,3$),则称该变迁是严格 L_k – 活的。

一个 Petri 网被称为 L_k – 活的,仅当网中每个变迁是 L_k – 活的($k = 0,1,2,3,4$)。显然,L_4 – 活的是最强的,并按 L_3,L_2,L_1 活性依次递减。

例 4 – 14 图 4 – 35 中 t_0 永远无法启动,所以 t_0 是 L_0 – 活的;一旦 p_1 因启动 t_1 而失去标记,就无法再获得标记,t_1 最多只能启动一次,所有 t_1 是 L_1 – 活的;在 p_1 有标记的情况下,可启动 t_3,而 p_1 并不失去标记,t_3 可反复连续启动,所以 t_3 是 L_3 – 活的;t_1 启动后,t_3 不能再启动,t_2 最多能启动的次数为 p_2 中的标记数,也就是 t_3 已启动的次数,而 t_3 的启动次数可任意

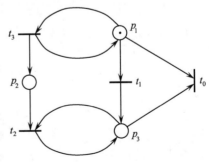

图 4 – 35　例 4 – 14 图

指定,所以 t_2 为 L_2 – 活的。并且 t_1、t_2、t_3 的活性都是严格 L_k – 活的($k=1,2,3$)。

4. 可逆性

一个 Petri 网,当对 $R(M_0)$ 中的每一个标识 M, M_0 都是从 M 可达的,则称该 Petri 网可逆。具有可逆性的 Petri 网称为可逆网。因此,一个可逆网可以返回到初始标识或初始状态。在许多实际应用中,往往只要求系统回到某个特定状态(称之为主状态 M'),而无需回到初始状态。对于 $R(M_0)$ 的每个标识 M, 主状态 M' 都是可达的。

5. 可覆盖性

在一个 Petri 网中,一个标识 M 称作可覆盖的,仅当在 $R(M_0)$ 中存在一个标识 M', 使得对于网中的每个库所 p, 有 $M'(p) \geq M(p)$ 成立。

6. 同步距离

系统的一个重要特性是事件间发生的依赖程度,即某个事件的发生依赖于其他事件的发生。例如同时发生、交替发生或以任意次序发生,极端的情况是完全独立的。

我们希望寻求一个对事件同步性进行度量的方法。为此定义事件 t_1 和 t_2 间的同步距离 d_{12} 如下:

$$d_{12} = \max \mid n(t_1) - n(t_2) \mid$$

式中,$n(t_1)$ 和 $n(t_2)$ 分别为事件 t_1 和 t_2 在启动序列 σ 中的发生次数(σ 为起始于 $R(M_0)$ 中的任何标识 M 的一个启动序列)。因此,同步距离是对未引入“时间”概念的系统的动态行为的一种度量。

例 4 – 15　图 4 – 36 中,启动序列 $\sigma = t_1 t_2 \cdots$,其中 t_1、t_2 交替发生,所以有 $d_{12} = 1$;启动序列 $\sigma = t_2 t_1 t_2 t_1 \cdots t_2 t_3 t_4$,其中 t_1 启动无数次,而 t_4 仅启动一次,所以 $d_{14} = \omega$。

同步是系统中不可缺少的现象,但不同的系统对同步有不同的要求和形式。卫星和地球的同步要求它们之间的相对位置不变;机器人走路两腿同步要求它们之间交替向前或交替向后;生产线上的同步则可能要求某种零件生产若干个,而另一种零件才生产一个。下面是基于 Petri 网的同步分析的例子。

图 4 – 37 共同执行一个任务的 Petri 网,只有 p_1、p_2 中的标记同时到达时,才能同步。

图 4 – 38 是一个顺序系统,t_1、t_2 为同步,但它们交替发生,t_1 与 t_2 的关系为 1:1。

图 4 – 39 是一个并发系统,t_1 与 t_2 的关系也为 1:1,但它们不是交替发生,它们可同时发生($d_{12} = 0$),也可一先一后($d_{12} = 1$)。

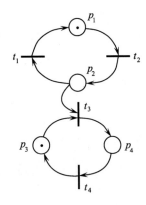

图 4 – 36　例 4 – 15 图

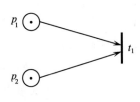

图 4 – 37　同步分析(1)

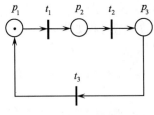

图 4 – 38　同步分析(2)

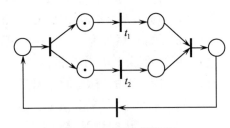

图 4 – 39　同步分析(3)

同步距离用来刻划不同形式的同步关系,是两组事件之间这种关系的一种定量描述。根据这种描述,卫星位置上的变化与地球位置上的变化之间的同步距离为零,机器人两腿走路之间的同步距离为1。

由此,可以得出以下结论:

(1) $d_{12} = \omega$,两组事件异步;

(2) $d_{12} < \omega$,两组事件以 d_{12} 为距离相互同步;

(3) $d_{12} = 0$,两组事件在时间和空间上一起发生;

(4) $d_{12} = 1$,两组事件必须交替发生。

同步距离还可以用来定量刻划事件之间的冲突、并发和碰撞等基本现象。例如 $d_{12} = 1$ 时,事件1和2不可能出现碰撞。

4.5.2.2　Petri 网的行为特性分析方法

对于行为特性,目前较成熟的分析方法只能对部分特性进行分析,对其他特性进行分析的方法仍在研究之中。Petri 网的行为特性分析方法分为分层或化简,可达性(可覆盖性)树,矩阵方程求解三类。

第一种方法是在保证 Petri 网系统要分析的性质不变的情况下对 Petri 网进

行分层或化简,它涉及一些变换方法的研究,许多问题有待探讨;第二种方法实质上包含了所有可达标识或它们的可覆盖标识的枚举,适用于所有类型的 Petri 网,但由于"状态空间爆炸"的问题,它只局限于规模较小的 Petri 网;第三种方法求解能力强,但在许多情况下,它仅适用于 Petri 网的一些特殊子类或特殊情况。下面介绍第二种和第三种方法。

1. 可达性树分析法

可达性树可以用来形象地描述从初始标识 M_0 出发所有可能启动系列的集合,它是将 $R(M_0)$ 的各个标识作为节点,从根节点 M_0 到各个节点的启动序列为树枝画成的图。

Petri 网的标识树可能为无限的。为了保持标识树的有限,引入一个特殊的符号 ω(可以将它想象为"无限"),ω 具有如下性质:

对每个整数 $n,\omega > n, \omega + n > \omega, \omega - n = \omega, \omega \geq \omega$。

引入 ω 的标识树称为可达性树。可达性树的构造过程如下:

(1) 将初始标识 M_0 作为根,并加上"新的"标志;

(2) 当具有"新的"标志的标识存在时,重复以下各步:

① 选择一个"新的"标识 M;

② 如果 M 与从根到 M 路径上的一个标识相同,则对 M 加上"老的"标志,然后转向另一个"新的"标志;

③ 如果 M 没有变迁可以启动,则对 M 加上"死的"标志;

④ 当 M 存在有效启动变迁时,对 M 的每个有效变迁 t 做以下各步:

a. 从 M 启动 t 的结果获得标识 M';

b. 若 $M(p) = \omega$,则 $M'(p) = \omega$;

c. 在从根到 M 的路径上,如果存在一个标识 M'',使得每个库所 p 存在 $M'(p) \geq M''(p)$,并且 $M' \neq M''$,即 M'' 是可覆盖的,那么,对其中满足 $M'(p) > M''(p)$ 的每个库所 p,用 ω 重置 $M'(p)$,即令 $M'(p) = \omega$;

d. 引入 M' 作为树的一个节点,从 M 向 M' 画用 t 标注的弧,并对 M' 加上"新的"标志。

例 4-16 图 4-35 所示的 Petri 网的初始标识为 $M_0 = (1,0,0)$,变迁 t_1 和 t_3 都是有效的。启动 t_1 将使 M_0 变迁为 $M_1 = (0,0,1)$,因为在 M_1 下没有有效的变迁,所以 M_1 为"死的"。在 M_0 中启动 t_3,结果为 $M_2 = (1,1,0)$,显然,$M_2(p_i) \geq M_0(p_i)(i = 1,2,3)$,按定义,$M_2$ 覆盖了 $M_0 = (1,0,0)$。因此,"新的"标识是 $M_2 = (1,\omega,0)$,其中两个变迁 t_1 和 t_3 再次有效。启动 t_1 将使 M_2 变迁为 $M_3 = (0,\omega,1)$,其中 t_2 可以启动,结果是一个"老的"节点 M_4,$M_4 = M_3$。在 M_2

下启动 t_3，结果为另一"老的"节点 $M_5,M_5=M_2$。因此得到图 4-40 所示的可达性树。

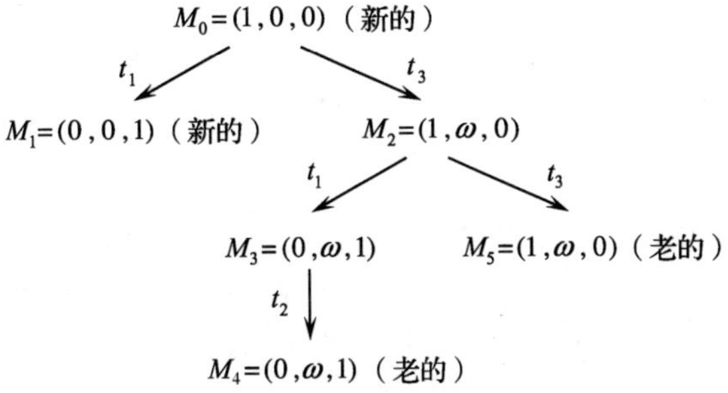

图 4-40 例 4-16 图

2. 状态方程分析法

1）关联矩阵

设 $N=(P,T;F)$ 是一个 Petri 网，$\sum=(P,T;F,K,W,M_0)$ 是以 N 为基网的网系统。$C^+=W(T,P)$ 和 $C^-=W(P,T)$ 分别为网系统的输出函数矩阵和输入函数矩阵，其矩阵元素为

$$C^+_{ij}=W(t_j,p_i)$$
$$C^-_{ij}=W(p_i,t_j)$$

分别是变迁 j 至库所 i 的权值和库所 i 到变迁 j 的权值，$(i=1,2,\cdots,n,j=1,2,\cdots,m)$。网系统的关联矩阵为

$$C=C^+-C^-$$

C 是 $n\times m$ 的矩阵，其 i 行 j 列的元素为

$$C_{ij}=C^+_{ij}-C^-_{ij}=W(t_j,p_i)-W(p_i,t_j)$$

从变迁规则可以看出 C^+_{ij}，C^-_{ij} 和 C_{ij} 分别表示变迁 j 一旦发生，库所 i 中的标记增加、减少和改变的数量。

例 4-17 图 4-35 中，初始标识为 $M_0=\begin{bmatrix}1 & 0 & 0\end{bmatrix}^T$，输入函数矩阵、输出函数矩阵和关联矩阵分别为

$$C^-=\begin{matrix}p_1\\p_2\\p_3\end{matrix}\begin{bmatrix}1 & 1 & 0 & 1\\0 & 0 & 1 & 0\\1 & 0 & 1 & 0\end{bmatrix} \qquad C^+=\begin{matrix}p_1\\p_2\\p_3\end{matrix}\begin{bmatrix}0 & 0 & 0 & 1\\0 & 0 & 0 & 1\\0 & 1 & 1 & 0\end{bmatrix}$$

$$C=\begin{bmatrix}-1 & -1 & 0 & 0\\0 & 0 & -1 & -1\\-1 & 1 & 0 & 0\end{bmatrix}$$

2）不变量

Petri 网系统中有 S 不变量和 T 不变量。

（1）S 不变量。如果网系统中一些库所包含的资源（标记）的总和在任何可达标识下均保持不变，则这些库所就是系统的 S 不变量。

（2）T 不变量。如果网系统中一些变迁的发生会使系统的标识恢复到初始标识，则这些变迁就是系统的 T 不变量。

例 4 – 18　在图 4 – 41 示网系统中，在任何标识下，库所 p_1、p_2 和 p_3 所包含的标识总数始终为 1，因此，这些库所就是系统的 S 不变量。从图中还可以看出，变迁 t_1、t_2 各发生一次，系统状态从 M 回到 M，故 t_1、t_2 就是系统的一个 T 不变量。同样，t_3、t_4 和 t_1、t_2、t_3、t_4 也都是系统的 T 不变量。也就是说该系统有三个 T 不变量。

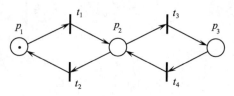

图 4 – 41　例 4 – 18 图

S 不变量和 T 不变量一般用列向量表示，即以库所为序标的列向量表示 S 不变量，以变迁为序标的列向量表示 T 不变量。上例中，用向量 $\boldsymbol{I}$ 表示 S 不变量，则有 $\boldsymbol{I} = \boldsymbol{I}(\boldsymbol{I}(p_1), \boldsymbol{I}(p_2), \boldsymbol{I}(p_3))^{\mathrm{T}} = (1,1,1)^{\mathrm{T}}$；用向量 $\boldsymbol{J}$ 表示 T 不变量，则有 $\boldsymbol{J} = (\boldsymbol{J}(t_1), \boldsymbol{J}(t_2), \boldsymbol{J}(t_3), \boldsymbol{J}(t_4))^{\mathrm{T}} = (1,1,0,0)^{\mathrm{T}}$，另两个 T 不变量分别为 $\boldsymbol{J}_2 = (0,0,1,1)^{\mathrm{T}}$，$\boldsymbol{J}_3 = (1,1,1,1)^{\mathrm{T}}$。

利用关联矩阵 $\boldsymbol{C}$ 可以证明：

① 矢量 $\boldsymbol{I}$ 是网系统的 S 不变量的充分必要条件为

$$\boldsymbol{I}^{\mathrm{T}} \cdot \boldsymbol{C} = 0$$

② 矢量 $\boldsymbol{J}$ 是网系统的 T 不变量的充分必要条件为

$$\boldsymbol{C} \cdot \boldsymbol{J} = 0$$

所以，网系统中 S 不变量表明了网系统中标记数加权和的守恒性。S 不变量中各个分量的值就是其所对应库所的权值，当变迁发生后，库所中的标记数乘以其权值之和保持不变。T 不变量表示网系统中标记的复制能力。因为 $\boldsymbol{C} \cdot \boldsymbol{J} = 0$，所以必然存在一个初始标识 M_0，经过若干变迁后，网系统的标识回复到初始标识 M_0。其中，T 不变量的各个分量决定相应变迁的发生次数。

3）状态方程

网系统中变迁 t_j 的发生可以用 m 维列向量 $\boldsymbol{u}[j]$ 表示，$\boldsymbol{u}[j]$ 的第 j 个元素为 1，其余均为 0。这样，由 $M[t_j > M'$ 知

$$M' = M + C^{+} \cdot \boldsymbol{u}[j] - C^{-} \cdot \boldsymbol{u}[j] = M + (C^{+} - C^{-}) \cdot \boldsymbol{u}[j] = M + C \cdot \boldsymbol{u}[j]$$

设 M 是应用启动序列 $\sigma = t_{j_1} t_{j_2} \cdots t_{j_k}$ 从 M_0 得到的标识,即 $M_0[\sigma > M$,则经 k 次启动之后得到的后继标识

$$M = M_0 + C \cdot u[j_1] + C \cdot u[j_2] + \cdots + C \cdot u[j_k] = M_0 + C \cdot U$$

向量 U 的第 j 个元素表示变迁 t_j 在启动序列 σ 中的发生次数。U 称为启动序列 σ 的特征向量(启动计数向量)。

状态方程为

$$M = M_0 + C \cdot U$$

例如,图 4-41 中,启动序列 $\sigma = t_1 t_2 t_1 t_3$ 的特征向量 $U = \begin{bmatrix} 2 & 1 & 1 & 0 \end{bmatrix}^T$。

4) 状态方程在可达性分析中的应用

状态方程 $M = M_0 + C \cdot U$ 为部分解决可达性问题提供了一个依据。若 M 从 M_0 可达,则方程 $C \cdot U = M - M_0 = \Delta M$ 必然存在一个非负整数解,该解即为启动计数向量 U。若无这样的解,M 就不能从 M_0 可达。

例 4-19 图 4-42 中

$$M_0 = \begin{bmatrix} 1 \\ 0 \\ 1 \\ 0 \end{bmatrix} \quad C^- = \begin{bmatrix} 1 & 0 & 0 \\ 1 & 0 & 0 \\ 1 & 0 & 1 \\ 0 & 1 & 0 \end{bmatrix} \quad C^+ = \begin{bmatrix} 1 & 0 & 0 \\ 0 & 2 & 0 \\ 0 & 1 & 0 \\ 0 & 0 & 1 \end{bmatrix} \quad C = \begin{bmatrix} 0 & 0 & 0 \\ -1 & 2 & 0 \\ -1 & 1 & -1 \\ 0 & -1 & 1 \end{bmatrix}$$

启动序列 $\sigma = t_2 t_3 t_2 t_3 t_1$,其特征向量 $U = \begin{bmatrix} 1 & 2 & 2 \end{bmatrix}^T$,于是有新标识

$$M = \begin{bmatrix} 1 \\ 0 \\ 1 \\ 0 \end{bmatrix} + \begin{bmatrix} 0 & 0 & 0 \\ -1 & 2 & 0 \\ -1 & 1 & -1 \\ 0 & -1 & 1 \end{bmatrix} \begin{bmatrix} 1 \\ 2 \\ 2 \end{bmatrix} = \begin{bmatrix} 1 \\ 3 \\ 0 \\ 0 \end{bmatrix} (= M_0 + C \cdot U)$$

考察标识 $\begin{bmatrix} 1 & 8 & 0 & 1 \end{bmatrix}^T$ 是否可从标识 M_0 可达。状态方程为

$$\begin{bmatrix} 1 \\ 8 \\ 0 \\ 1 \end{bmatrix} = \begin{bmatrix} 1 \\ 0 \\ 1 \\ 0 \end{bmatrix} + \begin{bmatrix} 0 & 0 & 0 \\ -1 & 2 & 0 \\ -1 & 1 & -1 \\ 0 & -1 & 1 \end{bmatrix} \cdot U$$

有解 $U = \begin{bmatrix} 0 & 4 & 5 \end{bmatrix}^T$,它对应于启动序列 $\sigma = t_3 t_2 t_3 t_2 t_3 t_2 t_3$。

再考察标识 $\begin{bmatrix} 1 & 7 & 0 & 1 \end{bmatrix}^T$,状态方程

$$\begin{bmatrix} 1 \\ 7 \\ 0 \\ 1 \end{bmatrix} = \begin{bmatrix} 1 \\ 0 \\ 1 \\ 0 \end{bmatrix} + \begin{bmatrix} 0 & 0 & 0 \\ -1 & 2 & 0 \\ -1 & 1 & -1 \\ 0 & -1 & 1 \end{bmatrix} \cdot U$$

无解,所以标识$[1 \quad 7 \quad 0 \quad 1]^{\mathrm{T}}$为不可达标识。

注意,状态方程有解只是可达性的必要条件,而不是充分条件,这是由于ΔM缺少初始标识信息所致。例如,图4-43中

$$M_0 = \begin{bmatrix} 1 \\ 0 \\ 0 \\ 0 \end{bmatrix} \quad C = \begin{bmatrix} -1 & 0 \\ 1 & -1 \\ -1 & 1 \\ 0 & 1 \end{bmatrix} \quad M = \begin{bmatrix} 0 \\ 0 \\ 0 \\ 1 \end{bmatrix}$$

由状态方程解得启动计数向量$U = [1 \quad 1]^{\mathrm{T}}$。这个解对应的两个可能的启动序列为$\sigma_1 = t_1 t_2$或$\sigma_2 = t_2 t_1$。然而这两个序列都不是有效的启动序列,因为在$M_0$下,$t_1 t_2$都不能启动。

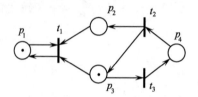

图4-42 例4-19图

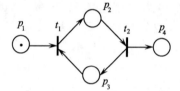

图4-43 两个变迁不能同启动例图

4.5.3 高级 Petri 网

前面介绍的基本 Petri 网系统主要有两大不足:

(1)表达能力有限。稍微复杂一点的系统就要使用大量的库所和变迁,由此所引起的"组合爆炸"问题使得 Petri 网往往难于理解和分析。

(2)不能表示事件间的时间关系。为了有效地解决这两个问题,人们提出了高级 Petri 网系统。其中谓词/变迁网和有色网分别使用谓词和色彩的抽象方法把具有"同类"功能的库所和变迁分别进行合并,从而大大减少了库所和变迁的数目;时间 Petri 网通过在 Petri 网中引入时间概念,可用来评价网系统的实时性能,能更真实地反映系统状态。可见高级 Petri 网具有更高的实际应用价值。下面分别介绍这三种高级 Petri 网。

4.5.3.1 谓词/变迁网

这里通过著名的"哲学家就餐问题"介绍谓词/变迁网。首先将其表示成基本 Petri 网,然后通过引入谓词将其简化为谓词/变迁网。

"哲学家就餐问题"的描述:如图4-44所示,三个哲学家围坐一张圆桌,每人面前都放一个盘子,两个盘子之间放一支筷子(即共有三支筷子),哲学家就

餐时要同时使用左右两支筷子,就餐完就把筷子放回原处,开始思考。当左右两支筷子空闲时又可以结束思考,开始就餐。这个过程可以周而复始地进行下去。

根据以上描述可以建立如图 4 - 45 所示的基本 Petri 网模型。其中:

d_i——第 i 个哲学家思考,$i = 1,2,3$;

e_i——第 i 个哲学家就餐,$i = 1,2,3$;

g_i——第 i 支筷子可用(规定第 i 个哲学家左手的筷子为第 i 支筷子),$i = 1,2,3$;

t_i——第 i 个哲学家停止思考,开始就餐,$i = 1,2,3$;

u_i——第 i 个哲学家停止就餐,开始思考,$i = 1,2,3$。

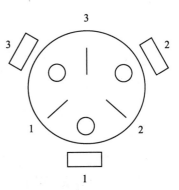

图 4 - 44　哲学家就餐示意图

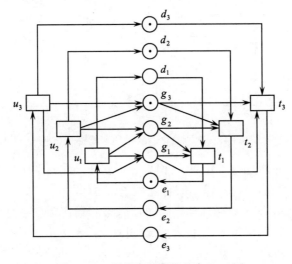

图 4 - 45　哲学家就餐的基本 Petri 网

该网系统存在分别具有"同类"功能的两种实体:哲学家和筷子,分别用 p_i 和 g_i 表示第 i 个哲学家和第 i 支筷子,$i = 1,2,3$。p_i 只有两种状态:思考和就餐,分别用谓词 $d(p_i)$ 和 $e(p_i)$ 表示;g_i 只设一种状态:可用(空着),用谓词 g (g_i) 表示,如图 4 - 46 所示。

用图 4 - 47 所示的谓词对图 4 - 45 所示的基本 Petri 网系统进行化简,可以得到图 4 - 48 所示的哲学家就餐问题的谓词/变迁网。图中,谓词 d、e 和 g 分别表示"思考的哲学家"、"就餐的哲学家"和"可用的筷子"。谓词的使用方法是

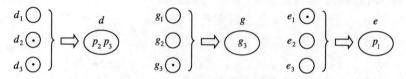

图 4 - 46   哲学家就餐中的谓词

这样的:

可通过改变指向谓词的 T 元素来改变谓词的状态(真或假),并在弧上标明 T 元素所影响的对象。图示状态下,变迁 u_2,u_3 和 t_1 有效。同理可知,与谓词 d (p_1,p_2),$g(g_2)$ 和 $e(p_3)$ 对应的有效变迁为 u_1,u_2 和 t_3。

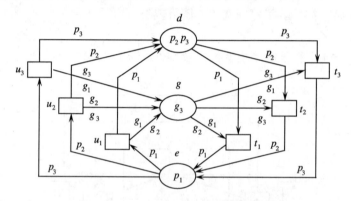

图 4 - 47   库所简化后的哲学家就餐 Petri 网

以上只是对库所进行了化简,下面再分析变迁。此模型中有两类变迁:"停止思考,开始就餐" $t_i(i=1,2,3)$ 和"停止就餐,开始思考" $u_i(i=1,2,3)$。$t_i(i=1,2,3)$ 和 $u_i(i=1,2,3)$ 分别具有相同的输入集和输出集(例如变迁 u_i 的输入集为 $P\{p_1,p_2,p_3\}$,输出集为 $P\{p_1,p_2,p_3\}$ 和 $G\{g_1,g_2,g_3\}$),只是所影响的对象有所不同,因此可以合并,分别用变迁 t 和 u 表示"停止思考,开始就餐"和"停止就餐,开始思考"。变迁 u 和 t 的发生不仅改变哲学家的状态,同时也决定了筷子的状态变化。现用两个函数 l 和 r 分别表示哲学家左右的两支筷子(的状态),定义 $l(p_i)=g_i(i=1,2,3)$,$r(p_i)=g_{i+1}(i=1,2)$ 和 $r(p_3)=g_1$。最终得到"哲学家就餐问题"的谓词/变迁网模型如图 4 - 48 所示。图中,$x \in P$。

由上例可见,谓词/变迁网主要通过将库所和变迁分类,并引入库所谓词和变迁谓词来简化基本网。若引入颜色来代表不同类的库所和变迁,则形成另一类高级网,即有色网。因此,谓词/变迁网与有色网并无本质区别,只是表现形式不同而已。

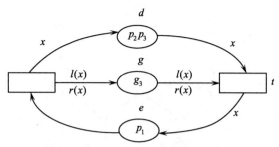

图 4-48　哲学家就餐的谓词/变迁网

4.5.3.2　有色网

下面以一个简单的工厂车间为例来构造有色网模型。

问题描述:假设车间有两台机器——机器甲和机器乙;一名工人分别在两台机器上加工工件。先加工完的机器要等待另一台机器加工完之后,两台机器上加工的工件经过装配后卸下,然后机器转入空闲状态,再转入就绪。以上加工装配过程重复进行。

为简化问题,这里只给出工人和机器的关系,未涉及原料的来源和产品的去向。根据以上问题描述,可建立如图 4-49 所示的基本 Petri 网模型。其中:

p_1——机器甲处于就绪状态;

p_2——工人处于就绪状态;

p_3——机器乙处于就绪状态;

p_4——工人正在操作机器甲状态;

p_5——工人正在操作机器乙状态;

p_6——工件加工完毕,机器甲等待(装配)状态;

p_7——工件加工完毕,机器乙等待(装配)状态;

p_8——机器甲空闲状态;

p_9——机器乙空闲状态;

p_{10}——工人空闲状态;

t_1——工人开始操作机器甲;

t_2——工人开始操作机器乙;

t_3——工人操作机器甲加工完;

t_4——工人操作机器乙加工完;

t_5——工件装配;

t_6——工人由空闲转入就绪;

t_7——机器甲由空闲转入就绪;

t_8——机器乙由空闲转入就绪。

如此简单的一个系统用基本 Petri 网要用 18 个(库所和变迁)节点来描述。

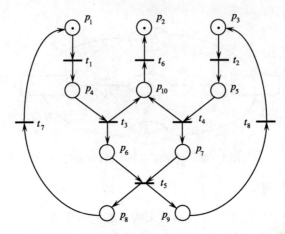

图 4-49　机械加工的基本 Petri 网模型

通过上述系统的分析可以看出，该系统涉及三个个体，即机器甲、机器乙和工人，我们分别用 a,b,w 来表示它们。这三个个体可能处于四种状态：就绪(s_1)、工作(s_2)、等待(装配)(s_3)和空闲(s_4)。同样，我们也可以对基本网中的变迁进行分类，从功能上看，所有变迁很明显地可以分为四类：Joint = $\{t_1, t_2\}$，Finish = $\{t_3, t_4\}$，Assemble = $\{t_5\}$，To _ Ready = $\{t_6, t_7, t_8\}$。在 Joint 类中，t_1 和 t_2 的区别是前者为 a 和 w 的结合，而后者为 b 和 w 的结合，它们都表示工人操作机器的事件。Finish 类中的 t_3 和 t_4 都表示加工完成，Assemble 中的 t_5 表示装配，To _ Ready 中的 t_6, t_7, t_8 均表示将个体由空闲状态转为就绪状态。这样我们即可将基本网的节点数减少到 8 个，如图 4-50 所示。

在图 4-50 所示的有色网模型中，各库所中出现的标记不再是基本网中仅表示同一个个体，而可能是不同的个体集合，同样，变迁的语义也大大复杂化了。为了不失去基本网的原意，就必须对库所和变迁中出现的标记以及由此而产生的对变迁启动规则的影响作

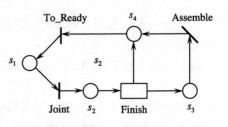

图 4-50　机械加工的有色 Petri 网模型

进一步的说明。有色网就是通过增加库所颜色集和变迁颜色集以及变迁的输入/输出函数来刻划这一问题的。

以下的库所颜色函数是用来说明四个库所的可能出现色：

$$C(s_1) = \{a, b, w\}$$
$$C(s_2) = \{<a, w>, <b, w>\}$$

$$C(s_3) = \{a, b\}$$
$$C(s_4) = \{a, b, w\}$$

以下的变迁颜色函数是用来说明四个变迁启动时的可能出现色：

$$C(\text{Joint}) = \{<a, w>, <b, w>\}$$
$$C(\text{Finish}) = \{<a, w>, <b, w>\}$$
$$C(\text{To\_Ready}) = \{a, b, w\}$$
$$C(\text{Assemble}) = \{a, b\}$$

有了颜色说明还不够,还应当说明变迁启动时,其输入库所和输出库所中标记的变化。对于 Joint,它启动时的可能出现色为 $<a, w>$ 或 $<b, w>$,即表示工人和其中一台机器都就绪时 Joint 启动,启动后工人减少一个,其输入库所中的机器甲或机器乙也应减少一个,而在其输出库所中应相应地增加一个 $<a, w>$ 或 $<b, w>$ 颜色标记,表示 Joint 启动后,某一机器和工人从就绪状态变为加工状态,这种输入/输出关系可用函数表示为:

$$I(\text{Joint}, <a, w>, s_1, <a, w>) = 1$$
$$I(\text{Joint}, <b, w>, s_1, <b, w>) = 1$$
$$O(\text{Joint}, <a, w>, s_2, <a, w>) = 1$$
$$O(\text{Joint}, <b, w>, s_2, <b, w>) = 1$$

上述 I/O 函数的通式为

$$I(t, \text{possible\_color}, \text{p\_in}, \text{color\_from\_p\_in}) = 1$$
$$O(t, \text{possible\_color}, \text{p\_out}, \text{color\_to\_p\_out}) = 1$$

式中,I 为输入;O 为输出;t 为变迁名,$t \in C(t)$;p_in 为变迁输入库所名;p_out 为变迁输出库所名;possible_color 为变迁启动时的可能出现颜色,possible_color $\in C(t)$;color_from_p_in 为变迁启动时应从输入库所中减去的颜色标记,color_from_p_in $\in C(\text{p\_in})$;color_to_p_out 为变迁启动后应向输出库所中增加的颜色标记,color_to_p_out $\in C(\text{p\_out})$。

类似地,可构造其他三个变迁的输入输出关系函数:

$$I(\text{Finish}, <a, w>, s_2, <a, w>) = 1$$
$$I(\text{Finish}, <b, w>, s_2, <a, w>) = 1$$
$$O(\text{Finish}, <a, w>, s_3, a) = 1$$
$$O(\text{Finish}, <a, w>, s_4, w) = 1$$
$$O(\text{Finish}, <b, w>, s_3, b) = 1$$
$$O(\text{Finish}, <b, w>, s_4, w) = 1$$

$$I(\text{Assemble}, <a,b>, s_3, <a,b>) = 1$$

$$O(\text{Assemble}, <a,b>, s_4, <a,b>) = 1$$

$$I(\text{To\_Ready}, <a,b,w>, s_4, <a,b,w>) = 1$$

$$O(\text{To\_Ready}, <a,b,w>, s_1, <a,b,w>) = 1$$

对每个变迁都作了这样的说明后,有色网所表示的语义就清楚了。对图 4-50 给出的模型,可以作出如下解释:

库所 s_1 表示就绪状态,现在该库所的标记有两类:一是机器,二是工人。

Joint 表示工人开始操作机器,它的启动条件必须是工人和某一机器就绪。Joint 启动后,某一机器和工人从 s_1 状态转到 s_2 状态。s_2 表示工人正在操作机器,它所包含的颜色标记是 $<a,w>$ 或 $<b,w>$,即〈机器甲,工人〉或〈机器乙,工人〉。

Finish 表示机器加工完毕,它所启动的条件是工人正在操作机器甲或机器乙。Finish 启动后要把机器从 s_2 状态转到 s_3 状态(表示机器甲或机器乙等待),而将工人从 s_2 状态转到 s_4 状态(即空闲)。s_3 状态所包含的颜色标记是 $\{a,b\}$,即机器甲或机器乙。

Assemble 表示装配机器加工的工件,装配后机器转为空闲状态,Assemble 启动的条件是机器甲和机器乙均出现在等待状态 s_3。Assemble 启动后要将 s_3 中的标记(机器甲和机器乙)取出送 s_4,s_4 包含的颜色标记为 $\{a,b,w\}$,即机器甲、机器乙或工人,表示它们空闲。

To_Ready 表示从空闲转为就绪,其启动条件是机器甲、机器乙或工人只要其中任意一个(包括几个同时)处于空闲状态,To_Ready 启动后将处于空闲状态(s_4)的标记送到 s_1 库所表示就绪。

若评价动态系统的实际性能,则要在网中引入与变迁和库所有关的时间延迟。若延迟是一定的,就称为确定时间网;若延迟是随机的,就称为随机网。

4.5.3.3 时间 Petri 网

1. 确定时间 Petri 网

时间网一般指对 Petri 网中每个变迁引入一个延迟量,根据延迟量是一个固定值和区间值又分为固定延迟时间网和不固定延迟时间网。

(1) 固定延迟时间网。对每个变迁 $t \in T$,均有一个 $r \in R$(R 为非负实数集合)与之相应,表示变迁执行延迟时间为 r。变迁 t 启动时其有效标识消失,经过 r 时间后,后续标识出现。

(2) 不固定延迟时间网。对每个变迁 $t \in T$,均有一个 $v = (\text{amin}, \text{amax}) \in V$($V$ 为递增非负实数集合)与之相应。变迁 t 启动时其有效标识消失,经过 v 时间后,后续标识出现。假设变迁 t 在时钟 u 时有效,则它可在区间 $[u +$

amin, u + amax]内执行, 即表示当 t 有效时, 在输入库所里原有标记将至少保持 amin, 直至 u + amax 时, 由于 t 的启动而移出。

2. 随机 Petri 网

随机 Petri 网(Stochastic Petri Nets, SPN)把变迁看作是一个随机过程, 一般假定每个变迁的启动时间服从于一个连续的负指数分布, 且各态历经。大多数 SPN 模型的性能分析是建立在其状态空间和马尔科夫链(Marcov Chain, MC)同构的基础上的。在 SPN 中, 变迁的启动延时随机变量分为离散型和连续型两类。在连续型 SPN 中, 一个变迁从有效到启动的延时被看作是一个连续时间的随机变量, 这个变量服从指数分布。

已经证明, 一个(连续型)SPN 同构于一个连续时间的 MC。SPN 的每个标识可以映射为 MC 的状态, SPN 的可达性树同构于 MC 的状态空间, MC 状态之间的转移速率与 SPN 中相对应的变迁的启动速率相关联。所以, 只要将 SPN 可达性树中的标识间的变迁转换成相应的启动速率, 就可以得到相应的 MC。

SPN 是基本 Petri 网的扩充, 每个变迁关联一个启动速率(表示在有效条件下, 单位时间内平均启动的次数, 即次数/单位时间)。基本 Petri 网可以看成是 SPN 所有变迁启动延时为零的特例。不同之处在于: 基本 Petri 网中所有有效的变迁都可以启动, 而 SPN 中, 几个有效的变迁, 启动速率大的变迁启动的可能性大, 启动速率小的变迁启动的可能性就小。

一般情况下, SPN 要求其库所都是有界的, 标识都是可逆的, 这样可将 SPN 的分析问题转化为基于 MC 的稳定状态概率系统的性能分析。SPN 是一个动态过程, SPN 的每个状态的可能性一定, 在时间趋于无穷大时, 系统会达到一种动态平衡。此时系统状态的概率即为所谓的稳定状态概率。稳定状态概率分布的计算公式为

$$\pi Q = 0, \quad \sum_j \pi_j = 1 \qquad\qquad (4-1)$$

式中, π_i 为状态 M_i 的概率; Q 为转移速率矩阵; Q 的非对角线上的元素 q_{ij}。q_{ij} ($i \neq j$)为从状态 i 到状态 j 的一条连接弧上的速率值。如果从状态 i 到状态 j 没有连接弧, 则 $q_{ij} = 0$。Q 对角线上的元素 q_{ii} 为 M_i 中有效启动速率(即离开状态 M_i 的变迁速率)之和的负数。矩阵 Q 的特性有:

(1)每一行的所有元素之和为零;

(2)对角线上各元素小于或等于零;

(3)当 $j \neq i$ 时, $q_{ij} \geq 0$。

例 4 - 20 设系统由两个相同部件、一个修理工组成, 部件的寿命分布为 $L(t) = 1 - e^{-\lambda t}$, 故障后修理时间分布为 $M(t) = 1 - e^{-\mu t}$, 则系统的 Petri 网模型如

图 4 –51 所示。图中, t_1 和 t_3 分别代表系统故障事件,其启动速率为 λ;t_2 和 t_4 代表机器修复事件,其启动速率为 μ。p_1 和 p_4 中有标记时分别表示两部件正常,p_3 中有标记时代表修理工。假定 $\lambda = 0.0051h^{-1}$,$\mu = 0.0067h^{-1}$。

按照上述分析,首先建立 Petri 网的可达性树,如图 4 –52 所示,然后建立与之对应的 MC,如图 4 –53 所示。

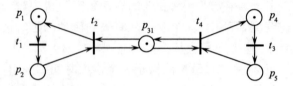

图 4 –51　例 4 –20 的 Petri 网

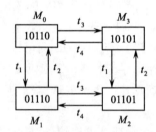

图 4 –52　例 4 –20 的可达性树

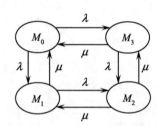

图 4 –53　例 4 –20 的 MC

系统的稳态概率 $\Pi = \begin{bmatrix} \pi_1 & \pi_2 & \pi_3 & \pi_4 \end{bmatrix}$,状态转移矩阵为

$$
Q = \begin{matrix} & M_0 & M_1 & M_2 & M_3 \\ \begin{matrix} M_0 \\ M_1 \\ M_2 \\ M_3 \end{matrix} & \begin{bmatrix} -2\lambda & \lambda & 0 & \lambda \\ \mu & -(\lambda+\mu)\lambda & \lambda & 0 \\ 0 & \mu & -2\mu & \mu \\ \mu & 0 & \lambda & -(\lambda+\mu) \end{bmatrix} \end{matrix}
$$

由方程(4 –1)得线性方程组

$$
\begin{cases}
-2\lambda\pi_1 + \mu\pi_2 + \mu\pi_4 = 0 \\
\lambda\pi_1 - (\lambda+\mu)\pi_2 + \mu\pi_3 = 0 \\
\lambda\pi_2 - 2\mu\pi_3 + \lambda\pi_4 = 0 \\
\lambda\pi_1 + \mu\pi_3 - (\lambda+\mu)\pi_4 = 0 \\
\pi_1 + \pi_2 + \pi_3 + \pi_4 = 1
\end{cases}
$$

解上述方程组,得

$$\begin{cases} \pi_1 = 8.63533 \times 10^{-1} \\ \pi_2 = 7.67316 \times 10^{-2} \\ \pi_3 = 5.00345 \times 10^{-3} \\ \pi_4 = 7.67316 \times 10^{-2} \end{cases}$$

假定两部件系统是并联系统,在求得稳态概率后,即可求得以下可靠性参数:

(1)稳态有效度。

$$A = \pi_1 + \pi_2 + \pi_3 + \pi_4 = 0.995$$

(2)平均工作时间。

$$T_w = (-q_{11})^{-1} + (-q_{22})^{-1} + (-q_{44})^{-1} =$$
$$(2\lambda)^{-1} + (\lambda + \mu)^{-1} + (\lambda + \mu)^{-1} = 125.8(h)$$

(3)平均停机时间。

$$T_s = (-q_{33})^{-1} = (2\mu)^{-1} = 7.6(h)$$

第 5 章

基于系统辨识的建模

5.1 系统辨识概述

5.1.1 系统辨识的定义

关于系统辨识,早在 1962 年扎德(L. A. zader)就作了以下定义:"辨识就是在输入和输出数据的基础之上,从一组给定的模型类中,确定一个与所测系统等价的模型。"这个定义明确了辨识的三大要素:输入和输出数据、模型类和等价准则。其中数据是辨识的基础;准则是辨识的优化目标;模型类是寻找模型的范围。然而,扎德的这一定义不实用,因为寻找一个与实际系统完全等价的模型十分困难。于是,1978 年 L. Ljung 给辨识下了个比较实用的定义:"辨识有三个要素:数据、模型类和准则。辨识就是按照一个准则在一模型类中选择一个与数据拟合得最好的模型。"总之,辨识的实质就是从一模型类中选择一个模型,按照某种准则,使之能最好地拟合所关心的实际过程的动态特性。例如,一个热交换过程,如图 5 - 1 所示。经观测得到一组输入输出数据,记作 $\{Q(k)\}$ 和 $\{T(k)\}(k = 1, 2, \cdots, l)$。同时,选定一模型类:

$$
\begin{aligned}
T(k) + a_1 T(k-1) + \cdots + a_n T(k-n) = \\
b_1 Q(k-1) + \cdots + b_n Q(k-n) + e(k)
\end{aligned} \tag{5-1}
$$

和一个等价准则:

$$
J = \sum_{k=1}^{l} e^2(k) =
$$

$$\sum_{k=1}^{l} \big[\, T(k) + a_1 T(k-1) + \cdots + a_n T(k-n) -$$
$$b_1 Q(k-1) - \cdots - b_n Q(k-n)\,\big]^2 \qquad (5-2)$$

那么所谓热交换器的蒸气流量 Q 与热水温度 T 之间的数学模型辨识问题就是根据所观测的数据 $\{Q(k)\}$ 和 $\{T(k)\}$，从模型类（式（5-1））中寻找一个模型，即确定式（5-1）中未知参数 n 和 $a_i, b_i (i=1,2,\cdots,n)$，使准则 J（式（5-2））取极小值。

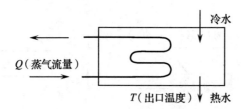

图 5-1　热交换过程示意图

5.1.2　系统辨识的有关概念

辨识的目的是根据系统所提供的观测数据，估计出模型的一组未知参数 $\theta = (\theta_1, \theta_2, \cdots, \theta_m)^\tau$，使准则 J 的值最小。估计方式有如下两种。

（1）直接方式（开环方式）。对准则函数 J，如果能利用数学关系推出 $\partial J / \partial \theta_j (j=1,2,\cdots,m)$，令其等于零，即

$$\frac{\partial J}{\partial \theta_j} = 0 \qquad (j = 1,2,\cdots,m)$$

就能得到准则函数 J 为最小的必要条件，由于 J 是未知参数 θ 的函数，故可得到关于未知参数 $\theta_1, \theta_2, \cdots, \theta_m$ 的 m 个方程，解这个方程组可得到这 m 个未知参数的估计值 $\hat{\theta}$。这就是辨识的直接估计法，它所得到的是 $\hat{\theta}$ 的显式表达式。显然，从参数估计的过程看，这种方法是开环的（见图 5-2）。

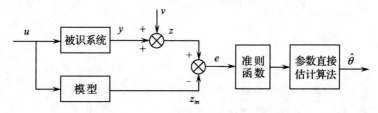

图 5-2　辨识的直接估计法原理图

（2）迭代方式（闭环方式）。如果可以通过适当的方式测出$\partial J/\partial \theta_j$之值，同时，如果可以利用这些导数值对数学模型中的参数θ进行调整，调整的方向是逐步使$\partial J/\partial \theta_j$趋近于零（$j=1,2,\cdots,m$）。也就是根据所测得的$\partial J/\partial \theta_j$值，在参数空间中逐次地调整或修改模型的参数值，这样，参数向量θ逐次地变为$\theta^{(1)}$，$\theta^{(2)}$，$\cdots$，相应地，准则函数J的值变为$J^{(1)}$，$J^{(2)}$，$\cdots$，其改变的方向逐次使各个$\partial J/\partial \theta_j$（$j=1,2,\cdots,m$）均趋向于零，从而最后确定使$J$值为最小的参数$\hat{\theta}$。这种辨识算法就是迭代估计法。从参数估计的过程看，这种方法是闭环的（见图5-3）。

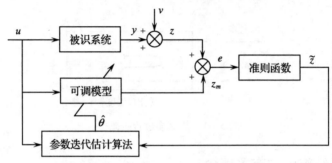

图 5-3　辨识的迭代估计算法原理图

5.1.3　系统辨识的基本过程

如图5-4所示，系统辨识大致分为下述几个步骤：

（1）明确辨识的目的和先验知识。在不同的场合，辨识的目的是不同的。例如辨识所得到的模型可用于研究分析系统的性质；对系统运行状况的调查和预测；为了设计出控制的策略以实施最优控制或自适应控制。由于目的的不同，辨识的精度要求以及模型形式等也不同。表5-1列举了一些例子。

表 5-1　建模的目的对建模的要求

建 模 目 的	模 型 类 型	模型精度要求	实时性要求
自适应数字控制	线性参数 离散模型	中等（对输入输出特性而言）	有
数字控制算法的 CAD	线性参数 离散模型	中等（对输入输出特性而言）	无
校正控制参数	线性、非参数、连续模型	中等（对输入输出特性而言）	有
监视过程参数故障诊断	线性、非线性、参数模型	较高（对系统参数而言）	无
验证理论模型	线性、连续、非参数、参数模型	中等/较高	无
预报	线性、非线性、参数模型	较高	无

事先对被辨识系统的了解程度对该系统的辨识(特别是试验设计)有很大影响。在有些场合,为了获得足够的"先验"知识,要进行一些预备性试验,通过这些实验能够提供:系统的主要时间常数、允许输入幅度、是否存在非线性、参数是否随时间变化、系统中的噪声水平以及是否有延迟现象等信息。

　　(2)试验设计。设计包括:参量的选择;采用何种输入信号(包括信号大小等);采用正常运行信号还是附加实验信号;采样速率(时间间隔大小);辨识允许时间及确定测量仪器装置等。

　　(3)模型类型和结构的确定。

　　(4)参数估计。参数估计或参数辨识是指在系统的模型结构已知的情况下,用实验数据来确定模型中的参数数值,参数估计是系统辨识中的最主要部分。应注意"参数"与"信号"是两个不同的概念,参数是与输入信号(自变量)无关的,用以表达信号之间关系的物理量,如微分方程中的系数等。

　　(5)模型校验。模型求出后应进行校验。任何数学模型的有效性及准确性只能通过实验来回答,如果可能应该将求得模型所代表的系统性能与真实系统实验结果比较,若相差过大,则必须修正模型。

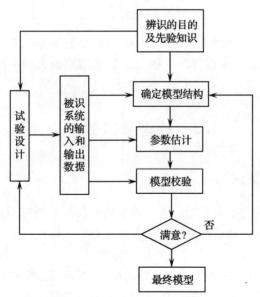

图 5-4　系统辨识的一般步骤

5.1.4　系统辨识方法

　　系统辨识方法的分类如图 5-5 所示。

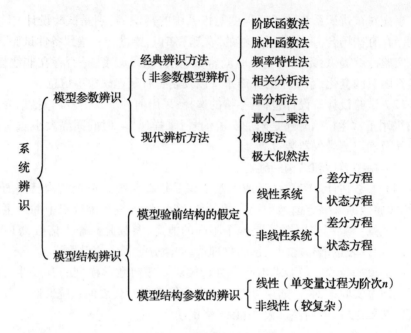

图 5-5　系统辨识方法分类

本章研究最小二乘类参数辩识方法,包括普遍最小二乘法(整批算法和递推算法)和广义最小二乘法等。这些方法的基本原理无根本区别,只是所用的模型结构不一样。

5.2　模型参数的辨识

5.2.1　最小二乘法

最小二乘法首先是由高斯为进行行星轨道预测的研究而提出的,现已成为系统辨识领域中的一种基本方法。该方法具有如下特点:

(1)原理容易理解,不需要数理统计知识;

(2)应用范围广,可用于动态与静态系统、线性与非线性系统的辨识;

(3)许多用于系统辨识的方法可演变成最小二乘法;

(4)由最小二乘法获得的估计值在一定条件下有最佳的统计特性,它是一致的、无偏的和有效的。

最小二乘法有两种基本形式:经典的一次完成算法(整批算法)和现代的递推算法。前者多用于理论研究方面,后者则适用于计算机在线辨识。

5.2.1.1 整批算法

1. 最小二乘法原理

设用于辨识的数学模型是单输入单输出时不变系统的差分方程:

$$z(k) = -\sum_{i=1}^{n_a} a_i z(k-i) + \sum_{i=0}^{n_b} b_i u(k-i) + \xi(k) \qquad (5-3)$$

式中,u 为输入变量;z 为受到噪声污染的输出变量;ξ 表示与系统输出端的噪声 v 有关的噪声项;$k = 1, 2, \cdots, N$。

在参数辨识时模型结构已经选定,故式(5-3)中 n_a 和 n_b 已知,通常 $n_a > n_b$。但为系统分析方便起见,可假定 $n_a = n_b = n$,这样做并不失去讨论问题的普遍性。

噪声 ξ 是不可测量的,可用不同的随机过程来描述,各种方法对 ξ 的要求不尽相同。在推导最小二乘法时并不着重考虑 $\xi(k)$ 的统计特性,但是,在评价最小二乘法估计 $\xi(k)$ 的性质时,必须进一步假设噪声 $\xi(k)$ 的性质,此时假说是白噪声系列。

在不同时刻 $k = 1, 2, \cdots, N$,对被识系统进行 N 次观测,每次得到所有的输入和输出量,这些输入输出观测数据由下列 N 个线性方程联系起来:

$$\begin{aligned}
z(k) = &-a_1 z(k-1) - a_2 z(k-2) - \cdots - a_n z(k-n) + \\
&b_0 u(k) + b_1 u(k-1) + b_2 u(k-2) + \cdots + \\
&b_n u(k-n) + \xi(k) \quad (k = 1, 2, \cdots, N)
\end{aligned} \qquad (5-4)$$

式中,$\xi(k)$ 称为方程误差,它是一个随机噪声。

若令

$$\boldsymbol{\varphi}_k^T = [z(k-1), z(k-2), \cdots, z(k-n), u(k), u(k-1), \cdots, u(k-n)]$$

$$\boldsymbol{\theta}^T = [-a_1, -a_2, \cdots, -a_n, b_0, b_1, \cdots, b_n]$$

则线性方程组(5-4)可写成

$$z(k) = \boldsymbol{\varphi}_k^T \boldsymbol{\theta} + \xi(k) \quad (k = 1, 2, \cdots, N) \qquad (5-5)$$

上式可进一步写成向量与矩阵形式:

$$z = \boldsymbol{\phi} \, \boldsymbol{\theta} + \boldsymbol{\xi} \qquad (5-6)$$

式中,$z^T = [z(1), z(2), \cdots, z(N)]$;

$\boldsymbol{\xi}^T = [\xi(1), \xi(2), \cdots, \xi(N)]$;

$$\boldsymbol{\phi} = \begin{bmatrix} z(0) & z(-1) & \cdots & z(1-n) & u(1) & u(0) & \cdots & u(1-n) \\ \vdots & & & & & & & \\ z(N-1) & z(N-2) & \cdots & z(N-n) & u(N) & u(N-1) & \cdots & u(N-n) \end{bmatrix}$$

$$= \begin{bmatrix} \boldsymbol{\varphi}_1^{\mathrm{T}} \\ \boldsymbol{\varphi}_2^{\mathrm{T}} \\ \vdots \\ \boldsymbol{\varphi}_N^{\mathrm{T}} \end{bmatrix}。$$

如何选择观测总次数(数据长度或记忆长度)N 是一个值得考虑的问题,方程组(5-6)有 N 个方程,包含 $2n+1$ 个未知数,若 $N < 2n+1$,方程个数少于未知数,模型参数 θ 不能唯一确定解;若 $N = 2n+1$,则只有当 $\xi = 0$ 时,θ 才有唯一的确定解。当 $\xi \neq 0$ 时,只有取 $N > 2n+1$,才有可能确定一个"最优"的模型参数 θ,这正是我们所要讨论的问题。显然,这不再是一般的方程组的求解问题,而是要求通过比未知参数个数多的带有误差的数据才可能准确估算出"模型参数的值"。

令 $\hat{\boldsymbol{\theta}}_N$ 表示根据 N 次采样数据所求得的模型参数 $\boldsymbol{\theta}$ 的估计值:

$$\hat{\boldsymbol{\theta}}_N^{\mathrm{T}} = [-\hat{a}_1, -\hat{a}_2, \cdots, -\hat{a}_n, \hat{b}_0, \hat{b}_1, \cdots, \hat{b}_n]$$

根据 N 次输入输出,使用拟合出的一类模型为

$$z(k) = -\sum_{i=1}^{n} \hat{a}_i z(k-i) + \sum_{i=0}^{n} \hat{b}_i u(k-i) + e(k) \qquad (5-7)$$

或
$$z(k) = \boldsymbol{\varphi}_k^{\mathrm{T}} \hat{\boldsymbol{\theta}}_N + e(k)$$

对于第 k 次观测,实际观测值 $z(k)$ 与按所估计的模型计算值之间的偏差为

$$e(k) = z(k) - \boldsymbol{\varphi}_k^{\mathrm{T}} \hat{\boldsymbol{\theta}}_N \quad (k = 1, 2, \cdots, n) \qquad (5-8)$$

偏差 $e(k)$ 也是一个随机变量,在系统辨识中称它为残差,令 N 个不同时刻的残差构成向量为

$$\boldsymbol{e}^{\mathrm{T}} = [e(1), e(2), \cdots, e(N)]$$

于是,与式(5-8)相对应的向量矩阵方程为

$$\boldsymbol{e} = \boldsymbol{E} - \boldsymbol{\phi} \hat{\boldsymbol{\theta}}_N \qquad (5-9)$$

将式(5-6)代入上式得

$$\boldsymbol{e} = \boldsymbol{\phi}(\boldsymbol{\theta} - \hat{\boldsymbol{\theta}}_N) + \boldsymbol{\xi} \qquad (5-10)$$

可见,残差 $\boldsymbol{e}$ 由两种误差引起的,一是参数拟合误差($\boldsymbol{\phi}(\boldsymbol{\theta} - \hat{\boldsymbol{\theta}}_N)$),二是随机干扰噪声带来的误差($\boldsymbol{\xi}$)。

系统辨识的最小二乘法原理就是从(5-7)那样的模型类中,找出一具体模型,该模型的参数向量 $\hat{\boldsymbol{\theta}}_N$ 能使各残差 $e(k)$ 的平方和 J 达到最小,即使准则函数

$$J = \sum_{k=1}^{N} |e(k)|^2 = \boldsymbol{e}^{\mathrm{T}}\boldsymbol{e} = (\boldsymbol{z} - \boldsymbol{\phi}\hat{\boldsymbol{\theta}}_N)^{\mathrm{T}}(\boldsymbol{z} - \boldsymbol{\phi}\hat{\boldsymbol{\theta}}_N) = \parallel \boldsymbol{z} - \boldsymbol{\phi}\hat{\boldsymbol{\theta}}_N \parallel^2$$

$$(5-11)$$

取最小值。准则函数又叫成本函数,损失函数,目标函数,它是一个标量。

(1) 普通最小二乘法。最小二乘问题归结为求式(5-11)中 J 的最小值,其必要条件为

$$\frac{\partial J}{\partial \hat{\boldsymbol{\theta}}_N} = 0$$

故参数估计量 $\hat{\boldsymbol{\theta}}_N$ 满足

$$\boldsymbol{\phi}^{\mathrm{T}}(\boldsymbol{z} - \boldsymbol{\phi}\hat{\boldsymbol{\theta}}_N) = 0$$

若矩阵 $\boldsymbol{\phi}^{\mathrm{T}}\boldsymbol{\phi}$ 是非奇异阵,其逆阵存在,则有

$$\hat{\boldsymbol{\theta}}_N = (\boldsymbol{\phi}^{\mathrm{T}}\boldsymbol{\phi})^{-1}\boldsymbol{\Phi}^{\mathrm{T}}\boldsymbol{z} \qquad (5-12)$$

另外

$$\frac{\partial^2 J}{\partial \hat{\boldsymbol{\theta}}_N^2} = 2\boldsymbol{\phi}^{\mathrm{T}}\boldsymbol{\phi}$$

只要 $\boldsymbol{\phi}$ 满秩,$\boldsymbol{\phi}^{\mathrm{T}}\boldsymbol{\phi}$ 就正定,于是

$$\frac{\partial^2 J}{\partial \hat{\boldsymbol{\theta}}_N^2} > 0$$

所以满足式(5-12)的 $\hat{\boldsymbol{\theta}}_N$ 使 $J(\hat{\boldsymbol{\theta}}_N) = \min$,且 $\hat{\boldsymbol{\theta}}_N$ 唯一。

式(5-12)所示的参数向量 $\hat{\boldsymbol{\theta}}_N$ 就是根据 N 组实际观测数据 $\boldsymbol{\phi}$ 和 $\boldsymbol{z}$ 所求出的参数 θ 的估计值。由于所选用的准则函数 J 是误差的平方和,而平方运算也称"二乘"运算,故称它为最小二乘估计法,由该方法辨识出的参数 $\hat{\boldsymbol{\theta}}_N$ 用 $\hat{\boldsymbol{\theta}}_{\mathrm{LS}}$ 表示(LS 为 Least Square 的简写)以示区别。显然 $\hat{\boldsymbol{\theta}}_{\mathrm{LS}}$ 是被观测数据 $\boldsymbol{z}$ 的线性函数,故最小二乘估计是一种线性估计。

(2) 加权最小二乘法。一般说来,各次观测的数据是在不同的条件下取得的,因此,对于所估计的参数来说,有的可信度高(或价值大),有的可信度低(或价值小)。当利用这些数据来估计参数时,总是希望可靠性高(或价值大)的观测数据占有较大的比重,使其对估计的结果产生较大的影响。为便于考虑观测数据的可信度,特引入加权因子 w 表示对观测数据的相对的"信任程度"。此时准则函数为

$$\boldsymbol{J}_W = \sum_{k=1}^{N} w(k)e^2(k)$$

用矩阵表示时为

$$J_W = e^T We = (z - \boldsymbol{\phi}\hat{\boldsymbol{\theta}}_{LSW})^T W(z - \boldsymbol{\phi}\hat{\boldsymbol{\theta}}_{LSW}) \tag{5-13}$$

式中，W 为加权阵，一般是正定的对角矩阵，它与加权因子 w 的关系为

$$W = \begin{bmatrix} w(1) & 0 & \cdots & 0 \\ 0 & w(2) & \cdots & 0 \\ \vdots & \vdots & \ddots & \vdots \\ 0 & 0 & \cdots & w(N) \end{bmatrix} \tag{5-14}$$

在规定的权矩阵下，仿权因子相等的普通最小二乘法，有

$$\frac{\partial J_W}{\partial \hat{\boldsymbol{\theta}}_{LSW}} = 0$$

若矩阵 $\boldsymbol{\phi}^T W \boldsymbol{\phi}$ 非奇异，则有加权最小二乘估计量 $\hat{\boldsymbol{\theta}}_{LSW}$ 的计算公式为

$$\hat{\boldsymbol{\theta}}_{LSW} = (\boldsymbol{\phi}^T W \boldsymbol{\phi})^{-1}\boldsymbol{\phi}^T Wz \tag{5-15}$$

式中，当 $W = I$(单位阵)(即所有观测数据的可信度相同)时，加权最小二乘法就变成普通最小二乘法，即最小二乘法是加权最小二乘法的一个特例。

当令 $W = R_v^{-1}$ 时，加权最小二乘估计就变成马尔可夫估计(Markov)，即马尔可夫估计也是加权最小二乘估计的一个特例。这里，R_v 是输出端噪声 v 的协方差阵，其表达式为

$$R_v = E(W^T) = \begin{bmatrix} E[v(1)v(1)] & \cdots & E[v(1)v(N)] \\ \vdots & \ddots & \vdots \\ E[v(N)v(1)] & \cdots & E[v(N)v(N)] \end{bmatrix}$$

当 $\boldsymbol{\phi}^T R_v^{-1} \boldsymbol{\phi}$ 非奇异时，马尔可夫估计 $\hat{\boldsymbol{\theta}}_{LSM}$ 为

$$\hat{\boldsymbol{\theta}}_{LSM} = (\boldsymbol{\phi}^T R_v^{-1} \boldsymbol{\phi})^{-1}\boldsymbol{\phi}^T R_v^{-1}z \tag{5-16}$$

2. 最小二乘估计值的统计性质

一般说来，最小二乘估计量 $\hat{\boldsymbol{\theta}}_{LS}$ 是随机变量，观察它的质量就要观察它的各种统计性质，例如无偏性、误差、协方差、一致性、有效性等。一般说来，一种估计值的统计性质是可以用来衡量它的"优良度"和"可信度"的。因此，通过研究它的统计性质，可以帮助确认相应辨识方法的实用价值。

(1)无偏性。将模型方程式(5-6)

$$z = \boldsymbol{\phi}\boldsymbol{\theta} + \boldsymbol{\xi}$$

代入(5-12)得

$$\hat{\boldsymbol{\theta}}_{LS} = (\boldsymbol{\phi}^T \boldsymbol{\phi})^{-1}\boldsymbol{\phi}^T(\boldsymbol{\phi}\boldsymbol{\theta} + \boldsymbol{\xi}) = \boldsymbol{\theta} + (\boldsymbol{\phi}^T \boldsymbol{\phi})^{-1}\boldsymbol{\phi}^T \boldsymbol{\xi}$$

设噪声向量 $\boldsymbol{\xi}$ 的均值为零,且矩阵 $\boldsymbol{\phi}$ 和噪声 $\boldsymbol{\xi}$ 是相互独立的,于是有

$$E[\hat{\boldsymbol{\theta}}_{LS}] = \theta + E[(\boldsymbol{\phi}^{\mathrm{T}}\boldsymbol{\phi})^{-1}\boldsymbol{\phi}^{\mathrm{T}}] \cdot E(\xi) = \theta$$

上式表明满足这种条件的最小二乘估计量 $\hat{\boldsymbol{\theta}}_{LS}$ 是无偏估计量。对加权最小二乘估计也可得到类似的结论。由此可见,在一定条件下利用最小二乘法可以获得无偏估计量。

(2)一致性。如果估计值具有一致性,说明它将以概率收敛于真值。这是人们最为关心的一种统计性质。可以证明,如果 ξ 是均值为零的白噪声向量,且加权阵取 $\boldsymbol{W}=\boldsymbol{I}$,则最小二乘估计是一致收敛的,即

$$\lim_{N \to \infty} \hat{\boldsymbol{\theta}}_{LS} = \theta$$

(3)有效性。可以证明,最小二乘估计量 $\hat{\boldsymbol{\theta}}_{LS}$ 是有效估计量。

5.2.1.2 递推算法

上节讨论的是最小二乘法的一次完成算法(整批算法),其特点是直接利用已获得的所有观测数据进行参数估计。具体应用该方法时不仅占用内存大而且计算工作量也大,难以用于在线辨识。为了解决这些问题,推出了递推算法。该方法的基本思想是:每取得一次新的观测数据后,在前次估计结果的基础上,利用新引入的观测数据对前次估计的结果进行修正,从而递推地估计出新的参数,直到估计值达到满意的程度为止,用公式表示为

新的估计值 $\hat{\boldsymbol{\theta}}(k)$ = 旧的估计值 $\hat{\boldsymbol{\theta}}(k-1)$ + 修正值

这样不仅可以减少计算量和储存量,而且还能实现在线实时辨识。

1. 依观测次序的递推算法

依观测次序的递推算法就是每获得一次新的观测数据就修正一次参数估计值。随着时间的推移(即次数的增加),使能获得满意的辨识结果。

利用 N 次观测数据,模型(5-4)中参数 θ 的最小二乘估计值为

$$\hat{\boldsymbol{\theta}}_N = (\boldsymbol{\phi}_N^{\mathrm{T}}\boldsymbol{\phi}_N)^{-1}\boldsymbol{\phi}_N^{\mathrm{T}}z_N \qquad (5-17)$$

式中,下标 N 表示 N 次观测所构成或得到的向量或矩阵,即

$$z_N^{\mathrm{T}} = [z(1), z(2), \cdots, z(N)]$$

$$\boldsymbol{\phi}_N = \begin{bmatrix} z(1-1) & z(1-2) & \cdots & z(1-n) & u(1) & \cdots & u(1-n) \\ z(2-1) & z(2-2) & \cdots & z(2-n) & u(2) & \cdots & u(1-n) \\ \vdots & \vdots & \ddots & \vdots & \vdots & \ddots & \vdots \\ z(N-1) & z(N-2) & \cdots & z(N-n) & u(N) & \cdots & u(N-n) \end{bmatrix}$$

当在 N 次观测的基础上又进行了一次新的观测时,令

$$z_{N+1}^{\mathrm{T}} = [z_{N+1}^{\mathrm{T}} \mid z(N+1)]$$

$$\phi_{N+1} = \begin{bmatrix} \phi_N \\ \cdots \\ \phi_{N+1} \end{bmatrix}$$

并令

$$\boldsymbol{P}_N = (\boldsymbol{\phi}_N^{\mathrm{T}} \boldsymbol{\phi}_N)^{-1} \qquad (5-18)$$

这里 $\boldsymbol{P}_N$ 是一个方阵,其维数取决于未知参数的个数 $(2n+1)$,而与观测次数无关。$\boldsymbol{P}_N$ 的维数为 $(2n+1) \times (2n+1)$。由式 $(5-18)$,得

$$P_{N+1} = (\phi_{N+1}^{\mathrm{T}} \phi_{N+1})^{-1} = \left\{ \begin{bmatrix} \phi_N^{\mathrm{T}} \mid \varphi_{N+1} \end{bmatrix} \begin{bmatrix} \phi_N \\ \cdots \\ \varphi_{N+1}^{\mathrm{T}} \end{bmatrix} \right\}^{-1}$$

$$= \begin{bmatrix} \phi_N^{\mathrm{T}} \phi_N + \varphi_{N+1} \varphi_{N+1}^{\mathrm{T}} \end{bmatrix}^{-1} = \begin{bmatrix} P_N^{-1} + \varphi_{N+1} \varphi_{N+1}^{\mathrm{T}} \end{bmatrix}^{-1} \qquad (5-19)$$

利用矩阵反演变换公式将 P_{N+1} 的公式转化为一种不必进行矩阵求逆运算的递推形式。

该 A 是 $n \times n$ 的满秩阵,B 和 C 分别是两个 $n \times m$ 阵,且 $A + BC^{\mathrm{T}}$ 和 $I_m + C^{\mathrm{T}} A^{-1} B$ 都是满秩阵,则有

$$(A + BC^{\mathrm{T}})^{-1} = A^{-1} - A^{-1} B (I_m + C^{\mathrm{T}} A^{-1} B)^{-1} C^{\mathrm{T}} A^{-1}$$

将上式代入式 $(5-18)$,得

$$P_{N+1} = \begin{bmatrix} P_N^{-1} + \varphi_{N+1} \varphi_{N+1}^{\mathrm{T}} \end{bmatrix}^{-1}$$

$$= P_N - P_N \varphi_{N+1} (I + \varphi_{N+1}^{\mathrm{T}} P_N \varphi_{N+1})^{-1} \varphi_{N+1}^{\mathrm{T}} P_N$$

$$= P_N - P_N \varphi_{N+1} \gamma_{N+1} \varphi_{N+1}^{\mathrm{T}} P_N$$

$$= (I - \gamma_{N+1} P_N \varphi_{N+1} \varphi_{N+1}^{\mathrm{T}}) P_N \qquad (5-20)$$

其中已令

$$\gamma_{N+1} = (I + \varphi_{N+1}^{\mathrm{T}} P_N \varphi_{N+1})^{-1} = \frac{1}{1 + \varphi_{N+1}^{\mathrm{T}} P_N \varphi_{N+1}}$$

它是一个标量,其求逆运算只是一个简单的除法。

将式 $(5-18)$ 代入式 $(5-17)$ 得最小二乘估计量 $\hat{\theta}_N$ 的表达式为

$$\hat{\theta}_N = P_N \phi_N^{\mathrm{T}} z_N \qquad (5-21)$$

令 $\hat{\theta}_{N+1}$ 表示根据 $N+1$ 次观测数据所得到的最小二乘估计量,于是仿

式(5 - 21)有

$$\hat{\theta}_{N+1} = P_{N+1}\phi_{N+1}^{\mathrm{T}}z_{N+1} = P_{N+1}[\phi_N^{\mathrm{T}} \mid \varphi_{N+1}]\begin{bmatrix} z_N \\ \cdots \\ z(N+1) \end{bmatrix}$$

$$= P_{N+1}(\phi_N^{\mathrm{T}}z_N + \varphi_{N+1}z(N+1)) = P_{N+1}(P_N^{-1}\hat{\theta}_N + \varphi_{N+1}z(N+1))$$

$$(5 - 22)$$

由式(5 - 19),得

$$P_N^{-1} = P_{N+1}^{-1} - \varphi_{N+1}\varphi_{N+1}^{\mathrm{T}}$$

代入式(5 - 22),得

$$\hat{\theta}_{N+1} = P_{N+1}[(P_{N+1}^{-1} - \varphi_{N+1}\varphi_{N+1}^{\mathrm{T}})\hat{\theta}_N + \varphi_{N+1}z(N+1)]$$

$$= \hat{\theta}_N + P_{N+1}\varphi_{N+1}[z(N+1) - \varphi_{N+1}\hat{\theta}_N]$$

即

$$\hat{\theta}_{N+1} = \hat{\theta}_N + K_{N+1}[z(N+1) - \varphi_{N+1}^{\mathrm{T}}\hat{\theta}_N] \qquad (5 - 23)$$

式中

$$K_{N+1} = P_{N+1}\varphi_{N+1} \qquad (5 - 24)$$

方程(5 - 23)就是最小二乘估计的递推算法。由该方程可以看出,相对于 $N+1$ 次观测数据所作出的参数估计值 $\hat{\theta}_{N+1}$,等于先前一次的估计值 $\hat{\theta}_N$ 加上一个修正值,该修正值与 $[z(N+1) - \varphi_{N+1}^{\mathrm{T}}\hat{\theta}_N]$ 成比例。在 $[z(N+1) - \varphi_{N+1}^{\mathrm{T}}\hat{\theta}_N]$ 中, $\varphi_{N+1}^{\mathrm{T}}\hat{\theta}_N$ 可以看作是根据先前一次的参数估计值 $\hat{\theta}_N$ 和由新近的一组观测值所组成的观测向量 $\varphi_{N+1}^{\mathrm{T}}$ 所作出的对本次系统输出的观测值 $z(N+1)$ 的预测值,若用符号 $\hat{z}(N+1)$ 表示更有助于理解。$[z(N+1) - \varphi_{N+1}^{\mathrm{T}}\hat{\theta}_N]$ 项代表了第 $N+1$ 次观测时,以 $\hat{\theta}_N$ 作为参数估计值进行计算时的误差,即预测误差。通过上述分析可将式(5 - 23)写成

$$\hat{\theta}_{N+1} = \hat{\theta}_N + K_{N+1}[z(N+1) - \hat{z}(N+1)] = \hat{\theta}_{N+1} + K_{N+1}\tilde{z}(N+1)$$

式中已令

$$\tilde{z}(N+1) = z(N+1) - \hat{z}(N+1)$$

另外还可以证明式(5 - 24)中,有

$$\gamma_{N+1}P_N\varphi_{N+1} = K_{N+1}$$

对加权最小二乘递推算法可按相同步骤分析,结果仅有 γ_{N+1} 的计算公式有变化,即

$$\gamma_{N+1} = \left[\frac{1}{w(N+1)} + \varphi_{N+1}^{\mathrm{T}} P_N \varphi_{N+1} \right]$$

故最小二乘估计的递推算法可归纳如下:

$$\begin{cases} \hat{\theta}_{N+1} = \hat{\theta}_N + K_{N+1} \left[z(N+1) - \hat{z}(N+1) \right] \\ K_{N+1} = \gamma_{N+1} P_N \varphi_{N+1} \\ \hat{z}(N+1) = \varphi_{N+1}^{\mathrm{T}} \hat{\theta}_N \\ P_{N+1} = (I - K_{N+1} \varphi_{N+1}^{\mathrm{T}}) P_N \end{cases} \quad (5-25)$$

$$\gamma_{N+1} = \begin{cases} \dfrac{1}{1 + \varphi_{N+1}^{\mathrm{T}} P_N \varphi_{N+1}} (\text{最小二乘}) \\ \dfrac{1}{\dfrac{1}{w(N+1)} + \varphi_{N+1}^{\mathrm{T}} P_N \varphi_{N+1}} (\text{加权最小二乘}) \end{cases}$$

以上递推算法的优点是无矩阵求逆运算。递推过程中的信息流如图 5-6 所示。既然是递推法必然存在初值问题,设初值为 $\hat{\theta}_l$ 和 P_l(这里 l 是大于所辨识参数个数$(2n+1)$的数)。其计算方法有两种,一种是利用最小二乘估计的整批算法,根据 l 批数据计算,该方法的不足是需进行矩阵的求逆和编制一套整批算法的程序;第二种方法是直接令初始数据为 $\hat{\theta}_0 = 0$,$P_0 = a^2 I$,其中 a 为充分大的正数(例如 10^5)。整个参数估计过程就是在此初值的基础上采用递推法进行。可以证明,经多次计算后能得到参数估计值 $\hat{\theta}_l^a$ 和 P_l^a,它们十分接近由第一种方法计算所得的,即有

$$p_l^a \doteq p_l$$
$$\hat{\theta}_l^a \doteq \theta_l \quad (5-26)$$

有了初始值 $\hat{\theta}_0 = 0$ 和 $P_0 = a^2 I$,即可按公式(5-27)进行递推计算。程序框图如

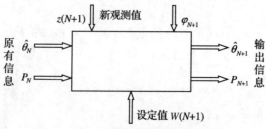

图 5-6　最小二乘估计递推算法的信息流

图 5-7。

2. 依模型参数个数的递推算法

系统辨识的步骤是:先选择模型的
形式(比如差分方程),然后用某种方法
(见 5.2.1 节)辨识模型的结构参数(比
如单变量线性系统的模型阶次),最后才
进行模型参数(比如差分方程的系数)的
辨识。结构参数(如阶次)辨识与模型参
数辨识是相互影响的(见 5.2.1 节),宜
采用递推算法,即利用已经辨识出的具
有 p 个参数的模型参数估计值来推算具
有 $q(q>p)$ 个参数的模型参数估计量。

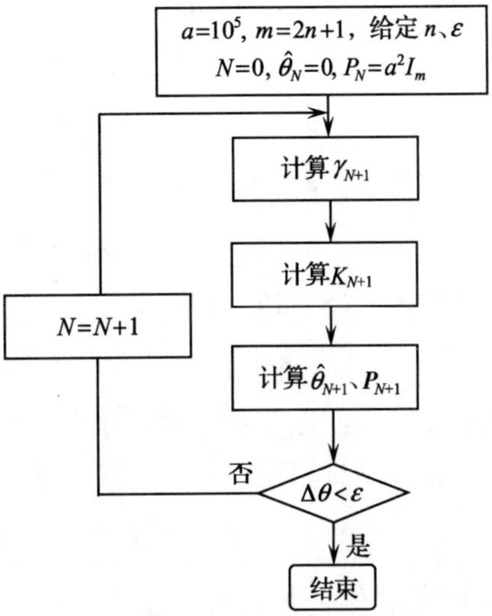

设先用 p 个参数来描述辨识对象,并
令向量 $\boldsymbol{\theta}_p^*$ 表示该模型的参数向量:$\boldsymbol{\theta}_p^* = [\boldsymbol{\theta}_1^*,\boldsymbol{\theta}_2^*,\cdots,\boldsymbol{\theta}_p^*]^{\mathrm{T}}$。

图 5-7 依观测次序的最小二乘递推法流程

根据所获得的 N 次观测数据,$\boldsymbol{\theta}_p^*$ 的最小二乘估计值为

$$\hat{\boldsymbol{\theta}}_p^* = P_1 \boldsymbol{\phi}_1^{\mathrm{T}} z \qquad (5-27)$$

式中

$$P_1 = (\boldsymbol{\phi}_1^{\mathrm{T}} \boldsymbol{\phi}_1)^{-1}$$

当模型参数个数为 $q(q>p)$ 时,将向量 $\boldsymbol{\theta}_q$ 分成 p 维向量 $\boldsymbol{\theta}_{q1}$ 和 $(q-p)$ 维向量 $\boldsymbol{\theta}_{q2}$:

$$\boldsymbol{\theta}_q = \left[\boldsymbol{\theta}_1,\boldsymbol{\theta}_2,\cdots,\boldsymbol{\theta}_p \vdots \boldsymbol{\theta}_{p+1},\cdots\boldsymbol{\theta}_q\right]^{\mathrm{T}} = \begin{bmatrix} \boldsymbol{\theta}_{q1} \\ \boldsymbol{\theta}_{q2} \end{bmatrix}$$

同样,将观测矩阵 $\boldsymbol{\phi}$ 分成 $N \times p$ 阶的 $\boldsymbol{\phi}_1$ 和 $N \times (q-p)$ 阶的 $\boldsymbol{\phi}_2$:

$$\boldsymbol{\phi} = \left[\boldsymbol{\phi}_1 \vdots \boldsymbol{\phi}_2\right]$$

参数向量满足的方程为

$$(\boldsymbol{\phi}^{\mathrm{T}} \boldsymbol{\phi}) \hat{\boldsymbol{\theta}}_q = \boldsymbol{\phi}^{\mathrm{T}} z$$

即

$$\begin{bmatrix} \boldsymbol{\phi}_1^{\mathrm{T}} \\ \cdots \\ \boldsymbol{\phi}_2^{\mathrm{T}} \end{bmatrix} \begin{bmatrix} \boldsymbol{\phi}_1 \mid \boldsymbol{\phi}_2 \end{bmatrix} \begin{bmatrix} \hat{\boldsymbol{\theta}}_{q1} \\ \hat{\boldsymbol{\theta}}_{q2} \end{bmatrix} = \begin{bmatrix} \boldsymbol{\phi}_1^{\mathrm{T}} \\ \cdots \\ \boldsymbol{\phi}_2^{\mathrm{T}} \end{bmatrix} z$$

或

$$\begin{bmatrix} \boldsymbol{\phi}_1^{\mathrm{T}} \boldsymbol{\phi}_1 & \boldsymbol{\phi}_1^{\mathrm{T}} \boldsymbol{\phi}_2 \\ \boldsymbol{\phi}_2^{\mathrm{T}} \boldsymbol{\phi}_1 & \boldsymbol{\phi}_2^{\mathrm{T}} \boldsymbol{\phi}_2 \end{bmatrix} \begin{bmatrix} \hat{\boldsymbol{\theta}}_{q1} \\ \hat{\boldsymbol{\theta}}_{q2} \end{bmatrix} = \begin{bmatrix} \boldsymbol{\phi}_1^{\mathrm{T}} \\ \boldsymbol{\phi}_2^{\mathrm{T}} \end{bmatrix} z$$

将上式写成联立形式,即

$$\phi_1^{\mathrm{T}}\phi_1\hat{\theta}_{q1} + \phi_1^{\mathrm{T}}\phi_2\hat{\theta}_{q2} = \phi_1^{\mathrm{T}}z \qquad (5-28)$$

$$\phi_2^{\mathrm{T}}\phi_1\hat{\theta}_{q1} + \phi_2^{\mathrm{T}}\phi_2\hat{\theta}_{q2} = \phi_2^{\mathrm{T}}z \qquad (5-29)$$

对式(5-28)两边左乘$(\phi_1^{\mathrm{T}}\phi_1)^{-1}$,并利用式(5-29),得

$$\hat{\theta}_{q1} = \hat{\theta}_p^* - P_1\phi_1^{\mathrm{T}}\phi_2\hat{\theta}_{q2} \qquad (5-30)$$

上式代入式(5-29),得

$$\hat{\theta}_{q2} = P_2\phi_2^{\mathrm{T}}(z - \phi_1\hat{\theta}_p^*) \qquad (5-31)$$

式中,$\boldsymbol{P}_2 = [\phi_2^{\mathrm{T}}\phi_2 - \phi_2^{\mathrm{T}}\phi_1 P_1\phi_1^{\mathrm{T}}\phi_2]^{-1}$为$(q-p)\times(q-p)$阶矩阵。

将(5-31)代入 式(5-30),得

$$\hat{\theta}_{q1} = \theta_p^* - P_3\phi_2^{\mathrm{T}}(z - \phi_1\hat{\theta}_p^*) \qquad (5-32)$$

式中,$\boldsymbol{P}_3 = P_1\phi_1^{\mathrm{T}}\phi_2 P_2$。

方程(5-32)和方程(5-31)给出了从参数向量估计值$\hat{\theta}_p^*$递推地估算出参数向量$\hat{\boldsymbol{\theta}}_q$(由$\hat{\theta}_{q1}$和$\hat{\theta}_{q2}$组成)的算法。该算法很复杂,宜用于$p$值相当大而$(q-p)$很小的场合。

5.2.2 广义最小二乘法

上面两节讨论最小二乘整批算法和递推算法均属普通最小二乘法。只有当模型的噪声项是独立的随机变量时,普通最小二乘法才能得到真实参数的无偏估计值,否则所得到的估计值将是有偏的。为了克服普通最小二乘法这一不足,提出了各种修正的最小二乘法,如广义最小二乘法。

广义最小二乘法的基本思想是引入一个所谓的白化滤波器,将相关噪声$\xi(k)$转化成白噪声$w(k)$。设有色噪声$\xi(k)$是具有有理功率谱,且用如下形式自回归模型加以描述:

$$\xi(k) = \frac{1}{C(q^{-1})}w(k) \qquad (5-33)$$

式中

$$C(q^{-1}) = 1 + c_1 q^{-1} + \cdots + c_p q^{-p}$$

式中,p为模型的阶次,通常取$p=2$或$p=3$。

系统模型为

$$A(q^{-1})z(k) = B(q^{-1})u(k) + \xi(k) \qquad (5-34)$$

式中

$$A(q^{-1}) = 1 + a_1 q^{-1} + a_2 q^{-2} + \cdots + a_n q^{-n}$$
$$B(q^{-1}) = 1 + b_1 q^{-1} + b_2 q^{-2} + \cdots + b_n q^{-n}$$

式(5-33)代入式(5-34)得

$$C(q^{-1})A(q^{-1})z(k) = C(q^{-1})B(q^{-1})u(k) + w(k) \qquad (5-35)$$

当准则函数

$$J = \sum_k w^2(k) = \sum_k \left[C(q^{-1})B(q^{-1})u(k) - C(q^{-1})A(q^{-1})z(k) \right]^2$$

为最小时,可设法求得 a_i, b_i, c_i 的估计值。

本问题中,$\xi(k)$ 称为广义方程误差,使广义误差函数 J 为最小估计模型参数的方法称作广义最小二乘法(GLS),滤波器称为 $C(q^{-1})$ 白化滤波器。下面推导 GLS 估计的两种方法。

5.2.2.1 整批算法

模型(5-35)对参数 a_i, b_i 和 c_i 而言是非线性的,须用数值迭代方法求解。思路是:先假定 c_i 已知,求 a_i 和 b_i 使准则函数最小;然后根据 a_i 和 b_i 的估计值求 c_i 使另一个准则函数最小,再回到上一步,如此反复,最后获得系统模型参数 a_i 和 b_i 及噪声模型参数 c_i。具体步骤如下:

(1)令 $\xi(k) = w(k)$,即令 $c_i = 0 (i = 1, 2, \cdots, p)$。此时误差函数为

$$J_1 = \sum_{k=n+1}^{n+N} \left[A(q^{-1})z(k) - B(q^{-1})u(k) \right]^2 = (z - \phi\theta)^{\mathrm{T}}(z - \phi\theta)$$

其中

$$\theta^{\mathrm{T}} = \begin{bmatrix} -a_1 & -a_2 & \cdots & -a_n & b_1 & b_2 & \cdots & b_n \end{bmatrix}$$
$$z^{\mathrm{T}} = \begin{bmatrix} z(n+1) & z(n+2) & \cdots & z(n+N) \end{bmatrix}$$

$$\phi = \begin{bmatrix} z(n+1-1) & z(n+1-2) & \cdots & z(n+1-n) & U(n+1-1) & U(n+1-2) & \cdots & U(n+1-n) \\ \vdots & \vdots & \ddots & \vdots & \vdots & \vdots & \ddots & \vdots \\ z(n+N-1) & z(n+N-2) & \cdots & z(n+N-n) & U(n+1-1) & U(n+N-2) & \cdots & U(n+N-n) \end{bmatrix}$$
$$= \begin{bmatrix} \varphi_1^{\mathrm{T}} \\ \vdots \\ \varphi_N^{\mathrm{T}} \end{bmatrix}$$

θ 的最小二乘一次近似估计值为

$$\hat{\theta}_0 = (\phi^{\mathrm{T}}\phi)^{-1}\phi^{\mathrm{T}}z \qquad (5-36)$$

(2)由近似 $\hat{\theta}_0$ 可计算出 $\hat{A}_0(q^{-1})$ 和 $\hat{B}_0(q^{-1})$。利用 $\hat{A}_0(q^{-1})$ 和 $\hat{B}_0(q^{-1})$ 计算残差估计值,公式为

$$\hat{\xi}(k) = \hat{A}_0(q^{-1})z(k) - \hat{B}_0(q^{-1})u(k) \quad (k = n+1, \cdots, n+N)$$

$$(5-37)$$

再根据噪声的自回归模型及利用最小二乘法估计出参数 $c_i(i=1,2,\cdots,p)$

由噪声模型

$$C(q^{-1})\hat{\xi}(k) = w(k)$$

得

$$\hat{\xi}(k) = c_1\xi(k-1) - c_2\xi(k-2) - \cdots - c_p\xi(k-p) + w(k)$$

令 $k = n+1 \sim n+N$,则有 $\hat{\xi} = \Omega c + w$,其中

$$c = \begin{bmatrix} c_1 & c_2 & \cdots & c_p \end{bmatrix}^T$$

$$\hat{\xi} = \begin{bmatrix} \hat{\xi}(n+1) & \hat{\xi}(n+2) & \cdots & \hat{\xi}(n+N) \end{bmatrix}^T$$

$$w = \begin{bmatrix} w(n+1) & w(n+2) & \cdots & w(n+N) \end{bmatrix}^T$$

$$\Omega = \begin{bmatrix} -\hat{\xi}(n) & -\hat{\xi}(n-1) & \cdots & -\hat{\xi}(n+1-p) \\ -\hat{\xi}(n+1) & -\hat{\xi}(n) & \cdots & -\hat{\xi}(n+2-p) \\ \vdots & \vdots & \ddots & \vdots \\ -\hat{\xi}(n+N-1) & -\hat{\xi}(n+N-2) & \cdots & -\hat{\xi}(n+N-p) \end{bmatrix}$$

令

$$J_2 = \sum_{k=n+1}^{n+N} w^2(k) = (\hat{\xi} - \Omega c)^T (\hat{\xi} - \Omega c)$$

C 的最小二乘估计值为

$$\hat{c}_j = (\Omega^T \Omega)^T \Omega^T \hat{\xi}$$

$$(5-38)$$

(3) 采用单一滤波器,利用 $\hat{c}_j$ 对观测数据 $\{u(k)\}$ 和 $\{z(k)\}$ 进行滤波,得到滤波信号 $\{\tilde{u}_j(k)\}$ 和 $\{\tilde{z}_j(k)\}$:

$$\begin{cases} \tilde{u}_j(k) = \hat{c}_j(q^{-1})u(k) = u(k) + c_1 u(k-1) + \cdots + c_p u(k-p) \\ \tilde{z}_j(k) = \hat{c}_j(q^{-1})z(k) = z(k) + c_1 z(k-1) + \cdots + c_p z(k-p) \end{cases}$$

$$(5-39)$$

在式(5-35)中,用 $\hat{c}_j(q^{-1})$ 代替其中的 $C(q^{-1})$,得

$$A(q^{-1})\tilde{z}_j(k) = B(q^{-1})\tilde{u}_j(k) + w(k)$$

定义准则函数

$$J_3 = \sum_{n+1}^{n+N} \left[A(q^{-1}) \tilde{z}_j(k) - B(q^{-1}) \tilde{u}_j(k) \right]^2 = \left[(\tilde{z} - \tilde{\phi}\theta)^T (\tilde{z} - \tilde{\phi}\theta) \right]^2$$

其中

$$\tilde{z} = \begin{bmatrix} \tilde{z}_j(1) & \tilde{z}_j(2) & \cdots & \tilde{z}_j(N) \end{bmatrix}^T$$

$$\tilde{\phi} = \begin{bmatrix} \tilde{z}_j(n+1-1) & \tilde{z}_j(n+1-2) & \cdots & \tilde{z}_j(n+1-N) & \tilde{u}_j(n+1-1) & \tilde{u}_j(n+1-2) & \cdots & \tilde{u}_j(n+1-N) \\ \vdots & \vdots & \ddots & \vdots & \vdots & \vdots & \ddots & \vdots \\ \tilde{z}_j(n+N-1) & \tilde{z}_j(n+N-2) & \cdots & \tilde{z}_j(n+N-N) & \tilde{u}_j(n+N-1) & \tilde{u}_j(n+N-2) & \cdots & \tilde{u}_j(n+N-N) \end{bmatrix}$$

θ 的最小二乘估计值为

$$\hat{\theta} = (\tilde{\phi}^T \tilde{\phi})^{-1} \tilde{\phi}^T \tilde{z} \qquad (5-40)$$

由于 $\hat{\theta}$ 考虑了残差模型中的系数 $\hat{c}$,一般说来它比前次求得的估计值精确些。

（4）返回（2），如此反复，直至 $\hat{\theta}$ 和 $\hat{c}$ 收敛到所给定的估计精度为止。程序流程图如图 5-8 所示。

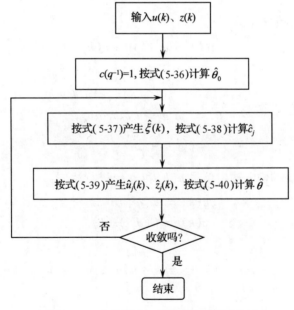

图 5-8 广义最小二乘整批算法流程图

GLS 算法的另一种形式不是采用上述单一滤波器对输入输出数据进行滤波：

$$\tilde{u}_j(k) = \hat{c}_j(q^{-1}) u(k), \quad \tilde{z}_j(k) = \hat{c}_j(q^{-1}) z(k)$$

式中，j 表示迭代次数，且 $j=0$ 时 $\hat{c}_0(q^{-1})=1$。而是采用多级滤波器来获得输入/输出数据的滤波信号为

$$\tilde{u}_j(k) = \hat{c}_j(q^{-1})\tilde{u}_{j-1}(k) , \quad \tilde{z}_j(k) = \hat{c}_j(q^{-1})\tilde{z}_{j-1}(k)$$

显然,经过 j 次迭代后所得到的滤波信号为

$$\tilde{u}_j(k) = \prod_{i=1}^{j} \hat{c}_i(q^{-1})u(k) , \quad \tilde{z}_j(k) = \prod_{i=1}^{j} \hat{c}_i(q^{-1})z(k)$$

5.2.2.2 递推算法

该方法由 Hasting、James 和 Sage 于 1969 年提出。其模型为

$$A(q^{-1})z(k) = B(q^{-1})u(k) + \frac{w(k)}{C(q^{-1})} \tag{5-41}$$

其中

$$A(q^{-1}) = 1 + \sum_{i=1}^{n} a_i q^{-i}; \quad B(q^{-1}) = \sum_{i=0}^{n} b_i q^{-i}; \quad C(q^{-1}) = 1 + \sum_{i=1}^{n} c_i q^{-i}$$

$w(k)$ 为白噪声。

式(5-41)可转化为

$$z(k) = \varphi^T(k)\theta + \xi(k) \tag{5-42}$$

其中

$$\varphi^T(k) = [-z(k-1)\cdots - z(k-n)u(k)u(k-1)\cdots u(k-n)]$$

$$\theta^T = [a_1 a_2 \cdots a_n b_0 b_1 \cdots b_n]$$

$$\xi(k) = \frac{w(k)}{C(q^{-1})}$$

对被识系统的输入输出信号 $u(k)$ 和 $z(k)$ 进行滤波:

$$\tilde{u}(k) = C(q^{-1})u(k)$$
$$\tilde{z}(k) = C(q^{-1})z(k)$$

得

$$\tilde{\varphi}^T(k) = [-\tilde{z}(k-1)\cdots - \tilde{z}(k-n)\tilde{u}(k)\tilde{u}(k-1)\cdots \tilde{u}(k-n)]$$
$$\tag{5-43}$$

1. 关于模型参数 θ 的递推算法

设第 k 次得到的残差模型的参数是 $\hat{c}(k)$,$\hat{c}(k)$ 的形式为

$$c^T = [c_1 \quad c_2 \quad \cdots \quad c_n]$$

本次采样所取得的数据为 $u(k+1)$,$z(k+1)$,对这样数据进行滤波得

$$\begin{cases} \tilde{u}(k+1) = \hat{c}(k)u(k+1) \\ \tilde{z}(k+1) = \hat{c}(k)z(k+1) \end{cases} \tag{5-44}$$

$\tilde{u}(k+1)$ 和 $\tilde{z}(k+1)$ 构成形式为式(5-43)的向量 $\tilde{\boldsymbol{\varphi}}^{\mathrm{T}}(k+1)$。对滤波后的数据用普遍最小二乘法进行参数估计,得到关于 θ 的递推算法公式(参见式(5-26)):

$$
\begin{cases}
\hat{\theta}(k+1) = \hat{\theta}(k) + K_\theta(k+1)\left[\tilde{z}(k+1) - \hat{z}(k+1)\right] \\
K_\theta(k+1) = \gamma_\theta(k+1)P_\theta(k)\tilde{\varphi}(k+1) \\
\hat{z}(k+1) = \hat{\varphi}^{\mathrm{T}}(k+1)\hat{\theta}(k) \\
P_\theta(k+1) = \left[I - K_\theta(k+1)\tilde{\varphi}^{\mathrm{T}}(k+1)\right]P_\theta(k) \\
\gamma_\theta(k+1) = \begin{cases}
\dfrac{1}{1 + \tilde{\varphi}^{\mathrm{T}}(k+1)P_\theta(k)\tilde{\varphi}(k+1)} & (\text{最小二乘}) \\
\dfrac{1}{\dfrac{1}{w(k+1)} + \tilde{\varphi}^{\mathrm{T}}(k+1)P_\theta(k)\tilde{\varphi}(k+1)} & (\text{加权最小二乘})
\end{cases}
\end{cases}
$$

$$(5-45)$$

2. 关于残差模型参数 c 的递推算法

有了新得到的模型参数 $\hat{\theta}(k+1)$,由式(5-42)可计算出新的残差为

$$\hat{\xi}(k+1) = z(k+1) - \varphi^{\mathrm{T}}(k+1)\hat{\theta}(k+1) \qquad (5-46)$$

由此残差 $\hat{\xi}(k+1)$ 修正第 k 次残差模型参数 $\hat{c}(k)$,递推算法为

$$
\begin{cases}
\hat{c}(k+1) = \hat{c}(k) + K_c(k+1)\left[\hat{\xi}(k+1) - \hat{c}(k+1)\right] \\
K_c(k+1) = \gamma_c(k+1)P_c(k)\tilde{\psi}(k+1) \\
\hat{c}(k+1) = \hat{\psi}(k+1)\hat{c}(k) \\
P_c(k+1) = \left[I - K_c(k+1)\tilde{\psi}^{\mathrm{T}}(k+1)\right]P_c(k) \\
\gamma_c(k+1) = \begin{cases}
\dfrac{1}{1 + \tilde{\psi}^{\mathrm{T}}(k+1)P_c(k)\psi(k+1)} & (\text{最小二乘}) \\
\dfrac{1}{\dfrac{1}{w(k+1)} + \psi^{\mathrm{T}}(k+1)P_c(k)\psi(k+1)} & (\text{加权最小二乘})
\end{cases} \\
\psi^{\mathrm{T}}(k+1) = \left[-\xi(k-1) \quad -\xi(k-2) \quad \cdots \quad \xi(k-n)\right]
\end{cases}
$$

$$(5-47)$$

有了 $\hat{c}(k+1)$ 后转向式(5-44)的滤波计算,如此反复直至收敛为止。可见,广义最小二乘递推算法由两组普遍最小二乘递推算法组成,二者通过滤波联系起来。只要给定 θ 和 c 的初值,即能进行递推计算;当不了解该初值时可设其为零。

5.2.2.3　GLS估计量的统计性质

可以证明,GLS估计量与马尔可夫估计量等价,故为一致估计量和有效估计量。尽管如此,GLS算法是通过迭代方法来求解一个高度非线性的最优化问题。由于一般情况下,系统信噪比较低,准则函数为非单值函数(即存在多个局部极小值),如果初值给的不合适,用GLS方法得到的将是局部极小值。若想得到总体最优解,初值应接近该最优值。在事先缺乏对该值了解的情况下,常用普遍最小二乘法来计算该估计值。另外,GLS算法的收敛速度也不高。

GLS算法的缺点如下:

(1)可能得不到最优解;

(2)收敛速度不高;

(3)计算时间较长(反复滤波)。

5.3　模型阶次的辨识

5.2节介绍了在模型结构已知的前提下如何采用受到噪声污染的输入输出数据来估计模型参数的方法——参数辨识方法。实际上,模型结构多数情况下是不可能预知的。在模型参数辨识时,如果所给定的模型结构(如阶次)不合适,模型就会产生很大的误差,将这样的模型用于实际会引起不良的后果。因此,在没有模型结构的验前知识的前提下,如何利用输入输出数据确定模型的结构,这是又一个值得研究的重要内容,即模型结构辨识。模型结构辨识包括模型验前结构的假定和模型结构参数的确定。

非线性系统的模型结构比较复杂,不列入考虑之列。对线性系统,模型的验前结构通常可直接采用差分方程或状态方程的表达形式,因此其模型结构辨识实际上就是确定模型阶次(单变量过程:SISO)或Kronecher不变量(MIMO;多变量过程)。

本节研究SISO系统的阶次辨识问题,有多种方法。值得深思的是:①无论哪种方法都不是通用方法;②阶次辨识和参数估计二者之间互相依赖(即参数估计时需要已知阶次,而阶次辨识时又要用到参数估计值)。

5.3.1　Hankel矩阵法

有些系统辨识方法(如相关分析法、最小二乘法)可获得系统的脉冲响应系列,由脉冲响应系列可确定系统的参数,其前提是系统模型阶次已知。现讨论怎样根据脉冲响应的采样值来确定模型的阶次。

设系统的脉冲响应序列为 $g(1),g(2),\cdots,g(L)$，构造如下 Hankel 矩阵，即

$$\boldsymbol{H}(l,k) = \begin{bmatrix} g(k) & g(k+1) & \cdots & g(k+l-1) \\ g(k+1) & g(k+2) & \cdots & g(k+l) \\ \vdots & \vdots & \ddots & \vdots \\ g(k+l-1) & g(k+l-1) & \cdots & g(k+2l-2) \end{bmatrix}_{l\times l}$$

$$(5-48)$$

其中，l 决定 Hankel 阵的维数；$k \in [1,L-2l+2]$，它决定用哪些脉冲响应序列组成 Hankel 阵。根据该矩阵的秩可以判定系统模型的阶次。这是因为：

倘若 l 大于系统的阶次 n，则对所有的 k，Hankel 矩阵的行列式为零，所以，对每个 k 值及不同的 l 值，计算 Hankel 的行列式，就可以判定模型的阶次。

该方法无需知道模型参数估计值，与参数辨识方法无关。分无噪声、弱噪声和强噪声三种情况。

5.3.1.1 无噪声情况

设脉冲响应序列 $g(1),g(2),\cdots,g(L)$ 不含噪声，则模型阶次的判定步骤：

(1) 按式(5-48)构造 Hankel 矩阵 $\boldsymbol{H}(l,k)$，对给定的 l 值，计算 k 取 1 至 $L-2l+2$ 时的 Hankel 矩阵行列式；

(2) 若 l 从 1 逐一增加到 $\hat{n}$，对所有的 k，都有 $\det[\boldsymbol{H}(l,k)] \neq 0$，而 l 增加至 $\hat{n}+1$ 后，对所有的 k，都有 $\det[H(l,k)] = 0$，这说明 Hankel 矩阵在 $l=\hat{n}+1$ 处有非奇异矩阵变成奇异矩阵，由此可以判定系统模型的阶次 $n_0 = \hat{n}$。

5.3.1.2 弱噪声情况

设脉冲响应序列 $g(1),g(2),\cdots,g(L)$ 含有噪声，这时，即使 l 已增加到 n_0+1，但对所有的 k，Hankel 矩阵的行列式都不会绝对为零，这样就难以按无噪声的情况来确定模型的阶次。如果脉冲响应的噪声比较小，则可引进 Hankel 矩阵行列式的平均比值，即

$$D_l = \frac{H(l,k)\ \text{的平均值}}{H(l+1,k)\ \text{的平均值}} = \frac{\dfrac{1}{L-2l+2}\displaystyle\sum_{k=1}^{L-2l+2}\det[H(l,k)]}{\dfrac{1}{L-2l}\displaystyle\sum_{k=1}^{L-2l}\det[H(l+1,k)]}$$

$$(5-49)$$

来观察 Hankel 矩阵是否已由非奇异矩阵变成奇异矩阵。当 l 从 1 开始逐一增加时，不断计算 D_l 值，可取 D_l 到达最大值时的 l 作为模型的阶次，如图 5-9 所示。这是因为当 $l=n_0$ 时，式(5-49)的分母虽然不为零，但当分母较分子项急剧

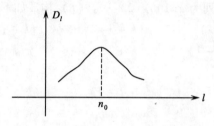

图 5 – 9 Hankel 矩阵法示意图

下降,可以使 D_l 在 $l = n_0$ 处取得最大值。

5.3.1.3 强噪声情况

如果脉冲响应序列所含的噪声比较大,为了还能可靠地确定系统模型的阶次,构造 Hankel 矩阵时,不能直接采样脉冲响应序列,可用脉冲响应序列的自相关系数构成如下的 Hankel 矩阵:

$$\boldsymbol{H}(l,k) = \begin{bmatrix} \rho(k) & \rho(k+1) & \cdots & \rho(k+l-1) \\ \rho(k+1) & \rho(k+2) & \cdots & \rho(k+l) \\ \vdots & \vdots & \ddots & \vdots \\ \rho(k+l-1) & \rho(k+l) & \cdots & \rho(k+2l-2) \end{bmatrix} \quad (5-50)$$

其中

$$\rho(k) = \frac{R_g(k)}{R_g(0)}$$

$$R_g(k) = \frac{1}{L-k} \sum_{i=1}^{L-k} g(i)g(i+1)$$

这样判定系统模型阶次的步骤除了构造 Hankel 矩阵的元素不同外,其余类似于无噪声或弱噪声的情况。

5.3.2 行列式比(或积矩矩阵)法

在进行参数估计之前应先估计出未知系统的模型阶次。为此,利用某种快速算法先大致地估计出系统的模型阶次是有利的。在此之后,如果有必要的话,再利用更为完善的阶次估计方法修正模型的阶次。根据所观测到的输入输出数据构成积矩矩阵,利用该矩阵判定模型阶次就是一种快速判定模型阶次的近似方法之一。

对于确定型的动态系统,倘若不知道系统的阶次,可以在系统持续激励条件下,根据系统的输出观测值辨识出该系统的阶次(Lee, R. C. K(1964))。

假设系统的阶次 n 小于某个整数 p，根据输出观测值 $z_1, z_2, \cdots$，构成下列 l 个 p 维向量

$$\boldsymbol{\varphi}_p^{\mathrm{T}} = \begin{bmatrix} z_1 & z_2 & \cdots & z_p \end{bmatrix}$$

$$\boldsymbol{\varphi}_{p+1}^{\mathrm{T}} = \begin{bmatrix} z_2 & z_3 & \cdots & z_{p+1} \end{bmatrix}$$

$$\vdots$$

$$\boldsymbol{\varphi}_{p+l-1}^{\mathrm{T}} = \begin{bmatrix} z_l & z_{l+1} & \cdots & z_{p+l-1} \end{bmatrix}$$

将这些向量构成 $(p \times l)$ 矩阵 $\boldsymbol{\Omega}_l$ 和积矩矩阵 $\boldsymbol{\Omega}_l^{\mathrm{T}} \boldsymbol{\Omega}_l$，其中

$$\boldsymbol{\Omega}_l = \begin{bmatrix} \varphi_p, \varphi_{p+1}, \cdots, \varphi_{p+l-1} \end{bmatrix}_{p \times l}$$

Lee, R. C. K 已证明，若系统为 n 阶，则当 $l = 1, 2, \cdots, n$ 时，积矩矩阵 $\boldsymbol{\Omega}_l^{\mathrm{T}} \boldsymbol{\Omega}_l$ 为正定阵，当 $l > n$ 时，$\boldsymbol{\Omega}_l^{\mathrm{T}} \boldsymbol{\Omega}_l$ 为奇异矩阵。因此，对确定型系统，根据其输出值就可以很容易判定系统的阶次，其方法是从 $l = 1, 2, \cdots$ 开始，检验积矩矩阵 $\boldsymbol{\Omega}_l^{\mathrm{T}} \boldsymbol{\Omega}_l$ 直到其变成奇异阵为止。设第一个奇异阵对应 $l = k$，则该系统的阶次为 $k - 1$。

考虑线性时不变离散时间系统

$$\begin{cases} y(k) + \sum_{i=1}^{n} a_i y(k-i) = \sum_{i=0}^{n} b_i u(k-i) \\ z(k) = y(k) + v(k) \end{cases}$$

其中，随机噪声是在系统输出端受到的污染。判别该系统的办法是检验 $(2l + 1) \times (2l + 1)$ 积矩矩阵 $\boldsymbol{\Gamma}_l(u, z)$ 的秩，其中

$$\boldsymbol{\Gamma}_l(u, z) = \boldsymbol{\Omega}^{\mathrm{T}}(u, z) \boldsymbol{\Omega}(u, z)$$

而

$$\boldsymbol{\Omega}(u, z) = \begin{bmatrix} u(k) & u(k-1) & \cdots & u(k-l) & \vdots & z(k-1) & \cdots & z(k-l) \\ u(k+1) & u(k) & \cdots & u(k+1-l) & \vdots & z(k) & \cdots & z(k+1-l) \\ \vdots & \vdots & \ddots & \vdots & \vdots & \vdots & \ddots & \vdots \\ u(k+p) & u(k+p-1) & \cdots & u(k+p-l) & \vdots & z(k+p-1) & \cdots & z(k+p-l) \end{bmatrix}$$

若 $v = 0$，则矩阵 $\boldsymbol{\Gamma}_l(u, y)$ 的秩为

$$\min\{(n+l+1), (2l+1)\}$$

故逐次增加 l，直到 $\boldsymbol{\Gamma}_l(u, y)$ 变为奇异。因此方法可判定阶次 n。

噪声 $v \neq 0$ 的情况参见文献 $[6, 11]$。

该方法直接利用输入输出数据，与参数估计问题无关。

5.3.3　残差平方和法

一种简单但行之有效的模型阶次判定方法是:对于被辨识系统的输入输出数据,用不同阶次的模型进行参数估计,然后比较不同阶次的模型与观测数据之间拟合的好坏程度。衡量拟合优良度的尺度之一是残差平方和函数 J:

$$J = e^{\mathrm{T}}e = (z - \phi^{\mathrm{T}}\hat{\theta})^{\mathrm{T}}(z - \phi^{\mathrm{T}}\hat{\theta})$$

式中,$\hat{\theta}$ 为参数估计值;$\phi^{\mathrm{T}} = [z_1 z_2 \cdots]$;$e = z - \phi^{\mathrm{T}}\hat{\theta} = \phi^{\mathrm{T}}(\theta - \hat{\theta}) + \xi$　(ξ 与噪声有关)。即残差 e 具有关于参数向量的拟合偏差及关于附加噪声两方面的信息。

一般说来,当模型的阶次增加时,残差平方和将随之下降。如果输入输出信号的采样值的组数恰好等于待识参数的个数,则损失函数 J 值可以变成零。但是,此时随机噪声的影响完全进入模型的参数估计值中。实际辨识时,输入输出信号采样值的组数大大超过待识参数的个数。在这种情况下,随着模型阶次的增加,J 值显著下降。然而,当模型的阶次大于真实系统的阶次 n 时,J 值显著下降的现象中止。利用这一原理就可判定模型的阶次。

由此,根据残差平方和判定模型阶次的步骤如下:

(1) 应用某种参数辨识方法,估计出不同阶次 $n = 1,2,\cdots$ 时的模型参数估计值 $\hat{\theta}_1, \hat{\theta}_2, \cdots$;

(2) 计算 $J_1, J_2, \cdots$;

(3) 作出 J 与模型阶次的关系图;

(4) 取 n 增加 J 无明显下降时的 n 为模型阶次。

通过对残差方差的分析知,判定系统模型阶次问题可归结为:当 $\hat{n}$ 从 $\hat{n}_1$ 增加到 $\hat{n}_2$ 时,残差方差 $V_1(\hat{n}_2)$ 较 $V_1(\hat{n}_1)$ 是否有显著下降。这是一种典型的显著性检验问题,可以用数理统计中的假设检验方法来解决,如 F 检验法。

该方法与参数辨识方法有关。

5.3.4　信息准则法

以上介绍的属经典的模型结构判定方法,其假设的基础是:所观测的数据是由属于所考虑的模型结构类中的某一个模型所产生的,基于这些观测数据来找出模型结构。经典的模型结构辨识方法又分为两类,一类是建立在确定型和随机型的理论基础上的,阶次判定问题最终归结为计算适当的矩阵(积矩矩阵、Hankel 矩阵等)的秩。这类方法不必去估计不同的试探次数下模型的参数,计算工作量不算大,但所得到的结果只是大致的阶次。另一类方法是应用统计检验,计算出第 I 类错误(在判定阶次问题上就是拒绝一个给定的真实的结构)的概率,倘若这个概率小于某个规定值,就认为给定的结构可以接受。这两类方法的最重要的特点是都必须选择某一显著性水平,而这个显著性水平的选择通常是根据经验进行的,所以是主观的。这类方法的另一个缺陷是其基本假设一般是不能证实的。

20 世纪 70 年代后期,出现了"最近似的模型结构"的概念。基于这一概念的模型结构判定方法的特点是必须明确地规定出对不同的模型结构进行比较的准则,也就是模型与真实系统的近似程度的度量准则。

AIC(Akaike Information Criterion)定阶法的本质可以说是在一定的模型结构条件下,对极大似然参数估计值来说,寻求模型阶次,使模型输出的概率分布最大可能地趋近实际系统输出的概率分布。

5.3.4.1 白噪声情况

设 SISO 系统的模型为

$$z(k) + \sum_{i=1}^{n} a_i z(k-i) = \sum_{i=1}^{n} b_i u(k-i) + v(k) \qquad (5-51)$$

式中,$u(k)$ 和 $z(k)$ 表示系统的输入和输出变量;$v(k)$ 是均值为零,方差为 σ_v^2,服从正态分布的不相关随机噪声。式(5-51)可写成

$$\boldsymbol{z}_n = \boldsymbol{\phi}_n \boldsymbol{\theta}_n + \boldsymbol{v}_n$$

式中

$$\boldsymbol{\theta}_n = \begin{bmatrix} -a_1 & -a_2 & \cdots & -a_n & b_1 & b_1 & \cdots & b_n \end{bmatrix}^{\mathrm{T}}$$

$$\boldsymbol{z}_n = \begin{bmatrix} z(1) & z(2) & \cdots & z(L) \end{bmatrix}^{\mathrm{T}}$$

$$\boldsymbol{v}_n = \begin{bmatrix} v(1) & v(2) & \cdots & v(L) \end{bmatrix}^{\mathrm{T}}$$

$$\boldsymbol{\phi}_n = \begin{bmatrix} z(0) & z(-1) & \cdots & z(1-n) & u(0) & u(-1) & \cdots & u(1-n) \\ z(1) & z(0) & \cdots & z(2-n) & u(1) & u(0) & \cdots & u(2-n) \\ \vdots & \vdots & \ddots & \vdots & \vdots & \vdots & \ddots & \vdots \\ z(L-1) & z(L-2) & \cdots & z(L-n) & u(L-1) & u(L-2) & \cdots & u(L-n) \end{bmatrix}$$

利用 AIC 确定该模型阶次的关键在于导出似然函数或对数似然函数的表达式。经过推导,可以得出 AIC 准则为

$$\mathrm{AIC}(\hat{n}) = L \lg \hat{\sigma}_v^2 + 4\hat{n}$$

式中,$\hat{n}$ 为模型式(5-51)的阶次估计值,$\hat{\sigma}_v^2$ 为噪声方差的估计值,其计算公式为

$$\hat{\sigma}_v^2 = \frac{1}{L}(z_n - \phi_n\hat{\theta}_{ML})^\mathrm{T}(z_n - \phi_n\hat{\theta}_{ML})$$

$$\hat{\theta}_{ML} = (\phi_n^\mathrm{T}\phi_n)^{-1}\phi_n^\mathrm{T}z_n$$

模型(5-51)的阶次估计方法是:对不同的阶次 $\hat{n}$,分别计算 AIC($\hat{n}$)值,找到使 AIC($\hat{n}$) = min 的 $\hat{n}$ 作为模型的阶次。一般说来,这样得到的模型阶次都能比较接近实际系统的阶次。

5.3.4.2　有色噪声情况

设 SISO 系统的数学模型为

$$z(k) + \sum_{i=1}^{n} a_i z(k-i) = \sum_{i=1}^{n} b_i u(k-i) + v(k) + \sum_{i=1}^{m} d_i v(k-i)$$

$$(5-52)$$

式中,$u(k)$ 和 $z(k)$ 表示系统的输入和输出变量;$v(k)$ 是均值为零,方差为 σ_v^2,服从正态分布的不相关随机噪声。

经过推导,AIC 准则为

$$\text{AIC}(\hat{n}, \hat{m}) = L\lg\hat{\sigma}_v^2 + 2(2\hat{n} + \hat{m})$$

其中,$\hat{n}$ 和 $\hat{m}$ 为模型(5-52)的阶次估计值,$\hat{\sigma}_v^2$ 为噪声方差的估计值,其计算公式为

$$\hat{\sigma}_v^2 = \frac{1}{L}\sum_{k=1}^{L} v^2(k)\ \Big|_{\hat{\theta}_{ML}}$$

其中,$v(k)$ 满足下列约束条件:

$$v(k) = z(k) + \sum_{i=1}^{n} a_i z(k-i) - \sum_{i=1}^{n} b_i u(k-i) - \sum_{i=1}^{m} d_i v(k-i)$$

其计算方法参见有关文献。

模型(5-52)的阶次估计方法是:对不同的阶次 $\hat{n}$ 和 $\hat{m}$,分别计算 AIC($\hat{n}$, $\hat{m}$)值,找到使 AIC($\hat{n}, \hat{m}$) = min 的 $\hat{n}$ 和 $\hat{m}$,即可认为这时的 $\hat{n}$ 和 $\hat{m}$ 比较接近系统模型的真实阶次。

5.3.5　最终预报误差准则法

利用最终预报误差准则估计模型的阶次是另外一种依靠极小化一个准则函数的判定模型阶次的方法,简称 PFE 定阶法。Akaike 指出"最好"的估计模型应当能给出"最好"的输出一步预报值,也就是说最终预报误差准则要达到最小。根据这个道理,当估计模型的阶次从小开始逐一增加时,分别求出最终预

报误差准则 FPE,找到使 FPE 为最小的阶次,可把它作为模型阶次的估计值。下面仅介绍白噪声情况下的 FPE 定阶法。

设 SISO 系统可用如下的模型描述:

$$A(z^{-1})z(k) = B(z^{-1})u(k) + v(k) \qquad (5-53)$$

式中,$v(k)$ 是均值为零,方差为 σ_v^2,服从正态分布的不相关随机噪声,且

$$A(z^{-1}) = 1 + a_1 z^{-1} + a_2 z^{-2} + \cdots + a_{n_a} z^{-n_a}$$

$$B(z^{-1}) = b_1 z^{-1} + b_2 z^{-2} + \cdots + b_{n_b} z^{-n_b}, n_b \leqslant n_a$$

定义

$$\boldsymbol{z} = \begin{bmatrix} z(n_a+1) & z(n_a+2) & \cdots & z(n_a+L) \end{bmatrix}^{\mathrm{T}}$$

$$\boldsymbol{v} = \begin{bmatrix} v(n_a+1) & v(n_a+2) & \cdots & v(n_a+L) \end{bmatrix}^{\mathrm{T}}$$

$$\boldsymbol{\theta} = \begin{bmatrix} -a_1 & -a_2 & \cdots & -a_{n_a} & b_1 & b_2 & \cdots & b_{n_b} \end{bmatrix}^{\mathrm{T}}$$

$$\boldsymbol{\phi} = \begin{bmatrix} z(n_a) & z(n_a-1) & \cdots & z(1) & \vdots & u(n_a) & u(n_a-1) & \cdots & u(n_a+n_b-1) \\ z(n_a+1) & z(n_a) & \cdots & z(2) & \vdots & u(n_a+1) & u(n_a) & \cdots & u(n_a+n_b-2) \\ \vdots & \vdots & \ddots & \vdots & \vdots & \vdots & \vdots & \ddots & \cdots \\ z(n_a+L-1) & z(n_a+L-2) & \cdots & z(L) & \vdots & u(n_a+L-1) & u(n_a+L-2) & \cdots & u(n_a+n_b-L) \end{bmatrix}$$

其中,L 为数据长度,则可将式(5-53)写成

$$\boldsymbol{z} = \boldsymbol{\phi}\boldsymbol{\theta} + \boldsymbol{v}$$

θ 的估计值为

$$\hat{\boldsymbol{\theta}} = (\boldsymbol{\phi}^{\mathrm{T}}\boldsymbol{\phi})^{-1}\boldsymbol{\phi}^{\mathrm{T}}\boldsymbol{z}$$

模型的残差应表示为

$$\boldsymbol{\varepsilon} = \boldsymbol{z} - \boldsymbol{\phi}\hat{\boldsymbol{\theta}}$$

记残差方差的估计值为 $\hat{\sigma}_\varepsilon^2$,其计算公式为

$$\hat{\sigma}_\varepsilon^2 = \frac{1}{L}\boldsymbol{\varepsilon}^{\mathrm{T}}\boldsymbol{\varepsilon} \qquad (5-54)$$

经过推导得最终预报误差准则 $\mathrm{FPE}(n_a, n_b)$ 的计算公式为

$$\mathrm{FPE}(\hat{n}_a, \hat{n}_b) = \frac{L + (\hat{n}_a + \hat{n}_b)}{L - (\hat{n}_a + \hat{n}_b)}\hat{\sigma}_\varepsilon^2 \qquad (5-55)$$

其中,$\hat{n}_a$ 和 $\hat{n}_b$ 为模型(5-53)的阶次估计值,$\hat{\sigma}_\varepsilon^2$ 为模型输出残差的方差(按式

(5-54)计算)。式(5-55)就是利用最终预报误差准则来确定模型阶次的公式,找到使 FPE(n_a, n_b) 为最小的 $\hat{n}_a$ 和 $\hat{n}_b$,便算找到了"最好"的模型阶次。

5.3.6 小结

判定系统模型阶次的方法大体上可分成三种类型。一类是带有主观因素,需要人为指定具有概率测度的置信区间作为阶次检验的标准,F 检验定阶法就属于这种类型。第二种类型虽然包含主观因素,但不指定概率测度,行列式比定阶法就属于这种类型。第三种类型需要确定一个准则函数作为阶次检验的客观标准,把问题转化为最优化问题,典型的方法有最终预报误差准则定阶法。如果适当选择风险水平 α,F 检验定阶法将等价于 AIC 定阶法,FPE 定阶法和 AIC 定阶法的基本做法是一样的,都需要建一个准则函数作为客观标准,通过极小化这个准则,从而找到"最好"的模型阶次,即在某种程度意义上讲,AIC 定阶法和 PFE 定阶法是等价的。此外,还有许多其他的模型定阶方法,如零、极点相消法、白色性检验定阶法等。

5.4 闭环系统辨识

上述各种辨识方法中,为了获得模型参数的无偏估计,明显地或隐含地要求系统的输入信号是独立形成的,要求它与系统输出端的噪声是不相关的,即要求系统是开环工作的。实际上,除了少数被辨识系统运行于开环状态,大多数是闭环的。由于存在反馈,系统输出端的噪声与系统输入信号是相关的。在一般情况下,噪声又是不可测量的。这样,上述各种辨识方法不能简单地、不加分析地应用于闭环系统的辨识。于是产生了闭环系统辨识问题。

闭环系统辨识问题主要有三个方面:

(1) 判断系统是否存在反馈作用;

(2) 闭环辨识方法;

(3) 开环辨识方法在闭环系统中的应用。

详细内容请参加文献[6,10]。

第 **6** 章

基于人工神经网络的建模

6.1 人工神经网络简介

6.1.1 人工神经元模型

　　大脑是一个广泛连接的复杂网络系统,生物神经元是具有处理单元的神经细胞,它是组成人脑的最基本单元,大脑约有 1000 亿 ~ 10000 亿个神经元。生物神经元是一种根须状的蔓延物,其组成包括:细胞体、树突、轴突。最简单的生物神经元模型如图 6 - 1 所示。

　　其中　树突——神经纤维较短,分支很多,用来接受信息;

　　轴突——神经纤维较长,用来发出信息;

　　细胞体——用来对接受到的信息进行处理;

　　突触——一个神经元的轴突末端与另一个神经元树突之间密切接触,能传递神经元冲动的地方

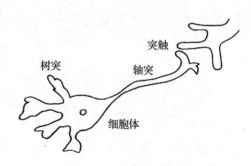

图 6 - 1　神经元模型

叫突触。经过突触的冲动传递是有方向性的,且不同的突触进行的冲动传递效果不一样。有的使后一神经元兴奋,有的使它受到抑制。

　　神经元具有如下性质:

　　(1) 多输入(树突),单输出(轴突);

　　(2) 突触兼有兴奋与抑制两种性能(这是对刺激的传递效果);

　　(3) 可时间加权与空间加权,是所有突触受到的刺激的权重之和;

（4）可产生脉冲（刺激），传送给细胞体；

（5）脉冲可进行传递；

（6）非线性（有阈值），也就是说刺激信号的权重和大于或等于这个神经细胞感受到的阈值，神经细胞便被激发，并给出输出。

因为人脑处理信息的性能很高，所以人们在现代神经科学研究成果的基础上，试图通过模拟大脑神经网络处理，记忆信息的方式，完成人脑那样的信息处理功能。因此提出了人工神经网络（Artificial Neural Networks，ANN）。人工神经网络是由大量类似于生物神经元的处理单元相互联接而成的非线性复杂网络系统，对计算机及其应用的发展产生了巨大的影响。

神经元可以完成生物神经元的三种基本处理过程：

（1）评价输入信号，决定每个输入信号的强度；

（2）计算所有输入信号的加权和，并与处理单元的阈值进行比较；

（3）决定处理单元的输出。

神经元的数学模型如图 6-2 所示。

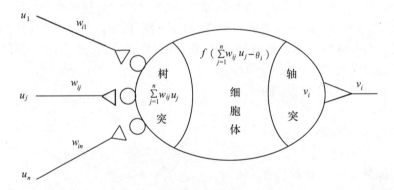

图 6-2　人工神经元的数学模型

其中 u_j 为输入量，每一个处理单元都有许多输入量，对每一个输入量都相应有一个相关联的权重。

w_{ij} 为权重，外面神经元与该神经元的连接强度，是变量。初始权重可以由一定算法确定，也可以随意确定。权重的动态调整是学习中最基本的过程，随学习规则变化，目的是调节权重以减少输出误差。

θ_i 为阈值。

v_i 为输出。

$f(x)$ 为该神经元的传递函数，就是将输入激励转换为输出响应的数学表达式，有如下常用的形式。

(1) 阶梯函数(图6-3)。

$$f(x) = \begin{cases} 1, & x \geqslant 0 \\ 0, & x < 0 \end{cases}$$

常称此种神经元为 M-P 模型,即每个神经元的状态 v_i 满足 M-P 方程:

$$v_i = f\left(\sum_j w_{ij}u_j - \theta_i\right) = \begin{cases} 0, & \text{未激发} \\ 1, & \text{激发} \end{cases} \quad (i = 1, 2, \cdots, n)$$

(2) 分段线性(图6-4)。

$$f(x) = \begin{cases} 1, & x \geqslant 1 \\ x, & -1 < x < 1 \\ -1, & x \leqslant -1 \end{cases}$$

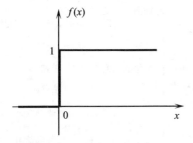

图6-3 阶梯函数示意图　　　　图6-4 分段线性示意图

(3) S型函数(图6-5)。

Sigmoid 函数(双曲正切形式)

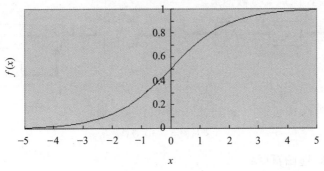

图6-5 S型函数

具有平滑和渐进性,并保持单调性,最常用的函数形式为

$$f(x) = \frac{1}{1 + e^{-\alpha x}}$$

参数 α 可控制其斜率。另一种常用的是双曲正切函数：

$$f(x) = \tanh(x/2) = \frac{e^x - e^{-x}}{e^x + e^{-x}}$$

6.1.2 人工神经网络的分类

表 6-1 为人工神经网络的常用分类。人工神经网络的构造可以粗略地分为两大类：

1. 前馈(多层)网络

在前馈神经元网络中,人工神经元(也称为结点或处理单元)被组织成前馈方式(常常以层的形式),即每个神经元从外部环境和/或别的神经元接收输入,但没有反馈,如图 6-6(a)所示。标准的前馈神经网络包含简单的处理单元(没有动态成分),前馈网络对于一定的输入形式计算一个输出,一旦被训练(具有了固定的连接权值),网络相应于给定输入形式的输出将是相同的,不管网络先前的激活性如

表 6-1　人工神经网络的常用分类

分类依据	分　　类
网络的性能	连续型与离散型网络
	确定型与随机型网络
网络的结构	反馈网络
	前馈网络
	胞状网络
学习方式	有教师学习
	无教师学习

何。这意味着前馈神经网络并没有展示任何动力学特性,在该网络中不存在稳定性问题。对于前馈网络,动态特性常被简化为单个瞬时非线性映射,即前馈网络由一个静态非线性映射表示。从作用效果来看,前馈网络主要是函数映射,可用于模式识别与函数逼近。

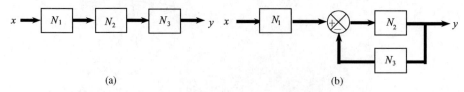

(a)　　　　　　　　　　　(b)

图 6-6　不同结构的神经网络

(a) 前馈网络; (b) 反馈网络。

2. 反馈(递归)网络

按对能量函数的所有极小点的利用情况,可将反馈网络分为两类:一类是能量函数的所有极小点都起作用,主要用于各种联想存储器;另一类只利用全局极小点,主要用于求解优化问题。而对于反馈神经网络,动态特性不再是平凡的,因为它们有包含动态构造模块的处理单元(积分器或单延迟),以反馈方

式操作(6-6(b))。这种网络的动态特性由非线性常微分方程组或差分方程组描述,即反馈神经网络由非线性动力系统表示。反馈式网络用于优化计算和联想记忆。

一般来讲,人工神经网络并不只是被它的结构所表征,还有它所使用的神经元类型、学习过程、操作方式(原则),人工神经网络可以作为确定系统或随机系统来操作。在确定型人工神经网络中,所有的参数和信号都是确定型的。而在随机人工神经网络模型中,信号和参数(连接权值)被一些随机量随机地改变(在时间上有相同的概率)。至今所提出的真实生物神经网络的人工模型是很简单的,它只是真实生物结构的粗略近似。人工神经网络结构问题仍是一个困难的尚未解决的问题,是许多研究者正在努力探索的领域。这一问题的难点在于:我们并不清楚是否有必要尽可能精确地模型化生物构造,也不清楚是否能通过使用不完全对应于真实生物神经系统的模型就可以取得期望的性质和效果。

6.1.3 人工神经网络的工作过程

人工神经网络的工作过程主要分为两个阶段:

(1)学习期。此时各计算单元传递函数不变,其输出由两个因素决定,即输入数据和与此输入单元连接的各输入量的权重。因此,若处理单元要学会正确反映所给数据的模式,唯一用以改善处理单元性能的元素就是连接的权重,各连线上的权值通过学习来修改。

(2)工作期。此时连接权固定,计算神经元输出。

编制神经网络程序,主要是确定以下问题:

(1)传递函数(决定阈值的方程);

(2)训练计划(即设置初始权重的规则及修改权重的方程);

(3)网络结构(即处理单元数,层数及相互连接状况)。

6.1.4 人工神经网络的学习方式

人工神经网络的学习方式主要有三种:

1. 有教师的学习(监督学习,如图6-7所示)

前提是要有输入数据及一定条件下的输出数据,网络根据输入输出数据来调节本身的权重,所以学习过程的目的在于减小网络应有输出与实际输出之间的误差,当误差达到了允许范围,权重就不再改动了,就认为网络的输出符合于实际的输出。

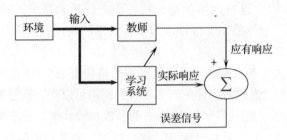

图 6 - 7　监督学习框图

2. 无教师的学习(非监督学习,如图 6 - 8 所示)

只提供输入数据,而无相应输出数据。网络检查输入数据的规律或趋向,根据网络本身的功能来调整权重。其学习过程是:经系统提供动态输入信号,使各个单元以某种方式竞争,获胜者的神经元或其邻域得到增强,其他神经元进一步被抑制,从而将信号空间划分为多个有用的区域。

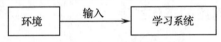

图 6 - 8　非监督学习系统

3. 强化学习(再励学习,如图 6 - 9 所示)

这种学习介于上述两种学习之间,外部环境对系统输出结果只给出评价信息(奖或惩),而不提供正确答案。学习系统通过强化那些受奖的动作来改善自身的性能。

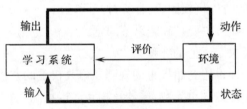

图 6 - 9　强化学习系统

6.1.5　人工神经网络的学习规则

在人工神经网络中,学习规则是修正权值的一个算法,以获得合适的映射函数或其他系统性能。可以将学习规则分为如下几类:

(1)相关规则。仅仅根据连接间的激活水平改变权值;

(2)纠错规则。依赖关于输出节点的外部反馈改变权值;

(3)无教师学习规则。学习表现为自适应于输入空间的检测规则。

6.1.5.1 相关规则

调整 w_{ij} 的原则是:若第 i 与第 j 个神经元同时处于兴奋状态,则它们之间的连接应当加强,即

$$\Delta w_{ij} = \alpha v_i v_j \quad (\alpha > 0)$$

式中, v_i 和 v_j 分别为第 i 和第 j 个神经元(节点)的状态。

这一规则与"条件反射"学说一致,并已得到神经细胞学说的证实。

相关规则常用于自联想网络,执行特殊记忆状态的死记式学习。Hopfield 神经网络即是如此,所采用的修正的 Hebb 规则为

$$\Delta w_{ij} = (2v_i - 1)(2v_j - 1)$$

式中, v_i 和 v_j 分别是节点 i 和 j 的状态。

6.1.5.2 纠错规则

纠错规则的最终目的是使基于误差(实际输出与期望输出之差)的目标函数达到最小,以使网络中每一输出单元的实际输出在某种统计意义上逼近期望输出。在具体应用中,可以转化为最小均方差规则,采用最优梯度下降法。通过在局部最大改善的方向上一小步、一小步地进行修正,力图达到表示函数功能问题的全局解。感知器学习即是使用纠错规则:①如果一节点的输出正确,一切不变;②如果输出本应为 0 而为 1,则相应地减小权值;③如果应为 1 而输出为 0,则权值增加一增量。

对于 δ 学习规则,可分为一般 δ 规则和广义 δ 规则。

(1) 一般 δ 学习规则。它优于感知器学习,因为这里 Δw 不是一固定量而是与误差成正比的,即

$$\Delta w_{ij} = \eta \delta_i v_j$$

式中, η 是全局控制系数,而 $\delta_i = t_i - v_i$,即期望值与实际值之差。

δ 学习规则和感知器学习规则一样只适用于线性可分函数,无法用于多层网络。

(2) 广义 δ 学习规则。它可在多层网络上有效地学习,其关键是对隐节点的偏差 δ 如何定义和计算。对 BP 算法(详见 6.2 节),当 i 为隐节点时,定义

$$\delta_i = f'(\text{net}_i) * \sum_k \delta_k w_{ki}$$

式中, w_{ki} 是节点 i 到上一层节点 k 的权值, $f'(.)$ 为激励函数 $f(.)$ 的一阶导数。

将某一隐节点馈入上一层节点的误差的比例总和(加权和)作为该隐节点的误差,通过可观察的输出节点的误差,下一层隐节点的误差就能递归得到。广义 δ 规则可学习非线性可分函数。

（3）Holtzman 机学习规则。它是基于模拟退火的统计方法来替代广义 δ 规则，适用于多层网络。它提供了学习隐节点的一个有效方法，能学习复杂的非线性可分函数。主要缺点是学习速度太慢，因为在模拟退火过程中要求当系统进入平衡时，"冷却"必须慢慢地进行，否则易陷入局部极小。它基本上是梯度下降法，所以要求提供大量的例子。

由上述分析可知，纠错规则基于梯度下降法，因此不能保证得到全局最优解；同时要求大量训练样本，因而收敛速度慢；纠错规则对样本的表示次序变化比较敏感，这就像教师必须认真备课，精心组织才能有效地学习。

6.1.5.3 无教师学习（竞争学习）规则

在这类学习规则中，关键不在于实际节点的输出怎样与外部的期望输出相一致；而在于调整参数以反映观察事件的分布。

自适应共振理论（Adaptive Resonance Theory, ART）通过设立警戒线 ρ（$1 \geq \rho \geq 0$），将类似的样本归类，ρ 表示两个样本相距多远才被认为是匹配的。通过警戒线可调整模式的类数，ρ 小则模式类别多，反之亦然。

自组织映射如同竞争学习一样，首先要求识别与输入最匹配的节点，定义距离 d_j 为接近测度，即

$$d_j = \sum_{i=0}^{N-1} (u_i - w_{ij})$$

式中，假设输入向量 $\boldsymbol{u}$ 为 N 维的，具有最短距离的节点选作胜者，它的权向量经修正使该节点对输入 $\boldsymbol{u}$ 更敏感，定义胜域 N_e，其半径逐渐减至零。权值学习规则为

$$\Delta w_{ij} = \begin{cases} \alpha(u_i - w_{ij}), & i \in N_e \\ 0, & i \notin N_e \end{cases}$$

这类无教师学习系统的学习并不在于寻找一个特殊映射函数的表示，而是将事件空间分类成输入活动区域，并有选择地对这些区域作出响应。它在应用于开发由多层竞争族组成的网络等方面有良好的前景。它的输入可以是连续值，对噪声有较强的抗干扰能力，但对较少的输入样本，结果可能要依赖于输入顺序。

总结：Hebb 学习规则的相关假设是许多规则的基础，尤其是相关规则；HNN 和自组织特征展示了有效的模式识别能力；纠错规则使用梯度下降法，因而有局部极小问题；无教师学习规则提供了新的选择，它利用自适应学习方法，使节点有选择地接收输入空间上的不同特性，从而抛弃了普通人工神经网络学习映射函数的学习概念，并提供了基于检测特性空间的活动规律的性能描写。

6.1.6　人工神经网络的几何意义

为了说明神经网络的几何意义,有必要先定义线性样本和非线性样本。

对 n 维空间中的一个两类样本,若能找到一个超平面将二者分开,则称该样本为线性样本,否则为非线性样本。

以异或问题为例。原样本如下:

x_1:　0　　0　　1　　1
x_2:　0　　1　　0　　1
y:　　0　　1　　1　　0　　(期望输出值)

显然是非线性样本(即输出仅为 0,1,不能找到一个超平面,将输出为 0 样本的与输出为 1 样本的分开),如图 6-10 所示。

若增加外积项的新样本:

x_1:　0　　0　　1　　1
x_2:　0　　1　　0　　1
x_3:　0　　0　　0　　1
y:　　0　　1　　1　　0　　(期望输出值)

可以找到超平面 $x_1 + x_2 - 2x_3 = 0$,空间点 $(0,0,0)(1,1,1)$ 均在此平面上,空间点 $(1,0,0)$,$(0,1,0)$ 均在此平面下,如图 6-11 所示,即该平面将两类样本分开。因此新样本为线性样本。

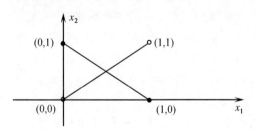
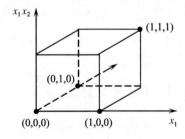

图 6-10　异或问题的非线性　　图 6-11　异或问题函数模型的空间表示

可见,神经元代表的超平面将空间分割成若干区,使每个区中只含同类样本的节点。另外,通过对神经元的输入总信息表达式的分析可知,一个神经元将其他神经元对它的信息总输入作用(通过作用函数)以后的输出,相当于该神经元所代表的超平面将 n 维空间(n 个输入神经元构成的空间)中超平面上部节点 p 转换成数据 1 类,超平面及其下部节点转换成数据 0 类。由此可以得出结论:神经元起一个分类作用。

6.1.7 人工神经网络建模的特点

实际系统大都是多输入多输出的非线性系统,很难用机理分析或系统辨识的方法获得足够精确的数学模型。人工神经网络的输入和输出变量的数目是任意的,并且具有逼近任意非线性函数的能力,为多输入多输出的非线性系统提供了一种通用的建模方法。另外,人工神经网络系统的模型是非算式的,人工神经网络本身就是辨识模型,其可调参数反映在网络内部的连接权上,它不需要建立以实际系统数学模型为基础的辨识格式,可以省去系统结构辨识这一步骤。神经网络建模法的任务是利用已有的输入输出数据来训练一个由神经网络构成的模型,使它能足够精确地近似给定的非线性系统。目前,神经网络建模方法发展得很快,出现了很多模型和算法,应用也越来越广泛,是系统建模技术的一个重要发展方向。

6.2 BP 网 络

6.2.1 BP 网络结构

从结构上来讲,BP 网络为分层型网络,如图 6 – 12 所示。网络不仅有输入层节点,输出层节点,而且有隐层节点(可以是一层或多层),它与感知器的主要区别在于每一层的权值都可以通过学习来调整。对于一个 BP 网络,中间层可以有多个,而具有一个中间层的 BP 网络为基本的 BP 网络模型,BP 网络是一种前馈型网络。

6.2.2 BP 学习算法

BP 网络的学习算法是 δ 学习算法的推广和发展,是一种有教师的学习。这个算法的学习过程由正向传播和反向传播组成。在正向传播过程中,输入信息从输入层经隐单元层逐层处理,并传向输出层,每一层神经元的状态只影响下一层神经元的状态。如果在输出层不能得到期望的输出,则转入反向传播,将误差信号沿原来的连接通路返回,通过修改各层神经元的权值,使得误差信号最小。

BP 网络采用最小二乘学习算法和梯度搜索技术,以期使网络的实际输出值与期望输出值的误差均方值为最小。BP 网络学习过程是一种误差边向后传播边修正权系数的过程。

图 6 – 13 为多层前向网络的一部分,其中有两种信号在流动:

(1)工作信号(用实线表示),它是施加输入信号后向前传播直到在输出端产生实际输出的信号,是输入和权的函数。

(2)误差信号(用虚线表示),网络实际输出与应有输出间的差值,它由输出端开始逐层向后传播。

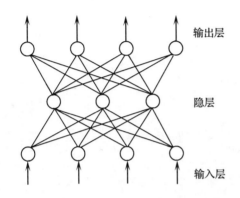 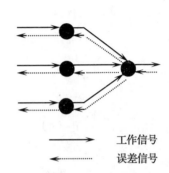

图 6 – 12 BP 反向传播模型的网络结构　　图 6 – 13　前向工作信号与反向误差信号

下面就逐个样本学习的情况来推导 BP 算法。

设在第 n 次迭代中输出端的第 j 个单元的实际输出为 $y_j(n)$,则该单元的误差信号为

$$e_j(n) = d_j(n) - y_j(n)$$

定义单元 j 的平方误差为 $\frac{1}{2}e_j^2(n)$,则输出端总的平方误差的瞬时值为

$$\xi(n) = \frac{1}{2}\sum_{j \in c} e_j^2(n)$$

式中,c 包含所有输出单元。

设训练样本集中样本总数为 N 个,则平方误差的均值为

$$\xi_{AV} = \frac{1}{N}\sum_{n=1}^{N} \xi(n)$$

ξ_{AV} 为学习的目标函数,学习的目的应使 ξ_{AV} 达到最小,ξ_{AV} 是网络所有权值和阈值以及输入信号的函数。

设第 n 次迭代中单元 j 的净输入为

$$\text{net}_j(n) = v_j(n) = \sum_{i=0}^{p} w_{ji}(n)y_i(n)$$

式中,p 为加到单元 j 上的输入的个数,则有

$$y_j(n) = \varphi_j(v_j(n))$$

权值的修正量取为

$$\Delta w_{ji}(n) = -\eta \frac{\partial \xi(n)}{\partial w_{ji}(n)}$$

式中,η 为学习系数,$\eta > 0$。

求 $\xi(n)$ 对 w_{ji} 的梯度

$$\frac{\partial \xi(n)}{\partial w_{ji}(n)} = \frac{\partial \xi(n)}{\partial e_j(n)} \cdot \frac{\partial e_j(n)}{\partial y_j(n)} \cdot \frac{\partial y_j(n)}{\partial v_j(n)} \cdot \frac{\partial v_j(n)}{\partial w_{ji}(n)}$$

由于

$$\frac{\partial \xi(n)}{\partial e_j(n)} = e_j(n); \frac{\partial e_j(n)}{\partial y_j(n)} = -1; \frac{\partial y_j(n)}{\partial v_j(n)} = \varphi'_j(v_j(n)); \frac{\partial v_j(n)}{\partial w_{ji}(n)} = y_i(n)。$$

所以

$$\frac{\partial \xi(n)}{\partial w_{ji}(n)} = -e_j(n)\varphi'_j(v_j(n))y_i(n)$$

权值 w_{ji} 的修正量为

$$\Delta w_{ji}(n) = -\eta \frac{\partial \xi(n)}{\partial w_{ji}(n)} = \eta \delta_j(n) y_i(n)$$

负号表示修正量按梯度下降方向,其中

$$\delta_j(n) = -\frac{\partial \xi(n)}{\partial e_j(n)} \cdot \frac{\partial e_j(n)}{\partial y_j(n)} \cdot \frac{\partial y_j(n)}{\partial v_j(n)} = e_j(n)\varphi'_j(v_j(n))$$

称为局部梯度。下面分两种情况讨论:

（1）若单元 j 是一个输出单元,则

$$\delta_j(n) = [d_j(n) - y_j(n)]\varphi'_j(v_j(n))$$

（2）若单元 j 是隐单元,则

$$\delta_j(n) = -\frac{\partial \xi(n)}{\partial y_j(n)}\varphi'_j(v_j(n))$$

当 k 为输出单元时,有

$$\xi(n) = \frac{1}{2}\sum_{k \in c} e_k^2(n)$$

式中,c 包含所有输出单元。将此式对 $y_j(n)$ 求导,得

$$\frac{\partial \xi(n)}{\partial y_j(n)} = \sum_k e_k(n) \frac{\partial e_k(n)}{\partial y_j(n)} = \sum_k e_k(n) \frac{\partial e_k(n)}{\partial v_k(n)} \frac{\partial v_k(n)}{\partial y_j(n)}$$

由于

$$e_k(n) = d_k(n) - y_k(n) = d_k(n) - \varphi_k(v_k(n))$$

所以

$$\frac{\partial e_k(n)}{\partial v_k(n)} = -\varphi'_k(v_k(n))$$

而

$$v_k(n) = \sum_{j=0}^q w_{kj}(n) y_j(n)$$

式中，q 为单元 k 的输入端个数。该式对 $y_j(n)$ 求导得

$$\frac{\partial v_k(n)}{\partial y_j(n)} = w_{kj}(n)$$

所以

$$\frac{\partial \xi(n)}{\partial y_j(n)} = -\sum_k e_k(n) \varphi'_k(v_k(n)) w_{kj}(n) = -\sum_k \delta_k(n) w_{kj}(n)$$

于是有

$$\delta_j(n) = \varphi'_j(v_j(n)) \sum_k \delta_k(n) w_{kj}(n) \quad (j \text{ 为隐单元})$$

根据以上推导，w_{ji} 的修正量可表示为

$$\begin{pmatrix} \text{权值修正量} \\ w_{ji} \end{pmatrix} = \begin{pmatrix} \text{学习步长} \\ \eta \end{pmatrix} \cdot \begin{pmatrix} \text{局部梯度} \\ \delta_j(n) \end{pmatrix} \cdot \begin{pmatrix} \text{单元 } j \text{ 的输入信号} \\ y_i(n) \end{pmatrix}$$

$\delta_j(n)$ 的计算有两种情况：

(1) 当 j 是一个输出单元时，$\delta_j(n)$ 为 $\varphi'_j(v_j(n))$ 与误差信号 $e_j(n)$ 之积。

(2) 当 j 是一个隐单元时，$\delta_j(n)$ 为 $\varphi'_j(v_j(n))$ 与后面一层的 δ 的加权和之积。

在实际应用中，学习时要输入训练样本，每输一次全部训练样本称为一个训练周期，学习要一个周期一个周期地进行，直到目标函数达到最小或小于某个给定值。

用 BP 算法训练网络时有两种方式，一种是每输入一个样本就修改一次权值，全部样本输入完后计算 ξ_{AV}，看是否达到要求。若没有达到要求，从头重新开始新一轮的学习。另一种是批处理方式，即待组成一个训练周期的全部样本都依次输入后计算总的平均误差，即

$$\xi_{AV} = \frac{1}{2N} \sum_{n=1}^{N} \sum_{k \in c} e_k^2(n)$$

再求

$$\Delta w_{ji} = -\eta \frac{\partial \xi_{AV}}{\partial w_{ji}} = \frac{\eta}{N} \sum_{n=1}^{N} e_j(n) \frac{\partial e_j(n)}{\partial w_{ji}}$$

利用上式修正权值,其中 $\dfrac{\partial e_j(n)}{\partial w_{ji}}$ 的求法与以前一样。

6.2.3　BP 算法的计算步骤

BP 算法的步骤可归纳如下:

(1) 初始化,选定合理的网络结构,设所有可调参数(权和阈值)为均匀分布的较小数值。

(2) 对每个输入样本作如下计算:

① 前向计算。

对第 l 层的 j 单元

$$v_j^{(l)}(n) = \sum_{i=0}^{p} w_{ji}^{(l)}(n) y_i^{(l-1)}(n)$$

式中,$y_i^{l-1}(n)$ 为前一层($(l-1)$ 层)的单元 i 送来的工作信号($i=0$ 时置 $y_0^{l-1}(n) = -1, w_{j0}^{(l)} = \theta_j^{(l)}(n)$),若单元 j 的作用函数为 Sigmoid 函数,则

$$y_i^{(l)}(n) = \frac{1}{1 + \exp(-v_j^{(l)}(n))} = \varphi_j(v_j(n))$$

且

$$\varphi'_j(v_j(n)) = \frac{\partial y_j^{(l)}(n)}{\partial v_j(n)} = \frac{\exp(-v_j^{(l)}(n))}{[1 + \exp(-v_j^{(l)}(n))]^2} = y_j^{(l)}(n)(1 - y_j^{(l)}(n))$$

若神经元 j 属于第一隐层(即 $l=1$),则有

$$y_j^{(1)}(n) = x_j(n)$$

若神经元 j 属于输出层(即 $l=L$),则有

$$y_j^{(L)}(n) = O_j(n)$$

且

$$e_j(n) = d_j(n) - O_j(n)$$

② 反向计算 δ。

对输出单元,有

$$\delta_j^{(l)}(n) = e_j(n)O_j(n)(1 - O_j(n)), \quad l = L$$

对隐单元,有

$$\delta_j^{(l)}(n) = y_j^{(l)}(n)[1 - y_j^{(l)}(n)] \sum_k \delta_k^{(l+1)}(n)w_{kj}^{(l+1)}(n)$$

③ 按下式修正权值。

$$w_{ji}^{(l)}(n+1) = w_{ji}^{(l)}(n) + \eta\delta_j^{(l)}(n)y_i^{(l-1)}(n)$$

(3) $n = n+1$,输入新的样本(或新一周期样本),直至 ξ_{AV} 达到预定要求。训练时各周期中样本的输入顺序要重新随机排序。

6.2.4 BP 算法示例

用 BP 算法求解异或问题(XOR)。

6.2.4.1 异或问题的 BP 神经网络

按问题要求,设置输入节点为两个(x_1, x_2),输出节点为一个(Z),隐节点为两个(y_1, y_2),各节点阈值和网络权值见表 6-2 和图 6-14。

表 6-2 异或问题样本

输入		输出
x_1	x_2	
0	0	0
0	1	1
1	0	1
1	1	0

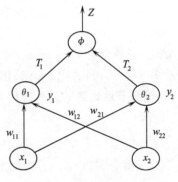

图 6-14 异或问题网络图

6.2.4.2 计算机运行结果

(1) 迭代次数:16745 次;总误差:0.05。

(2) 隐层网络权值和阈值:

$$w_{11} = 5.24, \ w_{12} = 5.23, \ w_{21} = 8.68,$$
$$w_{22} = 8.64, \ \theta_1 = 8.01, \ \theta_2 = 2.98$$

(3) 输出层网络权值和阈值:

$$T_1 = -10, \ T_2 = 10, \ \phi = 4.79$$

6.2.4.3 用计算结果分析神经网络的几何意义

1. 隐节点代表的直线方程

$$y_1 : 5.24x_1 + 5.23x_2 - 8.01 = 0$$

即

$$x_1 + 0.998x_2 - 1.529 = 0$$

$$y_2 : 6.68x_1 + 6.64x_2 - 2.98 = 0$$

即

$$x_1 + 0.994x_2 - 0.446 = 0$$

直线 y_1 和 y_2 将平面 (x_1, x_2) 分为三个区(见图 6-15):

(1) y_1 线上方区,$x_1 + x_2 - 1.53 > 0, x_1 + x_2 - 0.45 > 0$;

(2) y_1, y_2 线之间区,$x_1 + x_2 - 1.53 < 0, x_1 + x_2 - 0.45 > 0$;

(3) y_2 线下方区,$x_1 + x_2 - 1.53 < 0, x_1 + x_2 - 0.45 < 0$。

对样本点:

(1) 点 $(0,0)$ 落入 y_2 的下方区,经过隐节点作用函数 $f(x)$(暂理解为阶梯函数),得到输出 $y_1 = 0, y_2 = 0$。

(2) 点 $(1,0)$ 和 $(0,1)$ 落入 y_1, y_2 线之间区,经过隐节点作用函数 $f(x)$,得到输出均为 $y_1 = 0, y_2 = 1$。

(3) 点 $(1,1)$ 落入 y_1 的上方区,经过隐节点作用函数 $f(x)$,得到输出 $y_1 = 1, y_2 = 1$。

结论:隐节点将 x_1, x_2 平面上四个样本点 $(0,0), (0,1), (1,0), (1,1)$ 变换成三个样本点 $(0,0), (0,1), (1,1)$,它已是线性样本。

2. 输出节点代表的直线方程为

$$z : -10y_1 + 10y_2 - 4.79 = 0$$

即

$$-y_1 + y_2 - 0.479 = 0$$

直线 z 将平面 (y_1, y_2) 分为两个区(见图 6-16)。

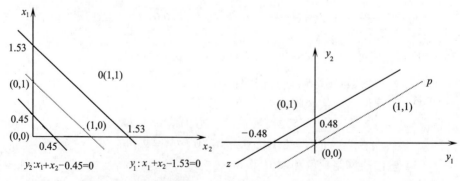

图 6-15 隐节点代表的直线方程   图 6-16 输出节点代表的直线方程

（1）z 线上方区 $-y_1 + y_2 - 0.479 > 0$；

（2）z 线下方区 $-y_1 + y_2 - 0.479 < 0$。

对样本点：

（1）点 $(0,1)$（$y_1 = 0, y_2 = 1$）落入 z 线上方区，经过输出节点作用函数 $f(x)$（暂理解为阶梯函数），得到输出为 $z = 1$。

（2）点 $(0,0)$（即 $y_1 = 0, y_2 = 0$），点 $(1,1)$（即 $y_1 = 1, y_2 = 1$）落入 z 线下方区，经过输出节点作用函数 $f(x)$，得到输出为 $z = 0$。

结论：输出节点将 y_1, y_2 平面上三个样本 $(0,0),(0,1),(1,1)$ 变换成两类样本 $z = 1$ 和 $z = 0$。

6.2.4.4 神经网络节点的作用

从上面的分析中可以得出结论：

（1）隐节点的作用是将原非线性样本（四个）变换成线性样本（三个）。

（2）输出节点的作用是将线性样本（三个）变换成两类（1 类或 0 类）。

对于作用函数 $f(x)$ 取为 S 型函数，最后变换成两类为"接近 1 类"和"接近 0 类"。

6.2.4.5 超平面（直线）特性

1. 隐节点直线特性

y_1, y_2 平行，且平行于过 $(1,0)$ 点和 $(0,1)$ 的直线，即

$$L: x_1 + x_2 - 1 = 0$$

直线 y_1 位于点 $(1,1)$ 到直线 L 的中间位置附近（$\theta_1 = 1.53$）。

直线 y_2 位于点 $(0,0)$ 到直线 L 的中间位置附近（$\theta_2 = 0.45$）。

阈值 θ_1 和 θ_2 可以在一定范围内变化，即

$$1.0 \leqslant \theta_1 < 2, 0 \leqslant \theta_2 < 1.0$$

其分类效果是相同的（说明神经网络的解可以是无穷多个，即解不唯一）。

2. 输出节点直线特性

输出节点直线 z 平行于过点 $(0,0)$ 和点 $(1,1)$ 的直线 P：$y_1 - y_2 = 0$。

直线 z 位于点 $(0,1)$ 到直线 p 的中间位置附近（$\phi = 0.48$）。

阈值 ϕ 可以在一定范围内变化（$0 \leqslant \phi < 1$），其分类效果是相同的。

6.2.5 BP 算法的不足及其改进

BP 模型及其算法是神经网络研究中的重要内容之一。由于 BP 算法成功解决了感知器无能为力的非线性可分模式的分类问题，所以它被广泛用于模式匹配、分类、识别和自动控制等应用领域。BP 网络在本质上是一种输入到输出

映射,它能够学习大量的输入与输出之间的映射关系,而不需要任何输入和输出间的精确的数学表达式,只要用已知的模式对 BP 网络加以训练,网络就具有输入与输出之间的映射能力。BP 算法的关键在于中间层的学习规则,而中间层就相当于对输入信息的一个特征抽出器。BP 模型虽然从各个方面都有其重要的意义,但它存在有如下问题:

(1) 从数学上看它是一个非线性优化问题,这就不可避免地存在局部极小问题;

(2) 学习算法的收敛速度很慢(通常要几千步迭代或更多),所以它通常只能用于离线的模式识别问题;

(3) 网络运行还是单向传播,没有反馈。目前的这种模型并不是一个非线性动力系统,而只是一个非线性映射;

(4) 中间层个数和中间层的神经元个数的选取尚无理论上的指导,而是根据经验选取的;

(5) 对新加入的样本要影响到已经学完的样本,刻画每个输入样本的特征的数目也要求必须相同。

于是提出了不同的 BP 改进算法,下面是提高 BP 算法收敛性的有关措施。

6.2.5.1 加快迭代收敛的公式

为加快权值的修正,在迭代公式中,增加修正项,即

$$w_{ij}(k+1) = w_{ij}(k) + \eta \delta_i x_j + \alpha(w_{ij}(k) - w_{ij}(k-1))$$

式中,α 称为松弛因子。

如果误差函数值下降,则 α 取大于 1(如 α 取 1.7);如果误差函数值不变或上升,则取 $0 < \alpha < 1$(如 α 取 0.7)。

6.2.5.2 作用函数的修改

新的作用函数为

$$f(x) = \frac{1}{1 + e^{-\lambda(x-\theta)}}$$

式中,θ 是阈值,$\theta > 0$ 时使 S 曲线沿水平右移。$\lambda < 1$ 时,使 S 曲线变得平缓,如图 6 - 17 所示。

6.2.5.3 学习系数 η 的自适应调整

学习系数 η 由样本平均误差 E 的大小来调整,计算公式为

$$\eta^{(n+1)} = \eta^{(n)} \cdot \frac{E^{(n-1)}}{E^{(n)}}$$

式中,n 为迭代次数。

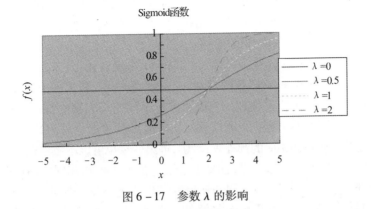

图 6 - 17　参数 λ 的影响

　　当权值使 E 远离稳定点(偏大)时,学习系数 η 取较大值,而当接近稳定点时,η 取较小值。

　　学习系数影响系统学习过程的稳定性。大的学习系数可能使网络权值每一次的修正量过大,甚至会导致权值在修正过程中超出某个误差的极小值呈不规则跳跃而不收敛;但过小的学习系数导致学习时间过长,不过能保证收敛于某个极小值。所以,一般倾向选取较小的学习系数以保证学习过程的收敛性(稳定性),通常在 $0.01 \sim 0.8$ 之间。

　　增加冲量项的目的是为了避免网络训练陷于较浅的局部极小点。理论上其值大小应与权值修正量的大小有关,但实际应用中一般取常量。通常在 $0 \sim 1$ 之间,而且一般比学习系数要大。

6.2.6　BP 网络工程应用中的若干问题

6.2.6.1　样本数据

　　(1)收集和整理分组。采用 BP 神经网络方法建模的首要和前提条件是有足够多典型性好和精度高的样本。而且,为监控训练(学习)过程使之不发生"过拟合"和评价建立的网络模型的性能和泛化能力,必须将收集到的数据随机分成训练样本、检验样本(10% 以上)和测试样本(10% 以上)三部分。此外,数据分组时还应尽可能考虑样本模式间的平衡。

　　(2)输入/输出变量的确定及其数据的预处理。一般地,BP 网络的输入变量即为待分析系统的内生变量(影响因子或自变量)数,一般根据专业知识确定。若输入变量较多,一般可通过主成分分析方法压减输入变量,也可根据剔除某一变量引起的系统误差与原系统误差的比值的大小来压减输入变量。输出变量即为系统待分析的外生变量(系统性能指标或因变量),可以是一个,也可以是多个。一般将一个具有多个输出的网络模型转化为多个具有一个输出的网络模型效果会更好,训练也更方便。

由于 BP 神经网络的隐层一般采用 Sigmoid 转换函数,为提高训练速度和灵敏性以及有效避开 Sigmoid 函数的饱和区,一般要求输入数据的值在 0～1 之间。因此,要对输入数据进行预处理。一般要求对不同变量分别进行预处理,也可以对类似性质的变量进行统一的预处理。如果输出层节点也采用 Sigmoid 转换函数,输出变量也必须作相应的预处理,否则,输出变量也可以不做预处理。

预处理的方法有多种多样,各文献采用的公式也不尽相同。但必须注意的是,预处理的数据训练完成后,网络输出的结果要进行反变换才能得到实际值。再者,为保证建立的模型具有一定的外推能力,最好使数据预处理后的值在0.2～0.8 之间。

6.2.6.2 神经网络拓扑结构的确定

(1)隐层数。一般认为,增加隐层数可以降低网络误差(也有文献认为不一定能有效降低),提高精度,但也使网络复杂化,从而增加了网络的训练时间和出现"过拟合"的倾向。Hornik 等早已证明:若输入层和输出层采用线性转换函数,隐层采用 Sigmoid 转换函数,则含一个隐层的 MLP 网络能够以任意精度逼近任何有理函数。显然,这是一个存在性结论。在设计 BP 网络时可参考这一点,应优先考虑三层 BP 网络(有一个隐层)。一般地,靠增加隐层节点数来获得较低的误差,其训练效果要比增加隐层数更容易实现。对于没有隐层的神经网络模型,实际上就是一个线性或非线性(取决于输出层采用线性或非线性转换函数型式)回归模型。因此,应将不含隐层的网络模型归入回归分析中,技术已很成熟,没有必要在神经网络理论中再讨论之。

(2)隐层节点数。在 BP 网络中,隐层节点数的选择非常重要,它不仅对建立的神经网络模型的性能影响很大,而且是训练时出现"过拟合"的直接原因,但是目前理论上还没有一种科学的和普遍的确定方法。目前,多数文献中提出的确定隐层节点数的计算公式都是针对训练样本任意多的情况,而且多数是针对最不利的情况,一般工程实践中很难满足,不宜采用。事实上,各种计算公式得到的隐层节点数有时相差几倍甚至上百倍。为尽可能避免训练时出现"过拟合"现象,保证足够高的网络性能和泛化能力,确定隐层节点数的最基本原则是:在满足精度要求的前提下取尽可能紧凑的结构,即取尽可能少的隐层节点数。研究表明,隐层节点数不仅与输入/输出层的节点数有关,更与需解决的问题的复杂程度和转换函数的型式以及样本数据的特性等因素有关。

在确定隐层节点数时必须满足下列条件:①隐层节点数必须小于 $N-1$(其中 N 为训练样本数),否则,网络模型的系统误差与训练样本的特性无关而趋于零,即建立的网络模型没有泛化能力,也没有任何实用价值。同理可推得:输入层的节点数(变量数)必须小于 $N-1$。②训练样本数必须多于网络模型的连接权数,一般为 2 倍~10 倍,否则,样本必须分成几部分并采用"轮流训练"的方法才可能得到可靠的神经网络模型。

总之,若隐层节点数太少,网络可能根本不能训练或网络性能很差;若隐层节点数太多,虽然可使网络的系统误差减小,但一方面使网络训练时间延长,另一方面,训练容易陷入局部极小点而得不到最优点,也是训练时出现"过拟合"的内在原因。因此,合理隐层节点数应在综合考虑网络结构复杂程度和误差大小的情况下用节点删除法和扩张法确定。

6.2.6.3 神经网络的训练

BP 网络的训练就是通过应用误差反传原理不断调整网络权值使网络模型输出值与已知的训练样本输出值之间的误差平方和达到最小或小于某一期望值。虽然理论上早已经证明:具有一个隐层(采用 Sigmoid 转换函数)的 BP 网络可实现对任意函数的任意逼近。但遗憾的是,迄今为止还没有构造性结论,即在给定有限个(训练)样本的情况下,如何设计一个合理的 BP 网络模型并通过向所给的有限个样本的学习(训练)来满意地逼近样本所蕴含的规律(函数关系,不仅仅是使训练样本的误差达到很小)的问题,目前在很大程度上还需要依靠经验知识和设计者的经验。因此,通过训练样本的学习(训练)建立合理的BP 神经网络模型的过程,在国外被称为"艺术创造的过程",是一个复杂而又十分繁琐和困难的过程。

由于 BP 网络采用误差反传法,其实质是一个无约束的非线性最优化计算过程,在网络结构较大时不仅计算时间长,而且很容易陷入局部极小点而得不到最优结果。目前虽已有改进 BP 法、遗传算法(GA)和模拟退火算法等多种优化方法用于 BP 网络的训练(这些方法从原理上讲可通过调整某些参数求得全局极小点),但在应用中,这些参数的调整往往因问题不同而异,较难求得全局极小点。这些方法中应用最广的是增加了冲量(动量)项的改进 BP 算法,增加冲量项的目的是为了避免网络训练陷于较浅的局部极小点。理论上其值大小应与权值修正量的大小有关,但实际应用中一般取常量,通常在 0~1 之间,而且一般比学习率要大。

6.2.6.4 网络的初始连接权值

BP 算法决定了误差函数一般存在(很)多个局部极小点,不同的网络初始权值直接决定了 BP 算法收敛于哪个局部极小点或是全局极小点。因此,要求计算程序(建议采用标准通用软件,如 Statsoft 公司出品的 Statistica Neural Networks 软件)必须能够自由改变网络初始连接权值。由于 Sigmoid 转换函数的特性,一般要求初始权值分布在 −0.5～0.5 之间比较有效。

6.2.6.5 网络模型的性能和泛化能力

训练神经网络的首要和根本任务是确保训练好的网络模型对非训练样本具有好的泛化能力(推广性),即有效逼近样本蕴含的内在规律,而不是看网络模型对训练样本的拟合能力。从存在性结论可知,即使每个训练样本的误差都很小(可以为零),并不意味着建立的模型已逼近训练样本所蕴含的规律。因此,仅给出训练样本误差(通常是指均方根误差 RSME 或均方误差、AAE 或 MAPE 等)的大小而不给出非训练样本误差的大小是没有任何意义的。

要分析建立的网络模型对样本所蕴含的规律的逼近情况(能力),即泛化能力,应该也必须用非训练样本(称为检验样本和测试样本)误差的大小来表示和评价,这也是之所以必须将总样本分成训练样本和非训练样本而绝不能将全部样本用于网络训练的主要原因之一。判断建立的模型是否已有效逼近样本所蕴含的规律,最直接和客观的指标是从总样本中随机抽取的非训练样本(检验样本和测试样本)误差是否和训练样本的误差一样小或稍大。非训练样本误差很接近训练样本误差或比其小,一般可认为建立的网络模型已有效逼近训练样本所蕴含的规律,否则,若相差很多(如几倍、几十倍甚至上千倍)就说明建立的网络模型并没有有效逼近训练样本所蕴含的规律,而只是在这些训练样本点上逼近而已,而建立的网络模型是对训练样本所蕴含规律的错误反映。

因为训练样本的误差可以达到很小,因此,用从总样本中随机抽取的一部分测试样本的误差表示网络模型计算和预测所具有的精度(网络性能)是合理的和可靠的。

值得注意的是,判断网络模型泛化能力的好坏,主要不是看测试样本误差大小的本身,而是要看测试样本的误差是否接近于训练样本和检验样本的误差。

6.2.6.6 合理网络模型的确定

对同一结构的网络,由于 BP 算法存在(很)多个局部极小点,因此,必须通过多次(通常是几十次)改变网络初始连接权值求得相应的极小点,才能通过比较这些极小点的网络误差的大小,确定全局极小点,从而得到该网络结构的最佳网络连接权值。必须注意的是,神经网络的训练过程本质上是求非线性函数的极小点问题,因此,在全局极小点邻域内(即使网络误差相同),各个网络连接权值也可能有较大的差异,这有时也会使各个输入变量的重要性发生变化,但这与具有多个零极小点(一般称为多模式现象,如训练样本数少于连接权数时)的情况是截然不同的。此外,在不满足隐层节点数条件时,也总可以求得训练样本误差很小或为零的极小点,但此时检验样本和测试样本的误差可能要大得多;若改变网络连接权初始值,检验样本和测试样本的网络计算结果会产生很大变化,即多模式现象。

对于不同的网络结构,网络模型的误差或性能和泛化能力也不一样,因此,还必须比较不同网络结构的模型的优劣。一般地,随着网络结构的变大,误差变小。通常,在网络结构扩大(隐层节点数增加)的过程中,网络误差会出现迅速减小然后趋于稳定的一个阶段,因此,合理隐层节点数应取误差迅速减小后基本稳定时的隐层节点数。

总之,合理网络模型是必须在具有合理隐层节点数、训练时没有发生"过拟合"现象、求得全局极小点和同时考虑网络结构复杂程度和误差大小的综合结果。设计合理 BP 网络模型的过程是一个不断调整参数的过程,也是一个不断对比结果的过程,比较复杂且有时还带有经验性。这个过程并不是有些作者想象的(实际也是这么做的)那样,随便套用一个公式确定隐层节点数,经过一次训练就能得到合理的网络模型(这样建立的模型极有可能是训练样本的错误反映,没有任何实用价值)。

6.3   反馈式神经网络

前面我们研究了前向神经网络模型(亦称前馈神经网络)。从学习观点看,它是一强有力的学习系统,系统结构简单且易于编程;从系统观点看,它是一静态非线性映射,通过简单非线性处理单元的复合映射可获得复杂的非线性处理能力。但是从计算观点看,它并不是一强有力的系统,缺乏丰富的动力学行为。大部分前向神经网络都是学习网络,并不注重系统的动力学行为。

下面将介绍反馈神经网络。从系统观点看,它是反馈动力学系统,这样从计算角度讲,它比前向神经网络具有更强的计算能力。在反馈神经网络中,稳定性就是回忆,至少在没有学习过程时是如此(离线学习也属于这种情况)。在前向神经网络研究中,注重学习的研究而较少关心稳定性,像 BP 网络就是这样。而在反馈神经网络中,目前的大多数研究成果只关心全局稳定,像 Grossberg 自联想器和 Hopfield 神经网络模型就是这样。当然最好的研究方式是把两者有机地结合起来。从图论观点看,反馈神经网络可用一完备的无向图来表示。如对离散的 Hopfield 神经网络模型,就可用一加权无向图表示,权值与图的边相关联,阈值连于每一图的节点,网络的阶数对应于图的节点数。

下面以 Hopfield 神经网络为例说明。

Hopfield 神经网络模型是由美国加州理工学院物理学教授 Hopfield 于 1982 年提出的一种互相全连接的反馈型神经网络。由于在网络中成功地引入了"能量函数"的概念,给出了网络的稳定性判据,所以可用来实现 A/D 转换和解决组合优化计算等问题。所有这些有意义的成果有力地推导了神经网络的研究热潮,开拓了神经网络在信息处理和优化计算中的新用途。考虑输出与输入间在时间上的传输延时,Hopfield 网络表示的是一个动态过程,需要用差分方程或微分方程来描述。Hopfield 神经网络分为两类:

(1) 离散型 Hopfield 网络——一种多输入,多输出,带阈值的二态非线性动态系统。

(2) 连续型 Hopfield 网络——各神经元是并行(同步)工作的。

连续型 Hopfield 网络模型还可以用模拟或电子电路来实现,这就为神经计算机的硬件实现提供了理论基础。

Hopfield 网络是一种由非线性元件构成的反馈系统,它具有如下两个重要特征:①系统具有多个稳定状态,从某一初始状态开始运动,系统最终可以到达某一个稳定状态;②不同的初始连接权值对应的稳定状态也不相同。如果用相同的稳定状态作为记忆,那么由某一初始状态出发向稳态的演化过程,实际上就是一个联想过程,所以 Hopfield 网络也具有联想记忆的功能。

6.3.1 连续型 Hopfield 网络

6.3.1.1 原理

连续型 Hopfield 网络(CHNN)与电子电路直接对应,见图 6-18。电路的基本结构如下:

(1) 带有同相的反相输出端的运算放大器,并且具有饱和非线性的 S 型输入/输出关系,即

$$v_i = g(u_i) = \frac{1}{2}\left[1 + \text{th}\left(\frac{u_i}{u_0}\right)\right]$$

式中,u_0 相当于输入信号的放大倍数,当 $u_0 \to 0$ 时,g 就成为二值阈值函数。

(2) 放大器的输入电阻 R_i 和输入电容 C_i 的乘积为神经元的时间常数,描述了神经元的动态特性。

(3) $w_{ij} = \dfrac{1}{R_{ij}}$ 代表网络中神经元连接的权值,R_{ij} 为连接电阻。

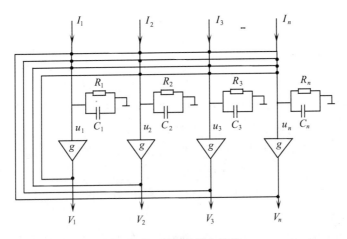

图 6 - 18　电路的基本结构

(4) 偏置(外加)电流 I_i 相当于神经元的阈值 θ_i。

设 $u_i(t)$ 和 $v_i(t)$ 分别为神经元 i 的输入电压和输出电压。根据基尔霍夫定理,网络的动态方程如下:

$$C_i \frac{\mathrm{d}u_i(t)}{\mathrm{d}t} = \sum_{j=1}^{n} w_{ij}v_j(t) - \frac{u_i(t)}{R_i} + I_i \tag{6-1}$$

$$v_i = g(u_i) \quad (i = 1, 2, \cdots, n)$$

如果上面的方程有解,则表明系统状态变化最终会趋于稳定。在对称连接 ($w_{ij} = w_{ji}$) 且无自反馈 ($w_{ii} = 0$) 的情况下,Hopfield 定义能量函数为

$$E(t) = -\frac{1}{2}\sum_{i=1}^{n}\sum_{j=1}^{n} w_{ij}v_i(t)v_j(t) - \sum_{i=1}^{n} v_i(t)I_i + \sum_{i=1}^{n}\frac{1}{R_i}\int_0^{v_i} g^{-1}(v)\,\mathrm{d}V \tag{6-2}$$

一般情况下,忽略式(6-2)的最后一项,得标准的能量函数为

$$E(t) = -\frac{1}{2}\sum_{i=1}^{n}\sum_{j=1}^{n} w_{ij}v_i(t)v_j(t) - \sum_{i=1}^{n} v_i(t)I_i \tag{6-3}$$

能量函数是一个非常有用的工具,它能把复杂的网络动力学特性表达为最优化过程的形式。可以证明,当非线性作用函数 g^{-1} 是连续的单调递增函数时,能量函数 E 是单调递减且有界的,即

$$\frac{\mathrm{d}E}{\mathrm{d}t} \leqslant 0$$

因此,CHNN 从任意初始状态出发,状态变化最终一定能到达稳定,即到达能量的极小值状态。

6.3.1.2 CHNN 用于优化计算

Hopfield 网络用于优化计算的基本原理是在并行工作方式(每一时刻,所有神经元的状态都发生变化)下,把一组初始状态映射到网络中。在网络的运行过程中,能量函数不断减小,当网络的状态不再变化时,网络达到稳定状态。这时,它可使二次型能量函数 E 达到最小。

因此,凡是可以把目标函数写成式(6-3)形式的优化问题,都可以用 Hopfield 网络来求解。其一般步骤如下:

(1) 对于待求问题,选择一种合适的表示方法,将神经元网络的输出与问题的解对应起来;

(2) 构造神经网络的能量函数,使其最小值对应问题的最优解;

(3) 将构造的能量函数与标准的能量函数进行对比,推出连接权值和偏流 I_j 的计算公式,由此得到神经网络;

(4) 运行 Hopfield 动态方程(为一阶常微分方程,可任选一种仿真算法将其离散,得到一阶差分方程,给定初始条件后此差分方程可解),其稳定状态即为问题的最优解。

下面讨论用 Hopfield 神经网络解著名的"旅行推销员问题"(Traveling Salesman Problem,TSP):假设有 n 个城市 $C_1,C_2,\cdots,C_n,C_i$ 与 C_j 之间的路程为 d_{ij}。试寻找一条经过每个城市仅一次,最后回到出发地的最短路径。步骤如下:

(1) 将神经元网络的输出状态与问题的解对应起来。用神经元状态 v_{xi} 表示第 x 个城市 C_x 在有效路径中的第 i 个位置。当 $v_{xi}=1$ 时,表示城市 C_x 在有效路径中的第 i 个位置出现,当 $v_{xi}=0$ 时,表示城市 C_x 在有效路径中的第个位置不出现,此时,该位置上是其他城市。由此可见,用 $n \times n$ 矩阵 V 可以表示 n 个城市的 TSP 问题的有效路径,即 V 可唯一地确定对所有城市的访问次序。即 n 个城市的 TSP 问题可用 n 个神经元构成的 CHNN 求解。一次有效的路径使 V 的每行有且只有一个元素为 1,其余为 0;一次有效的路径使 V 的每列有且只有一个元素为 1,其余为 0。

例如,5 个城市的 TSP 问题,一次有效的路径可能构成的矩阵 V 如表 6-3 所列,该矩阵称为换位阵。

例如,城市 C_1 是第二个被访问的城市,表示为 01000,即第二个神经元输出为 1,其余神经元的输出为 0。该矩阵对应的访问次序为 $C_3C_1C_5C_2C_4C_3$。

表 6 - 3 5 个城市的矩阵 V

	1	2	3	4	5
C_1	0	1	0	0	0
C_2	0	0	0	1	0
C_3	1	0	0	0	0
C_4	0	0	0	0	1
C_5	0	0	1	0	0

（2）构造神经网络的能量函数。问题的目标是使一次有效访问的路径长度

$$l = \frac{1}{2} \sum_x \sum_{y \neq x} \sum_i d_{xy} v_{xi}(v_{y,i+1} + v_{y,i-1})$$

取极小值,其约束条件如下：

- 每个城市必须访问一次;
- 每个城市只能方位一次。

对于矩阵 V,上述约束条件变成：

- 行约束条件(每行元素 1 的个数不多于 1);
- 列约束条件(每列元素 1 的个数不多于 1);
- 整体约束条件(元素 1 的个数恰好为 n)。

考虑约束条件后,将约束优化问题转化为无约束的优化问题,得能量函数

$$E = \frac{A}{2} \sum_x \sum_i \sum_{j \neq i} v_{xi} v_{xj} + \frac{B}{2} \sum_i \sum_x \sum_{y \neq x} v_{xi} v_{yi} + \frac{C}{2} \Big(\sum_x \sum_i v_{xi} - n \Big)^2 +$$

$$\frac{D}{2} \sum_x \sum_{y \neq x} \sum_i d_{xy} v_{xi}(v_{y,i+1} + v_{y,i-1}) \qquad (6-4)$$

式中,系数 A,B,C,D 是不同的常数,均大于零,并定义 $i = 1$ 时,$i - 1 = n$,$i = n$ 时,$i + 1 = 1$。

- E 中第一项在各行最多有一个元素时最小,对应行约束;
- E 中第二项在各列最多有一个元素时最小,对应列约束;
- E 中第三项在矩阵 V 有 n 个元素 1 时最小,对应整体约束;
- E 中第四项对应路径。

（3）由能量函数推出连接权值和偏流 I_j 的计算公式。Hopfield 标准能量函数如式(6-3)所示。故应将问题的能量函数 E 式(6-4)写成 $v_{xi} v_{yj}$ 的形式,即神经元 i 应为 xi,神经元 j 应为 yj。通过改写,对比得到权值和偏流的计算公式

如下:

$$w_{xi,yj} = -A(1 - \delta_{ij})\delta_{xy} - B(1 - \delta_{xy})\delta_{ij} - C -$$
$$D(1 - \delta_{xy})d_{xy}(\delta_{i,j+1} + \delta_{j,i-1}) \qquad (6-5)$$
$$I_{xi} = Cn$$

这里,网络运行方程(6-1)应为

$$C_{xi}\frac{\mathrm{d}u_{xi}(t)}{\mathrm{d}t} = \sum_{j=1}^{n} w_{xi,yj}v_{yj}(t) - \frac{u_{xi}(t)}{R_{xi}} + I_{xi} \qquad (6-6)$$
$$v_{xi} = g(u_{xi}), \quad (i = 1,2,\cdots,n)$$

将权值和偏流的计算公式(6-5)代入方程(6-6)得网络运行方程:

$$C_{xi}\frac{\mathrm{d}u_{xi}(t)}{\mathrm{d}t} = -\frac{u_{xi}(t)}{R_{xi}} - A\sum_{j\neq i}^{n} v_{xj} - B\sum_{y\neq x}^{n} v_{yi} - C\left(\sum_{y=1}^{n}\sum_{j=1}^{n} v_{yj} - n\right) -$$
$$D\sum_{y\neq x}^{n} \mathrm{d}_{xy}(v_{y,i+1} + v_{y,i-1}) \qquad (6-7\mathrm{a})$$
$$v_{xi} = g(u_{xi}) = \frac{1}{2}\left(1 + \mathrm{th}\left(\frac{u_{xi}}{u_0}\right)\right), \quad (i = 1,2,\cdots,n) \qquad (6-7\mathrm{b})$$

(4) 运行 Hopfield 动态方程得最优解。选择仿真算法对网络运行方程(6-7a)进行离散,得到差分方程:

$$u_{xi}(k+1) = u_{xi}(k) + f(u_{xi},k)\Delta t \qquad (6-8)$$

式中

$$f(u_{xi},k) = \left[-\frac{u_{xi}(k)}{R_{xi}} - A\sum_{j\neq i}^{n} v_{xj} - B\sum_{y\neq x}^{n} v_{yi} - C\left(\sum_{y=1}^{n}\sum_{j=1}^{n} v_{yj} - n\right) - \right.$$
$$\left. D\sum_{y\neq x}^{n} \mathrm{d}_{xy}(v_{y,i+1} + v_{y,i-1}) \right] \Big/ C_{xi}$$

方程的运行过程如下:

(a) 初始化。选择参数 $A, B, C, D, C_{xi}, R_{xi}$ 及 u_0,取 $u_{xi}(0) = \frac{1}{2}u_0\ln(n-1) + \delta_u$,其中,$\delta_u$ 为随机数;

(b) 由公式 $v_{xi}(k) = \frac{1}{2}\left(1 + \mathrm{th}\left(\frac{u_{xi}(k)}{u_0}\right)\right)$ 求 v_{xi};

（c）利用方程(6-8)求下一时刻的 $u_{xi}(k+1)$,利用方程(6-7b)求下一时刻的 $v_{xi}(k+1)$;

（d）$k=k+1$ 转入(b),直至 v_{xi} 满足精度要求。此时的 v_{xi} 值 $\{0,1\}$ 分配表为城市访问的次序。

6.3.1.3　CHNN 用于系统辨识

系统辨识本身也是一种优化问题。该方法选择一种与系统相近的模型,然后以真实系统与模型的误差为目标函数,通过使目标函数极小化来求得系统的近似参数。因此,Hopfield 网络在系统辨识中也能得到应用。

考察一线性多变量离散系统的状态方程:

$$X(k+1) = GX(k) + HU(k)$$
$$X(0) = X_0$$

$$\tag{6-9}$$

式中,$X \in \mathbf{R}^n, U \in \mathbf{R}^m, G \in \mathbf{R}^{m \times n}, H \in \mathbf{R}^{n \times m}$。

该系统是渐近稳定的,完全能控和完全能观的。系统参数辨识就是已知输入输出数据 $\{U(k), X(k)\}$,求式(6-9)的系数矩阵 G, H。

假设系统(6-9)的估计模型为

$$Y(k+1) = G_s X(k) + H_s U(k)$$

式中,$G_s \in \mathbf{R}^{m \times n}, H_s \in \mathbf{R}^{n \times m}$ 为待估计参数。

用 Hopfield 网络辨识参数的过程如下:

（1）用 Hopfield 网络的神经元的状态输出值对应待辨识参数。

令 $V = \{G_{s1}, G_{s2}, \cdots, G_{sn}, H_{s1}, H_{s2}, \cdots, H_{sn}\}$

式中

$G_{si1} = \{g_{si1}, g_{si2}, \cdots, g_{sin}\}$;
$H_{si1} = \{h_{si1}, h_{si2}, \cdots, h_{sin}\}$,　$i = 1, 2, \cdots, n$;
$V \in \mathbf{R}^{q*1}(q = n^2 + mn)$。

（2）构造能量函数。当 $e(k+1)$ 趋向于 0 时,G_s 趋向于 G,H_s 趋向于 H。估计误差的动态方程为

$$e(k+1) = X(k+1) - Y(k+1) = (G - G_s)X(k) + (H - H_s)U(k)$$

构造能量函数:

$$E = \frac{1}{2}e^{\mathrm{T}}(k+1)e(k+1) =$$

$$\frac{1}{2}[X(k+1) - G_s X(k) + HU(k) - H_s U(k)]^{\mathrm{T}}$$

$$[\boldsymbol{X}(k+1) - \boldsymbol{G}_s\boldsymbol{X}(k) + \boldsymbol{H}\boldsymbol{U}(k) - \boldsymbol{H}_s\boldsymbol{U}(k)] =$$

$$\frac{1}{2}\boldsymbol{X}^{\mathrm{T}}(k+1)\boldsymbol{X}(k+1) + f(\boldsymbol{G}_s,\boldsymbol{H}_s,\boldsymbol{X}(k),\boldsymbol{U}(k)) =$$

$$f_0 + f(\boldsymbol{G}_s,\boldsymbol{H}_s,\boldsymbol{X}(k),\boldsymbol{U}(k))$$

由于 $\dfrac{\partial f_0}{\partial \boldsymbol{G}_s}=0,\dfrac{\partial f_0}{\partial \boldsymbol{H}_s}=0$,因此能量函数可简化为

$$\boldsymbol{E} = f(\boldsymbol{G}_s,\boldsymbol{H}_s,\boldsymbol{X}(k),\boldsymbol{U}(k)) \tag{6-10}$$

(3) 将式(6-10)与标准能量函数(6-3)相比较,可以确定 Hopfield 网络的权值矩阵 $\boldsymbol{W}$ 和偏流 $\boldsymbol{I}$ 分别为

$$\boldsymbol{W}(k) = -(\boldsymbol{P}(k)\boldsymbol{Q}(k))^{\mathrm{T}}(\boldsymbol{P}(k)\boldsymbol{Q}(k))$$

式中

$$\boldsymbol{P}(k) = \begin{bmatrix} \boldsymbol{X}^{\mathrm{T}}(k) & & \\ & \ddots & \\ & & \boldsymbol{X}^{\mathrm{T}}(k) \end{bmatrix}_{n\times n^2}$$

$$\boldsymbol{Q}(k) = \begin{bmatrix} \boldsymbol{U}^{\mathrm{T}}(k) & & \\ & \ddots & \\ & & \boldsymbol{U}^{\mathrm{T}}(k) \end{bmatrix}_{n\times mn}$$

$$\boldsymbol{I}(k) = (\boldsymbol{I}_1(k) \quad \boldsymbol{I}_2(k))$$

$$\boldsymbol{I}_1(k) = \boldsymbol{X}_i(k+1)\boldsymbol{X}^{\mathrm{T}}(k)$$

$$\boldsymbol{I}_2(k) = \boldsymbol{X}_i(k+1)\boldsymbol{U}^{\mathrm{T}}(k), \quad (i=1,2,\cdots,n)$$

(4) 令网络运行,当网络达到稳定状态,即

$$\varepsilon = \sum_{i=1}^{n}(\boldsymbol{V}_i(k) - \boldsymbol{V}_{i-1}(k))^2 \leqslant \varepsilon_0$$

时,Hopfield 网络的神经元输出即是需要辨识的参数。

6.3.1.4 CHNN 评价

CHNN 的操作可以看成是能量函数的极小化计算过程。Hopfield 网络的一个重要性质是只要矩阵 $\boldsymbol{W}$ 是具零对角元的对称矩阵($w_{ii}=0,w_{ij}=w_{ji}$),它就能保证收敛到稳定状态(在模式识别中可解释为存储样本的记忆)。

迄今为止,Hopfield 网络模型是人工神经元网络中一个使用最普遍的模型。但是,使用该模型时仍存在一些缺陷,例如:

（1）不可能独立地实现网络的参数调整。只要改变电阻值以改变相应的突触权值 T_{ij} 时，整个的电阻值 R_i 将变化，从而改变与 R_i 有关的系数。

（2）很难检验系统的性能，因为平衡点集合是由一个很难求解的非线性方程组确定的。

（3）计算能量函数会出现难以避免的不必要的局部极小点。

6.3.2　离散型 Hopfield 网络

6.3.2.1　原理

离散型 Hopfield 网络（DHNN）是离散时间系统，每个神经元只取二元的离散值 0 或 1，采用无自反馈的对称连接 $w_{ij} = w_{ji}$，$w_{ii} = 0$，如图 6-19 所示。

定义 DHNN 网络的能量函数为

$$E = -\frac{1}{2}\sum_i \sum_{j \neq i} w_{ij} v_i v_j + \sum_i \theta_i v_i$$

式中，v_i，v_j 是第 i，j 个神经元的输出（状态）。

可以证明，当任意一个神经元状态发生变化时，能量函数都将减小，或者说神经网络在状态变化的过程中，能量函数总是单调下降的。即有

$$\Delta E \leqslant 0$$

由于 E 是有界的，所以系统最后必趋于稳定状态，并对应于在 X 状态空间的某一个局部极小值，如图 6-20 所示。适当地选取初始状态，网络状态最终将演化到初始状态附近的极小值。如果储存的样本正好对应于该极小值，则意味着当输入与储存样本相似的样本时，会联想起极小值处的储存样本，所以 DHNN 也具有联想记忆功能。当 DHNN 用来实现联想记忆时，记忆的模式应当是网络的稳定状态，也就是网络的能量的极小值状态。

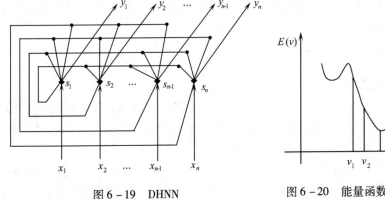

图 6-19　DHNN

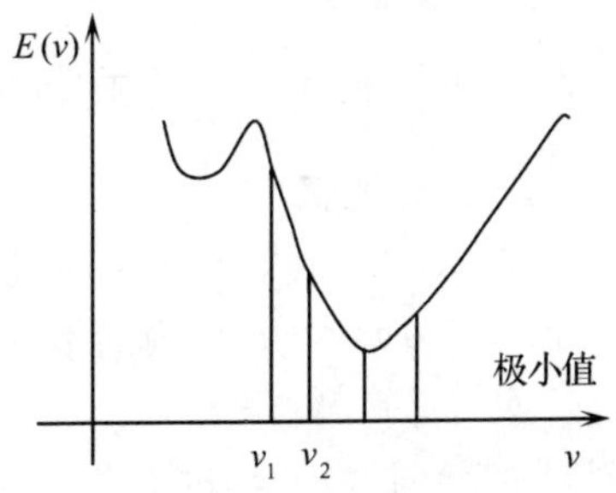

图 6-20　能量函数曲线示意图

设

$$v_i(t) = f\left(\sum_{j=1}^{n} w_{ij}v_j - \theta_i\right) \qquad (6-11)$$

式中，$f(x)$ 为 $[0,1]$ 阶梯函数。

若上述模型表示的神经网络从任一初始状态 $v(0)$ 出发，存在某一时刻，有以下等式成立：

$$v(t + \Delta t) = v(t), (\Delta t > 0)$$

则称式 $(6-11)$ 表示的网络是稳定的。

DHNN 有两种工作方式：

（1）异步方式。在任一时刻 t，只有一个神经元的状态发生变化，其余神经元的状态保持不变，即

$$\begin{cases} v_i(t+1) = f(\sum_{j=1}^{n} w_{ij}v_j - \theta_i), & （对节点 i） \\ v_j(t+1) = v_j(t), & （其他节点） \end{cases}$$

异步方式能使能量函数单调下降，保证了网络的稳定性和收敛性。

（2）同步方式。任何时刻 t，所有神经元状态都发生变化，即

$$v_j(t+1) = f(\sum_{j=1}^{n} w_{ij}v_j - \theta_i)$$

同步方式工作时，网络将收敛于一个稳定点，或者收敛于一个周期解。

Hopfield 网络模型的权可以根据问题给定，也可根据样本来确定。

对于给定的 M 个样本，每个样本有 N 个分量，网络的权可用 Hebb 规则学习给出，权值矩阵可看作是一个关联矩阵。求出权后则认为将样本存入了网络。对于给定的初始模式，则对于网络的初始状态 $x(0)$，神经网络按式（6-11）运行，最后达到吸引子，若此吸引子是网络存储的样本 Y，则称该样本是由 $x(0)$ 联想得到的。

6.3.2.2　DHNN 用于联想记忆

1. 联想记忆

对样本集 $\{x(p)\}$，采用一定的学习算法（如推广的 Hebb 规则）形成合理的权矩阵 W，使各样本成为网络的稳定状态。当网络输入模式 x 是样本之一时，经过网络计算，输出为 x，即 x 为不动向量。当 x 不是样本（如某个给定的初始模式 $x^{(0)}$），神经元经过动态运行，最后达到一个吸引子。如果此吸引子是网络存储的样本，则成这个样本是由 $x^{(0)}$ 联想起来的。这种网络模型将需要记忆的

样本作为系统的吸引子,或者说是系统的局部极小点,即联想记忆是利用局部极值来记忆它的样本的。

2. 权值和阈值的计算

（1）当样本 $x_i,x_j \in \{-1,+1\}$ 时,有

$$w_{ij} = \begin{cases} \alpha \sum_{k=1}^{p} x_i^{(k)} x_j^{(k)}, & (i \neq j) \\ 0, & (i = j) \end{cases}$$

式中,p 为学习样本个数,α 为给定系数,k 为样本号。

上式可写成矩阵形式:

$$w^{(k)} = x^{(k)} x^{(k)\tau} - I$$

式中,I 为单位矩阵。

（2）当样本 $x_i,x_j \in \{0,+1\}$ 时,有

$$w_{ij} = \begin{cases} \sum_{k=1}^{p} (2x_i^{(k)} - 1)(2x_j^{(k)} - 1), & (i \neq j) \\ 0, & (i = j) \end{cases}$$

（3）阈值 $\theta_i = 0$。

3. 网络计算

$$\begin{pmatrix} I_1 \\ I_2 \\ \vdots \\ I_n \end{pmatrix} = \begin{bmatrix} 0 & w_{12} & \cdots & w_{1n} \\ w_{21} & 0 & \cdots & w_{2n} \\ \vdots & \vdots & \ddots & \vdots \\ w_{n1} & w_{n2} & \cdots & 0 \end{bmatrix} \begin{bmatrix} v_1(k) \\ v_2(k) \\ \vdots \\ v_n(k) \end{bmatrix}$$

$$v_i(k+1) = f(I_i), \quad (i = 1,2,\cdots,n)$$

式中,$w_{ii} = 0$,$w_{ij} = w_{ji}$。

4. 示例

有三幅图像,如图 6-21 所示。三个样本分别为

$$x^{(1)} = (1,-1,-1,-1,1,-1,-1,-1,1)^T$$
$$x^{(2)} = (-1,1,-1,-1,1,-1,-1,1,-1)^T$$
$$x^{(3)} = (-1,-1,1,-1,1,-1,1,-1,-1)^T$$

DHNN 有 9 个神经元。对各样本（图像）,网络权值为

$$w^{(k)} = x^{(k)} x^{(k)\tau} - I \quad (k = 1,2,3)$$

三个样本的累加权值为

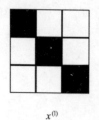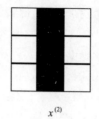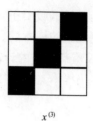

$x^{(1)}$ $x^{(2)}$ $x^{(3)}$

图 6-21 三个样本

$$\boldsymbol{w} = \sum_{k=1}^{3} \boldsymbol{w}^{(k)} = \begin{bmatrix} 0 & -1 & -1 & 1 & -1 & 1 & -1 & -1 & 3 \\ -1 & 0 & -1 & 1 & -1 & 1 & -1 & 3 & -1 \\ -1 & -1 & 0 & 1 & -1 & 1 & 3 & -1 & -1 \\ 1 & 1 & 1 & 0 & -3 & 3 & 1 & 1 & 1 \\ -1 & -1 & -1 & -3 & 0 & -3 & -1 & -1 & -1 \\ 1 & 1 & 1 & 3 & -3 & 0 & 1 & 1 & 1 \\ -1 & -1 & 3 & 1 & -1 & 1 & 0 & -1 & -1 \\ -1 & 3 & -1 & 1 & -1 & 1 & -1 & 0 & -1 \\ 3 & -1 & -1 & 1 & -1 & 1 & -1 & -1 & 0 \end{bmatrix}$$

将三个样本分别输入网络进行记忆,在输出端均得到与输入向量相同的输出向量。这说明三个向量经训练后都成为网络的稳定状态,即

$$x^{(i)} = f(wx^{(i)}), \quad (i = 1,2,3)$$

式中,f 为 $[-1, +1]$ 阶梯函数,阈值 $\theta = 0$。

当外界输入有噪声或不完全的图像时,网络仍可正确记忆,即联想记忆。例如,由图 6-22 中的(a)或(b)可以得到(c)。

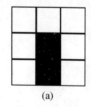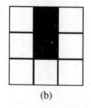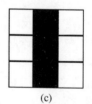

(a)   (b)   (c)

图 6-22 联想记忆例图

5. 评价

Hopfield 网络模型用于联想记忆时不仅记忆是分布式的,并且联想是动态的,使得人们可将自身的记忆过程与非线性动力学系统的数学过程进行对照比较。但 DHNN 用于联想记忆有一定的缺陷性:一是当记忆样本较多时,容易混

淆,出现大量的非样本吸引子;二是当样本接近时,会出现这样的情况,即用一个样本作为初始输入而最后联想出来的是另一个与该样本接近的样本。为了解决上述问题,已提出了 Hopfield 网络的许多修正形式,可参见有关文献。

6.4　人工神经网络应用示例

6.4.1　人工神经网络用于 CGF 智能行为建模

计算机生成兵力(CGF)实体的智能行为可分为高级智能行为和低级智能行为。高级智能行为包括对态势进行实时的分析与决策和任务规划等行为;低级智能行为包括路线规划、受损后的自动反应和通过行军速度等参数对目标行为进行确定等行为。自动驾驶功能属于低级智能行为。

实现 CGF 实体自动驾驶功能通常的做法是:在每个仿真周期内通过对实体状态进行条件判断,来决定所仿真实体的动作。下面以实现一个排的 CGF 坦克实体的自动驾驶功能为例,就如何利用人工神经元网络建立 CGF 实体的智能行为模型进行探讨。

6.4.1.1　CGF 实体智能行为模型描述

1. 模型总体架构

鉴于是探讨一种方法,将模型进行了简化处理,认为车辆的行驶动作有四种:加速、减速、左转、右转,在每一个仿真周期采取其中的一种或两种,或者均不采用(车辆保持目前的行驶状态)。

将一个排中的坦克分为两类:一类是领航车,它按照预定的行进路线和速度行进,决定整个排行进的方向速度以及其他车的位置,通常由排长车担任;另一类是跟随车,即本排中除领航车以外的其他车,它们行进的方向速度是根据领航车的行驶状态来调整的。领航车就好比是整个队伍的向导,它走到哪里其他车就跟到哪里。由于担任的角色不同,所以两类车模型的输入是不同的。

每个仿真周期,领航车智能行为模型接受四个方面输入:车体在预定路线的左侧还是右侧,车体距预定路线的距离是否小于等于 L(L 为车体偏离路线的最大容忍值),车速与预定速度的关系,行进方向与预定方向的关系。

当领航车的位置确定后,每辆跟随车按照不同的行进队形都会有一个预定位置,我们称其为 O 点。设以 O 点为起点,与领航车行进方向相同的单位向量为 v;v 顺时针旋转 90°所得的向量为 h;从跟随车到 O 点的向量为 p(6 - 23)。跟随车智能行为模型接受三个方面的输入:车体与 O 点距离是否小于等于 M

（M 为车体偏离 O 点的最大容忍值），车体位于 O 点的哪个方向，本车行进方向与领航车行进方向的关系。

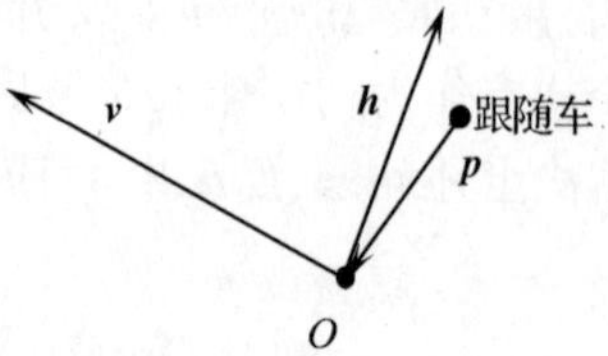

图 6-23 向量 p 示意图

将这些状态加到相应的智能行为模型的输入端，输出端则输出本车所应采取的动作。

2. 建模方法

采用在实际工作中使用最广泛的 BP 神经网络。将领航车和跟随车的输入输出进行量化处理，它们分别对应六输入四输出和四输入四输出的三层 BP 网络，隐含层节点个数则根据实际的应用效果来确定。

利用人工神经元网络建立起来的 CGF 实体智能行为模型有以下几个突出的优点：

（1）通用性强。同一个模型用不同的样本对其进行训练，可以实现不同的功能。

（2）具备推理能力。输入如果为非样本数据，网络模型会根据已有的样本进行推算。

（3）模型输入/输出值可以连续变化。

（4）避免了建立庞大规则库的繁重工作，只需采集典型样本对网络进行训练，缩短开发周期。

3. 模型输入的确定

模型建立后，最主要的任务就是确定模型的输入。下面的讨论中坐标系采用右手系，其中 $x-O-z$ 面为水平面，y 值为海拔高度。由于行进路线的指定通常是在二维图上进行，故下面的讨论不考虑地形起伏，所涉及到的点及车如无特别说明均指它们在 $x-O-z$ 面上的投影。

（1）领航车。将出发地与目的地之间的行进路线简化为一系列的折线段，作为领航车的预定行进路线，将折线段的端点按照从出发地到目的地的顺序分别赋予标号 $1,2,\cdots,n$。为了便于计算做如下规定：把行进路线上相临点之间的线段矢量化，长度为两点之间的距离，方向从标号低的端点指向标号高的端点；下面提到的车体均指车体的中心点。领航车按照从端点 1 到端点 n 的顺序行进。下面以从 $m-1$ 点行进到 m 点为例，说明模型输入的解算过程。

设 $m-1$ 点到 m 点的向量为 w；从 $m-1$ 点到车体的向量为 p；以 $m-1$ 点为起点，与 W 垂直，模为 L（L 为车体偏离路线的最大容忍值），分别指向 p 的左右两侧的向量为 l、r（图 6-24）。

① 计算 $p \times w$。若 $p \times w$ 的方向为 y 轴正向，则车体在预定路线右侧；若 $p \times w$ 的方向为 y 轴负向，则车体在预定路线左侧。$p \times w$ 为零的概率非常小，此情

况可以不予考虑,也可以当作在预定路线的
左侧(或者右侧)的情况进行处理。

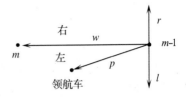

图6-24　向量l,r示意图

　　② 如果车体在预定路线右侧,计算$(p-r)\times w$。若$(p-r)\times w$方向为y轴正向,则车体距预定路线距离大于L;否则,车体距预定路线距离小于等于L。

　　如果车体在预定路线左侧,计算$(p-l)\times w$。若$(p-l)\times w$方向为y轴负向,则车体距预定路线距离大于L;否则,车体距预定路线距离小于等于L。

　　③ 设上一时刻车体位置为(x_1,y_1,z_1),当前位置为(x_2,y_2,z_2)时间间隔为Δt,则当前速度可近似为$\dfrac{\sqrt{(x_1-x_2)^2+(y_1-y_2)^2+(z_1-z_2)^2}}{\Delta t}$,用其与预定车速进行比较,即可得出二者关系。

　　④ 设与行进方向相同的单位向量为f,计算$f\times w$。若$f\times w$指向y轴正向,则行进方向偏右;若$f\times w$指向y轴负向,则行进方向偏左;$f\times w$为零,则行进方向与预定方向相同。

　　(2) 跟随车。计算所涉及的有关向量及参照点参见图6-23。

　　① 计算q的模并将其与M比较,可得车体到O点距离是否在容忍范围内。

　　② 车体与O点的方位关系、本车行进方向与领航车行进方向的关系可用向量叉乘进行判别,具体方法参见上面的论述,此处不在赘述。

4. 模型输出

领航车和跟随车智能行为模型的输出相同,均为:是否加速、是否减速、是否左转、是否右转。设本车的正向加速度为 AccelerationUp,负向加速度为 AccelerationDown,左转的角加速度为 AccelerationTurnLeft,右转的角加速度为 AccelerationTurnRight,仿真周期为 FrameTime,当前的速度为 Speed,行进方向为 Rotation。则下一仿真周期中的速度为 Speed + AccelerationUp * FrameTime(本仿真周期模型输出为加速)或 Speed − AccelerationDown * FrameTime(本仿真周期模型输出为减速)或 Speed(本仿真周期模型输出为即不加速也不减速),行进方向为 Rotation + AccelerationTurnLeft * FrameTime(本仿真周期模型输出为左转)或 Rotation − AccelerationTurnRight * FrameTime(本仿真周期模型输出为右转)或 Rotation(本仿真周期模型输出为即不左转也不右转)。参照当前车体的位置依据行进速度和方向即可计算出下一时刻的位置。

6.4.1.2　模型验证

出于验证可行性的目的,只建立了跟随车的智能模型,领航车由操作人员通过鼠标进行控制。

　　经过反复试验确定跟随车的智能模型隐含层为四个节点。表 6 - 4 为训练样本。输入/输出均为 BOOL 值,1 表示"是",0 表示"否"。例如,第八条样本表示:跟随车与原点距离不在允许范围内,车体位于向量 *v* 的右侧,也位于向量 *h* 的右侧,行进方向偏右,此时本车应该加速并左转。其他各条样本解释类推。

表 6 - 4　训练样本

	样 本 编 号	1	2	3	4	5	6	7	8	9	10	11	12	13	14	15	16
输入	与原点距离是否在允许范围内	0	0	0	0	0	0	0	0	1	1	1	1	1	1	1	1
	车体是否位于向量 *v* 的右侧	0	0	1	1	0	0	1	1	0	0	1	1	0	0	1	1
	车体是否位于向量 *h* 的右侧	0	1	0	1	0	1	0	1	0	1	0	1	0	1	0	1
	本车行进方向是否偏右	0	0	0	0	1	1	1	1	0	0	0	0	0	0	0	0
输出	是否加速	0	1	0	1	0	1	0	1	0	0	0	0	0	0	0	0
	是否减速	1	0	1	0	1	0	1	0	0	0	0	0	0	0	0	0
	是否左转	0	0	0	0	0	0	1	1	0	0	0	0	0	0	0	0
	是否右转	1	1	0	0	0	0	0	0	0	0	0	0	0	0	0	0

　　基于 Visual C^{++}8.0 的编译环境、OpenGVS4.3 的图形系统、Matlab5.3 中的神经网络工具箱(隐含层及输出层的活化函数为 logsig,训练函数为 trainlm,学习函数为 learngdm,执行函数为 mse),开发了一个包括四个坦克实体的简易仿真程序,采用四点地形匹配算法,在 10km × 10km 的中等起伏地形上进行验证。仿真程序开始时四辆坦克并排停于出发地线,然后领航车在操纵人员的控制下行进,并不时地调整行进的速度和方向,三辆跟随车则自动跟进,经过一段时间的调整四辆车排成了预定的队形。接着,通过键盘快捷键改变所要保持的队形,三辆跟随车自动调整自己的速度和方向,同样经过一段时间以后四辆车排成了所规定的队形。从实验的效果来看,实现了基本队形的保持和变换,达到了预期的目的,但也暴露出了一些缺点和不足。例如,队形转换所用时间较长;领航车行进方向有较为剧烈的变化时,各车之间有碰撞现象发生等。

6.4.1.3　小结

　　探讨了用人工神经元网络建立 CGF 实体智能行为模型的方法,并通过实验验证了该方法的可行性,实现了队形保持和队形变换,类似地还可以用该方法实现 CGF 实体自动搜索、自动攻击等功能,从而使 CGF 实体智能化。

需要说明的是,所建立的模型比较简单(不考虑动力学因素,不考虑有障碍物的情况,输入输出的个数不仅少而且均为 BOOL 型变量),没有充分发挥出神经网络的优势,因而模型验证的效果不是十分理想,还存在不尽人意的地方,所以在实际使用的时候需要对模型进一步地改进。对模型的改进可以从两方面进行:

(1) 增加模型的复杂程度,将各类敏感因素予以充分考虑,并使模型能够接受和输出连续变化的量值。

(2) 用模糊原理将输入/输出以及网络中的神经元进行模糊化处理,使模型更加接近人脑的特性。

6.4.2 人工神经网络用于规则搜索

应用神经网络的模式记忆功能,可以实现 CGF 中的战术决策。这种决策由三层神经网络实现:模式生成层,模式记忆层和决策输出层。用这种三层神经网络构成的产生式规则推理系统如图 6-25 所示。

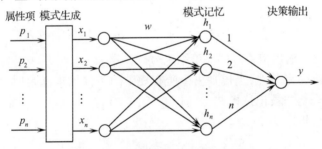

图 6-25 规则搜索神经网络示意图

6.4.2.1 神经网络的构成

1. 模式生成层

根据某项属性在所有规则的条件中的取值情况,对这些属性的值域适当划分,每项属性都如此处理,最后得到二进制逻辑量 $x_1, x_2, \cdots, x_n$。

2. 模式记忆层

模式记忆层中的第 k 个神经元的输出 h_k 与输入 $\boldsymbol{X} = \begin{bmatrix} x_1 & x_2 & \cdots & x_n \end{bmatrix}^{\mathrm{T}}$ 的关系为

$$h_k = f\left(\sum_{i=1}^{n} w_i^k x_i - \theta_k \right)$$

式中,f 是 $[0,1]$ 阶梯函数,连接权重和阈值由第 k 个记忆模式 $\boldsymbol{X}^k$ 的取值确定。

连接权重：$w_i^k = \begin{cases} 1, & x_i^k = 1 \\ -1, & x_i^k = 0 \end{cases}$；阈值：$\theta_k = \sum_{i=1}^{n} w_i^k x_i^k - \frac{1}{2}$

可以证明模式记忆层中第 k 个单元的输出为

$$h_k = \begin{cases} f\left(\sum_{i=1}^{n} w_i^k x_i^k - \theta_k\right) = f\left(\frac{1}{2}\right) = 1, & （输入模式 \boldsymbol{X}^k = [x_1^k, x_2^k, \cdots, x_n^k]^{\mathrm{T}}） \\ f\left(\sum_{i=1}^{n} w_i^k x_i^j - \theta_k\right) = 0, & （输入模式 \boldsymbol{X}^i \neq \boldsymbol{X}^k） \end{cases}$$

因此，模式记忆层中的每个单元与一个被记忆模式相对应，其等价结论如下。

当输入模式是 $\boldsymbol{X}^k$ 时，只有第 k 个模式记忆单元的输出 h_k 为1，其余模式记忆单元的输出都为零。

3. 决策输出层

$$y = \sum_{i=1}^{m} k \cdot h_k$$

式中，k 为模式记忆层第 k 个单元的权重（人为取值）。当输入模式为 $\boldsymbol{X}^k$ 时，可以推得

$$y = \sum_{i=1}^{m} k \cdot h_k = k \cdot h_k = k \quad (k = 1, 2, \cdots, m)$$

即决策输出层的输出值 y 对应决策结论号。

为了决策的完备性，当规则集中所有规则的条件均未满足时，由模式生成层得到的模式是非被记忆模式，这时 $h_k = 0 (k = 1, 2, \cdots, m)$。因此 $y = 0$。此时可以执行某一指定决策。

6.4.2.2 决策示例

假设数字飞机的智能决策规则仅由下列三条规则构成：

我机进入角	敌机偏离角	我机俯仰角	敌我高差	两机距离	相对速度	决策结论
$p_1 < 60$	$60 < p_2 < 100$	$-10 < p_3 < 10$	$-100 < p_4 < 100$	$p_5 < 300$		高速遥遥
				$300 < p_5 < 1000$	$p_6 < -30$	高速遥遥
				$p_5 > 1000$	$p_6 > 0$	低速遥遥

以这三条规则为例，建立一个神经搜索网络，如图 6-26 所示（图中只画出 h_2 单元的有关情况，其余单元的连接情况与此相同）。

相对运动关系计算了规则集条件中属性 $p_1, p_2, p_3, p_4, p_5, p_6$ 的取值。首先，根据某项属性在所有规则的条件中的取值情况，对这些属性的值域适当划分，生成模式。例如，根据 p_5 在三条规则中的取值情况，把 p_5 的取值范围分成三种

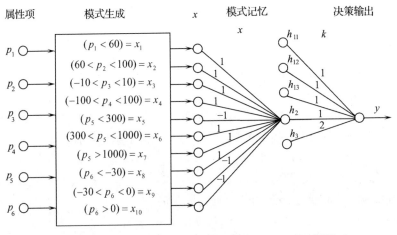

属性项　　　　模式生成　　　　x　　　模式记忆　　　决策输出

决策结果：$y = 0$：追踪；$y = 1$：高速遥遥；$y = 2$：低速遥遥。

图 6 - 26　规则搜索神经网络

情况：$p_5 < 300, 300 < p_5 < 1000, p_5 > 1000$，分别用二进制逻辑量 x_5, x_6, x_7 来表示，当每个条件成立时，对应逻辑量应取值为 1；当该条件不成立时，此逻辑量取值为 0。这样，利用属性 $p_1, p_2, p_3, p_4, p_5, p_6$ 得到二进制逻辑量 $x_1, x_2, x_3, x_4, x_5, x_6, x_7, x_8, x_9, x_{10}$。根据这 10 个逻辑量的不同取值，得到如表 6 - 5 所示的 5 个模式。

表 6 - 5　战术决策的 5 个模式

	x_1	x_2	x_3	x_4	x_5	x_6	x_7	x_8	x_9	x_{10}
X^{11}	1	1	1	1	1	0	0	1	0	0
X^{12}	1	1	1	1	1	0	0	0	1	0
X^{13}	1	1	1	1	1	0	0	0	0	1
X^{14}	1	1	1	1	0	1	0	1	0	0
X^{15}	1	1	1	1	0	1	1	0	0	1

第一条规则对应于模式 X^{11}, X^{12}, X^{13}；

第二条规则对应于模式 X^2；

第三条规则对应于模式 X^3。

最后，由模式 X 确定权重 w, k。例如，由模式 X^2 确定到达单元 h_2 的权重 w_i^2：

因为

$$X^2 = \begin{bmatrix} 1 & 1 & 1 & 1 & 0 & 1 & 0 & 1 & 0 & 0 \end{bmatrix}^{\mathrm{T}}$$

所以

$w_1^2 = 1$，$w_2^2 = 1$，$w_3^2 = 1$，$w_4^2 = 1$，$w_5^2 = -1$，

$w_6^2 = 1$，$w_7^2 = -1$，$w_8^2 = 1$，$w_9^2 = -1$，$w_{10}^2 = -1$

h_2 达到 y 的权重为 1。输出

$$y = 1 \cdot h_{11} + 1 \cdot h_{12} + 1 \cdot h_{13} + 1 \cdot h_2 + 1 \cdot h_3$$

假设由相对运动关系的计算结果所确定的规则集条件中属性 $p_1, p_2, p_3, p_4,$ p_5, p_6 的值生成了模式 $\boldsymbol{X}^2$，由模式记忆层单元的输出结论可知

$$h_2 = 1，\quad h_{11} = h_{12} = h_{13} = h_2 = 0$$

所以，决策结论 $y = 1$，即高速遥遥。

当高速遥遥和低速遥遥的条件均为满足时，有

$$h_{11} = h_{12} = h_{13} = h_2 = 0$$

此时，决策结论 $y = 0$，规定采用追踪战术。

6.4.3 人工神经网络用于火力分配

6.4.3.1 火力分配问题描述

以防空部队迎击来袭敌机的火力分配为例。假设部队下属 M 个基本火力单元，来袭敌机有 N 批，部队（火力单元）i 相对第 j 批飞机的射击有利度为 c_{ij}，$x_{ij} = 1$ 表示将第 j 批飞机分配给第 i 个火力单元，$x_{ij} = 0$ 表示为分配。设每个火力单元最多可分 K 批目标，每批目标最多分给 L 个火力单元，则模型如下：

$$目标函数: \max Z = \sum_{i=1}^{M} \sum_{j=1}^{N} c_{ij} x_{ij} \tag{6-12}$$

$$\sum_{i=1}^{M} x_{ij} \leqslant L, \quad j = 1, 2, \cdots, N$$

$$\sum_{j=1}^{N} x_{ij} \leqslant K, \quad i = 1, 2, \cdots, M$$

$$x_{ij} = 0, 1, \quad i = 1, 2, \cdots, M; j = 1, 2, \cdots, N$$

这是一个典型的 $0-1$ 整数规划问题。关于这类问题已有以下通用的算法。

6.4.3.2 火力分配的神经网络模型

DHNN 的输出量用 $0-1$ 表示，符合 $0-1$ 规划的前提，同时 DHNN 是一反馈网络，在一定的反馈控制下，它可以达到一稳定状态，这样在建立了火力分配问题的神经网络模型后，如果稳定状态对应的就是满足最佳分配效果的解，那么问题就得到解决。

通常的 DHNN 都是通过样本学习得到网络的权值 W 和阈值 θ。下面介绍

的是,根据问题的特点,构造一个由 M 神经元(基本火力单元数)构成的改进型的 DHNN 模型。该模型不是通过样本学习得到网络的权值 W 和阈值 θ,而是直接得到由权值 W 和阈值 θ 决定的神经元状态的量 $v(t) = \sum\limits_{k=1}^{N} \left[w_k v_k(t) - \theta_k \right]$。

火力分配问题的神经网络模型(决定神经元状态的量)为

$$\Delta v_{ij} = - Af(\sum_{\substack{k=1 \\ k \neq i}}^{M} x_{kj}, L) - Bf(\sum_{\substack{k=1 \\ k \neq j}}^{M} x_{ki}, K) + Dc_{ij}(1 - x_{ij}) +$$

$$E \sum_{\substack{k=1 \\ k \neq i}}^{M} \left[f(c_{ij}, c_{kj}) x_{kj} \right](1 - x_{ij}), \quad i = 1, 2, \cdots, M; j = 1, 2, \cdots, M$$

$$(6 - 13)$$

其中,$f(x, y)$ 函数在 $x > y$ 时等于 1,$x \leq y$ 时等于 0,参数 A, B, D 和 E 均为常数。式(6-11)中的前两项为抑制力,其中第一项表示分配给第 j 批目标的火力单元大于 L 时的抑制力,第二项表示分配给火力单元 i 的目标批次大于 K 时的抑制力;后两项表示激励力,其中第三项表示当对应的神经元为激活时,由射击有利度所带来的激活项,第四项表示与已分配的其他神经元相比,对应神经元对应提高射击有利度的激活项。

利用 DHNN 模型来求解火力分配问题有如下优点:

(1) 利用神经网络的并行处理性,提高了问题的求解速度;

(2) 同传统的求解方法相比,这一方法模型简单、直观,算法易于实现。

6.4.4 人工神经网络用于系统辨识

下面介绍 NARMA 模型的辨识方法。

1. 问题描述

现有的对非线性系统的神经控制方法大多是基于模型的控制方法,也就是说首先要用神经网络来辨识被控对象的模型,然后才能实现自动控制,下面先来介绍神经网络用于非线性系统辨识的方法。

为了易于说明,这里研究的是单输入单输出(SISO)时不变离散非线性系统,但是所述方法可直接扩展到 MIMO 连续非线性系统。假定非线性系统可用输入/输出的差分方程来描述,根据非线性系统的类型有以下四种表达形式:

$$\begin{cases} \text{系统 I}:y(k+1) = \sum_{i=0}^{n-1} \alpha_i y(k-i) + g[u(k),u(k-1),\cdots,u(k-m+1)] \\[2mm] \text{系统 II}:y(k+1) = f[y(k),y(k-1),\cdots,y(k-n+1)] + \sum_{j=0}^{m-1} \beta_j u(k-j) \\[2mm] \text{系统 III}:y(k+1) = f[y(k),y(k-1),\cdots,y(k-n+1)] + \\ \qquad\qquad\qquad\qquad g[u(k),u(k-1),\cdots,u(k-m+1)] \\[2mm] \text{系统 IV}:y(k+1) = f[y(k),y(k-1),\cdots,y(k-n+1); \\ \qquad\qquad\qquad\qquad u(k),u(k-1),\cdots,u(k-m+1)] \end{cases}$$

$$(6-14)$$

式中,$u(k)$ 和 $y(k)$ 分别代表系统在 k 时刻的输入和输出,m 和 n 分别是输入时间序列和输出时间序列的阶次,$m < n$。α_i 和 β_j 为常系数,$(i=1,2,\cdots,n-1;j=1,2,\cdots,m-1)$。$f$ 和 g 是连续可微的非线性函数,对系统 II、III,f: $R^n \to R$;对系统 IV,f: $R^{n+m} \to R$,而 g: $R^m \to R$。对这四种系统,它们在 $k+1$ 时刻的输出都取决于前 n 个时刻的输出,以及前 m 个时刻的输入,所以它们的阶次都为 n。但是它们在结构上有所不同,系统 I 对过去的输出是线性的,系统 II 对过去的输入是线性的,系统 III 对过去的输入和过去的输出都是非线性的。以上三类系统的共同特点是:过去的输入和过去的输出是可分离的。而系统 IV 最复杂,过去的输入和过去的输出不可分离,$y(k+1)$ 是过去的 n 个输出与过去的 m 个输入的非线性函数。显然,系统 IV 是非线性系统的一般表达式,前三种都可看作是它的特例,而系统 I、II 又可看作是系统 III 的特例。

若系统是线性的,它的输入/输出表述为

$$y(k+1) = \sum_{i=0}^{n-1} \alpha_i y(k-i) + \sum_{j=0}^{m-1} \beta_j u(k-j) \qquad (6-15)$$

式(6-15)称为线性系统的 ARMA(Autoregressive Moving Average)模型。因此,式(6-14)中的四种表达式叫做非线性系统的 NARMA(Nonlinear ARMA)模型。

假设输入 u 是有界的时间函数,非线性系统是 BIBO 稳定的,那么输出 y 也是有界的时间函数。若非线性系统的结构已知如式(6-14),而参数 α_i、β_j 和非线性函数 f、g 是未知但时不变的,系统辨识的任务是利用已有的输入/输出数据来训练一个由神经网络构成的模型,使它能足够精确地近似给定的非线性系统。

2. NARMA 模型的参数辨识

图 6-27 是用神经网络辨识非线性系统的示意图。图中 P 是被辨识的非线性系统,M 是由神经网络构成的一个辨识模型,d 代表系统干扰,图中 M 与 P

是并联的。将输入 $u(k)$ 同时加到 P 和 M 上,量测其输出 $y(k+1)$ 和 $\hat{y}(k+1)$,并利用误差 $e(k+1) = y(k+1) - \hat{y}(k+1)$ 来修正 M 的参数,以使 $e(k+1) \to 0$,此时辨识模型 M 就能很好地近似非线性系统 P。

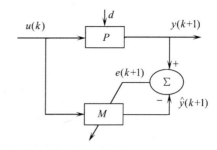

图 6-27　用神经网络辨识非线性系统

用神经网络辨识非线性动态系统要解决以下两个问题:

(1)辨识模型 M 的结构,以保证经过足够多样本的学习以后,M 能够任意精确地逼近 P,并且具有最简单的结构形式和最少的可调参数。一般来说,M 可以由一个或几个神经网络组成,其中也可以加入线性系统。M 的结构确定以后还要选择神经网络的种类,神经网络的种类确定以后,其结构参数(如层数,每层节点数)也须确定;……。因此 M 的结构设计是一个很困难的问题,其中很多理论问题至今尚未解决,还要依靠人的经验来决定。这里假定已知非线性系统 P 的结构,因此可以让模型 M 的结构与 P 完全相同。这里我们都采用多层前馈型神经网络,表示为 $N^L(i_1, i_2, \cdots, i_L)$,$i_1, i_2, \cdots, i_L$ 分别代表每层的节点数。

(2)确定参数辨识的算法,以使学习过程尽快收敛,这里采用一般的 BP 学习算法来辨识神经网络的参数(权系数)。定义系统辨识的指标函数为

$$J = \frac{1}{2T} \sum_{k=0}^{T-1} e^2(k+1) \qquad (6-16)$$

式中

$$e(k+1) = y(k+1) - \hat{y}(k+1) \qquad (6-17)$$

若用向量 $\boldsymbol{\theta}$ 代表神经网络的权系数,则 BP 算法可表示成

$$\boldsymbol{\theta} = \boldsymbol{\theta}_{\text{nom}} - \eta \frac{\partial J}{\partial \boldsymbol{\theta}} \qquad (6-18)$$

式中,$\boldsymbol{\theta}_{\text{nom}}$ 为学习前的 $\boldsymbol{\theta}$ 值,η 是学习率(步长),$\eta > 0$。

$$\frac{\partial J}{\partial \boldsymbol{\theta}} = \frac{-1}{T} \sum_{k=0}^{T-1} e(k+1) \frac{\partial \hat{y}(k+1)}{\partial \boldsymbol{\theta}} \qquad (6-19)$$

详见参考文献[24]。

第7章

基于灰色系统理论的建模

7.1 引 言

信息不完全的系统称为灰色系统,灰色系统可分为本征灰色系统和非本征灰色系统。本征灰色系统的基本特点:没有物理原型,缺乏建立确定关系的信息,系统的基本特征是多个互相依存、互相制约的部分,按照一定的序关系组合,且具有一种或多种功能。例如,社会、经济、农业、生态等均是本征灰色系统。有些信息暂时还不确知,或尚未获得的物理系统称为非本征灰色系统。灰色系统的建模方法相应地也分为两大类:一类是混合法,即对信息已知的白色部分采用演绎法,对信息未知的黑色部分采用归纳法,这类方法适用于非本征灰色系统;另一类方法是适用于本征灰色系统的灰色系统建模方法,该方法是在1982年中国学者邓聚龙教授创立的灰色系统理论的基础上派生出的。灰色系统理论的研究对象是"部分信息已知,部分信息未知"的"贫信息"不确定性系统,它通过对"部分"已知信息的生成、开发,实现对现实世界的确切描述和认识。

本章简要介绍灰色系统理论和灰色系统建模方法及其应用。

7.1.1 灰色系统的概念与基本原理

7.1.1.1 灰色系统的基本概念

在人们的社会、经济活动或科研活动中,会经常遇到信息不完全的情况. 如在农业生产中,即使是播种面积、种子、化肥、灌溉等信息完全明确,但由于劳动力技术水平、自然环境、气候条件、市场行情等信息不明确,仍难以准确地预计出产量、产值;再如生物防治系统,虽然害虫与其天敌之间的关系十分明确,但却往往因人们对害虫与饵料、天敌与饵料、某一天敌与别的天敌、某一害虫与别的害虫之间的关联信息了解不够,使得生物防治难以收到预期效果;价格体系的调整或改革,常常因缺乏民众心理承受力的信息,以及某些商品价格变动对其他商品价格影响的确切信息而举步维艰;在证券市场上,即使最高明的系统分析人员亦难以稳操胜券,因为你测不准金融政策、利率政策、企业改革、国际市场变化及某些板块价格波动对其他板块之影响的确切信息;一般的社会经济系统,由于其没有明确的"内"、"外"关系,系统本身与系统环境、系统内部与系统外部的边界若明若暗,难以分析输入(投入)对输出(产出)的影响。而同一个经济变量,有的研究者把它视为内生变量,另一些研究者却把它视为外生变量,这是因为缺乏系统结构、系统模型及系统功能信息所致。

综上所述,可以把系统信息不完全的情况分为以下四种:

(1) 元素(参数)信息不完全;

(2) 结构信息不完全;

(3) 边界信息不完全;

(4) 运行行为信息不完全。

"信息不完全"是"灰"的基本含义。从不同场合、不同角度看,还可以将"灰"的含义加以引申(详见表7-1)。

表 7-1 "灰"概念引申

场合＼概念	黑	灰	白	场合＼概念	黑	灰	白
从信息上看	未知	不完全	完全	在方法上	否定	扬弃	肯定
从表现上看	暗	若明若暗	明朗	在态度上	放纵	宽容	严厉
在过程上	新	新旧交替	旧	从结果上	无解	非唯一解	唯一解
在性质上	混沌	多种成分	纯				

7.1.1.2 灰色系统的基本原理

在灰色系统理论创立和发展过程中,邓聚龙教授发现并提炼出灰色系统的基本原理。这些基本原理,具有十分深刻的哲学内涵。

公理1(差异信息原理)"差异"是信息,凡信息必有差异。

公理2(解的非唯一性原理)信息不完全、不确定的解是非唯一的。

公理3(最小信息原理)灰色系统理论的特点是充分开发利用已占有的"最少信息"。

公理4(认知根据原理)信息是认知的根据。

公理5(新信息优先原理)新信息对认知的作用大于老信息。

公理 6（灰色不灭原理）"系统不完全"（灰）是绝对的。

7.1.2 几种不确定性方法的比较

概率统计、模糊数学和灰色系统理论是三种最常用的不确定性系统的研究方法。研究对象都具有某种不确定性,这是三者的共同点。正是研究对象在不确定性上的区别派生出三种各具特色的不确定性学科。

模糊数学着重研究"认知不确定"问题,其研究对象具有"内涵明确,外延不明确"的特点。比如"年轻人"就是一个模糊概念。因为每一个人都十分清楚年轻人的内涵。但要让你划定一个确切的范围,在这个范围之内的是年轻人,范围之外的都不是年轻人,则很难办到,因为年轻人这个概念外延不明确。对于这类内涵明确、外延不明确的"认知不确定"问题,模糊数学主要是凭经验借助于隶属函数进行处理。

概率统计研究的是"随机不确定"现象,着重于考察"随机不确定"现象的历史统计规律,考察具有多种可能发生的结果之"随机不确定"现象中每一种结果发生的可能性大小。其出发点是大样本,并要求对象服从某种典型分布。

灰色系统着重研究概率统计、模糊数学所不能解决的"小样本、贫信息、不确定"问题,并依据信息覆盖,通过序列生成需求现实规律。其特点是"少数据建模"。与模糊数学不同的是,灰色系统理论着重依据"外延明确,内涵不明确"的对象,比如说到 2050 年,中国要将总人口控制在 15 亿到 16 亿之间就是一个灰概念,其外延是非常明确的,但如果进一步要问到底是哪个具体值,则不清楚。

综上所述,我们可以把三者之间的区别归纳如表 7-2 所列。

表 7-2 三种不确定方法的比较

项　目	灰色系统	概率统计	模糊数学
研究对象	贫信息不确定	随机不确定	认知不确定
基础集合	灰色朦胧集	康托集	模糊集
方法依据	信息覆盖	映射	映射
途径手段	灰序列生成	频率统计	截集
数据要求	任意分布	典型分布	隶属度可知
侧重	内涵	内涵	外延
目标	现实规律	历史统计规律	认知表达
特色	小样本	大样本	凭经验

7.1.3 灰色系统理论在横断学科群中的地位

人们对客观事物的认识和视角不同,划分学科体系的方式也不相同。这里,我们把学科划分建立在科学问题分类的基础之上,首先按照复杂性和不确定性对科学问题进行分类,然后根据各类科学问题的性质指出与之相应的具有方法论意义的横向交叉学科,从而明确了灰色系统理论在横断学科群中的地位。

用方框 Ω 表示世界上所有事物的集合,以圆 A,B,C,D 分别表示简单事物、复杂事物、确定性事物、不确定性事物的集合,可得到科学问题分类的四环图(图 7 – 1),标出解决各类问题的科学方法,即得到横断学科分类四环图(图 7 – 2)。

对照图 7 – 1 和图 7 – 2,可以看出,作为解决不确定半复杂问题的科学方法,灰色系统理论与解决简单不确定问题的概率统计、模糊数学相比,实现了一次新的飞跃,而复杂不确定问题的解决,则有待于非线性科学的新突破。

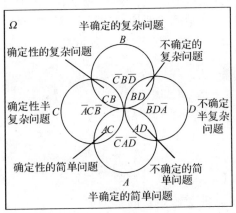

| 图 7 – 1　科学问题分类的四环图 | 图 7 – 2　横断学科分类的四环图 |

7.1.4 灰色系统建模基础

7.1.4.1 灰色系统建模的有关概念

1. 灰数

我们把只知道大概范围而不知其确切值的数(即信息不完全的数)称为灰数。在应用中,灰数实际上指在某一区间或某个一般的数集内取值的不确定数,通常用记号"$\otimes$"表示灰数。例如,某人的年龄在 18 岁左右,这"18 岁左右"

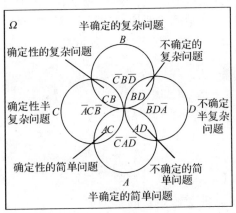 — 注: 图 7 – 1 和图 7 – 2 的图形内容。

便是灰数,可记为 $\widetilde{\otimes} = 18$,或 $18 \in \otimes$。其中,$\widetilde{\otimes}$ 表示 $\otimes$ 的白化数(值)。又例如,今天的气温在 $10℃ \sim 20℃$ 之间,这"$10℃ \sim 20℃$ 之间"也是灰数,可记作:$\otimes \in [10,20]$。当 $\otimes \in [\underline{a}, \bar{a}]$,且 $\underline{a} = \bar{a}$ 时,称 $\otimes$ 为白数(其中 $\underline{a}$ 和 $\bar{a}$ 分别为灰数 $\otimes$ 的下确界和上确界);当 $\otimes \in (-\infty . tif, +\infty)$,或 $\otimes \in (\otimes_1, \otimes_2)$ 时,称 $\otimes$ 为黑数。

2. 灰色序列数据处理

由于系统中各因素的物理意义不同,或计量单位不同,从而导致数据的量纲不同。在数据的统计过程中,有的是以人数、工时为计量单位的;有的是以元、百元、万元为计量单位的;有的则是以重量吨、万吨为计量单位等。而且有时数值的数量级相差悬殊,如工业产值有的几万元,有的却达到上百亿元等。这样不同量纲、不同数量级之间不便于比较,或者在比较时难以得到正确的结果。为了便于分析就需要在各因素进行比较前对原始数据进行归一化处理。常用的数据处理方法有:初值化、均值化、中值化、区间化和归一化等。下面分别加以介绍。

(1)初值化处理。对一个数列的所有数据均用它的第一个数去除,从而得到一个新数列的方法称为初值化处理,这个新数列表明原始数列中不同时刻的值相对于第一个时刻值的倍数。该数列有共同起点,无量纲,其数据列中的数据均大于零。

设有原始数列

$$x^{(0)} = \{x^{(0)}(1), x^{(0)}(2), \cdots, x^{(0)}(n)\}$$

对 $x^{(0)}$ 作初值化处理后得 $x^{(1)}$,则

$$x^{(1)} = \left\{ \frac{x^{(0)}(1)}{x^{(0)}(1)}, \frac{x^{(0)}(2)}{x^{(0)}(1)}, \cdots, \frac{x^{(0)}(n)}{x^{(0)}(1)} \right\} = \{x^{(1)}(1), x^{(1)}(2), \cdots, x^{(1)}(n)\}$$

(2)均值化处理。对一个数列的所有数据均用它的平均值去除,从而得到一个新数列的方法称为均值化处理,这个新数列表明原始数列中不同时刻的值相对于平均值的倍数。

设有原始数列

$$x^{(0)} = \{x^{(0)}(1), x^{(0)}(2), \cdots, x^{(0)}(n)\}$$

$$x^{(1)} = \left\{ \frac{x^{(0)}(1)}{\bar{x}^{(0)}}, \frac{x^{(0)}(2)}{\bar{x}^{(0)}}, \cdots, \frac{x^{(0)}(n)}{\bar{x}^{(0)}} \right\} = \{x^{(1)}(1), x^{(1)}(2), \cdots, x^{(1)}(n)\}$$

其中

$$\bar{x}^{(0)} = \frac{1}{n} \sum_{k=1}^{n} x^{(0)}(k)$$

（3）区间值化处理。对于指标数列或时间数列,当区间值的特征比较重要时,采用区间值化处理,区间值化处理可分为纵向区间值化处理和横向区间值化处理。

设有 m 个单位,每个单位用 n 个指标描述,则组成指标数列:

$$x_1^{(0)} = \{x_1^{(0)}(1), x_1^{(0)}(2), \cdots, x_1^{(0)}(n)\}$$
$$x_2^{(0)} = \{x_2^{(0)}(1), x_2^{(0)}(2), \cdots, x_2^{(0)}(n)\}$$
$$\vdots$$
$$x_m^{(0)} = \{x_m^{(0)}(1), x_m^{(0)}(2), \cdots, x_m^{(0)}(n)\}$$

上述指标如果按相同指标(即纵向)取值又可组成新的数列:

$$x_1^{(1)} = \{x_1^{(0)}(1), x_2^{(0)}(1), \cdots, x_m^{(0)}(1)\} = \{x_1^{(1)}(1), x_1^{(1)}(2), \cdots, x_1^{(1)}(m)\}$$
$$x_2^{(1)} = \{x_1^{(0)}(2), x_2^{(0)}(2), \cdots, x_m^{(0)}(2)\} = \{x_2^{(1)}(1), x_2^{(1)}(2), \cdots, x_2^{(1)}(m)\}$$
$$\vdots$$
$$x_n^{(1)} = \{x_1^{(0)}(n), x_2^{(0)}(n), \cdots, x_m^{(0)}(n)\} = \{x_n^{(1)}(1), x_n^{(1)}(2), \cdots, x_n^{(1)}(m)\}$$

对数据列 $x_j^{(1)}(i)$ 采用区间化处理,得 $x_j^{(2)}$,为

$$x_1^{(2)} = \{x_1^{(2)}(1), x_2^{(2)}(1), \cdots, x_m^{(2)}(1)\}$$
$$x_2^{(2)} = \{x_1^{(2)}(2), x_2^{(2)}(2), \cdots, x_m^{(2)}(2)\}$$
$$\vdots$$
$$x_n^{(2)} = \{x_1^{(2)}(n), x_2^{(2)}(n), \cdots, x_m^{(2)}(n)\}$$

在上述新数列中,若作纵向区间值化处理,则

$$x_j^{(2)}(i) = \frac{x_j^{(1)}(i) - \min\limits_i x_i^{(0)}(i)}{\max\limits_i x_j^{(0)}(i) - \min\limits_i x_i^{(0)}(i)}, \quad j = 1, 2, \cdots, m; \quad i = 1, 2, \cdots, n$$

对于横向区间值化处理,设原始数列

$$x^{(0)} = \{x^{(0)}(1), x^{(0)}(2), \cdots, x^{(0)}(n)\}$$

经横向区间值化处理后,得 $x^{(1)}$

$$x^{(1)} = \{x^{(1)}(1), x^{(1)}(2), \cdots, x^{(1)}(n)\}$$

其基本交换关系是

$$x^{(1)}(i) = \frac{x^{(0)}(i) - \min\limits_k x^{(0)}(k)}{\max\limits_k x^{(0)}(k) - \min\limits_k x^{(0)}(k)}, \quad k = 1, 2, \cdots, n; \quad i = 1, 2, \cdots, n$$

（4）归一化处理。在数列中若数据的物理量不一致,且其数值大小相差过分悬殊,为避免造成非等权的情况,可采用归一化处理,即对数列中的数据分别进行量级处理。

3. 灰色序列生成方式

灰色系统理论在概念上改变了随机性问题的处理方法,从而可使它用于信息不明或信息不全的灰色系统。邓聚龙教授提出的灰色系统理论的要点在于不是把系统中的随机性看作一个随机信号,而是把它看成一个灰数。他将随机量当作在一定区间变化的灰色量,将灰色过程当作在一定幅区间,一定时区间变化的随机过程。灰色系统理论认为由于环境对系统的干扰,使系统行为特征值的离散函数数据出现紊乱,但是系统总是有整体功能的,因此必然蕴涵着某种内在规律,通过原始数据的整理来寻找其变化规律和灰色过程生成对原始数据的处理,可得到随机性弱化和规律性强化了的序列。

灰色系统理论的主要研究对象是本征灰系统,也就是用有限离散函数

$$x = \{x(1), x(2), \cdots, x(n)\}$$

表征灰色系统的行为特性的系统。灰色系统理论所涉及的主要工作之一是用上述离散数列建立微分方程型的动态模型(又称灰色模型,Grey Model,GM)。GM 是灰色系统理论的核心,灰色预测、灰色线性规划与灰色控制等一系列处理灰色系统的方法均是在此基础上发展起来的。

下面先介绍灰色系统建模的有关概念。

将原始数列 $\{x^{(0)}(i)\}$ 中的数据 $x^{(0)}(k)$ 按某种要求作数据处理或数据变换,称为生成。用"生成"的方法。求得随机性弱化、规律性强化了的新数列,此数列的数据称为生成数。

邓聚龙教授视一切随机量都是在一定范围内变化的灰色量,并应用一种称之为生成方式的数据处理的新方法。数据的生成方式处理是一种就数寻找数的规律的奇妙方法。它的特点在于避开数据的统计规律性,因为这种规律性往往十分复杂,并要求大量的数据量。对数据进行生成处理,只要求少量的数据,往往就可以从表面上看出杂乱无章的现象,发现内在的规律性。

灰色系统中常用的生成方式有三类:累加生成、累减生成和映射生成。

（1）累加生成。累加生成就是通过数列中各时刻的数据依个累加得到新的数据与数列。一般经济数列都是非负数列,累加生成能使任意非负数列(摆动的与不摆动的)转化为非减的、递增的数列。这种经过累加生成的数列,有明显接近指数关系的规律。表面上没有规律的原始数据,经累加生成得到新的生成数据后,如果能有较强的规律,并且接近某一函数,则称该函数为生成函数,

生成函数就是一种模型,通过累加获得的称为累加生成模型。

原始数列中的第一个数据维持不变,作为新数列的第一个数据,新数列的第二个数据是原始数列中第一个数据与第二个数据之和,新数列的第三个数据是原始数列中第一个、第二个与第三个数据之和,…,依此类推。这样得到的新数列,称为累加生成数列(Accumulated Generating Operation,AGO)。

设原始数列 $\{x^{(0)}(i)\}$,且 $x^{(0)}(i) \geqslant 0, i = 1,2,\cdots,n$,如果 $\{x^{(1)}(i)\}$ 与 $\{x^{(0)}(i)\}$ 之间满足下述关系,即

$$x^{(1)}(k) = \sum_{m=1}^{k} x^{(0)}(m)$$

则称数列 $\{x^{(1)}(i)\}$ 为数列 $\{x^{(0)}(i)\}$ 的一次累加生成数列。

若数列 $\{x^{(r)}(i)\}$ 与 $\{x^{(r-1)}(i)\}$ 之间存在下列关系

$$x^{(r)}(k) = \sum_{m=1}^{k} x^{(r-1)}(m)$$

则称数列 $\{x^{(r)}(i)\}$ 为数列 $\{x^{(r-1)}(i)\}$ 的一次累加生成数列。

r 次累加生成数列有下述关系:

$$x^{(r)}(k) = x^{(r)}(k-1) + x^{(r-1)}(k)$$

通过累加生成后得到的生成数列,其随机性弱化了,规律性增强了。

例 7 - 1　设原始数列 $x^{(0)} = \{2.874, 3.278, 3.337, 3.39, 3.679\}$,求 $x^{(0)}$ 的一次累加数列 $x^{(1)}$。

解:根据

$$x^{(1)}(k) = \sum_{m=1}^{k} x^{(0)}(m)$$

得

$$k = 1, x^{(1)}(1) = x^{(0)}(1) = 2.874$$

$$k = 2, x^{(1)}(2) = \sum_{m=1}^{2} x^{(0)}(m) = x^{(0)}(1) + x^{(0)}(2) = 6.152$$

$$k = 3, x^{(1)}(3) = \sum_{m=1}^{3} x^{(0)}(m) = \sum_{m=1}^{2} x^{(0)}(m) + x^{(0)}(3) = x^{(1)}(2) + x^{(0)}(3)$$
$$= 9.489$$

$$k = 4, x^{(1)}(4) = \sum_{m=1}^{4} x^{(0)}(m) = x^{(1)}(3) + x^{(0)}(4) = 12.879$$

$$k = 5, x^{(1)}(5) = x^{(1)}(4) + x^{(0)}(5) = 16.558$$

即 $x^{(1)} = \{2.874, 6.152, 9.489, 12.879, 16.558\}$。

累加生成可以使本来没有什么规律的序列变得有明显规律的序列。例如，$x^{(0)} = \{1,2,1.5,3\}$，它并没有明显的规律，其曲线是摆动的，起伏变换幅度较大（见图 7 - 3(a)），若对 $x^{(0)}$ 进行一次累加生成，得

$$x^{(1)} = \{1,3,4.5,7.5\}$$

$x^{(1)}$ 已呈现明显的增长规律性（见图 7 - 3(b)）。

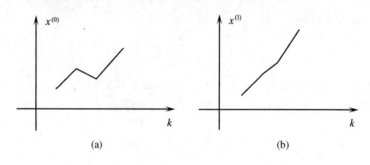

(a)   (b)

图 7 - 3　例 7 - 1 图

（2）累减生成。累减生成是将原始数列前后两个数据相减而得到新的称之为累减生成数列。累减生成是累加生成的逆运算，累减生成可将累加生成数列还原为非生成的原始数列。这种生成称为累减生成（Inverse Accumulated Generating Operation IAGO）。

设 $x^{(r)}(k)$ 为 r 次累加生成数列，若对 $x^{(r)}(k)$ 作累减生成，其基本关系式为

$$\Delta^{(0)}[x^{(r)}(k)] = x^{(r)}(k), \quad k = 1,2,\cdots,n$$
$$\Delta^{(1)}[x^{(r)}(k)] = \Delta^{(0)}[x^{(r)}(k)] - \Delta^{(0)}[x^{(r)}(k-1)]$$
$$\Delta^{(2)}[x^{(r)}(k)] = \Delta^{(1)}[x^{(r)}(k)] - \Delta^{(1)}[x^{(r)}(k-1)]$$
$$\vdots$$
$$\Delta^{(r)}[x^{(r)}(k)] = \Delta^{(r-1)}[x^{(r)}(k)] - \Delta^{(r-1)}[x^{(r)}(k-1)]$$

式中，$\Delta^{(0)}[x^{(r)}(k)]$ 为 0 次累减生成，$\Delta^{(1)}[x^{(r)}(k)]$ 为一次累减生成，其余类推。由 r 次累加生成关系式计算，可得累减生成数列关系式如下：

$$x^{(r-1)}(k) = x^{(r)}(k) - x^{(r)}(k-1) \equiv \Delta^{(1)}[x^{(r)}(k)]$$
$$x^{(r-2)}(k) = x^{(r-1)}(k) - x^{(r-1)}(k-1) \equiv \Delta^{(2)}[x^{(r)}(k)]$$
$$\vdots$$
$$x^{(0)}(k) = x^{(1)}(k) - x^{(1)}(k-1) \equiv \Delta^{(r)}[x^{(r)}(k)]$$

例 7 - 2　求例 7 - 1 中 $x^{(0)}$ 的一次累减数列 $x^{(-1)}$。

解：根据 $x^{(-1)}(k) = x^{(0)}(k) - x^{(0)}(k-1)$，$x^{(0)}(0) = 0$，知

$k = 1$，$x^{(-1)}(1) = x^{(0)}(1) - x^{(0)}(0) = x^{(0)}(1) = 2.874$

$k = 2$，$x^{(-1)}(2) = x^{(0)}(2) - x^{(0)}(1) = 0.404$

$k = 3$，$x^{(-1)}(3) = x^{(0)}(3) - x^{(0)}(2) = 0.059$

$k = 4$，$x^{(-1)}(4) = x^{(0)}(4) - x^{(0)}(3) = 0.053$

$k = 5$，$x^{(-1)}(5) = x^{(0)}(5) - x^{(0)}(4) = 0.289$

即 $x^{(-1)} = \{2.874, 0.404, 0.059, 0.053, 0.289\}$。

（3）均值生成。均值生成分为邻均值生成与非邻均值生成两种。邻均值生成是对于等时距的数列，用相邻数据平均值构造新的数据。非邻均值生成是对非等时距数列，或者虽为等时距数列，但剔除异常值之后出现空穴的数列，用空穴两边的数据求平均值构造新的数据以填补空穴。

4. 灰色关联度

（1）关联系数。系统间或因素间的关联程度是根据曲线间几何形状的相似程度来判断其联系是否紧密。因此，曲线间关联程度的量度可作为关联程度的衡量尺度。

设母因素数列 $\{x_0(i)\}$ 和子因素数列 $\{x_j(i)\}$ 分别为

$$x_0 = \{x_0(1), x_0(2), \cdots, x_0(n)\}$$

$$x_j = \{x_j(1), x_j(2), \cdots, x_j(n)\}, \quad j = 1, 2, \cdots, m; \quad i = 1, 2, \cdots, n$$

$\{x_0(i)\}$ 与 $\{x_j(i)\}$ 的关联系数 $\xi_{0j}(i)$ 可用下述关系式表示：

$$\xi_{0j}(i) = \frac{\min\limits_{j} \min\limits_{i} |x_0(i) - x_j(i)| + \rho \max\limits_{j} \max\limits_{i} |x_0(i) - x_j(i)|}{|x_0(i) - x_j(i)| + \rho \max\limits_{j} \max\limits_{i} |x_0(i) - x_j(i)|}$$

$$(7-1)$$

式中，$\xi_{0j}(i)$ 称为 x_0 对 x_j 在 i 时刻的关联系数，ρ 为分辨系数，其作用在于提高关联系数之间的差异显著性，队在一般情况下取 $\rho \in (0.1, 1)$，通常可取 $\rho = 0.5$。

记各时刻两层次（即两级）的最小绝对值差为

$$\Delta_{\min} = \min\limits_{j} \min\limits_{i} |x_0(i) - x_j(i)|$$

记两层次（即两级）的最大绝对值差为

$$\Delta_{\max} = \max\limits_{j} \max\limits_{i} |x_0(i) - x_j(i)|$$

（2）关联度。两个系统或者两个因素间关联性大小的度量，称为关联度。关联度描述了系统发展过程中，因素间相对变化的情况，也就是变化大小、

方向与速度等的相对性。如果两者在发展过程中,相对变化基本一致,则认为两者关联度大;反之,两者关联度就小。关联分析的实质,就是对数列曲线进行几何关系的比较。若两数列曲线重合,则关联性好,即关联系数为1。那么两数列关联度也等于1。同时,两数列曲线不可能垂直,即无关联性,所以以关联系数大于0,故关联度也大于0。因为关联系数是曲线几何形状关联程度的一个度量,由公式(7-1)可见,在比较全过程中,关联系数不止一个。因此,我们取关联系数的平均值作为比较全过程的关联程度的度量。

关联度记为 r_{0j},其表达式为

$$r_{0j} = \frac{1}{N} \sum_{i=1}^{N} \xi_{0j}(i)$$

式中,r_{0j} 为子数列 j 与母数列 0 的关联度;N 为数列的长度,即数据个数。

(3) 绝对关联度。设序列 x_0 与 x_i 长度相同,则称

$$\varepsilon_{0i} = \frac{1 + |s_0| + |s_i|}{1 + |s_0| + |s_i| + |s_i - s_0|}$$

为 x_0 与 x_i 的灰色绝对关联度,简称绝对关联度。其中

$$|s_0| = \left| \sum_{k=2}^{n-1} [x_0(k) - x_0(1)] + \frac{1}{2}[x_0(n) - x_0(1)] \right|$$

$$|s_i| = \left| \sum_{k=2}^{n-1} [x_i(k) - x_i(1)] + \frac{1}{2}[x_i(n) - x_i(1)] \right|$$

$$|s_i - s_0| = \left| \sum_{k=2}^{n-1} \{ [x_i(k) - x_i(1)] + [x_0(k) - x_0(1)] + \right.$$
$$\left. \frac{1}{2}[(x_i(n) - x_i(1)) - (x_0(n) - x_0(1))] \} \right|$$

7.1.4.2 灰色系统建模的理论依据

在灰色建模理论和方法中,为寻找原始数列随时间变化的规律性,通常将原始数列经累加生成得生成数列,按生成数列建模,找出生成数列的规律性,然后应用累减生成还原方式,将生成数列规律性还原,从而得到原始数列的内在规律性。这种作法的理论根据,可以论述如下:

将数列 $\{\hat{x}^{(0)}(k)\}$ 与原始数列 $\{x^{(0)}(k)\}$ 比较,我们来看看,用模型计算值 $\{\hat{x}^{(0)}(k)\}$ 来拟合实际值 $x^{(0)}(k)$,将会产生多大的偏差? 也即估计误差或残差 $\hat{x}^{(0)}(k) - x^{(0)}(k)(k=1,2,\cdots,n)$ 有多大,事实上,我们有

$$x^{(0)}(k) - \hat{x}^{(0)}(k) = x^{(0)}(k) - [\hat{x}^{(1)}(k) - \hat{x}^{(1)}(k-1)] =$$

$$x^{(1)}(k) - x^{(1)}(k-1) - \hat{x}^{(1)}(k) + \hat{x}^{(1)}(k-1)$$

若令 $\varepsilon = \max\{|x^{(1)}(k) - \hat{x}^{(1)}(k)|\}$,则有

$$|x^{(0)}(k) - \hat{x}^{(0)}(k)| \leqslant |x^{(1)}(k) - \hat{x}^{(1)}(k)| +$$
$$|x^{(1)}(k-1) - \hat{x}^{(1)}(k-1)| < 2\varepsilon$$

上式表明,如果用生成模型计算值 $\hat{x}^{(1)}(k)$ 来预测或拟合生成数据 $x^{(1)}(k) = 1,2,\cdots,n$,其最大可能的残差为 ε 时,那么模型还原计算值 $\hat{x}^{(0)}(k) = \hat{x}^{(1)}(k) - \hat{x}^{(1)}(k-1)$ 用来拟合或预测原始数列的实际值 $x^{(0)}(k)$ 时,$k = 1,2,\cdots,$ n,其最大残差不会超过 2ε。也就是说,如果生成模型对生成数列拟合得比较好,则还原后的模型计算值对原始数据的拟合也必有较高的精度。实践进一步证明,用数的生成方式来寻找数的规律,是一种很好的数据处理方法,具有很高的理论和实用价值。

7.1.4.3 灰色系统建模的基本思路

灰色系统建模方法是通过处理灰信息来揭示系统内部的运动规律,它利用系统信息,使抽象概念量化,量化概念模型化,最后进行模型优化。它不但考虑通过输出信息去同构系统模型,同时十分重视关联分析,从而充分利用系统信息,使杂乱无章的无序数据转化为适于微分方程建模的有序数列。常用的对不确定问题的处理方法有两种,数理统计法和模糊数学法。前者需要大量的历史数据,后者不免带有主观性。而灰色系统建模方法采用以区间及区间运算为代表的灰数处理,是一种简便实用的方法。目前,灰色系统建模方法主要用于灰色预测和决策,并取得了良好的效果。

灰色模型按照五步建模思想(见 1.4.5 节)构建,通过灰色生成或序列算子的作用弱化随机性,挖掘潜在的规律,经过灰色差分方程与灰色微分方程之间的互换实现了利用离散的数据序列建立连续的动态微分方程的新飞跃。

灰色系统建模的基本思路可以概括为以下几点:

(1) 定性分析是建模的前提。

(2) 定量模型是定性分析的具体化。

(3) 定性与定量紧密结合,相互补充。

(4) 明确系统因素,弄清因素间关系及因素与系统的关系是系统研究的核心。

(5) 因素分析不应停留在一种状态上,而应考虑到时间推移、状态变化,即系统行为的研究要动态化。

(6) 因素间的关系及因素与系统的关系不是绝对的,而是相对的。

（7）为了将控制论中卓有成效的方法和成果推广到社会、经济、农业、生态等研究领域中，系统模型应具有可控性。

（8）要通过模型了解系统的基本性能，如是否可控、变化过程是否可观测等。

（9）要通过模型对系统进行诊断，搞清现状，揭示潜在的问题。

（10）应从模型获取尽可能多的信息，特别是发展变化的信息。

（11）建立模型常用的数据有：科学实验数据；经验数据；生产数据。

（12）序列生成数据是建立灰色模型的基础数据。

（13）对于满足光滑条件的序列，可以建立 GM 微分方程，一般非负序列累加生成后，可得到准光滑序列。

（14）模型精度可以通过灰数的不同生成方式，数据的取舍，序列的调整、修正以及不同级别的残差 GM 模型补充得到提高。

（15）灰色系统理论采用三种方法检验、判断模型的精度：①残差大小检验，对模型值和实际值的误差进行逐点检验；②关联度检验，通过考察模型值曲线与建模序列曲线的相似程度进行检验；③后验差检验，对残差分布的统计特性进行检验。

7.2　GM(1,1) 模型

7.2.1　灰色微分方程

灰色系统理论通过对普通微分方程的深刻剖析，定义了序列的灰导数，从而使我们能够利用离散数据序列建立近似的微分方程。

设微分方程为

$$\frac{\mathrm{d}x}{\mathrm{d}t} + ax = b$$

称 $\frac{\mathrm{d}x}{\mathrm{d}t}$ 为 x 的导数，x 为 $\frac{\mathrm{d}x}{\mathrm{d}t}$ 的背景值，a,b 为参数。因此，一个一阶微分方程由导数、背景值和参数组成。由文献[27]知，微分方程构成的条件有以下三个：

（1）信息浓度无限大；

（2）背景值是灰数；

（3）导数与背景值满足平射关系。

$$\frac{\mathrm{d}x}{\mathrm{d}t} = \frac{x^{(1)}(k) - x^{(1)}(k-1)}{k - (k-1)} = x^{(1)}(k) - x^{(1)}(k-1) = x^{(0)}(k)$$

$x^{(0)}(k)$称为灰导数。称

$$x^{(0)}(k) + ax^{(1)}(k) = b$$

为灰色微分型方程。该方程的灰导数$x^{(0)}(k)$与背景值$\{x^{(1)}(k), x^{(1)}(k-1)\}$中的元素不满足平射关系。若背景值取$x^{(1)}$中元素的均值,即

$$z^{(1)}(k) = \frac{1}{2}(x^{(1)}(k) + x^{(1)}(k-1))$$

称方程

$$x^{(0)}(k) + az^{(1)}(k) = b \qquad (7-2)$$

为灰色微分方程。

灰色系统理论认为任何随机过程都是在一定范围和一定时区变化的灰色量,并把随机过程看成灰色过程。在实际应用此方程时的数据往往是一串确定的白数,可以将其看成某个随机过程的一次实现,或看成灰色过程的白化值,这并没有本质的区别。

7.2.2 GM(1,1)模型的建立

GM(1,1)模型是最常用的一种灰色模型,它是由一个包含单变量的一阶微分方程构成的模型。

G	M	(1,	1)
|	|	|	|
Grey	Model	1阶方程	1个变量

设有变量$x^{(0)}(k)$的原始数据系列为

$$x^{(0)} = (x^{(0)}(1), x^{(0)}(2), \cdots, x^{(0)}(n))$$

其中,$x^{(0)}(k) \geq 0, k = 1, 2, \cdots, n$。$x^{(1)}(k)$是$x^{(0)}(k)$的1 - AGO序列:

$$x^{(1)} = (x^{(1)}(1), x^{(1)}(2), \cdots, x^{(1)}(n))$$

其中,$x^{(1)}(k) = \sum_{i=1}^{k} x^{(0)}(i), k = 1, 2, \cdots, n$。$z^{(1)}(k)$是$z^{(1)}(k)$的紧邻均值生成序列:

$$z^{(1)} = (z^{(1)}(1), z^{(1)}(2), \cdots, z^{(1)}(n))$$

其中,$z^{(1)}(k) = \frac{1}{2}(x^{(1)}(k) + x^{(1)}(k-1)), k = 2, 3, \cdots, n$。

将数据代入灰色微分方程考察微分方程(7-2)。

$$x^{(0)}(k) + az^{(1)}(k) = b$$

得

$$x^{(0)}(2) + az^{(1)}(2) = b$$
$$x^{(0)}(3) + az^{(1)}(3) = b$$
$$\vdots$$
$$x^{(0)}(n) + az^{(1)}(n) = b$$

写成矩阵形式有

$$Y = \phi\theta$$

式中

$$Y = \begin{bmatrix} x^{(0)}(2) \\ x^{(0)}(3) \\ \vdots \\ x^{(0)}(n) \end{bmatrix} \qquad \phi = \begin{bmatrix} -z^{(1)}(2) & 1 \\ -z^{(1)}(3) & 1 \\ \vdots & 1 \\ -z^{(1)}(n) & 1 \end{bmatrix} \qquad \theta = \begin{bmatrix} a \\ b \end{bmatrix}$$

上述方程组中,Y 和 ϕ 为已知量,θ 为待定参数。由于变量只有 a 和 b 两个,而方程个数却有 $n-1$ 个,且 $n-1>2$,故方程组无解,但可用最小二乘法得到最小二乘解。

对于 θ 的估计值 $\hat{\theta}$ 可得误差序列

$$E = Y - \phi\hat{\theta}$$

设 $S = E^{\tau}E = (Y - \phi\hat{\theta})^{\tau}(Y - \phi\hat{\theta})$,目标是使 S 最小,利用矩阵的求到公式可得 θ 的最小二乘估计公式:

$$\hat{\theta} = (\phi^{\tau}\phi)^{-1}\phi^{\tau}Y$$

此时的

$$\frac{\mathrm{d}x^{(1)}}{\mathrm{d}t} + ax^{(1)} = b$$

为灰色微分方程

$$x^{(0)}(k) + az^{(1)}(k) = b$$

的白化方程,也叫影子方程。

白化方程的解也称周期响应函数,为

$$x^{(1)}(t) = \left[x^{(1)}(0) - \frac{b}{a}\right]e^{-at} + \frac{b}{a}$$

GM$(1,1)$灰色微分方程的时间响应序列为

$$x^{(1)}(k+1) = \left[x^{(1)}(0) - \frac{b}{a}\right]e^{-ak} + \frac{b}{a}, k = 0,1,2,\cdots,n-1$$

还原值为

$$\hat{x}^{(0)}(k+1) = \hat{x}^{(1)}(k+1) - \hat{x}^{(1)}(k), k = 1,2,\cdots,n$$

发展系数$(-a)$反映了$\hat{x}^{(1)}$和$\hat{x}^{(0)}$的发展态势。一般情况下,系统作用量(相当于系数b)应是外生的或前定的,而 GM$(1,1)$是单序列建模,只用到系统的行为序列(或称输出序列、背景值),而无外作用序列(或称输入序列、驱动量)。GM$(1,1)$中的灰色作用量是从背景值挖掘出来的数据,它反映数据变化的关系,其确切内涵是灰的。灰色作用量是内涵外延化的具体体现,它的存在是区别灰色建模与一般输入输出建模(黑色建模)的分水岭,也是区分灰色系统观点与灰箱观点(只有外部,没有内部分析)的重要标志。

7.2.3 模型精度的检验

一个模型要经过多种检验才能判定其是否合理,是否合格。只有通过检验的模型才能应用,例如用于预测。现在的问题是,利用上述方法对原始数列的拟合,求得的模型计算值$\{\hat{x}^{(0)}(k)\}$,用来作原始数列随时间变化的预测时,能否用数理统计方法,对预测的精度和可信程度作出检验和估计? 以及如何进一步改进模型以提高模型精度呢?

根据灰色系统理论,一般使用三种检验方式来对灰色模型的精度进行检验。它们分别是残差大小检验、后验差检验及关联度检验。残差大小检验是一种直观的逐点进行比较的算术检验。后验差检验属统计概念,它按照残差的概率分布进行检验。关联度检验则属几何检验,它检验的是模型曲线与行为曲线的几何相似程度。

7.2.3.1 残差检验

设有变量$x^{(0)}(k)$的原始数据系列为

$$x^{(0)} = (x^{(0)}(1), x^{(0)}(2), \cdots, x^{(0)}(n))$$

相应的模型模拟序列为

$$\hat{x}^{(0)} = (\hat{x}^{(0)}(1), \hat{x}^{(0)}(2), \cdots, \hat{x}^{(0)}(n))$$

定义残差$\varepsilon(k) = x^{(0)}(k) - \hat{x}^{(0)}(k), k = 1,2,\cdots,n$,则残差序列为

$$\varepsilon^{(0)} = (\varepsilon(1), \varepsilon(2), \cdots, \varepsilon(n))$$

定义

$$\Delta_k = \left| \frac{\varepsilon(k)}{x^{(0)}(k)} \right|$$

$$\overline{\Delta} = \frac{1}{n} \sum_{k=1}^{n} \Delta_k$$

相对残差序列为

$$\Delta = (\Delta_1, \Delta_2, \cdots, \Delta_n)$$

（1）对于 $k \leqslant n$，称 Δ_k 为 k 点的模拟相对误差，称 $\overline{\Delta}$ 为平均模型相对误差；

（2）称 $1 - \overline{\Delta}$ 为平均相对精度，$1 - \Delta_k$ 为 k 点的模拟精度，$k = 1, 2, \cdots, n$；

（3）给定 α，当 $\overline{\Delta} < \alpha$ 且 $\Delta_n < \alpha$ 成立时，称模型为残差合格模型。

7.2.3.2 后验差检验

设 $x^{(0)}(k)$ 为原始数据系列，$\hat{x}^{(0)}$ 为模型模拟系列，$\varepsilon^{(0)}$ 为残差序列，则

$$\bar{x} = \frac{1}{n} \sum_{k=1}^{n} x^{(0)}(k) \qquad S_1^2 = \frac{1}{n} \sum_{k=1}^{n} (x^{(0)}(k) - \bar{x})^2$$

分别称为 $x^{(0)}$ 的均值与方差；

$$\bar{\varepsilon} = \frac{1}{n} \sum_{k=1}^{n} \varepsilon^{(0)}(k) \qquad S_2^2 = \frac{1}{n} \sum_{k=1}^{n} (\varepsilon^{(0)}(k) - \bar{\varepsilon})^2$$

分别称为残差 $\varepsilon^{(0)}$ 的均值与方差。

（1）称 $C = S_2 / S_1$ 均方差比值。对于给定的 C_0，当 $C < C_0$ 模型时，称模型为均方差合格模型。

（2）$p = P(|\varepsilon(k) - \bar{\varepsilon}| < 0.6745S_1)$ 称为小误差概率。对于给定的 p_0，当 $p > p_0$ 时，称模型为小误差概率合格模型。

从上述后验差检验方法介绍中不难看出，这个检验方法，不仅无法判明预测模型的可信度和预测精度，还会常常发生误判，产生一些似是而非的结论。

第一，注意到数据的方差 S_1^2 通常用来刻划数据在某一平均数（平均水平）上下波动的离散情形的，方差 S_2^2 才有实际意义。现在，原始数据列的实际含义是随时间变化的发展规律与趋势。于是，当数据随时间是上升发展变化时，上升得越快，S_1^2 显然就越大；而数据发展变化比较平缓时，S_1^2 就相应要小得多。这样一来，指标 C 和 p 值的计算就表明，模型预测精度主要受制约于 S_1^2，而可以与预测的实际精度无关。例如，当 S_1^2 很大时，意味着模型预测精度可以很差，照样按 C 和 p 值而达到预测精度"好"的等级。

第二,我们知道,仅仅抓住残差方差 S_2^2 和残差与残差平均值之差 $q(k) - \bar{q}$,是不足以刻划模型的预测精度的。一个明显的事实是:当残差方差 S_2^2 很小时,相应的残差与残差均值之差也很小,而残差平均值可以很大。例如,假设原始数列为 $\{x^{(0)}(k)\}$ 模型计算值数列为 $\{\hat{x}^{(0)}(k)\}$。那么对数列 $\{x^{(0)}(k)\}$ 中每一个数,都加上一个足够大的正数 M,得到一个新的模型计算值数列 $\{\hat{x}^{(0)}(k) + M\}$。如果用新数列 $\{\hat{x}^{(0)}(k) + M\}$ 来拟合原始数列 $\{x^{(0)}(k)\}$,其用后验差检验所得的精度等级,将与用数列 $\{\hat{x}^{(0)}(k)\}$ 来拟合 $\{x^{(0)}(k)\}$ 的精度等级是一样的,因为指标 C 值和 p 值对于用 $\{\hat{x}^{(0)}(k) + M\}$ 或用 $\{\hat{x}^{(0)}(k)\}$ 来拟合都是一样的。而用 $\{\hat{x}^{(0)}(k) + M\}$ 来拟合,其精度将随 M 的增大而可以任意地差,也即误差可以任意地大。

综上所述,后验差检验方法是不可取的。

7.2.3.3 关联度检验

设 $x^{(0)}$ 为原始数据系列,$\hat{x}^{(0)}$ 为模型模拟系列,ε 为 $x^{(0)}$ 与 $\hat{x}^{(0)}$ 的绝对关联度。若对于给定的 $\varepsilon_0 > 0$,有 $\varepsilon > \varepsilon_0$,则称模型为关联度合格模型。

模型检验是可计算出 α,ε_0,C_0 和 p_0 的值,查表即可确定模型模拟精度的等级。常用的精度等级见表 7 - 3,可供模型检验时参考。

一般情况下,最常用的是相对误差检验指标。模型检验不通过时,可用修正的 GM(1,1)模型,如残差 GM(1,1)模型,残差均值修正 GM(1,1)模型等。

表 7 - 3 模型检验等级参照表

精度等级 ＼ 指标临界值	相对误差 α	关联度 ε_0	均方差比值 C_0	小概率误差 p_0
一级(好)	0.01	0.90	0.35	0.95
二级(合格)	0.05	0.80	0.50	0.80
三级(勉强)	0.10	0.70	0.65	0.70
四级(不合格)	0.20	0.60	0.80	0.60

例 7 - 3 某县乡镇企业产值统计值序列为

$$x^{(0)} = (x^{(0)}(1), x^{(0)}(2), x^{(0)}(3), x^{(0)}(4)) = (27260, 29547, 32411, 35388)$$

其 1 - AGO 序列为

$$x^{(1)} = (x^{(1)}(1), x^{(1)}(2), x^{(1)}(3), x^{(1)}(4)) = (27260, 56807, 89218, 124606)$$

设

$$\frac{\mathrm{d}x^{(1)}}{\mathrm{d}t} + ax^{(1)} = b$$

按最小二乘法求得参数 a,b 的估计值

$$\hat{a} = -0.089995, \quad \hat{b} = 25790.28$$

可得 GM$(1,1)$ 模型白化方程

$$\frac{\mathrm{d}x^{(1)}}{\mathrm{d}t} - 0.089995x^{(1)} = 25790.28$$

其时间响应式为

$$\begin{cases} \hat{x}^{(1)}(k+1) = 313834e^{0.0899995k} - 286574 \\ \hat{x}^{(0)}(k+1) = \hat{x}^{(1)}(k+1) - \hat{x}^{(1)}(k) \end{cases}$$

由此得模型序列

$$\hat{x} = (\hat{x}(1),\hat{x}(2),\hat{x}(3),\hat{x}(4)) = (27260,29553,32337,35381)$$

残差序列

$$\varepsilon^{(0)} = (\varepsilon^{(0)}(1),\varepsilon^{(0)}(2),\varepsilon^{(0)}(3),\varepsilon^{(0)}(4)) = (0,-6,74,7)$$

相对误差序列

$$\Delta = (\Delta_1,\Delta_2,\Delta_3,\Delta_4) = (0,0.0002,0.00228,0.0002)$$

平均相对误差

$$\overline{\Delta} = \frac{1}{4}\sum_{k=1}^{4}\Delta_k = 0.00067 = 0.067\% < 0.01$$

模拟误差 $\Delta_4 = 0.0002 = 0.02\% < 0.01$,精度为一级。

计算 $x^{(0)}$ 与 $\hat{x}$ 的灰色绝对关联度 ε:

$$|s| = \left| \sum_{k=2}^{3}[x^{(0)}(k) - x^{(0)}(1)] + \frac{1}{2}[x^{(0)}(4) - x^{(0)}(1)] \right| = 11502$$

$$|\hat{s}| = \left| \sum_{k=2}^{3}[\hat{x}(k) - \hat{x}(1)] + \frac{1}{2}[\hat{x}(4) - \hat{x}(1)] \right| = 11430.5$$

$$|\hat{s} - s| = \left| \sum_{k=2}^{3}[(x^{(0)}(k) - x^{(0)}(1)) - (\hat{x}(k) - \hat{x}(1)) + \right.$$

$$\left. \frac{1}{2}[(x^{(0)}(4) - x^{(0)}(1)) - ((\hat{x}(4) - \hat{x}(1))] \right| = 71.5$$

从而

$$\varepsilon = \frac{1 + |s| + |\hat{s}|}{1 + |s| + |\hat{s}| + |\hat{s} - s|} = \frac{1 + 11502 + 11430.5}{1 + 11502 + 11430.5 + 71.5} = 0.997 > 0.90$$

关联度为一级。

计算均方差比 C:

$$\bar{x} = \frac{1}{4} \sum_{k=1}^{4} x^{(0)}(k) = 31151.5,$$

$$S_1^2 = \frac{1}{4} \sum_{K=1}^{4} (x^{(0)}(k) - \bar{x})^2 = 37252465, S_1 = 6103.48$$

$$\bar{\varepsilon} = \frac{1}{4} \sum_{k=1}^{4} \varepsilon(k) = 18.75, S_2^2 = \frac{1}{4} \sum_{K=1}^{4} (\varepsilon(k) - \bar{\varepsilon})^2 = 4154.75, S_2 = 64.46$$

所以

$$C = \frac{S_2}{S_1} = \frac{64.46}{6103.48} = 0.01 < 0.35$$

均方差比值为一级。

计算小误差概率:

$$0.6745 S_1 = 4116.80$$
$$|\varepsilon(1) - \bar{\varepsilon}| = 18.75, |\varepsilon(2) - \bar{\varepsilon}| = 24.75,$$
$$|\varepsilon(3) - \bar{\varepsilon}| = 55.25, |\varepsilon(4) - \bar{\varepsilon}| = 11.75$$

所以

$$p = P(|\varepsilon(k) - \bar{\varepsilon}| < 0.6745 S_1) = 1 > 0.95$$

小误差概率为一级。故可用

$$\begin{cases} \hat{x}^{(1)}(k+1) = 31383 e^{0.089995k} - 286574 \\ \hat{x}^{(0)}(k+1) = \hat{x}^{(1)}(k+1) - \hat{x}^{(1)}(k) \end{cases}$$

进行预测。下面给出五个预测值如下:

$$\hat{x}^{(0)} = (\hat{x}^{(0)}(5), \hat{x}^{(0)}(6), \hat{x}^{(0)}(7), \hat{x}^{(0)}(8), \hat{x}^{(0)}(9)) =$$
$$(38714, 42359, 46348, 50712, 55488)$$

7.2.4 GM(1,1)模型群

在实际建模中,原始数据序列的数据不一定全部用来建模。我们在原始数据序列中取出一部分数据就可以建立一个模型。一般说来,取不同的数据,建立的模型也不一样,即使都建立同类的 GM(1,1) 模型,选择不同的数据,参数 a, b 的值也不一样。这种变化正是不同情况、不同条件对系统特征的影响在模型中的反映。例如,我国的粮食产量,若用建国以来的数据建立 GM(1,1) 模型,发展系数 $-a$ 偏小,而舍去 1978 年以前的数据,用剩余数据建模,发展系数 $-a$

明显偏大。

定义 7 - 1 设序列
$$x^{(0)} = (x^{(0)}(1), x^{(0)}(2), \cdots, x^{(0)}(n))$$
将 $x^{(0)}(n)$ 取为时间轴的原点,则称 $t < n$ 为过去,$t = n$ 为现在,$t > n$ 为将来。

定义 7 - 2 设序列
$$x^{(0)} = (x^{(0)}(1), x^{(0)}(2), \cdots, x^{(0)}(n))$$
$$\hat{x}^{(0)}(k+1) = (1 - e^a)(x^{(0)}(1) - b/a)e^{-ak}$$
为其 GM(1,1) 时间响应式的累减还原值,则

(1) 当 $t \leqslant n$ 时,称 $\hat{x}^{(0)}(t)$ 为模型模拟值;

(2) 当 $t > n$ 时,称 $\hat{x}^{(0)}(t)$ 为模型预测值。

建模的主要目的是预测。为提高预测精度,首先要保证有充分高的模拟精度,尤其是 $t = n$ 时的模拟精度。因此,建模数据一般应取为包括 $x^{(0)}(n)$ 在内的一个等时距序列。

定义 7 - 3 设原始数据序列
$$x^{(0)} = (x^{(0)}(1), x^{(0)}(2), \cdots, x^{(0)}(n))$$

(1) 用 $x^{(0)} = (x^{(0)}(1), x^{(0)}(2), \cdots, x^{(0)}(n))$ 建立的 GM(1,1) 模型称为全数据 GM(1,1);

(2) 用 $x^{(0)} = (x^{(0)}(k_0), x^{(0)}(k_0 + 1), \cdots, x^{(0)}(n))$ 建立的 GM(1,1) 模型称为部分数据 *GM*(1,1);

(3) 设 $x^{(0)}(n+1)$ 为最新信息,将 $x^{(0)}(n+1)$ 置入 $X^{(0)}$,称用 $x^{(0)} = (x^{(0)}(1), x^{(0)}(2), \cdots, x^{(0)}(n), x^{(0)}(n+1))$ 建立的 GM(1,1) 模型为新信息 GM(1,1);

(4) 置入最新信息 $x^{(0)}(n+1)$,去掉最老信息 $x^{(0)}(1)$,称用 $x^{(0)} = (x^{(0)}(2), x^{(0)}(3), \cdots, x^{(0)}(n), x^{(0)}(n+1))$ 建立的模型为新陈代谢 GM(1,1)。

显然,新信息模型和新陈代谢模型预测效果会比老信息模型的预测效果好。事实上,在任何一个系统的发展过程中,随着时间的推移,将会不断地有一些随机扰动或驱动因素进入系统,使系统的发展相继地受到影响。因此,用 GM(1,1) 模型进行预测,精度较高的仅仅是原点数据 $x^{(0)}(n)$ 以后的 1 到 2 个数据。一般说来,越往未来发展,越是远离时间原点,GM(1,1) 的预测意义就越弱。在实际应用中,必须不断地考虑那些随着时间推移相继进入系统的扰动或驱动因素,随时将每一个新得到的数据置入 $x^{(0)}$ 中,建立新信息模型。

从预测角度看,新陈代谢模型是最理想的模型。随着系统的发展,老数据的信息意义将逐步降低,在不断补充新信息的同时,及时地去掉老数据,建模序

列更能反映系统在目前的特征。尤其是系统随着量变的积累,发生质的飞跃或突变时,与过去的系统相比,已是面目全非。去掉已根本不可能反映系统目前特征的老数据,显然是合理的。此外,不断地进行新陈代谢,还可以避免随着信息的增加,所需计算机内存不断扩大,建模运算量不断增大的困难。

7.2.5　GM(1,1)模型的适应范围

邓聚龙教授对 GM(1,1) 模型进行了深入的研究,得到了 GM(1,1) 模型的多种不同形式。主要有:

$$x^{(0)}(k) + ax^{(0)}(k) = b$$

$$x^{(0)}(k) + az^{(0)}(k) = b$$

$$\frac{\mathrm{d}x^{(1)}}{\mathrm{d}t} + ax^{(1)} = b$$

$$\begin{cases} \hat{x}^{(1)}(k+1) = (x^{(0)}(1) - b/a)e^{-ak} + \dfrac{a}{b} \\ \hat{x}^{(0)}(k+1) = \hat{x}^{(1)}(k+1) - \hat{x}^{(1)}(k) \end{cases}$$

$$x^{(0)}(k) = \beta - \alpha x^{(1)}(k-1), k = 2, 3, \cdots, n, \beta = \frac{b}{1 + 0.5a}, \alpha = \frac{a}{1 + 0.5a}$$

$$\begin{cases} x^{(0)}(2) = \beta - \alpha x^{(0)}(1) \\ x^{(0)}(k) = (1 - \alpha)x^{(0)}(k-1), k = 3, 4, \cdots, n \end{cases}$$

$$\begin{cases} x^{(0)}(2) = \beta - \alpha x^{(0)}(1) \\ x^{(0)}(k) = \dfrac{1 - 0.5a}{1 + 0.5a} x^{(0)}(k-1), k = 3, 4, \cdots, n \end{cases}$$

$$\begin{cases} x^{(0)}(2) = \beta - \alpha x^{(0)}(1) \\ x^{(0)}(k) = \dfrac{x^{(1)}(k-1) - 0.5b}{x^{(1)}(k-2) + 0.5b} x^{(0)}(k-1), k = 3, 4, \cdots, n \end{cases}$$

$$x^{(0)}(k) = \left(\frac{1 - 0.5a}{1 + 0.5a}\right)^{(k-2)} \left(\frac{b - ax^{(0)}(1)}{1 + 0.5a}\right), k = 2, 3, \cdots, n$$

$$x^{(0)}(k) = \frac{1}{(1 - \alpha)^3} x^{(0)}(3) e^{k\ln(1-\alpha)}, k > 3$$

$$x^{(0)}(k) = (\beta - \alpha x^{(0)}(1))e^{-a(k-2)}$$

$$x^{(0)}(k) = (1 - e^a)(x^{(0)}(1) - b/a)e^{-a(k-1)}$$

$$x^{(0)}(k) = (-a)(x^{(0)}(1) - b/a)e^{-a(k-1)}$$

可以证明,当 GM(1,1) 的发展系数 $|a| \geqslant 2$ 时,GM(1,1) 模型无意义。因此 $(-\infty, -2] \cup [2.tif, +\infty)$ 是 GM(1,1) 发展系数 a 的禁区。当

$$a \in (-\infty, -2] \cup [2, +\infty)$$

时,GM(1,1)模型失去意义。

一般地,当$|a| < 2$时,GM(1,1)模型有意义。但是,随着a的不同取值,预测效果也不同。通过数值分析,有如下结论:

(1) 当$-a \leqslant 0.3$时,GM(1,1)的1步预测精度在98%以上,2步和5步预测精度都在97%以上,可用于中长期预测;

(2) 当$0.3 < -a \leqslant 0.5$时,GM(1,1)的1步和2步预测精度都在90%以上,10步预测精度也高于80%,可用于短期预测,中长期预测慎用;

(3) 当$0.5 < -a \leqslant 0.8$时,用GM(1,1)作短期预测应十分慎重;

(4) 当$0.8 < -a \leqslant 1$时,GM(1,1)的1步预测精度已低于70%,应采用残差修正GM(1,1)模型;

(5) 当$-a > 1$时,不宜采样GM(1,1)模型。

7.3 GM(1,1)的修正模型

7.3.1 残差GM(1,1)模型

一般灰色模型需经检验合格后才能使用。邓聚龙教授指出,若按$x^{(0)}(i)$建立的GM(1,1)模型经模型检验后不合格,可以考虑用残差建立GM(1,1),对原模型进行修正。

设方程为

$$\frac{\mathrm{d}x^{(1)}}{\mathrm{d}t} + ax^{(1)} = b$$

其解为

$$\hat{x}^{(1)}(t) = \left[\hat{x}^{(0)}(1) - \frac{b}{a}\right]e^{-at} + \frac{b}{a}$$

若对上式求导$\dfrac{\mathrm{d}\hat{x}^{(1)}}{\mathrm{d}t}$,可得

$$\hat{x}^{(0)}(t) = (-a)\left[x^{(1)}(1) - \frac{b}{a}\right]e^{-at}$$

其离散形式为

$$\hat{x}^{(0)}(k+1) = (-a)\left[x^{0}(1) - \frac{b}{a}\right]e^{-at}$$

按模型可得到一组预测数列为

$$\hat{x}^{(0)}(k) = \{\hat{x}^{(0)}(1), \hat{x}^{(0)}(2), \cdots, \hat{x}^{(0)}(n)\}$$

原始数据列与预测数列之差为

$$e^{(0)}(k) = x^{(0)}(k) - \hat{x}^{(0)}(k)$$

则有残差数列为

$$e^{(0)}(k) = \{e^{(0)}(1), e^{(0)}(2), e^{(0)}(3), \cdots, e^{(0)}(n)\}$$

对 $e^{(0)}(k)$ 建立 GM(1,1) 模型,其时间响应函数的离散形式为

$$\hat{e}^{(0)}(k'+1) = (-a')\left[e^{(0)}(1') - \frac{b'}{a'}\right]e^{-a'k'}$$

以 $\hat{e}^{(0)}(k'+1)$ 作为的 $x^{(0)}(k+1)$ 修正模型可得

$$\hat{x}^{(0)}(k+1) = (-a)\left[x^{(0)}(1) + \frac{b}{a}\right]e^{-ak} + \xi(k-i)(-a')\left[e^{(0)}(1) - \frac{u'}{a'}\right]e^{-a'k'}$$

式中,

$$\xi(k-i) = \begin{cases} 1, & k \geqslant i \\ 0, & k < i \end{cases}$$

$$i = n - n' \quad (n' - 选用残差数据的个数)$$

例 7-4 已知某县油菜菌核病发病率(每年 5 月 3 日)数列为

$$x^{(0)} = \left\{ \begin{matrix} 1 & 2 & 3 & 4 & 5 & 6 & 7 & 8 & 9 & 10 & 11 & 12 & 13 \\ 6 & 20 & 40 & 25 & 40 & 45 & 35 & 21 & 14 & 18 & 15.5 & 17 & 15 \end{matrix} \right\}$$

建立 $x^{(0)}$ 的 GM(1,1) 模型及残差 GM(1,1) 模型。

解:(1) 求 $\hat{x}^{(1)}(k+1)$。

按 $x^{(0)}(k)$ 经累加生成数列 $\hat{x}^{(1)}(k)$,建立 GM(1,1) 模型:

$$\hat{x}^{(1)}(k) = \left[x^{(0)}(0) - \frac{b}{a}\right]e^{-ak} + \frac{b}{a}$$

得 $\hat{x}^{(1)}(k) = -568e^{-0.06486k} + 574$

(2) 模型精度检验。

模型精度检验结果见表 7-4。

表 7-4 模型精度检验

k	统计值 $x^{(0)}(k+1)$	预测值 $\hat{x}^{(1)}(k)$	残值 $e(k+1)$	相对误差/%
0	6	6	0	0
1	20	35.67	−15.67	−78.35
2	40	33.43	6.59	16.42

k	统计值 $x^{(0)}(k+1)$	预测值 $\hat{x}^{(1)}(k)$	残值 $e(k+1)$	相对误差/%
3	25	31. 33	-6.33	-25.33
4	40	29. 36	8. 64	26. 59
5	45	28. 52	18. 48	38. 85
6	35	25. 79	9. 21	26. 31
7	21	24. 17	-3.17	-15.10
8	14	22. 65	-8.65	-61.81
9	18	21. 23	-3.28	-18.95
10	15. 5	19. 89	-4.39	-28.37
11	17	18. 64	-1.65	9. 69
12	15	18. 7	-2.47	16. 51

由上表可见,预测值在原点误差高达 16.51%,残差检验为不合格,因此有必要利用 $e^{(0)}(k)$ 建立残差 GM(1,1)模型。

若建立残差模型,首先是选取残差数据个数,因为残差模型对原点附近的数据修正效果好,我们选取最后 5 个残差建模,先不考虑负号,记残差序列为

$$e^{(0)}(i') = \{e^{(0)}(1'),e^{(0)}(2'),e^{(0)}(3'),e^{(0)}(4'),e^{(0)}(5')\} =$$
$$\{8.65,3.28,4.39,1.65,2.47\}$$

按残差 $e(k)$ 建立模型,有:

$$\hat{e}^{(1)}(k+1) = -24\mathrm{e}^{-0.16855k} + 32.7$$

求导数可得:

$$\hat{e}^{(0)}(k+1) = 4.045\mathrm{e}^{-0.16855k}$$

综合考虑残差序列的负号,其修正后的模型为

$$\hat{x}^{(1)}(k+1) = 36.84\mathrm{e}^{-0.064886k} - \delta(k-8)*4.045\mathrm{e}^{-0.16855k}$$

其中: $\delta(k-8) = \begin{cases} 1, & k \geqslant 8 \\ 0, & k < 8 \end{cases}$

按修正模型作精度检验,结果见表 7 - 5。

由表 7 - 5 可见,预测值在原点的误差减小了,从原来的 16.5% 减小到 1.08%。

表 7 − 5　模型精度检验

序号 k	统计值	预测值	残差(修正后)	相对误差/%
8	14	17.92	− 3.92	− 28
9	18	17.15	0.85	4.7
10	15.5	16.37	− 0.87	− 5.6
11	17	15.60	1.4	8.2
12	15	14.84	0.16	1.08

7.3.2　残差均值修正 GM(1,1) 模型

如果按原始数据 $\{x^{(0)}(k)\}$ 建立的 GM(1,1) 模型,经检验不合格,则对原模型进行修正的最简单的方法,就是对模型预测值 $\hat{x}^{(0)}(k)$ 都加上残差平均值 $\bar{q}$,即修正后的预测值为 $\hat{x}^{(0)}(k) + \bar{q}$,不妨称此新模型为残差均值修正模型。这样可以十分容易地大大提高新模型的预测精度。

例 7 − 5　利用例 7 − 4 中的数据对残差均值 GM(1,1) 修正模型进行检验。

1. 模型精度检验

首先,对残差均值作显著性检验,即在显著水平 $a = 0.05$ 下,检验假设

$$H_0 : \mu_0 = 0$$

容易算得残差均值 $\bar{q} = -0.147$,而残差方差(修正方差)$S_2^2 = 86.8754$, $S_2 = 9.3207$。样本容量 $n = 12$,应用 t − 检验,由 T 值计算公式算得 T 值为

$$T = \frac{0.147}{9.3207} \times \sqrt{12} = 0.055$$

查 t 分布表,知自由度为 11 的 $(a = 0.05)$ 临界值 $t_{0.05} = 2.20$。现在 T 值小于 $t_{0.05}$,没有理由拒绝假设,故可认为残差 $q(k)$ 近似于 $N(0, (9.3207)^2)$ 分布。于是可以预测,大约有 95.4% 的把握预知残差落在区间 $(-2S_2, 2S_2)$ 内,即落在 $(-2 \times 9.3207, 2 \times 9.3207)$ 内的可能性大约是 95.4%。由于 S_2 较大,预测区间较大,故模型预测精度差。

其次,从比较表 7 − 4 中看出,最大相对误差高达 78.357%,次大的也高达负 61.3101%,最小的也有负 9.6986%。模型精度很差。

2. 对原模型进行修正

首先我们注意到,自 k 从 8 开始后,残差 $q(k)$ 值都是负数,说明在 8 ~ 13 这一段时间内,原模型计算值偏大了。为了提高预测精度,原模型应予以修正。在进行修正之前,我们先来看看,这一段时间内,残差均值 $\bar{q}$ 是否显著地偏离了

零,即在显著性水平 $a = 0.05$ 下,检验假设

$$H_0 : \mu_0 = 0$$

容易算得残差均值

$$\bar{q} = \frac{1}{6} \sum_{k=8}^{13} q(k) = -3.9377$$

残差方差 $S_2^2 = 6.2031$, $S_2 = 2.4906$。在显著性水平 $a = 0.05$ 下,应用 t - 检验,算得 T 值为

$$T = \frac{3.9377}{2.4906} \times \sqrt{6} = 3.8727 > 2.02$$

这里 2.02 是自由度为 5 的 $(a = 0.05)$ t - 分布临界值。可见在显著性水平 $\alpha = 0.05$ 下应拒绝原假设 H_0,即残差均值显著地偏离于 0。

下面建立残差均值修正模型。

自 $k = 8$ 以后,应用残差均值修正模型,即应用新模型的计算值为 $\hat{x}^{(0)'}(k) = \hat{x}^{(0)}(k) + \bar{q}$, $k = 8, 9, 10, 11, 12, 13$, $\bar{q} = -3.9377$。有如表 7 - 6 所列的计算结果:

表 7 - 6 残差均值修正结果

序号 k	新模型计算值 $\hat{x}^{(0)'}(k)$	残差 $q'(k)$	相对误差 $e'(k)/\%$
8	20.2343	0.7657	3.64
9	18.7157	4.7157	-33.68
10	18.2930	0.7070	3.920
11	15.9597	-0.4597	-2.96
12	14.7101	2.2900	13.47
13	13.5391	1.4609	9.70

与应用残差 GM(1,1) 修正模型比较,它的计算结果如表 7 - 7 所列。

表 7 - 7 残差修正结果

序号 k	修正模型值 $\hat{x}^{(0)}(k)$	残差 $q(k)$	相对误差 $e(k)/\%$
11	15.84	-0.34	-2.2
12	15.15	1.85	8.8
13	13.06	1.04	6.9

原表中只列出了后三个数据的拟合情形。仅从这三个数据的拟合情形来看,残差均值修正模型略差一些,预测精度几乎是一样的。

7.3.3 尾部数列 GM(1,1) 修正模型

由于建立的 GM(1,1) 模型的时间响应函数:

$$\hat{x}^{(1)}(k+1) = \left(x^{(0)} - \frac{u}{a}\right)e^{-ak} + \frac{u}{a}$$

是指数型曲线,还原成模型预测值 $\hat{x}^{(0)}(k)$ 后,如果检验(见7.2.3节)不合格,往往发现自 k 从某一项 s 后,预测值明显地比实际值偏大或者偏小,说明这时进行修正才是有意义的。我们在实践中发现,与其应用残差 GM(1,1) 修正模型,不如直接了当更好些,即对原始数列 $\{x^{(0)}(k)\}$,去掉前 $s-1$ 个数据,对后 $n-s+1$ 个数据 $x^{(0)}(s),x^{(0)}(s+1),\cdots,x^{(0)}(n)$ 重新建立 GM(1,1) 模型。然后还原求得预测模型,不妨称此模型为尾部数列 $GM(1,1)$ 修正模型。这样做效果特别好,具有明显的实践意义和有效的使用价值,更充分体现了灰色建模的优越性。其检验见7.2.3节。

上例中,尾部数列 GM(1,1) 修正模型的建立过程如下。

对原始数列 $\{x^{(0)}(k)\}$ 的后六个数据 $x^{(0)}(8),x^{(0)}(9),x^{(0)}(10),x^{(0)}(11)$, $x^{(0)}(12),x^{(0)}(13)$ 应用 GM(1,1) 建模方法,求得模型的时间响应函数为

$$\hat{x}^{(1)}(k+8) = \left(x^{(0)}(8) - \frac{b}{a}\right)e^{-ak} + \frac{b}{a} =$$

$$3640.777778e^{-0.004293k} - 3619.777778$$

由此有如表7-8所列的计算结果。

表7-8 尾数数列修正结果

序号 k	尾部 GM(1,1) 模型计算值 $\hat{x}^{(0)}(k)$	原始序列 $x^{(0)}(k)$	残差 $q(k)$ $(\hat{x}^{(0)}(k) - x^{(0)}(k))$	相对误差 $e(k)/\%$
9	15.66	14	-1.66	-11.88
10	15.73	18	2.27	12.61
11	15.79	15.5	-0.29	-1.92
12	15.87	17	1.13	6.66
13	15.93	15	-0.93	-6.23

与上面两表比较,模型精度大大提高了。进一步可以看出,尾部 GM(1,1) 修正模型对后6个数据拟合得比较好,说明这后6个数据比较有规律。原始数列自时刻8以后规律性增强了,自应对后面数据重新建立 GM(1,1) 模型来描述,这就是尾部 GM(1,1) 修正模型的实际意义。从这里我们进一步得到启发,

要研究 1~13 时刻油菜发病率,应从时刻 8 分开,其前后可能有不同的因素影响,应分别寻找 GM(1,1) 模型,或其他模型来描述,以提高模型描述的精度。

现在,就上述数据 $\{x^{(0)}(k)\}$,$\{\hat{x}^{(0)}(k)\}$ 和 $\{x(k)\}$ 来对模型的预测精度的检验进行讨论。

第一,首先检验残差 $q(k)$ 的平均值是否显著地偏离于 0,即对假设

$$H_0 : \mu_0 = 0$$

作小子样的 t 检验。如果在显著性水平 α(通常取 $\alpha = 0.05$)下假设成立,则可认为残差 $q(k)$ 是近似地服从 $N(0,\sigma^2)$ 分布。于是可用残差方差 S_2^2 来估计 σ^2,得知大约有 95.4% 的把握,预测值 $\hat{x}^{(0)}(k)$ 与真实值 $x^{(0)}(k)$ 的残差 $q(k)$ 落在区间 $(-2S_2, 2S_2)$ 内。残差方差 S_2^2 起到刻划预测的绝对精度的作用,95.4% 便是要求的预测可信的程度。

但是,如果在显著性水平 α 下($\alpha = 0.05$),拒绝原假设 H_0,即检验结果 $\mu_0 \neq 0$,说明残差均值 $\bar{q}$ 在显著性水平 α 下,显著地偏离于 0。在这种情形下,表明预测值 $\hat{x}^{(0)}(k)$ 明显地偏离实际值 $x^{(0)}(k)$ 或者偏大,或者偏小。说明预测模型精度较差,并有改进的可能。可以采取对原预测模型进行修正的方法予以改进。一个最简单的修正方法是,对原预测值都同时加上残差均值 $\bar{q}$ 得到新预测值 $\hat{x}^{(0)'}(k)$,$\hat{x}^{(0)'}(k) = \hat{x}^{(0)}(k) + \bar{q}$,此时新残差 $q'(k)$ 为 $q'(k) = x^{(0)}(k) - \hat{x}^{(0)'}(k) = q(k) - \bar{q}$,$k = 1, 2, \cdots, n$。可见残差 $q'(k)$ 的平均值 $\bar{q}'(k) = 0$,而残差 $q'(k)$ 的方差仍为 S_2^2。残差 $q'(k)$ 近似于 $N(0, S_2)$ 分布,显然修正后的新模型预测值 $\hat{x}^{(0)'}(k)$ 精度明显地提高了。

第二,光有绝对精度的估计是不够的,要深刻刻划预测精度,还必须同时结合相对误差来考察。采用的相对误差或相对残差是 $q(k)/x^{(0)}(k)$ 的百分数。如果相对误差的最大值不能满足实际问题的需要,看看此最大值对应的实际值 $x^{(0)}(k)$ 是否属于特异值。假若是特异值,去掉它,再考察次最大值,等等。假若不是特异值,说明预测模型不够理想,此时可以根据实际问题的需要,对预测模型作进一步的研究。

7.4 直接灰色模型 DGM(1,1)

7.4.1 模型描述

从建立 GM(1,1) 的过程可以看出,通过 GM(1,1) 得到的只是计算数据 $\hat{x}^{(1)}(k)$,为了得到与实际数据直接相关的还原数据 $\hat{x}^{(0)}(k)$,还必须对 $\hat{x}^{(1)}(k)$

进行一次累减生成处理,其原因在于 GM(1,1) 只是直接描述了 $x^{(1)}$ 的变化规律。对系统的动态特性进行分析处理以及实际中的许多应用问题却要求最好能得到直接描述原数列的变化规律的灰色模型。另外,在描述一个由多因素组成的灰色系统的动态特性时,建立一个能够直接描述原数列变化规律的 GM 甚至是必要的。为了解决这一问题,冯正元从 GM 建模基本原理出发,提出了一种直接描述原数列变化规律或原数列间的相互关系的灰色微分方程模型(下简称 DGM)。

根据前述的一次累加数列的定义,存在

$$x^{(1)}(k) = \sum_{m=1}^{k} x^{(0)}(m)$$

由此可以得到

$$x^{(1)}(k) = \sum_{m=1}^{k-1} x^{(0)}(m) + x^{(0)}(k) = x^{(1)}(k-1) + x^{(0)}(k)$$

$$x^{(0)}(k) = x^{(1)}(k) - x^{(1)}(k-1), (x^{(1)}(0)) = 0$$

与一次累减数列定义中的有关条件

$$x^{(-1)}(k) = x^{(0)}(k) - x^{(0)}(k-1), x^{(0)}(-1) = 0$$

相比较,若把 $x^{(1)}$ 看成是原数列的话,则 $x^{(0)}$ 可看成是 $x^{(1)}$ 的一次累减数列。从这个意义上来说,$x^{(1)}$ 与 $x^{(0)}$ 之间的关系等效于 $x^{(0)}$ 与 $x^{(-1)}$ 之间的关系。因此,若把矩阵 $\boldsymbol{\phi}$ 中的 $x^{(1)}$ 用 $x^{(0)}$ 替换,矩阵 $\boldsymbol{Y}$ 中的 $x^{(0)}$ 用 $x^{(-1)}$ 替换,则可得到直接描述 $x^{(0)}$ 的 DGM(1,1)。这种替换方法不妨称作为相对替换法。与此相应,建立 DGM(1,1) 的步骤与建立 GM(1,1) 的步骤类似。

DGM(1,1) 可写成

$$\frac{\mathrm{d}x^{(0)}}{\mathrm{d}t} + ax^{(0)} = b$$

其中,$x^{(0)} = \{x^{(0)}(1), x^{(0)}(2), \cdots, x^{(0)}(n)\}$,$a$ 及 b 为待定常数,其值由 $x^{(0)}$ 决定。为清楚起见,简述计算 a 及 b 的方法如下:

(1)求出矩阵 $\boldsymbol{\phi}$ 及 $\boldsymbol{Y}_N$

$$\boldsymbol{\phi} = \begin{bmatrix} -z^{(0)}(1) & 1 \\ -z^{(0)}(2) & 1 \\ \vdots & \vdots \\ -z^{(0)}(n-1) & 1 \end{bmatrix}, \quad \boldsymbol{Y}_N = \begin{bmatrix} x^{(-1)}(2) \\ x^{(-1)}(3) \\ \vdots \\ x^{(-1)}(n) \end{bmatrix}$$

其中

$$z^{(0)}(k) = \frac{1}{2}(x^{(0)}(k) + x^{(0)}(k+1))$$

（2）求出 a 及 b

$$[a,b]^{\mathrm{T}} = (\boldsymbol{\phi}^{\mathrm{T}}\boldsymbol{\phi})^{-1}\boldsymbol{\phi}^{\mathrm{T}}Y_N$$

可以证明，当 $x^{(0)}(i)$ 变为 $c + x^{(0)}(i)$（c 是常数）时，a 保持不变，而 b 变为 $b + ca$（性质 1）；当 $x^{(0)}(i)$ 变为 $cx^{(0)}(i)$ 时，a 保持不变，而 b 变为 cb（性质 2）。

7.4.2　模型应用

例 7-6　用例 7-1 中的原数列 $x^{(0)}$ 建立 DGM(1,1)。

解：

（1）求出 $x^{(0)}$ 的一次累减数列 $x^{(-1)}$。由例 7-2 知：

$$x^{(-1)} = \{2.874, 0.404, 0.059, 0.053, 0.289\}$$

（2）确定数据矩阵 $\boldsymbol{\phi}, Y_N$。

$$\boldsymbol{\phi} = \begin{bmatrix} -\frac{1}{2}(x^{(0)}(1) + x^{(0)}(2)) & 1 \\ -\frac{1}{2}(x^{(0)}(2) + x^{(0)}(3)) & 1 \\ -\frac{1}{2}(x^{(0)}(3) + x^{(0)}(4)) & 1 \\ -\frac{1}{2}(x^{(0)}(4) + x^{(0)}(5)) & 1 \end{bmatrix} = \begin{bmatrix} -3.0760 & 1 \\ -3.3075 & 1 \\ -3.3635 & 1 \\ -3.5345 & 1 \end{bmatrix}$$

$$Y_N = [x^{(-1)}(2), x^{(-1)}(3), x^{(-1)}(4), x^{(-1)}(5)]^{\mathrm{T}}$$
$$= [0.404, 0.059, 0.053, 0.289]^{\mathrm{T}}$$

（3）计算 $(\boldsymbol{\phi}^{\mathrm{T}}\boldsymbol{\phi})^{-1}$（略）。

（4）求参数列。

$$\hat{b} = (\boldsymbol{\phi}^{\mathrm{T}}\boldsymbol{\phi})^{-1}\boldsymbol{\phi}^{\mathrm{T}}Y_N = \begin{bmatrix} a \\ b \end{bmatrix} = \begin{bmatrix} 0.32826 \\ 1.29121 \end{bmatrix}$$

（5）建立模型。

$$\frac{\mathrm{d}x^{(0)}}{\mathrm{d}t} + 0.32826x^{(0)} = 1.29121$$

$$\hat{x}^{(0)}(k+1) = \left(x^{(0)}(1) - \frac{b}{a}\right)e^{-b_1 k} + \frac{b}{a} =$$

$$\left(2.874 - \frac{1.29121}{0.32826}\right)e^{-0.32826k} + \frac{1.29121}{0.32826} =$$

$$3.93345 - 1.05945e^{-0.32826k}$$

（6）精度检验。

设通过 $x^{(0)}$ 的 GM(1,1) 得到的还原数据为 $\hat{x}^{(0)}(k)$，通过 $x^{(0)}$ 的 DGM(1,1) 得到的计算数据为 $\hat{x}_d^{(0)}(k)$，利用 $x^{(0)}$ 建立的 GM(1,1) 为

$$\hat{x}^{(1)}(k+1) = 85.26653e^{0.0372k} - 82.39253$$

$$\hat{x}^{(0)}(k) = \hat{x}^{(1)}(k) - \hat{x}^{(1)}(k-1), \hat{x}^{(0)}(0) = \hat{x}^{(1)}(0)$$

下面用三种方法检验。

① 残差检验。据上列公式可求得 DGM(1,1) 及 GM(1,1) 的残差，见表 7-9。

上表中：$e_d(k) = \dfrac{x^{(0)}(k) - \hat{x}_d^{(0)}(k)}{x^{(0)}(k)} \times 100\%$

$$e(k) = \dfrac{x^{(0)}(k) - \hat{x}^{(0)}(k)}{x^{(0)}(k)} \times 100\%$$

表 7-9　模型精度检验

e ＼ k	2	3	4	5
$e_d(k)$	3.281%	-1.407%	-4.358%	0.83%
$e(k)$	1.414%	-0.513%	-2.692%	1.789%

② 后验差检验。小误差概率 $p = 1(1.0)$，括号中的数值系运用 GM(1,1) 时所得到的结果，下同。

后验差比值 $C = 0.36541(0.23742)$

根据 $p > 0.95, C < 0.35$ 为一级，所以本模型接近为一级。

③ 关联度检验。关联度 $\xi = 0.91905(0.94418)$。

讨论：由于 DGM 可以用来直接描述单个离散变量的动态变化规律或多个离散变量之间的动态关系，这就给描述及分析灰色系统提供了一个新的工具。然而，在原离散变量的随机性较强时，由于未对原数列进行累加生成处理，DGM 的精度可能会变低。在这种情况下可通过建立残差 DGM 模型或包络 DGM 模型来改善精度。

7.5　其他灰色模型

7.5.1　GM(1,N)

定义 7-4　设 $X_1^{(0)} = (x_1^{(0)}(1), x_1^{(0)}(2), \cdots, x_1^{(0)}(n))$ 为系统特征数据序

列,而
$$X_2^{(0)} = (x_2^{(0)}(1), x_2^{(0)}(2), \cdots, x_2^{(0)}(n))$$
$$X_3^{(0)} = (x_3^{(0)}(1), x_3^{(0)}(2), \cdots, x_3^{(0)}(n))$$
$$\vdots$$
$$X_N^{(0)} = (x_N^{(0)}(1), x_N^{(0)}(2), \cdots, x_N^{(0)}(n))$$

为相关因素序列,$X_i^{(1)}$ 为 $X_i^{(0)}$ 的 1 - AGO 序列($i = 1, 2, \cdots, N$),$z_1^{(1)}$ 为 $X_1^{(1)}$ 的紧邻均值生成序列,则称

$$x_1^{(0)}(k) + az_1^{(1)}(k) = \sum_{i=2}^{N} b_i x_i^{(1)}(k) \tag{7-3}$$

为 GM(1,N)灰色微分方程。

定义 7 - 5 在 GM(1,N)灰色微分方程中,$(-a)$ 称为系统发展系数,$b_i x_i^{(1)}(k)$ 称为驱动项,b_i 为驱动系数,$\hat{\boldsymbol{\theta}} = [a, b_2, b_3, \cdots, b_N]^{\mathrm{T}}$ 称为参数列。

定理 7 - 1 设 $X_1^{(0)}$ 为系统特征数据序列,$X_i^{(0)}$($i = 2, 3, \cdots, N$)为相关因素数据序列,$X_i^{(1)}$ 为诸 $X_i^{(0)}$ 的 1 - AGO 序列,$Z_1^{(1)}$ 为 $X_1^{(1)}$ 的紧邻均值生成序列。

$$\boldsymbol{\phi} = \begin{bmatrix} -z_1^{(1)}(2) & x_2^{(1)}(2) & \cdots & -x_N^{(1)}(2) \\ -z_1^{(1)}(3) & x_2^{(1)}(3) & \cdots & -x_N^{(1)}(3) \\ \cdots & \cdots & \cdots & \cdots \\ -z_1^{(1)}(N) & x_2^{(1)}(N) & \cdots & -x_N^{(1)}(N) \end{bmatrix}, \quad Y = \begin{bmatrix} x_1^{(0)}(2) \\ x_1^{(0)}(3) \\ \cdots \\ x_1^{(0)}(N) \end{bmatrix}$$

则参数列 $\hat{\boldsymbol{\theta}} = [a, b_2, b_3, \cdots, b_N]^{\mathrm{T}}$ 的最小二乘估计满足

$$\hat{\boldsymbol{\theta}} = (\boldsymbol{\phi}^{\mathrm{T}}\boldsymbol{\phi})^{-1}\boldsymbol{\phi}^{\mathrm{T}}Y$$

定义 7 - 6 设 $\hat{a} = [a, b_2, b_3, \cdots, b_N]^{\mathrm{T}}$,则称

$$\frac{\mathrm{d}x_1^{(1)}}{\mathrm{d}t} + ax_1^{(1)} = b_2 x_2^{(1)} + b_3 x_3^{(1)} + \cdots + b_N x_N^{(1)} \tag{7-4}$$

为 GM(1,N)灰色微分方程

$$x_1^{(0)}(k) + az_1^{(1)}(k) = b_2 x_2^{(1)}(k) + b_3 x_3^{(1)}(k) + \cdots + b_N x_N^{(1)}(k)$$

的白化方程,也称影子方程。

定理 7 - 2 设 $X_i^{(0)}, X_i^{(1)}$($i = 1, 2, \cdots, N$),$Z_1^{(1)}, \boldsymbol{\phi}, Y$ 如定理 7 - 1 所述。

$$\hat{\boldsymbol{\theta}} = [a, b_2, b_3, \cdots, b_N]^{\mathrm{T}} = (\boldsymbol{\phi}^{\mathrm{T}}\boldsymbol{\phi})^{-1}\boldsymbol{\phi}^{\mathrm{T}}Y$$

则

(1) 白化方程 $\dfrac{\mathrm{d}x_1^{(1)}}{\mathrm{d}t} + ax_1^{(1)} = \sum\limits_{i=2}^{N} b_i x_i^{(1)}$ 的解为

$$x^{(1)}(t) = e^{-at}\Big[\sum_{i=2}^{N}\int b_i x_i^{(1)}(t)e^{at}dt + x^{(1)}(0) - \sum_{i=2}^{N}\int b_i x_i^{(1)}(0)dt\Big] =$$

$$e^{-at}\Big[x^{(1)}(0) - t\sum_{i=2}^{N}b_i x_i^{(1)}(0) + \sum_{i=2}^{N}\int b_i x_i^{(1)}(t)e^{at}dt\Big]$$

$$(7-5)$$

（2）当 $X_i^{(1)}(i=1,2,\cdots,N)$ 变化幅度很小时，可视 $\sum_{i=2}^{N}b_i x_i^{(1)}(k)$ 为灰常量，则 GM(1,N) 灰色微分方程

$$x_1^{(0)}(k) + az_1^{(1)}(k) = \sum_{i=2}^{N}b_i x_i^{(1)}(k)$$

的近似时间响应式为

$$\hat{x}_1^{(1)}(k+1) = \Big(x_1^{(1)}(0) - \frac{1}{a}\sum_{i=2}^{N}b_i x_i^{(1)}(k+1)\Big)e^{-ak} +$$

$$\frac{1}{a}\sum_{i=2}^{N}b_i x_i^{(1)}(k+1)$$

$$(7-6)$$

其中，$x_1^{(1)}(0)$ 取为 $x_1^{(1)}(1)$。

（3）累减还原式为

$$\hat{x}_1^{(0)}(k+1) = a^{(1)}\hat{x}_1^{(1)}(k+1) = \hat{x}_1^{(1)}(k+1) - \hat{x}_1^{(1)}(k)$$

（4）GM(1,N) 差分模拟式为

$$\hat{x}_1^{(0)}(k) = -az_1^{(1)}(k) + \sum_{i=2}^{N}b_i x_i^{(1)}(k)$$

7.5.2　GM(0,N)

定义 7-7　设 $X_1^{(0)}$ 为系统特征数据序列，$X_i^{(0)}(i=2,3,\cdots,N)$ 为相关因素序列，$X_i^{(1)}$ 为诸 $X_i^{(0)}(i=2,3,\cdots,N)$ 的 1-AGO 序列，则称

$$X_1^{(1)} = b_2 X_2^{(1)} + b_3 X_3^{(1)} + \cdots + b_N X_N^{(1)} + a \qquad (7-7)$$

为 GM(0,N) 模型。

GM(0,N) 不含导数，因此为静态模型。它形如多元线性回归模型，但与一般的多元线性回归模型有着本质的区别。一般的多元线性回归建模以原始数据序列为基础，GM(0,N) 的建模基础则是原始数据的 1-AGO 序列。

定理 7-3　设 $X_i^{(0)}$，$X_i^{(1)}$ 如定义 7-7 所述，

$$\phi = \begin{bmatrix} x_2^{(1)}(2) & x_3^{(1)}(2) & \cdots & x_N^{(1)}(2) & 1 \\ x_2^{(1)}(3) & x_3^{(1)}(3) & \cdots & x_N^{(1)}(3) & 1 \\ \cdots & \cdots & \cdots & \cdots & \cdots \\ x_2^{(1)}(N) & x_3^{(1)}(N) & \cdots & x_N^{(1)}(N) & 1 \end{bmatrix}, \quad Y = \begin{bmatrix} x_1^{(1)}(2) \\ x_1^{(1)}(3) \\ \vdots \\ x_1^{(1)}(N) \end{bmatrix}$$

则参数列 $\hat{\theta} = [b_2, b_3, \cdots, b_N, a]^T$ 最小二乘估计为

$$\hat{\theta} = (\phi^T \phi)^{-1} \phi^T Y$$

例 7-7 设系统特征数据序列为

$$X_1^{(0)} = (2.874, 3.278, 3.307, 3.39, 3.679) = \{x_1^{(0)}(k)\}_1^5$$

相关因素数据序列为

$$X_2^{(0)} = (7.04, 7.645, 8.075, 8.53, 8.774) = \{x_2^{(0)}(k)\}_1^5$$

试分别建立 GM(1,2) 和 GM(0,2) 模型。

解 (1) 设 GM(1,2) 白化方程为

$$\frac{\mathrm{d}x_1^{(1)}}{\mathrm{d}t} + ax_1^{(1)} = bx_2^{(1)}$$

对 $X_1^{(0)}$ 和 $X_2^{(0)}$ 作 1-AGO，得

$$X_1^{(1)} = (x_1^{(1)}(1), x_1^{(1)}(2), x_1^{(1)}(3), x_1^{(1)}(4), x_1^{(1)}(5)) =$$
$$(2.874, 6.152, 9.459, 12.849, 16.528)$$
$$X_2^{(1)} = (x_2^{(1)}(1), x_2^{(1)}(2), x_2^{(1)}(3), x_2^{(1)}(4), x_2^{(1)}(5)) =$$
$$(7.04, 14.685, 22.76, 31.29, 40.064)$$

$X_1^{(1)}$ 的紧邻均值生成序列

$$Z_1^{(1)} = (z_1^{(1)}(2), z_1^{(1)}(3), z_1^{(1)}(4), z_1^{(1)}(5)) =$$
$$(4.513, 7.8055, 11.154, 14.6885)$$

于是有

$$\phi = \begin{bmatrix} -z_1^{(1)}(2) & x_2^{(1)}(2) \\ -z_1^{(1)}(3) & x_2^{(1)}(3) \\ -z_1^{(1)}(4) & x_2^{(1)}(4) \\ -z_1^{(1)}(5) & x_2^{(1)}(5) \end{bmatrix} = \begin{bmatrix} -4.513 & 14.685 \\ -7.8055 & 22.76 \\ -11.154 & 31.29 \\ -14.6885 & 40.064 \end{bmatrix}$$

$$Y = [x_1^{(0)}(2), x_1^{(0)}(3), x_1^{(0)}(4), x_1^{(0)}(5)]^T = [3.278, 3.307, 3.390, 3.679]^T$$

所以

$$\hat{\theta} = \begin{bmatrix} a \\ b \end{bmatrix} = (\phi^T \phi)^{-1} \phi^T Y = \begin{bmatrix} 2.2273 \\ 0.9068 \end{bmatrix}$$

得估计模型

$$\frac{\mathrm{d}x_1^{(1)}}{\mathrm{d}t} + 2.2273x_1^{(1)} = 0.9068x_2^{(1)}$$

近似时间响应式

$$\hat{x}_1^{(1)}(k+1) = \left(x_1^{(0)} - \frac{b}{a}x_2^{(1)}(k+1)\right)e^{-ak} + \frac{b}{a}x_2^{(1)}(k+1) =$$

$$(2.874 - 0.4071x_2^{(1)}(k+1))e^{-2.2273k} + 0.4071x_2^{(1)}(k+1)$$

由此可得

$$\hat{x}_1^{(1)}(2) = 5.6436, \hat{x}_1^{(1)}(3) = 9.1913, \hat{x}_1^{(1)}(4) = 12.7258, \hat{x}_1^{(1)}(5) = 16.3082$$

作 IAGO 还原

$$\hat{x}_1^{(0)}(k) = \hat{x}_1^{(1)}(k) - \hat{x}_1^{(1)}(k-1)$$

$$\hat{X}_1^{(0)} = (\hat{x}_1^{(0)}(1), \hat{x}_1^{(0)}(2), \hat{x}_1^{(0)}(3), \hat{x}_1^{(0)}(4), \hat{x}_1^{(0)}(5)) =$$

$$(2.874, 2.770, 3.548, 3.535, 3.582)$$

误差检验情况见表 7 - 10。

表 7 - 10   误差检验表

序　号	原始数据 $x^{(0)}(k)$	模拟值 $\hat{x}^{(0)}(k)$	残　差 $\varepsilon(k) = x^{(0)}(k) - \hat{x}^{(0)}(k)$	相对误差 $\Delta k = \dfrac{\lvert \varepsilon(k)\rvert}{x^{(0)}(k)}$
2	3.278	2.770	0.508	15.5%
3	3.307	3.548	-0.241	7.3%
4	3.390	3.535	-0.145	4.3%
5	3.679	3.582	0.097	2.6%

(2) 设 GM(0,2)模型为 $X_1^{(1)} = bX_2^{(1)} + a$，由

$$\boldsymbol{\phi} = \begin{bmatrix} x_2^{(1)}(2) & 1 \\ x_2^{(1)}(3) & 1 \\ x_2^{(1)}(4) & 1 \\ x_2^{(1)}(5) & 1 \end{bmatrix} = \begin{bmatrix} 14.685 & 1 \\ 22.76 & 1 \\ 31.29 & 1 \\ 40.064 & 1 \end{bmatrix}, \quad \boldsymbol{Y} = \begin{bmatrix} x_1^{(1)}(2) \\ x_1^{(1)}(3) \\ x_1^{(1)}(4) \\ x_1^{(1)}(5) \end{bmatrix} = \begin{bmatrix} 6.152 \\ 9.459 \\ 12.849 \\ 16.528 \end{bmatrix}$$

可得 $\hat{\theta} = [b,a]^{\mathrm{T}}$ 的最小二乘估计

$$\hat{\theta} = \begin{bmatrix} b \\ a \end{bmatrix} = (\boldsymbol{\phi}^{\mathrm{T}}\boldsymbol{\phi})^{-1}\boldsymbol{\phi}^{\mathrm{T}}Y = \begin{bmatrix} 0.412435 \\ -0.482515 \end{bmatrix}$$

故有 GM(0,2)估计式 $\hat{x}_1^{(1)}(k) = 0.412435 x_2^{(1)}(k) - 0.482515$。

由此可得

$$\hat{x}_1^{(1)}(1) = 2.421, \hat{x}_1^{(1)}(2) = 5.574, \hat{x}_1^{(1)}(3) = 8.905,$$

$$\hat{x}_1^{(1)}(4) = 12.423, \hat{x}_1^{(1)}(5) = 16.042$$

作 IAGO 还原

$$\hat{x}_1^{(0)}(k) = \hat{x}_1^{(1)}(k) - \hat{x}_1^{(1)}(k-1)$$

$$\hat{X}_1^{(0)} = (\hat{x}_1^{(0)}(1), \hat{x}_1^{(0)}(2), \hat{x}_1^{(0)}(3), \hat{x}_1^{(0)}(4), \hat{x}_1^{(0)}(5)) =$$

$$(2.421, 3.153, 3.331, 3.518, 3.619)$$

误差检验情况见表 7-11。

表 7-11　误差检验表

序　号	原始数据 $x^{(0)}(k)$	模拟值 $\hat{x}^{(0)}(k)$	残　差 $\varepsilon(k) = x^{(0)}(k) - \hat{x}^{(0)}(k)$	相对误差 $\Delta k = \dfrac{|\varepsilon(k)|}{x^{(0)}(k)}$
2	3.278	3.153	0.125	3.8%
3	3.307	3.331	-0.024	0.7%
4	3.390	3.518	-0.128	3.8%
5	3.679	3.619	0.06	1.6%

7.5.3　GM(2,1)

GM(1,1)适用于具有较强指数规律的序列,只能描述单调的变化过程。对于非常调的摆动发展序列或有饱和的 S 形序列,可以考虑建立 GM(2,1),DGM 和 Verhulst 模型。其中,DGN 已在 7.4 节中介绍,下面仅介绍 GM(2,1)。

定义 7-8　设原始序列

$$X^{(0)} = (x^{(0)}(1), x^{(0)}(2), \cdots, x^{(0)}(n))$$

其 1-AGO 序列 $X^{(1)}$ 和 1-AGO 序列 $a^{(1)}X^{(0)}$ 分别为

$$X^{(1)} = (x^{(1)}(1), x^{(1)}(2), \cdots, x^{(1)}(n))$$

和

$$X^{(-1)} = (x^{(-1)}(2), \cdots, x^{(-1)}(n))$$

其中

$$x^{(-1)}(k) = x^{(0)}(k) - x^{(0)}(k-1), k = 2, \cdots, n$$

$X^{(1)}$ 的紧邻均值生成序列为

$$Z^{(1)} = (z^{(1)}(2), z^{(1)}(3), \cdots, z^{(1)}(n))$$

则称

$$X^{(-1)} + a_1 X^{(0)} + a_2 Z^{(1)} = b \qquad (7-8)$$

为 GM(2,1)灰色微分方程。

定义 7 – 9 称

$$\frac{\mathrm{d}^2 x^{(1)}}{\mathrm{d}t^2} + a_1 \frac{\mathrm{d}x^{(1)}}{\mathrm{d}t} + a_2 x^{(1)} = b \qquad (7-9)$$

为 GM(2,1)灰色微分方程的白化方程。

定理 7 – 4 设 $X^{(0)}, X^{(1)}, Z^{(1)}, X^{(-1)}$ 如定义 7 – 8 所述,且

$$\boldsymbol{\phi} = \begin{bmatrix} -x^{(0)}(2) & -z^{(0)}(2) & 1 \\ -x^{(0)}(3) & -z^{(0)}(3) & 1 \\ \vdots & \vdots & \vdots \\ -x^{(0)}(n) & -z^{(0)}(n) & 1 \end{bmatrix},$$

$$\boldsymbol{Y} = \begin{bmatrix} x^{(-1)}(2) \\ x^{(-1)}(3) \\ \vdots \\ x^{(-1)}(n) \end{bmatrix} = \begin{bmatrix} x^{(0)}(2) - x^{(0)}(1) \\ x^{(0)}(3) - x^{(0)}(2) \\ \vdots \\ x^{(0)}(n) - x^{(0)}(n-1) \end{bmatrix}$$

则 GM(2.1)参数列 $\hat{\theta} = \begin{bmatrix} a_1 & a_2 & b \end{bmatrix}^T$ 的最小二乘估计为

$$\hat{\theta} = (\boldsymbol{\phi}^T \boldsymbol{\phi})^{-1} \boldsymbol{\phi}^T \boldsymbol{Y}$$

定理 7 – 5 关于 GM(2,1)白化方程的解有以下结论:

(1) 若 $X^{(1)*}$ 是

$$\frac{\mathrm{d}^2 x^{(1)}}{\mathrm{d}t^2} + a_1 \frac{\mathrm{d}x^{(1)}}{\mathrm{d}t} + a_2 x^{(1)} = b$$

的特解, $\overline{X}^{(1)}$ 是对应齐次方程

$$\frac{\mathrm{d}^2 x^{(1)}}{\mathrm{d}t^2} + a_1 \frac{\mathrm{d}x^{(1)}}{\mathrm{d}t} + a_2 x^{(1)} = 0$$

的通解,则 $X^{(1)*} + \overline{X}^{(1)}$ 是 GM(2,1)白化方程的通解。

(2) 齐次方程的通解有以下三种情况:

当特征方程 $r^2 + a_1 r + a_2 = 0$ 有两个不相等的实根 r_1, r_2 时,

$$\overline{X}^{(1)} = C_1 e^{r_1 t} + C_2 e^{r_2 t} \qquad (7-10)$$

当特征方程有重根 r 时

$$\overline{X}^{(1)} = e^{rt}(C_1 + C_2 t) \qquad (7-11)$$

当特征方程有一对共轭复根 $r_1 = \alpha + i\beta, r_2 = \alpha - i\beta$ 时,

$$\overline{X}^{(1)} = e^{\alpha t}(C_1 \cos\beta t + C_2 \sin\beta t) \qquad (7-12)$$

(3) 白化方程的特解有以下三种情况:

当零不是特征方程的根时,$X^{(1)*} = C$;

当零是特征方程的单根时,$X^{(1)*} = Cx$;

当零是特征方程的重根时,$X^{(1)*} = Cx^2$。

例 7-8 设原始序列为

$$X^{(0)} = (x^{(0)}(1), x^{(0)}(2), x^{(0)}(3), x^{(0)}(4), x^{(0)}(5)) =$$
$$(2.874, 3.278, 3.337, 3.39, 3.679)$$

试建立 GM(2,1)灰色微分方程。

解:$X^{(0)}$ 的 1 - AGO 序列和 1 - IAGO 序列分别为

$$X^{(1)} = (2.874, 6.152, 9.489, 12.879, 16.558)$$
$$X^{(-1)} = (0, 0.404, 0.059, 0.053, 0.289)$$

$X^{(1)}$ 的紧邻均值生成序列

$$Z^{(1)} = (4.513, 7.82, 11.184, 14.7185)$$

$$\boldsymbol{\phi} = \begin{bmatrix} -x^{(0)}(2) & -z^{(1)}(2) & 1 \\ -x^{(0)}(3) & -z^{(1)}(3) & 1 \\ -x^{(0)}(4) & -z^{(1)}(4) & 1 \\ -x^{(0)}(5) & -z^{(1)}(5) & 1 \end{bmatrix} = \begin{bmatrix} -3.287 & -4.513 & 1 \\ -3.337 & -7.82 & 1 \\ -3.39 & -11.184 & 1 \\ -3.679 & -14.7185 & 1 \end{bmatrix}$$

$$\boldsymbol{Y} = \begin{bmatrix} x^{(-1)}(2) & x^{(-1)}(3) & x^{(-1)}(4) & x^{(-1)}(5) \end{bmatrix}^{\mathrm{T}} =$$
$$\begin{bmatrix} 0.404 & 0.059 & 0.053 & 0.289 \end{bmatrix}^{\mathrm{T}}$$

$$\hat{\boldsymbol{\theta}} = \begin{bmatrix} a_1 \\ a_1 \\ b \end{bmatrix} = (\boldsymbol{\phi}^{\mathrm{T}}\boldsymbol{\phi})^{-1}\boldsymbol{\phi}^{\mathrm{T}} \quad \boldsymbol{Y} = \begin{bmatrix} 30.48 \\ -1.04 \\ 92.9 \end{bmatrix}$$

故得 GM(2,1)白化方程

$$\frac{\mathrm{d}^2 x^{(1)}}{\mathrm{d}t^2} + 30.48\frac{\mathrm{d}x^{(1)}}{\mathrm{d}t} - 1.04x^{(1)} = 92.9$$

特征方程为 $\lambda^2 + 30.48\lambda - 1.04 = 0$,有两个不相等的实根 $\lambda_1 = 0.0341, \lambda_2 = -30.514$。所以白化方程齐次式

$$\frac{\mathrm{d}^2 x^{(1)}}{\mathrm{d}t^2} + 30.48 \frac{\mathrm{d}x^{(1)}}{\mathrm{d}t} - 1.04x^{(1)} = 0$$

的通解为

$$\overline{X}^{(1)}(t) = C_1 \mathrm{e}^{0.0341t} + C_2 \mathrm{e}^{-30.514t}$$

零不是特征方程的根,易得 GM(2,1)白化方程的一个特解

$$\overline{X}^{(1)*}(t) = -\frac{92.9}{1.04} = -89.3269$$

于是有

$$\hat{X}^{(1)}(t) = \overline{X}^{(1)}(t) + \overline{X}^{(1)*}(t) = C_1 \mathrm{e}^{0.0341t} + C_2 \mathrm{e}^{-30.514t} - 89.3269$$

设 $x^{(0)}(0) = 2.643$,则

$$\frac{\mathrm{d}x^{(1)}}{\mathrm{d}t}\bigg|_{t=0} = x^{(0)}(0) = 2.643$$

将

$$x^{(1)}(t)\big|_{t=0} = x^{(1)}(0) = x^{(0)}(1) = 2.874$$

$$\frac{\mathrm{d}x^{(1)}(t)}{\mathrm{d}t}\bigg|_{t=0} = x^{(0)}(t)\big|_{t=0} = x^{(0)}(0) = 2.643$$

代入

$$\hat{X}^{(1)}(t) = C_1 \mathrm{e}^{0.0341t} + C_2 \mathrm{e}^{-30.514t} - 89.3269$$

可得

$$\begin{cases} 2.874 = C_1 + C_2 - 89.3269 \\ 2.643 = 0.0341C_1 - 30.514C_2 \end{cases}$$

由此可解出 $C_1 = 92.107983, C_2 = 2.931917$,所以

$$\hat{X}^{(1)}(t) = 92.107983\mathrm{e}^{0.0341t} + 2.931917\mathrm{e}^{-30.514t} - 89.3269$$

于是 GM(2,1)的时间响应式为

$$\hat{X}^{(1)}(k+1) = 92.107983\mathrm{e}^{0.0341k} + 2.931917\mathrm{e}^{-30.514k} - 89.3269$$

所以 $\hat{X}^{(1)} = (2.874, 5.9761, 9.2820, 12.7026, 16.2418)$。

作 IAGO 还原

$$\hat{x}^{(0)} = \hat{x}^{(1)}(k) - \hat{x}^{(1)}(k-1)$$

$$\hat{X}^{(0)} = (2.874, 3.1021, 3.3059, 3.4201, 3.5392)$$

误差检验情况见表 7 - 12。

表 7 - 12 误差检验表

序 号	原始数据 $x^{(0)}(k)$	模拟值 $\hat{x}^{(0)}(k)$	残　差 $\varepsilon(k) = x^{(0)}(k) - \hat{x}^{(0)}(k)$	相对误差 $\Delta_k = \dfrac{|\varepsilon(k)|}{x^{(0)}(k)}$
2	3.278	3.1021	0.1759	5.4%
3	3.307	3.3059	0.0311	0.09%
4	3.390	3.4206	-0.0306	0.09%
5	3.679	3.5392	0.1399	3.8%

第 **8** 章

定 性 建 模

8.1 引 言

定性建模方法主要有:模糊建模方法、Kuipers 的定性建模方法、基于符号定向图(Signed Directed Graph,SDG)的建模方法。本章简要介绍这三种建模方法及其应用。

8.2 模糊建模

8.2.1 模糊集合与隶属度函数

模糊的英文名字是 Fuzzy,它具有"不分明","边界不清"的意思。所谓模糊性,主要是指客观事物之间的差异在过渡状态中所呈现的"亦此亦彼"性;如"好与坏"、"美与丑"、"热与冷"、"高与低"都不存在明显的界限,属于模糊概念。模糊数学诞生于 1965 年,它的创始人是美国的自动控制专家 L. A. Zadeh 教授,他首先提出用隶属函数(membership Function)来描述模糊概念,创立了模糊集合论,为模糊数学奠定了基础。他还提出了著名的复杂性与精确性的"不相容原理"(又叫作"互克性原理"),该原理说明事物越复杂,人们对它的认识也就越模糊,也就越需要模糊数学。概括来讲,模糊数学是用来描述、研究、处理事物所具有的模糊特征(即模糊概念)的数学,"模糊"是指它的研究对象,而"数学"是指它的研究方法。

模糊集合是刻划客观事物模糊性的数学工具。从数学上讲,模糊集合是普通集合特征函数概念的推广。

普通集合:给定论域 X(讨论的全部对象的范围),X 上的普通子集 S 可由

其特征函数 $\mu_S(x)$ 唯一确定,即对于 $S \subset X, \forall x \in X$,使

$$\mu_S(x) = \begin{cases} 1, & x \in S \\ 0, & x \notin S \end{cases} \qquad (8-1)$$

从逻辑学角度看,式(8-1)说明的是关于一个元素 x 是否为给定集合 S 的成员的"判定"问题。这里只有两种可能:"是"或者"不是"。对于一个集合 A,其中的某个元素 x 对集合 A 的隶属程度由其特征函数 X_A 唯一确定。

对于经典集合理论,一个元素对该集合的隶属程度只有两种情况,绝对属于与绝对不属于,反映了绝对的概念,其特征函数也只有两种取值 0 或者 1,1 表示绝对隶属关系,0 表示绝对非隶属关系。经典集合理论的不足之处在于它并不能准确地表达现实生活中的一些复杂系统,因为实际系统中充满了很多模糊概念,特别是与人有关的一些系统,如人机系统、管理系统、经济系统、社会系统等都有着较强的模糊性。

模糊集合:为了使集合成为模糊,L. A. Zadeh 把特征函数推广为隶属函数,表示某一元素隶属于所选集合的程度,隶属函数取 0 到 1 之间的实数值。这样,对给定论域 X 的模糊子集 $\underset{\sim}{S} \subset X$ 是指对于任意 $x \in X$,都指定了一个数 $\mu_{\underset{\sim}{S}}(x) \in [0,1]$ 与之对应。$\mu_{\underset{\sim}{S}}(x)$ 叫做 x 对 $\underset{\sim}{S}$ 的隶属度,或一般言之,叫隶属函数。换言之,对于 $\underset{\sim}{S} \subset X, \forall x \in X$,有

$$\underset{\sim}{S} = \{\mu_{\underset{\sim}{S}}(x)/x\} \qquad (8-2)$$

符号"$\{\mu_{\underset{\sim}{S}}(x)/x\}$"称为"单点"。其分母表示模糊子集 S 的元素,而分子为该元素的隶属函数取值(隶属度)。例如论域 X 为人数 $[0,100]$,则"一大群人"是论域 X 的模糊子集。用式(8-2)表示,有

$$\underset{\sim}{S} = \left\{ \frac{0}{0}, \frac{0.1}{5}, \frac{0.5}{10}, \frac{0.7}{20}, \cdots, \frac{0.95}{100} \right\} \qquad (8-3)$$

式(8-3)说明 5 人对"一大群人"的隶属度为 0.1,而 20 人对"一大群人"的隶属度为 0.7,100 人对"一大群人"的隶属度为 0.95。

8.2.2　隶属度函数的表示形式

隶属度函数可由图线来表示,也可由公式表示。

(1)图线表示。常用统计方法建立隶属度函数,由于实际系统往往比较复杂,因此统计出来的隶属度函数曲线是复杂曲线,为了便于公式表达和分析,我们往往将隶属度曲线简化为折线来简单描述隶属度。例如年轻的隶属度曲线如图 8-1 所示。

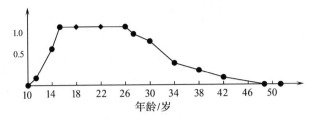

图 8 - 1　"年轻"的隶属度函数曲线

在一般情况下对于模糊系统,人们只关心一些概略性的情况,例如趋势、程度等,而对于其中的一些细节并不作定量的分析,则上面年轻的隶属度曲线可简化为如图 8 - 2 所示。

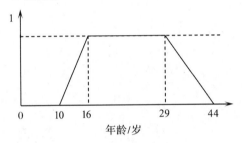

图 8 - 2　"年轻"的简化隶属度函数曲线

常用的分段隶属度函数有如下类型,具体如图 8 - 3 所示。

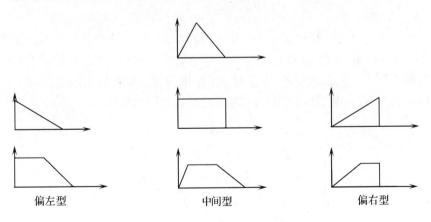

图 8 - 3　常见隶属度函数类型

(2) 公式表示。隶属度函数除了可以用图线表示之外,还可以用多种形式的公式表示,虽然这种表示不如图线表示那样简洁明了,但是通过它可对隶属度函数作更加深入的分析和研究。例如以人的年龄为论域 X,"年轻"可以分别

表示为 X 上的模糊子集 A，上面年轻的隶属函数可用公式表示如下：

$$\mu_A(x) = \begin{cases} 0, & x \leqslant 10 \\ \dfrac{x-10}{16-10}, & 10 < x \leqslant 16 \\ 1, & 16 < x \leqslant 29 \\ 1 - \dfrac{x-29}{44-29}, & 29 < x \leqslant 44 \\ 0, & x > 44 \end{cases}$$

常用的分段隶属度函数有以下几种形式的通式：

- 偏小型

$$\mu_A(x) = \begin{cases} \dfrac{1}{a}(x-c)^b, & x > c \\ 1, & x \leqslant c \end{cases}$$

- 偏大型

$$\mu_A(x) = \begin{cases} 0, & x < c \\ 1 - \dfrac{1}{a}(x-c)^b, & x \geqslant c \end{cases}$$

- 中间型

$$\mu_A(x) = \frac{1}{e^{(x-c)^2}}$$

普通集合可看作是模糊集合的特例，模糊集合是普通集合的扩展。如结冰的概念是不模糊的，在标准大气压下，0℃是结冰的界限，但对于冷并没有以确定温度值作为对该概念的定义，它有一个温度范围，比如我们认为，－10℃以下是冷的，10℃以上是不冷的，则结冰和冷的隶属度图线如图 8－4 所示。

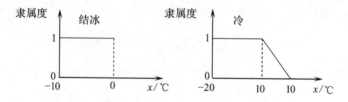

图 8－4 "结冰"和"冷"的隶属度函数

对于"结冰"，0℃以下隶属度为 1，表示一定结冰；0℃以上表示一定不结冰。对于"冷"，－10℃以下隶属度为 1 表示冷；10℃以上隶属度为 0 表示不冷；而－10℃到10℃之间，隶属度由 1 渐变到 0，代表一个可称为比较冷的温度范围。

8.2.3 基本运算规则

用符号"←→"代表等价,$\max[\cdot]$和$\vee$代表取大运算,$\min[\cdot]$和$\wedge$代表取小运算,则模糊子集的基本运算规则可用隶属函数表示如下:

(1) 相等 $\underset{\sim}{A}=\underset{\sim}{B} \longleftrightarrow \mu_{\underset{\sim}{A}}(x)=\mu_{\underset{\sim}{B}}(x),\forall x \in X$

(2) 包含 $\underset{\sim}{A} \supseteq \underset{\sim}{B} \longleftrightarrow \mu_{\underset{\sim}{A}}(x) \geqslant \mu_{\underset{\sim}{B}}(x),\forall x \in X$

(3) 并集 $\underset{\sim}{C}=\underset{\sim}{A} \cup \underset{\sim}{B} \longleftrightarrow \mu_{\underset{\sim}{C}}(x)=\mu_{\underset{\sim}{A}}(x) \vee \mu_{\underset{\sim}{B}}(x)=\max[\mu_{\underset{\sim}{A}}(x),\mu_{\underset{\sim}{B}}(x)]$, $\forall x \in X$

(4) 交集 $\underset{\sim}{C}=\underset{\sim}{A} \cap \underset{\sim}{B} \longleftrightarrow \mu_{\underset{\sim}{C}}(x)=\mu_{\underset{\sim}{A}}(x) \wedge \mu_{\underset{\sim}{B}}(x)=\min[\mu_{\underset{\sim}{A}}(x),\mu_{\underset{\sim}{B}}(x)]$, $\forall x \in X$

(5) 余集 $\overline{\underset{\sim}{A}} \longleftrightarrow \mu_{\overline{\underset{\sim}{A}}}(x)=1-\mu_{\underset{\sim}{A}}(x),\forall x \in X$

(6) 差集 $\underset{\sim}{C}=\underset{\sim}{A} \cap \overline{\underset{\sim}{B}} \longleftrightarrow \mu_{\underset{\sim}{C}}(x)=\min[\mu_{\underset{\sim}{A}}(x),\mu_{\overline{\underset{\sim}{B}}}(x)],\forall x \in X$

(7) 模糊关系$\underset{\sim}{R}$ A,B两集合的直积$A \times B=\{(a,b)|a \in A,b \in B\}$中的一个模糊关系$\underset{\sim}{R}$是以$A \times B$为论域的一个模糊子集,其序偶$(a,b)$的隶属度为$\mu_{\underset{\sim}{A}}(a,b)$。当$A=B$时,称$\underset{\sim}{R}$为"$A$上面的模糊关系"。

8.2.4 模糊矩阵$\underset{\sim}{R}$

当论域$A \times B$为有限集时,模糊关系$\underset{\sim}{R}$可以表达成矩阵形式,即

$$\underset{\sim}{R}=(r_{ij})=\begin{bmatrix} r_{11} & \cdots & r_{1m} \\ \cdots & \cdots & \cdots \\ r_{n1} & \cdots & r_{nm} \end{bmatrix}$$

式中,$0 \leqslant r_{ij} \leqslant 1;i=1,2,\cdots,n;j=1,2,\cdots,m \cdot r_{ij}$表示集合$A$中第$i$个元素和集合$B$中第$j$元素组成的序偶属于模糊关系$\underset{\sim}{R}$的程度。

例8-1 设有限论域A代表坦克性能指标参数组成的集合:坦克的火力,机动能力,防护能力,即有

$$A=\{a_1,a_2,a_3\}=\{火力(a_1),机动力(a_2),防护力(a_3)\}$$

B代表评价坦克性能指标参数所用评语的集合:很好,比较好,不太好,不好等,即

$$B = \{b_1, b_2, b_3, b_4\} = \{很好(b_1), 比较好(b_2), 不太好(b_3), 不好(b_4)\}$$

则模糊矩阵

$$\underset{\sim}{R} = \begin{bmatrix} r_{11} & r_{12} & r_{13} & r_{14} \\ r_{21} & r_{22} & r_{23} & r_{24} \\ r_{31} & r_{32} & r_{33} & r_{34} \end{bmatrix}$$

这里 r_{ij} 表示该坦克第 i 项性能指标参数和第 j 个评语保持对应关系的程度。

8.2.5 模糊矩阵的运算

设模糊矩阵 $\underset{\sim}{A} = (a_{ij})$，$\underset{\sim}{R} = (r_{ij})$，则 $\underset{\sim}{A}$ 和 $\underset{\sim}{R}$ 的积（对应于模糊关系的合成）$\underset{\sim}{B} = \underset{\sim}{A} \circ \underset{\sim}{R}$ 为

$$\underset{\sim}{B} = (b_{ij})$$

$$b_{ij} = \overset{n}{\underset{k=1}{\vee}}{}^* [a_{ik} \wedge {}^* r_{kj}]$$

其中，$\vee^*$ 和 $\wedge^*$ 是 $[0,1]$ 中的二元运算，简称为模糊算子，分别称为广义模糊"或"和广义模糊"与"运算，有多种不同的算子，现介绍如下。

1. 取大取小算子 M($\vee$,$\wedge$)

$b_j = \overset{n}{\underset{i=1}{\vee}}(a_i \wedge r_{ij}) j = 1, \cdots, m$ 式中 $\vee$ 和 $\wedge$ 分别为取大（max）和取小（min）运算。

上面的"与"运算即 $(a_i \wedge r_{ij})$ 表明，单因素 u_i 的评价对等级 v_j 的隶属度 r_{ij} 被修正为：$r_{ij}^* = a_i \wedge r_{ij}$，$a_i$ 是 r_{ij}^* 的上限，即在合成后 u_i 的评价对任何等级的 v_j 的隶属度都不能大于 a_i。只考虑 r_{ij}^* 中最大的那个起主要作用的因素，而不考虑其他因素的影响。可见，这是一种"主因素决定型"的合成方式，用这种合成方式，与 b_j 直接有关的 $\underset{\sim}{R}$ 阵数据只有几个，合成是淘汰的信息量至少为 $\underset{\sim}{R}$ 阵中的 $m(n-1)$。最后合成时利用信息太少，它的综合程度较低。

2. 乘与取大算子 M($\cdot$,$\vee$)

$b_j = \overset{n}{\underset{i=1}{\vee}}(a_i \cdot r_{ij})$，$j = 1, \cdots, m$。

$r_{ij}^* = a_i \cdot r_{ij}$，也就是说对 r_{ij} 乘以一个小于 1 的系数，来代替给 r_{ij} 规定一个上限。

$M(\cdot,\vee)$算子是"主因素突出型"的,用这种算子合成,与 b_j 直接相关的 $\underset{\sim}{R}$ 阵数据也只有几个,最终合成时丢失的信息量也为 $m(n-1)$ 个数据。直接决定 b_j 的 $\underset{\sim}{R}$ 阵数据不一定是每列中最大的那个数了,不仅要求 r_{ij} 大,而且要求所对应的 a_i 也大,可见 a_i 在这里起到了权衡因素重要性的作用。

3. 取小与有界算子 M(∧ , ⊕)

$b_j = (a_1 \wedge r_{1j}) \oplus (a_2 \wedge r_{2j}) \oplus \cdots \oplus (a_n \wedge r_{nj}) j = 1, \cdots, m$。式中 ∧ 和 ⊕ 分别为取小(min)和有界运算 $\alpha \oplus \beta = \min(1, \alpha + \beta)$,为有上界求和。从 $\underset{\sim}{R}$ 阵数据的信息利用情况看,$\underset{\sim}{R}$ 阵中小于 a_i 的数据都与 b_j 有关,最终淘汰的信息量为 $\underset{\sim}{R}$ 中大于 a_i 的数据个数。

4. 乘与有界算子 M(· , ⊕)

$b_j = (a_1 \cdot r_{1j}) \oplus (a_2 \cdot r_{2j}) \oplus \cdots \oplus (a_n \cdot r_{nj}) j = 1, \cdots, m$。决定各因素的评价对等级 v_j 的隶属度 b_j 时,考虑了所有因素的影响,而不只是考虑对 b_j 影响最大因素的影响,在 R 阵的数据信息利用上相比是最优的。总之 $M(\cdot, \underset{\sim}{\oplus})$ 算子属"加权平均型"。

8.2.6 模糊推理

8.2.6.1 广义前向推理和广义反向推理

常用的模糊推理方法有两种,即广义前向推理(Generalized Modus Ponents,GMP)和广义反向推理(Generalized Modus Tollens,GMT),它们的推理过程如下:

(1)广义前向推理(GMP)。

> 前提1:如果 x 为 A,则 y 为 B
> 前提2:x 为 A'
> ─────────────────
> 结论:y 为 B'

(2)广义反向推理(GMT)。

> 前提1:如果 x 为 A,则 y 为 B
> 前提2:y 为 B'
> ─────────────────
> 结论:x 为 A'

其中,x 是论域 X 中的语言变量(linquistic variables),它的值是 X 中的模糊集合 A, A';而 y 是论域 Y 中的语言变量,它的值是 Y 中的模糊集合 B, B'。广义前向推理和广义反向推理都是通常所说的"三段论",前提1(即所谓的"大前提")是一条"IF…,THEN…"形式的模糊规则,IF 部分是规则的前提,THEN 部分是规则的结论。若已知规则的前提求结论,就是广义前向推理,若已知规则的结论求前提,则是广义反向推理。

例 8-2 广义前向推理的例子。根据经验"如果秋冬的雨雪多,则来年的冬小麦收成好"。今年秋冬的雨雪较多,那么明年冬小麦的收成如何? 这是一个模糊预报问题。

例 8-3 广义反向推理的例子。医生说:"如果患了肝炎,则 GPT 指标高"。某人的 GPT 指标不很高,他患肝炎的可能性有多大? 这是一个模糊诊断问题。

表 8-1 和表 8-2 分别列出了广义前向推理和广义反向推理的 8 条准则,它们是人们公认的模糊推理的正确结果。由表中可以看出,准则 2,3,4,8 的结论都有两种可能,当"x 为 A"与"y 为 B"之间的因果关系很强时,结论为第一种;当"x 为 A"与"y 为 B"之间的因果关系不很强时,结论为第二种。

表 8-1 广义前向推理的准则

	x 为 A'(前提2)	y 为 B'(结论)
准则 1	x 为 A	y 为 B
准则 2—1	x 为很 A	y 为很 B
准则 2—2	x 为很 A	y 为 B
准则 3—1	x 为略 A	y 为略 B
准则 3—2	x 为略 A	y 为 B
准则 4—1	x 为 $\bar{A}$	y 为未知
准则 4—2	x 为 $\bar{A}$	y 为 $\bar{B}$

表 8-2 广义反向推理的准则

	y 为 B'(前提2)	x 为 A'(结论)
准则 5	y 为 $\bar{B}$	x 为 $\bar{A}$
准则 6	y 为很 $\bar{B}$	x 为很 $\bar{A}$
准则 7	y 为略 $\bar{B}$	x 为略 $\bar{A}$
准则 8—1	y 为 B	x 为未知
准则 8—2	y 为 B	x 为 A

8.2.6.2 模糊命题

模糊推理中的前提 1、前提 2、结论都是含有模糊概念的陈述句,称为模糊命题(proposition)。其中前提 2 和结论都是最简单的陈述句,如:"x 为 A'","y 为 B'"等,称为普通模糊命题。而前提 1 是"IF…THEN…"形式的条件语句,表达两个普通命题之间的因果关系,称为条件模糊命题。模糊命题的真假程度称为模糊命题的"真值",它是[0,1]区间 的一个实数。

先来讨论普通模糊命题 P:x 为 A,x 是语言变量,它的论域为 X,A 是 X 上的模糊集合,隶属函数为 $\mu_A(x)$。对于 X 中的任一元素 x_0,它对 A 的隶属度为 $\mu_A(x_0)$,那么命题 P 的真值也为 $\mu_A(x_0)$,即 $\mu_P(x_0) = \mu_A(x_0)$。

例 8-4 讨论模糊命题 Q:天气热。语言变量是气温 t,$t \in [-40℃,$ 50℃],定义"热"为模糊集合 H,其隶属函数规定为 $\mu_H(t)$。若今日气温为 $t_0 =$

$20℃$, $\mu_H(20) = 0.4$，那么该命题的真值 $\mu_Q(20) = 0.4$。也就是说，"天气热"这个命题的真实程度是 0.4。

下面再讨论普通模糊命题中经常用到的"语气算子"。模糊集合通常表示冷、热、高、低、大、小等模糊概念，它们是一些形容词，常常用极、很、相当、比较、略、微等副词修饰其程度，这些副词称为语气算子。下面以"年老"这个词为例来说明语气算子的作用。若年老的隶属函数定义为

$$\mu_{年老}(x) = \begin{cases} 0, & 0 \leqslant x < 50 \\ \dfrac{1}{1 + \left[\dfrac{1}{5}(x - 50)\right]^{-2}}, & x \geqslant 50 \end{cases}$$

则

$$\mu_{极老}(x) = \mu^4_{年老}(x) \qquad \mu_{比较老}(x) = \mu^{3/4}_{年老}(x)$$

$$\mu_{很老}(x) = \mu^2_{年老}(x) \qquad \mu_{略老}(x) = \mu^{1/2}_{年老}(x)$$

$$\mu_{相当老}(x) = \mu^{5/4}_{年老}(x) \quad \mu_{微老}(x) = \mu^{1/4}_{年老}(x)$$

语气算子是对原隶属函数乘 α 次方，即 μ^α。$\alpha > 1$ 是加强语气，称为集中化算子；$\alpha < 1$ 是减弱语气，称为散漫化算子。

8.2.6.3 模糊蕴含

下面再来讨论条件模糊命题："如果 x 为 A，则 y 为 B"。令 P：x 为 A，Q：y 为 B，则上述条件模糊命题可简写为"如果 P 为真，则 Q 为真"，即 $P \to Q$，它表示普通模糊命题 P、Q 之间有因果关系。因为 $\mu_P(x) = \mu_A(x)$，$\mu_Q(y) = \mu_B(y)$，$\mu_{P \to Q}(x, y) = \mu_{A \to B}(x, y)$。$A \to B$ 表示模糊集合 A，B 之间有蕴含（implication）关系，由于 A 和 B 是不同论域上的模糊集合，$A \to B$ 可以用模糊关系来描述，仿照普通集合中的蕴含运算，模糊蕴含 $A \to B$ 的隶属函数可由下式求出：

$$\mu_{A \to B}(x, y) = [\mu_A(x) \wedge \mu_B(y)] \vee [1 - \mu_A(x)]$$

若能用模糊关系矩阵 $\boldsymbol{R}_{A \to B}$ 来表示

$$\boldsymbol{R}_{A \to B} = (\boldsymbol{A} \times \boldsymbol{B}) \cup (\overline{\boldsymbol{A}} \times \boldsymbol{E})$$

其中 $A \times B$ 表示不同论域的模糊集合的直积，它是一个模糊关系；E 是 Y 上的全集。

例 8 - 5 设论域 $X = \{a_1, a_2, a_3, a_4, a_5\}$，$Y = \{b_1, b_2, b_3, b_4\}$ 上的模糊集合分别为："小" $= A = \dfrac{1}{a_1} + \dfrac{0.8}{a_2} + \dfrac{0.4}{a_3}$，"大" $= B = \dfrac{0.3}{b_3} + \dfrac{0.9}{b_4}$。模糊关系"如果 x 为小，则 y 为大"的模糊关系矩阵 $\boldsymbol{R}_{A \to B}$ 为

$$R_{A \to B} = (A \times B) \cup (\overline{A} \times E) = \begin{bmatrix} 1 \\ 0.8 \\ 0.4 \\ 0 \\ 0 \end{bmatrix} \times$$

$$[0 \quad 0 \quad 0.3 \quad 0.9] \vee \begin{bmatrix} 0 \\ 0.2 \\ 0.6 \\ 1 \\ 1 \end{bmatrix} \times [1 \quad 1 \quad 1 \quad 1]$$

$$= \begin{bmatrix} 0 & 0 & 0.3 & 0.9 \\ 0 & 0 & 0.3 & 0.8 \\ 0 & 0 & 0.3 & 0.4 \\ 0 & 0 & 0 & 0 \\ 0 & 0 & 0 & 0 \end{bmatrix} \vee \begin{bmatrix} 0 & 0 & 0 & 0 \\ 0.2 & 0.2 & 0.2 & 0.2 \\ 0.6 & 0.6 & 0.6 & 0.6 \\ 1 & 1 & 1 & 1 \\ 1 & 1 & 1 & 1 \end{bmatrix} = \begin{bmatrix} 0 & 0 & 0.3 & 0.9 \\ 0.2 & 0.2 & 0.3 & 0.8 \\ 0.6 & 0.6 & 0.6 & 0.6 \\ 1 & 1 & 1 & 1 \\ 1 & 1 & 1 & 1 \end{bmatrix}$$

下面对一些常见的模糊规则给出其关系矩阵的表达式。

(1) "如果 x 为 A, 则 y 为 B, 否则为 C", $A \in X, B \in Y, C \in Y$

$$R = (A \times B) \cup (\overline{A} \times C)$$

(2) "如果 x 为 A 且 y 为 B, 则 z 为 C", $A \in X, B \in Y, C \in Z$

$$R = A \times B \times C = (A \times C) \cap (B \times C) \quad (当 A, B 维数相同时)$$

(3) "如果 x 为 A 且 y 为 B, 则 z 为 C, 否则 z 为 D", $A \in X, B \in Y, C \in Z, D \in Z$

$$R = (A \times B \times C) \cup ((\overline{A \times B}) \times D)$$

(4) "如果 x 为 A 且 y 为 B 且 z 为 C, 则 w 为 D", $A \in X, B \in Y, C \in Z, D \in W$

$$R = A \times B \times C \times D$$

例 8 - 6 设有论域 $X = \{a_1, a_2, a_3\}, Y = \{b_1, b_2\}, Z = \{c_1, c_2, c_3\}$, 已知模糊集合

$$A = \frac{0.5}{a_1} + \frac{1}{a_2} + \frac{0.1}{a_3}, \qquad A \in X$$

$$B = \frac{0.2}{b_1} + \frac{0.6}{b_2}, \qquad B \in Y$$

$$C = \frac{0.3}{c_1} + \frac{0.4}{c_2} + \frac{0.7}{c_3}, \quad C \in Z$$

模糊规则"如果 x 为 A 并且 y 为 B,则 z 为 C"的关系矩阵为

$$R = A \times B \times C$$

$$A \times B = \begin{bmatrix} 0.5 \\ 1 \\ 0.1 \end{bmatrix} \times \begin{bmatrix} 0.2 & 0.6 \end{bmatrix} = \begin{bmatrix} 0.2 & 0.5 \\ 0.2 & 0.6 \\ 0.1 & 0.1 \end{bmatrix}_{3 \times 2}$$

$$R = (A \times B) \times C = \begin{bmatrix} 0.2 \\ 0.5 \\ 0.2 \\ 0.6 \\ 0.1 \\ 0.1 \end{bmatrix}_{6 \times 1} \times \begin{bmatrix} 0.3 & 0.4 & 0.7 \end{bmatrix}_{1 \times 3} = \begin{bmatrix} 0.2 & 0.2 & 0.2 \\ 0.3 & 0.4 & 0.5 \\ 0.2 & 0.2 & 0.2 \\ 0.3 & 0.4 & 0.6 \\ 0.1 & 0.1 & 0.1 \\ 0.1 & 0.1 & 0.1 \end{bmatrix}_{6 \times 3}$$

8.2.6.4 模糊推理

将"IF…THEN…"形式的模糊规则用模糊关系矩阵表示并求出后,应用模糊推理的合成运算法则,即可求出推理结果:

广义前向推理:$B' = A' \circ R_{A \to B}$

广义反向推理:$A' = R_{A \to B} \circ B'$

例 8 – 7 在例 8 – 6 中,若已知

$$A' = \frac{0.4}{a_1} + \frac{0.9}{a_2} + \frac{0.2}{a_3}$$

$$B' = \frac{0.1}{b_1} + \frac{0.5}{b_2}$$

则

$$A' \times B' = \begin{bmatrix} 0.4 \\ 0.9 \\ 0.2 \end{bmatrix} \times \begin{bmatrix} 0.1 & 0.5 \end{bmatrix} = \begin{bmatrix} 0.1 & 0.4 \\ 0.1 & 0.5 \\ 0.1 & 0.2 \end{bmatrix}$$

$$C' = (A' \times B') \circ R = \begin{bmatrix} 0.1 & 0.4 & 0.1 & 0.5 & 0.1 & 0.2 \end{bmatrix} \circ \begin{bmatrix} 0.2 & 0.2 & 0.2 \\ 0.3 & 0.4 & 0.5 \\ 0.2 & 0.2 & 0.2 \\ 0.3 & 0.4 & 0.6 \\ 0.1 & 0.1 & 0.1 \\ 0.1 & 0.1 & 0.1 \end{bmatrix} =$$

$$\begin{bmatrix} 0.3 & 0.4 & 0.5 \end{bmatrix}$$

由该例中看出,对于 $A' \approx A, B' \approx B$,模糊推理的结果也有 $C' \approx C$,可见模糊推理方法是符合实际的。

8.2.6.5 模糊推理系统

模糊推理系统的基本结构如图 8 - 5 所示,它主要由四部分组成:模糊器、模糊规则库、模糊推理机和解模糊器。模糊推理系统具有精确的输入和输出,它完成了输入空间到输出空间的非线性映射,有广泛的应用领域,包括决策分析、专家系统、数据分类、自动控制、时间序列、机器人以及模式识别。

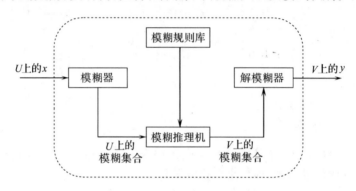

图 8 - 5 模糊推理系统

1. 模糊器

模糊器可以定义为由一实值点 $x^* \in U \subset R^n$ 向 U 上的模糊集合 A' 的映射。模糊器主要完成两个功能:①论域变换:输入变量的真实论域在模糊控制器中必须变换到其内部论域。若内部论域是离散的,则其论域为 $\{0, \pm 整数\}$,若内部论域是连续的,则其论域为 $[-1,1]$。论域变换相当于在真实论域土乘以一个比例因子变为内部论域。②模糊化:经过论域变换后的输入变量仍为普通变量,应为它们分别定义若干个模糊集合,并在其内部论域上规定各个模糊集合的隶属函数。再根据隶属函数的定义可以求出输入变量对各模糊集合的隶属度,这样就把普通变量的值变成了模糊变量的值,完成了模糊化的工作。输入变量的值在内部论域时是普通数值,经过模糊化以后变为队 $[0,1]$ 区间内的隶属度。目前采用的几种模糊器:

(1)单值模糊器。单值模糊器将一个实值点 $x^* \in U$ 映射成 U 上的一个模糊单值 A',A' 在 x^* 点上的隶属度值为1,在 U 中其他所有点上的隶属度值为0,即

$$\mu_{A'}(x) = \begin{cases} 1, & x = x' \\ 0, & 其他 \end{cases}$$

（2）高斯模糊器。高斯模糊器将 $x^* \in U$ 映射成 U 上的模糊集 A'，它具有如下的高斯隶属度函数：

$$\mu_{A'}(x) = e^{-\left(\frac{x_1 - x_1^*}{a_1}\right)^2} \cdot \cdots \cdot e^{-\left(\frac{x_n - x_n^*}{a_n}\right)^2}$$

其中，参数 $a_i (i = 1, 2, \cdots, n)$ 是正数。

（3）三角形模糊器。三角形模糊器将 $x^* \in U$ 映射成 U 上的模糊集 A'，它具有如下的三角形隶属度函数：

$$\mu_{A'}(x) =$$

$$\begin{cases} \left(1 - \frac{|x_1 - x_1^*|}{b_1}\right) \cdot \cdots \cdot \left(1 - \frac{|x_n - x_n^*|}{b_n}\right), & |x_i - x_i^*| \leqslant b_i, \quad i = 1, 2, \cdots, n \\ 0, & \text{其他} \end{cases}$$

其中，参数 b_i 是正数，t–范数 $*$ 通常选用代数积算子或最小算子。

2. 模糊规则库

模糊规则库是由模糊 IF–THEN 规则集合组成。它是模糊系统的核心，模糊系统的其他组成部分是以合理有效的方式来执行这些规则的。模糊规则是将来自于专家的经验或基于该领域的知识去粗取精、去伪存真，总结成若干条用自然语言描述的控制规则利用模糊数学这一工具进行处理，构成模糊关系存放在计算机的存储器中形成"规则库"。规则库中所有的规则都是并列的。

3. 模糊推理机

仿照人脑的模糊推理过程，在模糊自动控制中也有一个推理法则，以便于在有实时输入时作出模糊决策。常用的模糊推理方法有两种即广义前向推理和广义反向推理。模糊控制规则采用"IF…THEN…"形式，IF 部分是规则的前提，THEN 部分是规则的结论。若已知规则的前提求结论，是广义前向推理。若已知规则的结论求前提，则是广义反向推理。模糊推理一般采用广义前向推理方法。

模糊推理系统中的推理机就是利用模糊推理的原则，把模糊规则库中的模糊 IF–THEN 规则集结起来，将在 $X = X_1 \times \cdots \times X_n$ 中的模糊输入集合映射成 Y 中的输出模糊集合。

4. 解模糊器

解模糊器的功能就是去模糊化的过程，是把推理系统输出的模糊集合映射成精确输出。可以定义为由 $V \subset R$ 上模糊集合 B'（模糊推理机的输出）向清晰点 $y^* \in V$ 的一种映射。现在有许多去模糊化的方法，但都不是建立在严格的数学分析基础上，即不是从模糊信息熵或熵的极大化原理中推导出来。因此去模糊化实际上是一种艺术而不是一种科学。从工程应用而言,希望去模糊化的方法要简单。目前普遍采用的有以下几种解模糊器。

(1) 重心解模糊器。重心解模糊器所确定的 y^* 是 B' 的隶属度函数所涵盖区域的中心,即

$$y^* = \frac{\int_V y\mu_{B'}(y)\,\mathrm{d}y}{\int_V \mu_{B'}(y)\,\mathrm{d}y} \qquad (8-4)$$

式中, $\int_V$ 是常规积分。重心解析模糊器的优点在于其直观合理,言之有据。缺点在于其计算要求高。

(2) 中心平均解模糊器。由于模糊集 B' 是 M 个模糊集的模糊并合成或模糊交合成,所以式(8-4)的一个好的逼近就是 M 个模糊集中心的加权平均,其权重等于模糊集的高度。具体的讲,令 $\bar{y}^l$ 为第 l 个模糊集的中心, ω_l 为其高度,则中心平均解模糊器可由下式确定 y^*

$$y^* = \frac{\sum_{l=1}^{M} \bar{y}^l \omega_l}{\sum_{l=1}^{M} \omega_l}$$

中心平均解模糊器是在模糊系统与模糊控制中最常用的解模糊器。它计算简便,直观合理。

(3) 最大解模糊器。最大解模糊器把 y^* 确定为 V 上 $\mu_{B'}(y)$ 取得其最大值的点。

8.2.7 模糊建模实例

8.2.7.1 模糊综合评估

模糊综合评判就是以模糊数字为基础,应用模糊关系合成的原理,对受到多种因素制约的事物或对象,将一些边界不清,不易定量的因素定量化,按多项模糊的准则参数对备选方案进行综合评判,再根据综合评判结果对各备选方案进行比较排序,选出最好的方案的一种方法。

与综合评判有关的有限论域有两种:准则参数集合和评价参数集合。

准则参数集合(又称因素集合),可表示为

$$U = \{u_1, u_2, \cdots, u_n\}$$

其中,u_i 为准则参数,每一准则参数均是评判的一种"着眼点"。如评判一作战方案,可取

$$U = \{ 符合上级决心程度(u_1),地形利用好坏(u_2),$$
$$风险大小(u_3),突然性(u_4) \}$$

评估参数集合可表示为

$$V = \{ v_1,v_2,\cdots,v_m \}$$

如

$$V = \{ 很好(v_1),比较好(v_2),不大好(v_3),不好(v_4) \}$$

对每一备选方案,可确定一个从准则参数集合 U 到评价参数集合 V 的模糊关系 $\boldsymbol{R}$,它可表达成矩阵形式

$$\boldsymbol{R} = (r_{ij})_{n \times m}$$

r_{ij} 表示从准则参数 u_i 着眼,该方案能被评为 v_j 的隶属程度。因此矩阵 $\boldsymbol{R}$ 的第 i 行表示按准则 u_i 对该方案的单因素评判结果。

决策者对备选方案进行综合评判,是他对诸准则因素权衡轻重的结果。例如对 u_1 权重为 a_1,对 u_2 权重为 a_2,这些权重组成 U 上的一个模糊子集

$$A = \{ a_1,a_2,\cdots,a_n \}$$

模糊综合评判结果是 V 上的模糊子集 B

$$B = \{ b_1,b_2,\cdots,b_m \}$$

如果把模糊关系 R 看作一个变换器,输入为权重集合 A,则模糊综合评判 B 就是输出,按照模糊矩阵运算规则有

$$B = A \circ R$$

式中

$$B = \{ b_j \}$$

$$b_{ij} = \bigvee_{k=1}^{n} {}^* \left[a_{ik} \wedge {}^* r_{kj} \right]$$

其中,$\vee^*$ 和 $\wedge^*$ 分别称为广义模糊"或"和广义模糊"与"运算。

运用模糊综合评估的一般步骤为:

(1) 确定评判对象的因素(指标)集合 $U = (u_1,u_2,\cdots,u_n)$ 共 n 个因素;

(2) 确定评语等级集合 $V = (v_1,v_2,\cdots,v_m)$ 共 m 个因素;

(3) 进行单因素评判,建立因素论域和评语论域之间的模糊关系矩阵;

$$R = \begin{bmatrix} r_{11} & r_{12} & \cdots & r_{1m} \\ r_{21} & r_{22} & \cdots & r_{2m} \\ \cdots & \cdots & \cdots & \cdots \\ r_{n1} & r_{n2} & \cdots & r_{nm} \end{bmatrix}$$

其中,r_{ij}为U中因素u_i对应V中等级v_j的隶属关系。

(4)确定评判权重向量A,为U中各因素对被评事物的隶属关系;

(5)选择合成算子,将A与R合成得到B。模糊综合评判的基本模型为$B = A \circ R$。最终按照最大隶属度原则,确定被评判对象所对应的评判等级。其中模糊综合评判的基本模型的选择对于最终的评判结果影响很大,选择合适的算子就非常重要。

在模糊综合评判$B = A \circ R$中,A与R如何合成对综合评判结果有很大影响,对模糊算子的不同选取可以反映不同的作战要求,以及不同的作战方案评估结果。

这里以某数字化装甲合成营属坦克连对坚固阵地防御之敌的坦克排进攻战斗模拟试验为例来研究作战队形,双方兵力分配为10:4,红军连长采用四种不同的作战方案进行攻击,此评估问题有4个待优选方案:一字队形方案,前三角队形方案,后三角队形方案,竖一字队形方案。5个评估方案优劣的指标集:红方的毁伤数;红方消耗弹药量(炮弹数量);红方占领兰方阵地时间(以分钟计);蓝方伤亡数;蓝方消耗弹药量(炮弹数量)。评语集为:优、良、一般、差、极差,考虑伤亡和弹药占总数的百分比分为以上五级。对于一字作战方案,标准化和无量化处理后的评价矩阵:

$$R = \begin{bmatrix} 0.26 & 0.16 & 0.18 & 0.12 & 0.09 \\ 0.43 & 0.34 & 0.26 & 0.47 & 0.35 \\ 0.30 & 0.18 & 0.17 & 0.12 & 0.12 \\ 0.16 & 0.20 & 0.15 & 0.11 & 0.13 \\ 0.52 & 0.43 & 0.61 & 0.29 & 0.41 \end{bmatrix}$$

并取权重向量$A = \{0.25, 0.04, 0.28, 0.38, 0.05\}$。

下面讨论不同算子及其对评估结果的影响。

① 取大取小算子$M(\vee, \wedge)$时,$B = \{0.25, 0.2, 0.18, 0.12, 0.13\}$。对于一字队形作战方案,按隶属度最大原则来看此方案属于优方案,因$b_1 = 0.25$在b_j中最大。即在进攻战斗中有利于发扬火力,迅速攻占敌阵地,尤其是在野战防

御阵地之敌,兵力和火力处于明显劣势时,更为明显。

② 取乘与取大算子 $M(\cdot,\vee)$ 时,$B = \{0.065, 0.076, 0.057, 0.042,$ $0.036\}$。对于一字队形作战方案,按 $M(\cdot,\vee)$ 这种算子,结合最大隶属性原则来看属于"良"方案,或者说主要取决于歼灭敌人的数量这一主因素。

③ 取小与有界算子 $M(\wedge,\oplus)$ 时,$B = \{0.85, 0.83, 0.79, 0.44, 0.40\}$。从 R 阵数据的信息利用情况看,R 阵中小于 a_i 的数据都与 b_j 有关,最终淘汰的信息量为 R 中大于 a_i 的数据个数。对于一字队形作战方案而言,最终评定为"优"方案,但是 b_1,b_2,b_3 的数值差距不大,隶属属于"优"的可靠度不大。

④ 取乘与有界算子 $M(\cdot,\oplus)$ 时,$B = \{0.076, 0.063, 0.034, 0.018,$ $0.022\}$。对于一字队形作战方案而言,最终评定为"优"方案。$M(\cdot,\oplus)$ 算子可以保证 R 阵信息的充分利用,具有较大的综合性,而且保证 A 具有权向量性质,所以 $M(\cdot,\oplus)$ 算子相比较而言是适用与模糊综合评判的优化算子。

在作战方案的模糊综合评判中,并不是所有算子都可以运用到模糊综合评判中,也不是所有算子评判效果都好。合成算子是手段,应有现实应用为决定应用算子的类型。比如:在模糊综合评判中,通常把 A 作用个因素其中分配的权向量,并归一化,这样,评判因素较多时(m 较大),各 a_i 的值必然很小,此时采用取小运算,当单因素评价值较大时,较小的数值通过取小运算"泯没"了所有单因素评价,所得综合评判值也很小,常常使得这一数学模型得不出有意义的结果。即时在单因素评判值较小时,也常常使综合评判成为出因素单独控制作用的评判,在一定程度上失去了综合评判的意义。

综合评判就是把各单因素的信息最大限度地合成起来,以得到一个信息依据充分的总判断,依据被评对象各方面的状况的评判值,将被评对象在整体上作出优劣顺序,这就要求合成算子能够最大限度地利用单因素评判值,使合成结果区分各被平对象的能力较强。模糊综合评判结果是一个向量,而不是一个点值,这是不同于其他多指标综合评价方法的地方。不需要专门的指标无量纲处理,因为 R 阵元素代表从某个评价因素着眼被评判对象隶属于某等级的程度,本身是一个没有量纲的相对数;即可以用于主观指标的综合评判,又可以用于客观指标的综合评判。

在模糊算子的选择问题上,随着应用情况的不同应恰当的选择。在迄今为止国内外文献中所见的各种模糊评判文献的广义模糊算子的选择均倾向于使用 $(\cdot,\vee)$,其原因是 $(\wedge,\vee)$ 在许多情况下,显得过于粗糙,运算过程中丢失了许多信息。而(·,∨)则可针对各种因素按权重大小,统筹兼顾,综合考虑,是充分计及各种因素的评判模型。算子选择应当考虑的主要是评判的标准。在作战中,有要求部队不惜一切代价确保要地的安全。这时,就应当选用主因素决定型的(∧,∨)。因为在这种思想下,要地若被摧毁,则这个防空战役便归于失败。

8.2.7.2 模糊数学用于战术决策

下面介绍 CGF 中用模糊逻辑进行战术规则分类识别的方法。

1. 模糊转换

将某歼击机战术规则按照进入角的大小分成三类:

第 I 类战术:对应小进入角($0° < P1 < 60°$)

第 II 类战术:对应中进入角($90° < P1 < 120°$)

第 III 类战术:对应大进入角($150° < P1 < 180°$)

连续量 $P1$ 量化后得到论域$\{0°,30°,60°,90°,120°,150°,180°\}$,其上的语言变量 $\tilde{P}1$ 有三个语言值:$P1$ 小,$P1$ 中,$P1$ 大。每个语言值的模糊子集主观定义为:

$P1$ 小 $= \begin{bmatrix} 1 & 1 & 1 & 0.2 & 0 & 0 & 0 \end{bmatrix}$

$P1$ 中 $= \begin{bmatrix} 0 & 0 & 0.2 & 1 & 1 & 0.2 & 0 \end{bmatrix}$

$P1$ 大 $= \begin{bmatrix} 0 & 0 & 0 & 0 & 0.2 & 1 & 1 \end{bmatrix}$

分类识别运算后得到语言变量 $\tilde{C}$ 的语言值,其隶属函数定义如表 8 - 3 所列。

表 8 - 3 语言变量 $\tilde{C}$ 的隶属函数定义

隶 属 度		论 域 C		
		I 类	II 类	III 类
语言变量 $\tilde{C}$	I 类	1	0	0
	II 类	0	1	0
	III 类	0	0	1

规定:

$\tilde{C}$ = I 类时,C = I 类的隶属度为 1,C = II 类和 C = III 类的隶属度都为 0;

$\tilde{C}$ = II 类时,C = II 类的隶属度为 1,C = I 类和 C = III 类的隶属度都为 0;

$\tilde{C}$ = III 类时,C = III 类的隶属度为 1,C = I 类和 C = II 类的隶属度都为 0。

因此,语言变量 $\tilde{C}$ 实际上具有确定性。

2. 模糊关系

根据模糊规则求模糊关系 R。

规则:

If $\tilde{P}1 =$	$P1$ 小	$P1$ 中	$P1$ 大
then $\tilde{C} =$	I 类	II 类	III 类

由"if $\tilde{P}1 = P1$ 小,then $\tilde{C} = $ I 类"求 $\tilde{P}1 = P1$ 小与 $\tilde{C} = $ I 类间的关系:

$$R1 = (\tilde{P}1 = P1 \text{ 小})^{\mathrm{T}} \circ (\tilde{C} = \text{I 类}) = \begin{bmatrix} 1 \\ 1 \\ 1 \\ 0.2 \\ 0 \\ 0 \\ 0 \end{bmatrix} \circ \begin{bmatrix} 1 & 0 & 0 \end{bmatrix} = \begin{bmatrix} 1 & 0 & 0 \\ 1 & 0 & 0 \\ 1 & 0 & 0 \\ 0.2 & 0 & 0 \\ 0 & 0 & 0 \\ 0 & 0 & 0 \\ 0 & 0 & 0 \end{bmatrix}$$

$$R2 = (\tilde{P}2 = P2 \text{ 小})^{\mathrm{T}} \circ (\tilde{C} = \text{II 类}) = \begin{bmatrix} 0 \\ 0 \\ 0.2 \\ 1 \\ 1 \\ 0.2 \\ 0 \end{bmatrix} \circ \begin{bmatrix} 0 & 1 & 0 \end{bmatrix} = \begin{bmatrix} 0 & 0 & 0 \\ 0 & 0 & 0 \\ 0 & 0.2 & 0 \\ 0 & 1 & 0 \\ 0 & 1 & 0 \\ 0 & 0.2 & 0 \\ 0 & 0 & 0 \end{bmatrix}$$

$$R3 = (\tilde{P}3 = P3 \text{ 小})^{\mathrm{T}} \circ (\tilde{C} = \text{III 类}) = \begin{bmatrix} 0 \\ 0 \\ 0 \\ 0 \\ 0.2 \\ 1 \\ 1 \end{bmatrix} \circ \begin{bmatrix} 0 & 0 & 1 \end{bmatrix} = \begin{bmatrix} 0 & 0 & 0 \\ 0 & 0 & 0 \\ 0 & 0 & 0 \\ 0 & 0 & 0 \\ 0 & 0 & 0.2 \\ 0 & 0 & 1 \\ 0 & 0 & 1 \end{bmatrix}$$

模糊关系 $R = R1 \cup R2 \cup R3 = \begin{bmatrix} 1 & 0 & 0 \\ 1 & 0 & 0 \\ 1 & 0.2 & 0 \\ 0.2 & 1 & 0 \\ 0 & 1 & 0.2 \\ 0 & 0.2 & 1 \\ 0 & 0 & 1 \end{bmatrix}$

3. 模糊推理

首先求出输入量 $P1$ 所对应的模糊集 $\tilde{P}1$ 的隶属函数:例如,当 $P1 = 66°$ 时,位于论域中 $60°$ 和 $90°$ 两级量之间,可以用线性插值方法确定 $66°$ 分别属于 $60°$ 和 $90°$ 两级量的隶属度 $\mu_{60°}$,$\mu_{90°}$:

$$\mu_{60°} = 1 - \frac{66-60}{30} = 0.8$$

$$\mu_{90°} = 1 - \frac{90-66}{30} = 0.2$$

那么,$P1 = 66°$ 的模糊子集可取作:

$$\tilde{P}1 = \begin{bmatrix} 0 & 0 & 0.8 & 0.2 & 0 & 0 & 0 \end{bmatrix}$$

模糊推理:

$$\tilde{C} = \tilde{P}1 \circ R = \begin{bmatrix} 0 & 0 & 0.8 & 0.2 & 0 & 0 & 0 \end{bmatrix} \circ \begin{bmatrix} 1 & 0 & 0 \\ 1 & 0 & 0 \\ 1 & 0.2 & 0 \\ 0.2 & 1 & 0 \\ 0 & 1 & 0.2 \\ 0 & 0.2 & 1 \\ 0 & 0 & 1 \end{bmatrix} =$$

$$\begin{bmatrix} 0.8 & 0.2 & 0 \end{bmatrix} = \frac{0.8}{\text{I 类}} + \frac{0.2}{\text{II 类}} + \frac{0}{\text{III 类}}$$

根据最大隶属原则,分类识别结果 $C = \text{I}$ 类。模糊判类结果指出,应该到存储第 I 类战术规则的神经网络中搜索战术。在神经网络中不再考虑进入角这项属性。可以规定一个阈值,在分类识别结果中,隶属于两类的隶属度之差大于指定阈值时,才接受分类识别结果,并继续在存储该类战术规则的神经网络中选取合适的战术规则;否则就认为分类识别结果无效,此时采用规定的战术(如追踪)。

8.3　Kuipers 定性建模

8.3.1　可推理函数

定性建模与仿真中的函数都是可推理函数(reasonable function)。对于 $[a, b] \in R^*$,$R^* = [-\infty, +\infty]$,$f: [a, b] \rightarrow R^*$ 是可推理函数的充分必要条件

如下：

（1）f在区间$[a,b]$上连续；

（2）f在(a,b)上连续、可微；

（3）f有有限个奇点；

（4）极限$\lim_{t\downarrow a}f'(t)$和$\lim_{t\uparrow b}f'(t)$存在，并定义$f'(a)$和$f'(b)$等于这些极限值。

8.3.2　约束的定义

系统的结构由一个代表系统物理参数（连续、可微的实函数）的符号集合和描述这些物理参数间相互关系的一个约束方程集合组成。这些约束是四个基本的数学关系：$\text{ADD}(X,Y,Z)$、$\text{MULT}(X,Y,Z)$、$\text{DERIV}(X,Y)$、$\text{MINUS}(X,Y)$和两个函数间的定性关系：$M^+(X,Y)$、$M^-(X,Y)$。前4个为代数约束，后两个为定性约束。代数约束是一些基本的代数和积分关系，具体定义如下：

定义 8 - 1　$\text{ADD}(f,g,h)$为真的充分必要条件是f,g,h：$[a,b]\rightarrow R^*$满足$f(t)+g(t)=h(t)$，对于任意$t\in[a,b]$。

定义 8 - 2　$\text{MULT}(f,g,h)$为真的充分必要条件是f,g,h：$[a,b]\rightarrow R^*$满足$f(t)^*g(t)=h(t)$，对于任意$t\in[a,b]$。

定义 8 - 3　$\text{MINUS}(f,g)$为真的充分必要条件是f,g：$[a,b]\rightarrow R^*$满足$f(t)=-g(t)$，对于任意$t\in[a,b]$。

定义 8 - 4　$\text{DERIV}(f,g)$为真的充分必要条件是f,g：$[a,b]\rightarrow R^*$满足$f'(t)=g(t)$，对于任意$t\in[a,b]$。

在系统中，一个物理参数和另一个物理参数可能具有某种函数关系，但具体的函数我们并不知道，代数约束不能描述系统的这种不完备知识。在函数关系中，最常见和最重要的是函数间的单调关系，为此，引入两种定性约束，M^+表示函数间的单调增关系，而M^-则表示函数间的单调减关系。它们的定义如下：

定义 8 - 5　对于f,g：$[a,b]\rightarrow R^*$，$M^+(f,g)$为真的充分必要条件是存在函数$H(t)$，$H(t)$的定义域为$g[a,b]$，值域为$f[a,b]$，$H'(T)>0$且满足$f(t)=H(g(t))$，对于任意$t\in[a,b]$。

定义 8 - 6　对于f,g：$[a,b]\rightarrow R^*$，$M^-(f,g)$为真的充分必要条件是存在函数$H(t)$，$H(t)$的定义域为$g[a,b]$，值域为$f[a,b]$，$H'(T)<0$且满足$f(t)=H(g(t))$，对于任意$t\in[a,b]$。

根据M^+和M^-约束的定义，我们可以得出以下两个定理：

定理 8 - 1　$M^+(f,g)$成立，则有下述关系：

$$f'(t) = 0 \leftrightarrow g'(t) = 0$$
$$f'(t) < 0 \leftrightarrow g'(t) < 0$$
$$f'(t) > 0 \leftrightarrow g'(t) > 0$$

定理 8 - 2 $M^-(f,g)$ 成立,则有下述关系:

$$f'(t) = 0 \leftrightarrow g'(t) = 0$$
$$f'(t) < 0 \leftrightarrow g'(t) > 0$$
$$f'(t) > 0 \leftrightarrow g'(t) < 0$$

注意:$M^+(f,g)$ 和 $M^-(f,g)$ 并不要求 f,g 在 $[a,b]$ 上是单调函数,例如:约束 $M^+(2\sin t, \sin t)$ 在 $[0,2\pi]$ 恒为真,其中 $H(s) = 2x$。

8.3.3 定性微分方程

由上面可以看出,M^+,M^- 约束是精确数学关系的一种抽象,多个函数关系被抽象为一个定性约束关系 M^+ 或 M^-。正是由于 M^+ 和 M^- 约束的引入,使我们有可能描述系统的定性知识。对应于数字仿真把系统结构描述为一组常微分方程(ODE),定性仿真将系统抽象出的定性约束方程称为定性微分方程(QDE)。

我们可以直接从系统结构中得出定性微分方程 QDE,也可以通过常微分方程 ODE 来得出相应的 QDE。从 ODE 到 QDE 的过程是通过引入新的变量来分解 ODE 实现的。

8.3.4 建模示例

考虑如图 8 - 6 所示的一阶单输入—单输出系统(SISO):

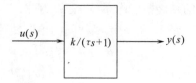

图 8 - 6 SISO 系统结构框图

系统的微分方程是:

$$\tau \frac{\mathrm{d}y}{\mathrm{d}t} = ku - y \qquad (8 - 5)$$

常微分方程(ODE)和定性约束方程(QDE)对应如下:

$$(A) \qquad (B)$$

$$f_1 = \frac{dy}{dt} \rightarrow \mathrm{DERIV}(f_1, y)$$

$$f_2 = \tau * f_1 \rightarrow \mathrm{MULT}(\tau, f_1, f_2)$$

$$f_3 = k * u \rightarrow \mathrm{MULT}(k, u, f_3)$$

$$f_4 = f_3 - y \rightarrow \mathrm{ADD}(y, f_4, f_3)$$

这样,便得到一组表示系统定性模型的定性微分方程:$\mathrm{DERIV}(f_1, y)$,$\mathrm{MULT}(\tau, f_1, f_2)$,$\mathrm{MULT}(k, u, f_3)$,$\mathrm{ADD}(y, f_4, f_3)$。

本例中,方程(8-5)的解 $u(t)$ 和 $y(t)$ 唯一地确定了辅助函数 f_1, f_2, f_3, f_4,即决定了(A)组中方程的解;除了约束 M^+ 和 M^- 外,(B)组中的每一个约束与(A)组中相应的方程在数学上是等价的,而 M^+ 和 M^- 比相应的数学方程约束更弱。所以 ODE 的解一定满足响应的 QDE;由于无穷多个具体的函数关系可能映射到一个 M^+ 或 M^- 约束上,因而 QDE 的解未必满足相应的 ODE。

我们可以将上述讨论总结为以下定理:

定理 8-3 若 $F[u(t), u'(t), \cdots] = 0$ 是一个常微分方程,则可以定义一个相应的定性微分方程,常微分方程的解一定满足此定性微分方程。

通过定性微分方程建立了系统的定性模型后,便可以在定性模型基础上进行推理,实现系统的定性仿真。

8.4 基于 SDG 的定性建模

8.4.1 引言

8.3 节介绍了 Kuipers 定性建模原理和方法。在具体应用中又出现了一些用于描述、建模、推理的方法和工具,许多应用实例中往往交叉使用几种方法。符合定向图(Signed Directed Graph,SDG)就是其中的一种方法。

符号定向图是一种由节点(nodes)和节点之间有向连线(又称支路,branches)构成的网络图。图 8-7 就是一个简单的 SDG 的例子。SDG 看似简单,它却能够表达复杂的因果关系,并且具有包容大规模潜在信息的能力。仍以图 8-7 所表示的 SDG 为例,令图中的每一个节点都表示一个物理变量,并且都可能取"+"、"-"、"0"三种状态中的一种,其中某个节点取"+"值表示该物理变量超过了允许的上限,取"-"值表示低于允许的下限,取"0"表示变量处于正常范围,则图 8-7 的 SDG 所表达的所有节点可能取得不同状态的组合(又称为样本)数为 $3^7 = 2187 = 2187$ 个。

若节点数为 100 个,则状态组合的样本的总数达到 $3^{100} = 5.15 \times 10^{47}$ 个。也就是说当今的海量数字计算机也难于容纳下这些组合。

每个节点有 3 个状态时,系统组合的样本总数 P_{max} 的计算公式为

$$P_{max} = 3^N \qquad (8-6)$$

式中,N 为节点数。由于有向支路的约束,计算 P_{max} 时节点之间的位置不能调换,因此 P_{max} 的计算符合"密码锁"的规律。SDG 具有包容大量信息的能力,在人工智能领域,称 SDG 模型为深层知识模型(deep knowledge based model),运用 SDG 模型揭示复杂系统的变量间内在因果关系及影响,是定性仿真的一个重要分支。

传统的 SDG 模型节点的状态只能在" + "" - "或"0"中三者择一。如果实际系统中有两条支路一个为" + "另一个为" - ",同时指向(作用于)一个节点。该节点应该取" + "? 还是" - "? 换言之,在 SDG 中搜索到多条相容支路都指向同一节点,哪一条影响度最大? 此外,阈值固定不变,当有的支路已经十分接近相容条件,但由于还未超过阈值,而被忽略掉。为了解决此类问题,20 世纪 90 年代初开始,模糊集合理论(fuzzy set theory)被引入 SDG 方法。

8.4.2 SDG 描述

为了说明 SDG 模型的结构,举一个简单的例子,见图 8 - 7 所表示的过程系统。该系统由一个开口容器、一台离心泵、一个调节阀($V1$)、一个手动阀($V2$)和若干管道组成。其中,容器的液位由一个单回路控制器(LIC)控制,LS 是液位变送器,上游入口流量为 $F1$,下游出口流量为 $F2$,离心泵出口压力为 P。图 8 - 8 是该系统的 SDG 模型的一种表达。图 8 - 8 中的节点表示过程系统中的物理变量(如流量、液位、温度、压力和组成),还包括操作变量(如阀门、开关)以及相关的仪表(如控制器、变送器)。

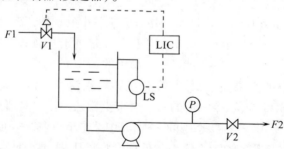

图 8 - 7　液位及离心泵系统控制流程图

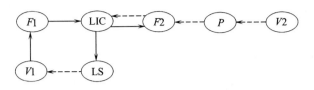

图 8-8　液位及离心泵系统 SDG 模型

SDG 中所有节点在相同时刻状态观测值的集合称为一个瞬时样本(pattern)。如果样本只包括"+"、"-"或"0"三种状态符号,称为三级 SDG 样本。在三级样本中,节点所表示的变量超过了上限阈值(threshold)取"+"号,超过了下限阈值取"-"号,在上、下限之间为正常状态,取"0"符号。表 8-4 是某一时刻观测得到的 SDG 三级样本。

表 8-4　SDG 的一个瞬时样本

F1	F2	LIC	P	LS	V1	V2
+	+	0	-	-	+	+

SDG 中节点之间的有向支路表示节点之间的定性影响关系。箭头上游节点称为初始节点(initial node),下游节点称为终止节点(terminal node)。如果初始节点增加(或减少)影响到下游节点也增加(或减少),则支路影响称为增量影响(positive influence),用"+"符号表示,在 SDG 图中用实线箭头相连。若两相邻节点的影响使终止节点取初始节点相反的符号,则称为减量影响(negative influence),在 SDG 中用虚线箭头相连。

SDG 模型能够定性地表达各节点的值如果偏离了正常值,相应于所有的样本,这些偏离将会在系统中如何传播的所有可能的路径。对于一个瞬时样本,在 SDG 中可以搜索到已经发生偏离的节点及支路传播路径。这种路径由方向一致,且已经产生影响的若干支路形成的通路构成,又称为故障传播路径(fault propagation pathway)或相容通路(consistent path)。相容通路是能够传播故障信息的通路。

消去和相容通路无关的节点和支路后,余下的残图称为该样本的原因—后果图(Cause and Effect Graph, CEG)。

上述概念可进一步精确定义如下:

定义 8-7　SDG 模型 γ 是有向图 ζ 与函数 φ 的组合 (ζ, φ)。其中:

(1) 有向图 ζ 由四部分组成 $(N, B, \partial^+, \partial^-)$;

(a) 节点集合 $N = \{n_1, n_2, \cdots, n_m\}$;

(b) 支路集合 $B = \{b_1, b_2, \cdots, b_n\}$;

（c）影响"关系对"$\partial^+:B\rightarrow N$（支路的起始节点）

$$\partial^-:B\rightarrow N（支路的终止节点）$$

该"关系对"分别表示每一个支路的起始节点和终止节点。

（2）函数$\varphi:B\rightarrow\{+,-\}$，其中$\varphi(b_k),b_k\in B$称为支路$b_k$的符号。

以上定义是假定系统的状态描述为状态变量相应于每一个元素的值,这些值可以取为正常状态的值,以及大于或小于正常值。

定义8-8 SDG模型$\gamma=(\zeta,\varphi)$的样本是一个函数$\psi:N\rightarrow\{+,0,-\}$,$\psi(n_a),n_a\in N$称为节点$n_a$的符号,即

$$\psi(n_a)=0 \qquad |X_{na}-\underline{X_{na}}|<\varepsilon_{na}$$

$$\psi(n_a)=+ \qquad X_{na}-\underline{X_{na}}\geqslant\varepsilon_{na}$$

$$\psi(n_a)=- \qquad \underline{X_{na}-X_{na}}\geqslant\varepsilon_{na}$$

对于一个给定的具有可观测样本的SDG模型,其状态变化的传播方式由原因一后果图所表达,定义如下:

定义8-9 具有样本ψ的SDG模型$\gamma=(\zeta,\varphi)$中,如果$\psi(\partial^+b_k)\varphi(b_k)\psi(\partial^-b_k)=+$,则该支路$b_k$称为相容;如果$\psi(n_a)\neq0$,则该节点$n_a$称为有效节点。

定义8-10 当一个SDG模型$\gamma=(\zeta,\varphi_1,\varphi_2,\cdots,\varphi_k)$的样本$\psi$和一系列的函数$\varphi_i(i=1,\cdots,k)$确定时,如果$\psi(\partial^+b_1)\varphi(b_1)\cdots\varphi(b_k)\psi(\partial^-b_k)=+$,则支路组合亦称为在$\psi$样本下的相容。

如果所有模型的符号可以测量确定,定义8-9将重复地使用;当包括有不可观测的节点(支路)时,采用定义8-10。依据定义8-10,如果一系列的支路函数$\varphi(b_1)\cdots\varphi(b_k)$替换为一个支路组合$\varphi_\pi(b_1,\cdots,b_k)$,$\varphi_\pi$是每一个$\varphi(b_i)$($i=1,\cdots,k$)的乘积,则$\psi(\partial^+b_1)\varphi_\pi(b_1,\cdots,b_k)\psi(\partial^-b_k)$等效于$\psi(\partial^+b_1)\varphi(b_1)\cdots\varphi(b_k)\psi(\partial^-b_k)$。定义8-10可以视为一条定理,说明了SDG中节点和支路选定的相对性原理和化简规则。也就是说,如果为了进一步揭示系统的内在联系,在已经了解了系统内在影响的定性机制的前提下,可以在原有的SDG模型中增加节点和支路;另一方面,如果为了简化SDG模型,特别是当某些通路上不可观测的节点较多时,可以适度合并节点和支路。

定义8-11 ζ的子图ζ^*若包括了全部有效节点和所有的相容支路,则ζ^*称为图模型在样本ψ下的原因—后果图。

8.4.3 SDG建模方法

SDG建模是定性仿真的基础,具有较强的针对性和灵活性,看起来容易做起来难。所谓容易是在形式上只要画出节点和有向支路就是SDG模型。然而

要使 SDG 模型能够符合客观规律,其中每一个节点、每一条支路都需要慎重考虑,涉及到对系统的深入了解和实践经验。

SDG 建模主要有两种方法,常微分方程解析模型偏导法和经验法,或两种方法结合使用。在实际应用中,定量动态模型通常很难得到,所以经验法是 SDG 建模的主要方法。经验法 SDG 建模可按如下步骤进行:

(1) 找出与故障相关的关键变量作为节点;

(2) 尽量找出导致这些节点故障原因的节点和支路的组合,从原理上分清是增量影响还是减量影响,然后用支路与各关键节点相连;

(3) 分析和确认关键变量节点之间的关系,用" + "或" - "支路相连;

(4) 采用经验信息、现场信息或该系统的动态定量仿真模型进行检验、案例试验、修改和化简 SDG 模型直到合格。

在 SDG 建模中,节点和支路的确定原则是,在符合客观规律的前提下,应当有利于揭示故障的原因及后果。

8.4.4 SDG 的推理机制

SDG 的推理是完备的且不得重复地在 SDG 模型中搜索(穷举)所有的相容通路。这一过程又称为 SDG 定性仿真。搜索任务是通过推理"引擎"(inference engine)自动完成的。对于大系统 SDG 模型,为了提高效率,应当采用分级或分布式推理策略。

SDG 的推理机制主要有两种:正向推理(评价模式)和反向推理(诊断模式)。

正向推理的前提是 SDG 所有节点的状态未知。在 SDG 模型中,从选定的原因节点向后果节点探索可能的、完备的且独立的相容通路。每一个原因节点都要对所有的后果节点作一次全面探索,并且在探索中对通路经过的节点作相容性标记(预估)。最后应当对所有探索到的可能的且独立的相容通路进行合理性分析。由于正向推理机制和安全评价的机制一致,所以称其为评价模式。

反向推理是在 SDG 已知的瞬态样本中进行。从当前所关注的后果节点(报警节点)向可能的所有原因节点反向探索可能的且独立的相容通路。由于反向推理机制和故障诊断的机制一致,所以我们称其为诊断模式。在实际应用中,正、反向两种推理可以联合使用。

8.4.5 SDG 方法的优缺点

SDG 方法的优点:特别适合于具有根部原因及多重因果关系问题的分析;

结论完备性好(适于评价);可提供故障传播的路径,提供故障演变的解释;适合于评价及操作指导;对干扰不敏感,鲁棒性好;适应性强,便于修改;对某些操作失误有较高分辨率;易于理解、使用和推广。

SDG 方法的缺点:用于故障诊断难于早期发现(预测性不好);多义性推理结论导致分辨率差;如果模型不准,将导致诊断失误或结论的不完备性;计算大系统时,费时费力,成本高、实时性不好。

8.4.6　SDG 方法应用

SDG 是一种通用技术,用途不同,显然建模方法也应有所不同。目前,SDG建模方法有三种:基于定量数学模型的方法、基于流程图的方法和基于经验知识的方法。下面介绍第三种方法在化工过程中的应用。对于安全评价和故障诊断而言,安全评价是为识别出所有潜在的危险,追求的是揭示故障的完备性,而故障诊断是在故障发生的情况下辨别出故障源,追求诊断速度和故障分辨率。因此,对于安全评价和故障诊断,基于经验知识的建模方法也应有所不同。

8.4.6.1　基于 SDG 的安全评价

建模原则:节点和支路的确定应当有利于全面揭示故障,并且尽可能揭示故障的传播途径。

建模步骤:

(1) 将工艺过程分为若干设备级单元。

(2) 对每一设备单元列出变量定义,此步确定与设备单元相关的重要变量,即模型的节点。对于化工过程的设备单元,这些变量主要包括温度、压力、流量、物位和组成。针对具体设备单元,在这五种变量中进行选择。

(3) 对每一设备单元列出各变量之间的"影响方程组",所谓"影响方程组",就是将设备单元中的所有变量列在左侧,每一变量的右侧列出与之相关的变量,中间用指向左侧的箭头相连。右侧变量中与左侧变量为增量影响的在变量前用" + "表示,减量影响的用" - "表示。若左侧某变量没有任何相关的变量,则说明该变量只与外部设备单元的变量相关,其右侧用"0"表示。因为变量之间的相互作用关系以方程组的形式表示,所以称为"影响方程组"。"影响方程组"由经验知识确定,确定"影响方程组"也就是确定支路状态。

(4) 建立设备单元 SDG 模型。对每一设备单元,利用节点和相应支路状态即可得出其 SDG 模型。

(5) 确定每一设备单元的非正常原因。设备单元模型以温度、压力、流量、物位和组成五种变量之间的相互作用关系建立,所以非正常原因也应根据导致这五种变量发生偏差的原因来确定。

（6）确定每一设备单元的不利后果。化工过程的不利后果从以下五个方面考虑：工艺方面，如温度、压力、流量报警，产品质量不合格；设备方面，如破裂、变形等；火灾；爆炸；中毒。

（7）构建设备单元评价模型。在设备单元 SDG 模型中，将相应单元的非正常原因作为原因节点，不利后果作为后果节点引入模型，即得到设备单元的评价模型。将原因节点和后果节点引入模型时，只在出口节点上引入。

（8）构建系统模型。根据基于流程图建模方法中的合并规则，利用设备单元的评价模型构建系统评价模型。

（9）修改完善。利用仿真软件进行案例试验，对评价模型进行修改完善。

图 8 - 9 为北京化工大学开发的一种双程列管式换热器流程图画面。管程走冷却水，壳程走含量 30% 的磷酸钾溶液。冷却水流量为 18441kg/h，从 20℃上升到 30.8℃，将 65℃流量为 8849kg/h 的磷酸钾溶液冷却到 32℃。管程压力 0.3MPa，壳程压力 0.5MPa。下面以此流程中换热器设备单元的建模过程来说明建模步骤。

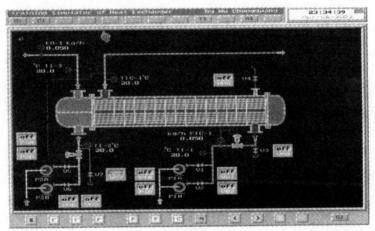

图 8 - 9　换热器流程图画面

（1）变量定义。

逐一列出换热器单元的全部重要变量，给每一变量标记变量名。

$F1$：冷却水进口流量；

$F2$：冷却水出口流量；

$F3$：磷酸钾溶液进口流量；

$F4$：磷酸钾溶液出口流量；

$P1$:管程压力；

$P2$:壳程压力；

$T1$:冷却水进口温度；

$T2$:冷却水出口温度；

$T3$:磷酸钾溶液进口温度；

$T4$:磷酸钾溶液出口温度。

（2）确定"影响方程组"。

利用经验知识,确定变量之间的相互作用关系,得出"影响方程组"如下:

$F1 \leftarrow 0$ （外部影响接口）

$F2 \leftarrow F1$

$F3 \leftarrow 0$ （外部影响接口）

$F4 \leftarrow F3$

$P1 \leftarrow F1 + T1$

$P2 \leftarrow F3 + T3$

$T1 \leftarrow 0$ （外部影响接口）

$T2 \leftarrow -F1 + F3 + T1 + T3$

$T3 \leftarrow 0$ （外部影响接口）

$T4 \leftarrow -F1 + F3 + T1 + T3$

（3）建立 SDG 模型。根据变量与"影响方程组",得出 SDG 模型如图 8 – 10 所示。

（4）对于换热器,经常出现的故障为:列管开裂导致 $F2$ 增加,壳程泄漏或列管开裂均导致 $F4$ 减小,列管结垢会导致 $T2$ 降低,列管开裂和火灾会导致 $T2$ 升高,列管结垢和火灾会导致 $T4$ 升高,列管开裂会导致 $T4$ 降低。

（5）经常出现的不利后果为:$F4$ 和 $T4$ 的超上限或超下限报警。

（6）将原因节点和后果节点引入出口变量,构建 SDG 评价模型。

（7）利用动态仿真软件进行验证和修改,得出换热器单元 SDG 评价模型如图 8 –11所示。

同理可得出其他设备单元的模型,从而可以构建系统的 SDG 评价模型。

8.4.6.2 基于 SDG 的故障诊断

建模原则:节点和支路的确定应当有利于快速精确地定位故障源。

建模步骤:

（1）确定故障节点,将带来危害或导致严重后果的事件或变量定为故障节点。

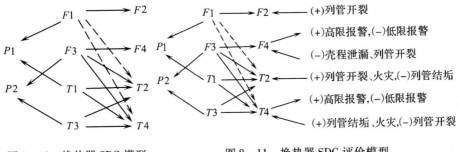

图 8 - 10　换热器 SDG 模型　　　　　　图 8 - 11　换热器 SDG 评价模型

（2）对每一个故障节点做故障树分析,确定其非正常原因。故障树依赖于经验知识建立。

（3）对每一故障树进行修正,变成由节点和支路组成的故障树。同时,在保证故障分辨力的前提下,将多余节点全部剔除。另外,若故障分辨力不高,则增加一些可观测节点来提高故障分辨力。

（4）将各个修正了的故障树进行合并,得出全系统的故障诊断模型。

（5）在模型中,对任一故障节点反向推理得出有根相容通路。如果第四步的合并引起了伪相容通路或降低了故障分辨力,则相应通过增加可观测节点来完善。反复进行此步,直至任一故障节点的任一原因达到100%的分辨力。

（6）修改完善,借助仿真软件进行案例试验,修改完善模型。

下面仍以前面介绍的换热器系统(图 8 - 9)为例说明建模过程。流程由四台泵和一台换热器组成。磷酸钾溶液泵出口处设有流量定值控制,磷酸钾溶液换热器出口处设有温度控制器。

变量定义:

$P1$:冷却水泵;

$N1$:冷却水泵功率;

$P2$:磷酸钾溶液泵;

$N2$:磷酸钾溶液泵功率。

其余变量与前面定义相同。

（1）对于本系统,故障节点定义为 $T4$ 高限报警和 $F4$ 低限报警。

（2）对 $T4$ 高限报警和 $F4$ 低限报警作故障树分析,结果如图 8 - 12 所示。

（3）对故障树进行修正。同时,为简化模型,在 $T4$ 的故障树中,将换热效率下降和 $N1 = 0$ 这两个节点剔除,为提高分辨力,在 $T4$ 的故障树中,增加了 $T2$ 节点,在 $F4$ 的故障树中,增加了 $F2$ 节点,结果如图 8 - 13 所示。

（4）将这两个修正了的故障树进行合并,得到 SDG 诊断模型如图 8 - 14 所示。

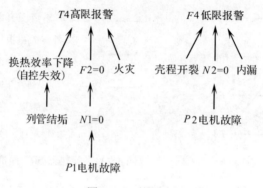

图 8 - 12　故障树

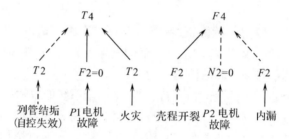

图 8 - 13　修正的故障树

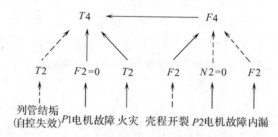

图 8 - 14　换热器系统 SDG 诊断模型

（5）对 $T4$ 和 $F4$ 反向推理,得出有根相容通路,未发现由于合并而引起伪的相容通路。

（6）利用仿真软件,对任意故障原因作案例分析,每一原因的故障分辨力均达到了 100%。

第 **9** 章

基于系统动力学的建模

9.1 引 言

系统动力学(System Dynamics)是麻省理工学院 J. W. Forrester 教授创立的一门新兴学科。它是一种以反馈控制理论为基础,以数字计算机仿真技术为手段的研究复杂系统动态行为的定量方法。它将系统构成为结构与功能的因果关系图式模型,利用反馈、调节和控制原理进一步设计反映系统行为的反馈回路,最终建立系统动态模型。再经过计算机模拟,对系统内部信息反馈过程进行分析,就可以深入了解系统的结构和动态行为特性。

系统动力学不是从理想状态出发,而是以现存的系统为前提,通过仿真试验,从多种可能的方案中选择理想的方案,以寻求改善系统的机会和途径。系统动力学主要是分析系统行为的变化趋势,而不在于给定精确的数据。

9.2 系统动力学建模基础

系统动力学研究对象系统是从分析系统因果反馈结构开始的。所谓因果反馈结构是指由两个或两个以上具有因果关系的变量,以因果关系彼此连结,形成闭合回路的结构。系统的反馈结构可以描述一个或多个反馈回路变量之间的作用或被作用的关系,揭示系统内部信息流向和反馈的过程。一个复杂系统的反馈结构通常包含多种正反馈回路和负反馈回路。描述动态系统的反馈结构需要借助系统动力学提供的各种图形工具,其中主要有因果关系图、系统框图和流图等。

9.2.1　系统的因果关系

这种图形方法主要在构思模型的初始阶段,以及非技术性地、直观地描述模型结构时使用,它既是建立动力学模型的工具,也是与不了解 SD 模型的领域专家相互沟通的桥梁。

9.2.1.1　因果关系的表示

按影响作用的性质分类,因果关系分为两种,即正因果关系(Positive Causal Relation)和负因果关系(Negative Causal Relation)。如果 A 变量增加,B 变量也随之增加,即 A、B 的变化方向一致,这种情况是正因果关系,用符号"＋"表示。如果 A 变量增加,B 变量随之减少,即 A、B 的变化方向相反,则这种情况是负因果关系,用符号"－"表示。凡系统中具有因果关系的任意两个变量,它们的关系不外乎具有正关系和负关系,没有第三种关系。因果关系表示的是逻辑关系,没有任何计量上的意义,也没有时间上的意义。

图 9 - 1 给出了因果关系示例。

9.2.1.2　因果关系反馈环

因果关系是一种具有递推性质的关系,例如,若 A 要素是 B 要素的原因,而 B 要素又是 C 要素的原因,则 A 要素也是 C 要素的原因。同样,从结果方面分析也可得到相同结论。利用因果箭来描述这些因果关系就得到了因果链。与因果箭一样,因果链也具有极

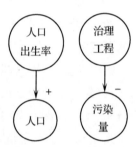

图 9 - 1　因果关系表示

性,根据因果箭极性的含义和因果关系的递推性,能够判断得出因果链极性的规律。如在因果链中含有偶数个负因果箭,则该因果链呈正极性,即起始因果箭的原因和中止结果箭的结果呈正因果关系。反之,若因果链中含有奇数个负的因果箭,则因果链呈负极性。上述的递推规律可以表述为:因果链极性符号与因果箭极性乘积符号相同。

在自然现象中,经常存在作用与反作用的关系,原因引起结果,而结果又作用于形成原因的环境条件,促使原因变化。这样,就形成了因果关系的反馈回路。反馈回路的基本特征是:原因和结果的地位具有相对性,即在反馈回路中将哪个要素视作原因,哪个要素视作结果要看具体情况,仅从反馈回路本身很难绝对区分出因与果的关系来。

9.2.1.3　因果关系图

系统内部的决策过程是在系统的一个或多个反馈环中进行的,而且系统的

复杂性取决于反馈环的多少及其动态作用的复杂程度。因此要构造系统动力学模型,首先要以构造反馈环开始,然后依据这些反馈环的动态作用画出系统的因果关系图,并根据因果关系图确定出起主导作用的反馈环。

下面我们通过一个城市系统来说明因果关系图的绘制过程。

一个城市系统一般包括有人口、经济、环境、土地等要素。下面我们通过分析这些要素之间的相互关系,找出该系统的反馈环。

在一个城市里,如果该市就业机会增多就会吸引其他地区人口迁入;人口迁入又导致城市人口总数增加;城市人口的增加又导致商业和工业活动的增长;商业和工业活动的增长产生了对职工的需求;对职工的需求又提供就业机会。这就形成图 9 - 2 所示的正因果关系环。

随着城市人口和商业及工业活动的增长,污染日益严重,环境质量下降,从而导致城市吸引力减弱使得迁入人口减少。这就形成了如图 9 - 3 所示的两个嵌套耦合的负环。

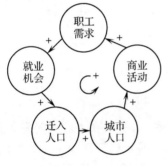

图 9 - 2　正反馈环

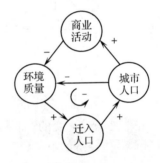

图 9 - 3　耦合负反馈环

再考虑人口与土地的关系:随着城市人口的增长,住宅需求量增加,住宅建设加快,占地面积增多,使可供商业和工业活动用的土地面积减少,从而抑制了城市商业活动的发展,使职工需求量减少,结果使就业机会减少,迁入人口减少,最后抑制了整个城市人口的增长,这就形成了如图 9 - 4 所示的负反馈环。

根据以上的分析,我们就可以画出城市系统的因果关系图,如图 9 - 5 所示。

值得注意的是,一个复杂系统,往往是由若干个正、负反馈环相互耦合形成的复杂结构。在这样的系统中,由于正反馈环的自我强化作用和负反馈环的自我调节作用,使得系统呈现出"增长"与"稳定"之间的相互转化的行为。当正反馈环起主要作用时,系统表示出增长行为,而当负反馈环起主要作用时,系统呈现"稳定"的行为。而在系统中起主导作用的反馈环,称作系统的主环,但主

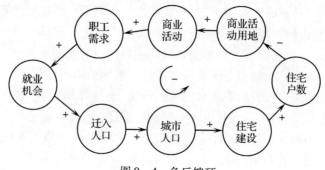

图 9-4　负反馈环

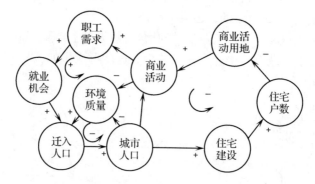

图 9-5　城市系统因果关系图

环的确定并不是一成不变的,而是随着时间的推移,主环在不断的转移。例如对上述城市系统,经济的增长导致人口的增长,此时正反馈环起着主要作用,它是系统的主环。当城市发展到一定的规模之后,环境与土地问题将会相继出现,这时系统的主环也会相继转移到其他三个负反馈环上。这些负环成为系统的主环之后将会抑制城市人口与经济的发展。

9.2.2　系统动力学模型的构造

9.2.2.1　流位

流位是系统内部状态的描述,是系统内部的定量指标(也称积累量),其值是前次的积累与输入流与输出流之差的和。假定观测的时间间隔为 DT,流位变量的流入流速为 $R1$,流出流速为 $R2$,前次液面的观测值为 $L0$,在 DT 时间内液面的增量为 ΔL,则现在的液面值 L 为

$$L = L0 + \Delta L$$

式中,$\Delta L = DT * (R1 - R2)$。

流位的状态受控于它的输入流与输出流的大小,以及延迟的时间。流位有三种:

(1)自我型流位。其输出流率只与流位本身的大小和延迟的大小有关。

(2)非平衡型流位。其输出流率由流位以外的因素所决定。

(3)途中有延迟的流位。输入输出流率相等,流位的大小等于"途中耽搁时间乘流率"。

9.2.2.2 流率

流位描述了系统中实体的状态,流率描述了单位时间内流位的变化率,流率是控制流量的变量。随着系统状态的变化,系统的流率、各个流位也都随之发生改变。在不同的状态下,流率方程式的确定也有所不同,要具体情况具体分析。例如,非平衡型的流位的输出流率应由外部干扰因素来确定;由系统内部的流位信息确定的输出流率则应由系统内其他流位来确定;而在自平衡型流位中,若输入流率发生变化,则其输出流率的变化取决于这个流率的固有延迟特性。

9.2.2.3 流的种类

系统动力学模型是一种通过控制流的状态来实现对系统控制的模式。因此,除了要注意流的独立性外,还要明确流的种类。流的种类大体有:

(1)物流。表示系统流动着的物质、如成品、人口等。

(2)订货流。表示订货量和需求量的流,如商品订货量、劳动需求量等。

(3)资金流。表示现金、货币及存款的流。

(4)信息流。它是连接流位和流率的信息通道。

前三种流是系统活动过程中产生的实体流,属于被控对象,对系统的管理控制来说,无直接的关系。而信息流则是直接关系到系统控制的流,是一种对决策产生很大影响的流。在信息的流动中,我们要注意到信息流的延迟现象、信息的水分(即噪声)以及信息的放大与失真现象,不然,会使系统的稳定性变坏,甚至失控,从而影响决策的质量。

9.2.2.4 决策机构

所谓决策机构是指根据流位传来的信息所确定的决策函数(即流率)的子构造,也称为决策。通过修改模型的决策机构,就可体现不同方案的决策方案。一旦这个决策机构被量化,就可以借助计算机进行仿真。例如人口总数的控制,可通过控制人口出生率来实现,而由影响出生率的各种信息确定的出生率就是人口控制系统的决定函数,或称为控制策略。

图9-6所示的决策过程,表明了决策机构来源于各流位的状态信息,这些信息又同实体流发生关系,决策的操作则是改变实体的流体状态。因此,决策

机构往往处在反馈环之中,这个所谓决策反馈环连接了决策、行动、流位和信息以形成一个完整的途径。凡是控制任何系统的行为过程的都属于决策范围,都应有图中所示的决策反馈机构。因此,系统的动态行为基本上是由决策反馈环所代表的决策过程所形成的。因此,分析系统的行为,其重点在于掌握决策反馈环。

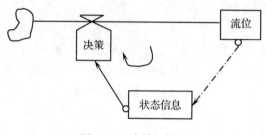

图 9 - 6　决策反馈环

9.2.3　系统流图的基本构成

因果图能够对系统内部要素概念与结构关系进行真实、直观的描述,对于建模人员了解系统结构很有意义。但因果图难以标出系统要素的特征与属性,特别是不能表示不同性质的变量的区别,例如,状态变量的积累概念,是系统动力学最重要的概念,因果图无法表示,因此,系统动力学建模必需借助流图这种图形表现形式,这也是系统动力学的特点之一。

流图的形式基于两个方面:针对不同特征与类属的要素采用不同的符号标记;针对要素间不同的联系方式,即不同的流采用不同的连线形式。在流图中,始终要用"流"的概念表示系统的反馈结构,这里的"流"代表物流、信息流等,可以看作水流。SD 流图实际上是用"水流"的储存、释放和流向的控制过程把系统的动态特性模拟出来。

SD 模型流图是用专用的流图符号组成的,这些符号主要有图 9 - 7 给出的几种。

图 9 - 7(a)是"流位(level)"符号,或"状态"符号,表示流的积累。

图 9 - 7(b)是"速率(Rate)"符号,表示系统中"流"在单位时间内变化的量。

图 9 - 7(c)是"流(flow)"符号,表示信息、物质的流入和流出。

图 9 - 7(d)是"源(Sources)"和"汇(Sinks)"符号,分别表示流的来源和归宿。

图 9 - 7(e)是"辅助变量(Auxiliary Variable)"符号,用于简化速率变量,使

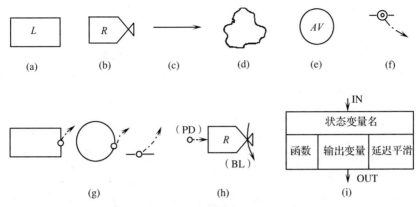

图 9-7　流图符号与表示

(a) 流位；(b) 速率；(c) 流；(d) 源和汇；(e) 辅助变量；(f) 参数；
(g) 信息取出；(h) 流图间的关系；(i) 滞后。

复杂的函数易于理解。

这五种流图要素是系统动力学模型流图中最基本的要素，除此之外，还有以下常用要素：

图 9-7(f) 是"参数（Parameter）"符号，用于表示系统在一次运行中保持不变的量。

图 9-7(g) 是"信息（information）取出"符号。图中带箭头的虚线就是信息取出的表示，箭尾的小圆表示信息源，箭头指向的是信息的接收端。

图 9-7(h) 是"流图间的关系"符号。当一个系统由几个流图表示时，表示此流图的变量与其他流图的变量有关的变量。

图 9-7(i) 是"滞后（Delay）"符号。由于信息和物质的传递过程需要有一定的时间，于是就带来了原因和结果、输入与输出、发射和接收等之间的滞后。滞后用 DYNAMO 方程的宏函数表示，按图中所示的位置分别注明被延迟的变量名称、函数名称、输出变量的名称与种类，延迟常数或平滑常数。

9.2.4　系统流图设计中的几个问题

从系统的因果关系图向系统流图过渡时应注意的问题：

（1）在任何一个反馈环中，都至少有一个流位变量。有时，几个反馈环通过一个公共的系统要素耦合在一起，而这个要素又具有流位变量的特征，就应将此要素选作系统的流位变量。

流位变量是一个积累量，它不仅包含现在的信息，而且包含着过去的信息。可以说，一个系统要素如果包含过去的信息，它就具有流位变量的特征。但是，具有流位变量特征的系统要素却不一定要选作流位变量,还要考虑流位变量应是最小集合与独立性的原则。如果它与已选定的流位变量相关,那它就不能再选它为流位变量了。

(2)一般说来,流率变量与流位变量总是同时出现的,决不会有两个流位变量或两个流率变量相继出现。因此,在因果关系图上选定了流位变量之后,应在与这些流位变量相邻的要素中来考察确定流率变量。图 9 - 8 表示在因果关系图中选定的一个流率变量。它"发生"若干因果关系链,同时又"接收"若干因果关系链。它所接收的每一个关系链是影响其流位变量的一个关系。因此,与这些因果关系链末端直接相连的要素 R1、R2 就被选作流率变量。当然,这些因果关系链有正负之分,正者(图 9 - 8 中 R1)是控制输入流的速率,负者(图 9 - 8 中 R2)是控制输出流的速率。

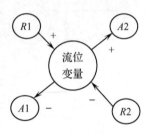

图 9 - 8　流位变量的相邻因果关系图

(3)辅助变量的确定也不容忽视。辅助变量仅在系统的信息链中出现。系统的信息链始于信息源——流位变量,终于流率变量。因此,确定辅助变量应从流位变量开始沿着因果关系环搜索到流率变量,图中与流位变量相邻,并"接受"流位变量所"发出"的因果关系链上的要素是辅助变量,如要素 A1,A2。这些辅助变量是各个信息链中第一个接受信息的节点。

9.3　系统动力学建模方法

9.3.1　系统动力学建模的主要环节

9.3.1.1　确定流位变量和速率

系统动力学模型是由因果反馈回路相互连接和作用构成的。一个反馈回路一定包含两个基本变量:一个是流位变量,另一个是速率变量,这两个基本变量是构成反馈回路的必要条件。

(1)流位变量。流位变量表示对象系统在某一特定时刻的状态;而速率变量则表示某个流位变量变化的快慢。如果用"流"的概念看待流位变量,则流位变量是系统流的积累,所以,也可以将流位变量称作状态变量,它等于流的流入率与流出率的差额。或者说,流位变量的大小就是系统内各种行动或活动结果的积累。流位变量本身不可能自我产生瞬间变化,它必须由速率变量的作用才能由一个数值状态改变到另一个数值状态。不过,速率变量并不直接决定流位变量现在时刻的大小,而是决定流位变量的斜率,即单位时间内流位变量的变化量。因此,流位变量的当前值可以说是过去流经流位变量的速率变量的累积,是由前一时刻的流位变量值加上由前一时刻到现在时刻这段时间内流经流位变量的速率变量的数值决定的。

(2)速率变量。流位变量的现实数值与任何其他流位变量的数值都没有直接的关系,因此,任何两个流位变量如果相互影响,必然含有一个速率变量连接这两个流位变量。

由于流率之间不可能、也不会相互影响,速率变量之间也不能相互影响。事实上,没有任何流体的瞬间流率能够在瞬间加以度量,一般都需要一定的度量间隔,因此,流率其实是某个时间间隔内速率变量的平均值。

速率变量可以借助速率方程式表示。速率方程描述了系统行动决策说明,即对系统决策所根据的原则或方式。一个速率方程式是一个决策表达式,即速率方程如何产生"决策流"。

在确定速率变量和流位变量的构造之前,弄清速率变量与流位变量之间的关系,了解区分这两个变量的方法很有必要。首先,速率变量是控制流位变量的变量,因此流位变量和速率变量必须同时存在而且相间设置。其次,确定动力学系统的一个要素是流位变量还是速率变量不能用其容量来衡量,通常采用下述方法区分这两个变量。

由于速率变量是一个行动变量,因此,当行动停止下来,速率变量的作用也就终止或消失。而流位变量是过去所有行动结果的积累,即使现在没有行动,流位变量仍然存在并且能被观察到。所以,系统在静止状态下仍然存在并且观察得到的量就是流位变量。确定了流位变量以后,再分析影响或改变流位变量的因素或动力,这些因素或动力就是速率变量。

9.3.1.2 确定系统构造

一般地,状态变量的基本构造是流的积累和输入流、输出流;速率变量的基本构造是系统决策目标、系统现状观察的结果、目标与现状的差距,以及由这种差异引起的行动,如图9-9所示。

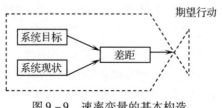

图9-9 速率变量的基本构造

9.3.1.3 建立方程式

因果图和流图用于简明地描述出系统各要素间的逻辑关系与系统构造,方程式则用于定量分析系统动态行为,实现由系统流图设计到方程式的转化。

建立方程式是把模型结构"翻译"成数学方程式的过程,把非正规的、概念的构思转换成正式的、定量的数学表达式——规范模型,其目的在于使模型能用计算机模拟(或得到解析解),以研究模型假设中隐含的动力学特性,并确定解决问题的方法与对策。从为了更真切地描述客观事物的意义上说,规范模型要精确得多,它可以利用计算机一步一步算出变量随时间的变化。另外,建立方程阶段所必需的精确性也迫使模者清晰地思维,从而加深对系统结构的了解。

系统动力学首先要描述的是系统的状态即流位,"流位"是有系统内物质流的流动情况所决定。对应每个系统状态或每个物质流经的流位实体,都有如同水箱一样的结构(见图9-10),此结构说明,系统的流位由流入流和流出流决定,而流入流与流出流又分别受流率 $R_{in}^{(r)}(t)$ 和 $R_{out}^{(r)}(t)$ 的控制。因此,有如下流位方程式:

$$L_r(t) = R_{in}^{(r)}(t) - R_{out}^{(r)}(t) \tag{9-1}$$

其中, $r = 1, 2, \cdots, n, n$ 为系统流位变量的个数。

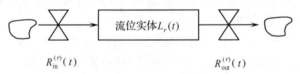

$$R_{in}^{(r)}(t) \qquad\qquad\qquad R_{out}^{(r)}(t)$$

图9-10 "水箱"结构图

$R_{in}^{(r)}(t)$ 和 $R_{out}^{(r)}(t)$ 的表达式是一组代数方程:

$$R_{in}^{(r)}(t) = R_{in}^{(r)}(V_1(L_1, L_2, \cdots, L_n; t), \cdots, V_m(L_1, L_2, \cdots, L_n; t))$$

$$R_{out}^{(r)}(t) = R_{out}^{(r)}(V_1(L_1, L_2, \cdots, L_n; t), \cdots, V_m(L_1, L_2, \cdots, L_n; t)) \tag{9-2}$$

$$r = 1, 2, \cdots, n$$

这里, $V_i, i = 1, 2, \cdots, m$ 是系统的 m 个辅助变量,它们由 m 个代数方程来描述:

$$V_i = V_i(L_1, L_2, \cdots, L_n; t), i = 1, 2, \cdots, m \tag{9-3}$$

方程(9-1)、方程(9-2)和方程(9-3)组成了系统动力学的数学模型,分别称为系统的状态方程(或流位方程)、流率方程和辅助方程。对系统的各状态赋以初值,就可以对方程(9-1)求解,得到系统状态随时间变化的动态过程。

值得指出的是,方程(9-1)对系统的描述完全是依据系统流图而得出的。因此,可以说,系统流图是由现实系统的因果关心描述过渡到系统数学模型的桥梁。这就是系统动力学中系统流图的独特之处。越是复杂的系统,流图的优越性就越突出。

9.3.2 系统动力学建模步骤

系统动力学建模步骤如下(参见图9-11):

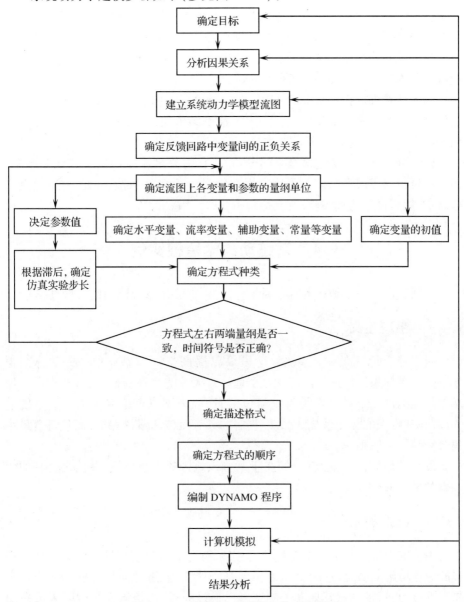

图9-11 系统动力学建模与仿真流程图

（1）确定系统目标。主要包括预测系统的期望状态、观测系统的特征、弄清系统中的问题所在、描述与问题有关的系统状态、划定问题的范围和边界、选择适当的变量等。

（2）分析系统中的因果关系。在明确系统目标和系统的问题后，就可根据系统边界诸要素之间的相互关系，描述问题的有关因素、解释各因素间的内在关系、画出因果关系图、隔离和分析反馈环路及它们的作用。

（3）建立系统动力学模型。建立流图、构造 DYNAMO 语言方程式，所谓建模就是要确定各反馈环中的流位(Level)与流率(Rate)。

（4）计算机模拟。将 DYNAMO 语言方程式和原始数据及相关数据（变量）在计算机上多方案模拟实验，得出结果，绘制结果曲线图，修改程序（方程式），调整数据（变量），进行反复模拟实验。

（5）分析结果。通过对结果的分析，不仅可发现系统的构造错误和缺陷，而且还可找出错误和缺陷的原因。根据结果分析情况，如果需要，就对模型进行修正，然后再作仿真实验，直至得到满意的结果。

9.4　系统动力学建模实例

下面我们以一个地区的林业系统作为实例，介绍系统流图的设计过程。

9.4.1　系统定义

对于一个地区的林业系统，这里仅以提高生态效益指标——森林覆盖率——为目标来研究这个系统。这个地区有大片的宜林荒地、已造林未成林地及森林地。这三个量可作为系统流位变量，因为这三个量完全描述了系统过去、现在和将来的林业系统状况，即它们的具有流位变量的特征，而且符合最小集合和独立性原则。

发展该地区的林业，其目的在于改善该地区的生态环境，并使之达到期望的森林覆盖率。

9.4.2　因果关系图

为了实现这个林业系统的目的，就必须有保证造林速率的实施方案和对森林的保护措施。因此，系统中除了包含有宜林荒地、造林面积与森林面积三个要素外，还必须包含有其他有关的要素。通过分析，可得该系统的因果关系图如图 9 - 12 所示。从图 9 - 12 可见，该系统由两个负反馈环和一个正反馈环相互耦合而成。负环 1 使宜林荒地不断减少。负环 2 又使期望森林面积的偏差不断缩小。正环通过"造林要求"到"造林面积"使森林面积增加同时亦增加了毁林的可能性（包括自然毁林与人为毁林）。而毁林的可能性又受森林管理措施和管理水平的影响。

9.4.3　系统流图

根据因果关系图可以绘制出林业系统的流图，如图 9 - 12 所示。

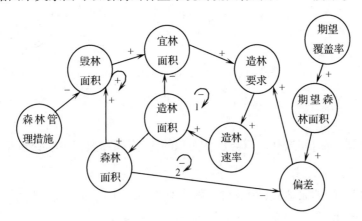

图 9 - 12　林业系统的因果关系图

图 9 - 13 中 L_1、L_2、L_3 代表林业系统的三个流位变量；R_1 代表 L_1 的增加率；R_2 代表 L_1 的减少率，同时也是 L_2 的增加率；R_3 代表 L_3 的增加率，同时也是 L_2 的减少率；R_4 代表 L_3 的减少率，D、DM、DN 为辅助变量；C_1 和 C_2 是与造林方案有关的常数；C_3 是从造林到森林郁闭的时间延滞常数；C_4 是与森林管理措施与水平有关的常数，它代表毁林率。

根据图 9 - 13 所示的林业系统动力学流图，我们可得到它的数学模型。从图可见，宜林荒地 L_1 的变化率 L_1 应等于增加率 R_1 减去减少率 R_2，即

$$L_1 = R_1 - R_2 \qquad\qquad (9 - 4)$$

同样可得

$$L_2 = R_2 - R_3 \qquad\qquad (9 - 5)$$

$$L_3 = R_3 - R_4 \qquad\qquad (9 - 6)$$

而且从图可知，宜林荒地的增加率 R_1 应等于毁林率，即

$$R_1 = R_2 \qquad\qquad (9 - 7)$$

R_3 等于单位时间造林面积过渡到森林面积的数量，即

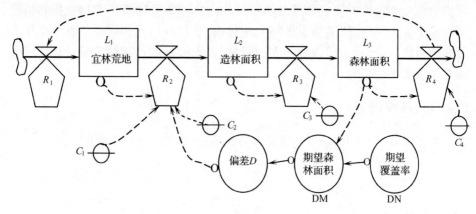

图 9 – 13 林业系统 SD 图

$$R_3 = \frac{L_2}{C_3} \qquad (9-8)$$

若 C_4 表示单位时间毁林面积与森林面积的比,则森林面积的减少率 R_4 为

$$R_4 = C_4 \cdot L_3 \qquad (9-9)$$

再研究 R_2 的表达式,它是与造林决策方案有关的量。我们用下述表达式表示一种决策:

$$R_2 = \begin{cases} \dfrac{L_1}{C_1}, D < D_{\min} \\[2mm] \dfrac{D}{C_2}, D \geqslant D_{\min} \end{cases} \qquad (9-10)$$

其中,$D_{\min}$ 是给定的最小偏差,C_2 是 D 达到 $D_{\min}$ 的时间延滞常数,C_1 表示宜林荒地改造或造林地的时间延滞常数。改变 C_1,C_2 及 $D_{\min}$ 的值可以得到不同的决策方案。在式(9 – 13)中

$$D = DW - L_3 \qquad (9-11)$$

这里 DW 是期望的森林面积。

在系统动力学中,式(9 – 4)~式(9 – 6)叫做状态(或流位)方程;式(9 – 7)~式(9 – 10)叫做流率方程;式(9 – 11)叫做辅助方程。

设 L_1,L_2,L_3 的初值如下:

$$L_1(0) = C_5 \qquad (9-12)$$

$$L_2(0) = C_6 \qquad (9-13)$$

$$L_3(0) = C_7 \qquad (9-14)$$

在系统动力学中,以上三式称为初值方程。因此,式(9-7)~式(9-14)统称为林业系统的数学模型。此模型很难求出其解析解,最好借助于计算机采用系统动力学仿真技术求其数值解。

9.5　系统动力学建模总结

9.5.1　系统动力学建模方法的优势

（1）能够容纳大量变量,一般可达数千个以上,适合复杂巨系统研究的需要。

（2）描述清楚,模型具有很好的透明性:系统动力学方法模型既有描述系统各要素之间因果关系的结构模型,以此来认识和把握系统的结构,又有专门形式表现的数学模型,据此进行仿真实验和计算,以掌握系统的未来动态行为。因此,系统动力学方法是一种定性和定量分析相结合的仿真技术。

（3）模型可以反复运行,模型所含因素和规模可以不断扩展,能起到实际实验室的作用。通过人机结合,既能发挥人(系统分析人员和决策人员)对所研究系统的了解、分析、推理、评价、创造的优势,又具有利用计算机高速计算和迅速跟踪的功能,以此来实验和剖析实际系统,从而获得丰富而深化的信息,为选择最优或满意的决策提供有力的依据。

（4）采用表函数、延迟函数以及各种测试函数可以较方便地反映实际情况或对数据(变量)进行测试。

（5）系统动力学系统通过模型进行仿真计算的结果,可用来预测未来一定时期各种变量随时间而变化的曲线和数值的变化情况,也就是说,系统动力学能做长期的、动态的、战略的定量分析,特别适用于高阶次、非线性、多重反馈的复杂时变系统的有关问题。

9.5.2　系统动力学建模方法的不足

不足主要有:精度较低;只能显示出仿真时间内变量的动态变化;一次仿真结果只能给出一定条件下系统行为的特解,若需要知道所有可能的行为模式,则需要有针对性地改变条件(初值、参数、输入函数等)进行大量的仿真运行。

第 **10** 章

基于层次分析法的建模

10.1 引　言

层次分析法(Analytic Hierachy Process, AHP)是美国著名运筹学家、匹兹堡大学教授T. L. Saaty于 20 世纪 70 年代中期提出的一种系统分析方法。Saaty 由于研究工作的需要,发展和创造了一种综合定性与定量分析,模拟人的思维决策过程,以解决多因素复杂系统,特别是难以定量描述的社会系统的分析方法。1977 年举行的第一届国际数学建模会议上,Saaty 发表了《无结构决策问题的建模——层次分析理论》。从此,AHP 开始引起人们的注意,并开始应用。

AHP 把一个复杂问题中的各种因素通过划分互相联系的有序层次使之条理化,根据对一定客观现实的判断,就每一层次的相对重要性给予定量表示,利用数学方法确定表示每一层次的全部元素的相对重要性次序的数值,并通过排序结果分析和解决问题。这是一种实用的多准则决策方法,能够统一处理决策中的定性与定量元素,具有高等的逻辑性、系统性、简洁性和实用性等优点。不仅可以用与工程技术、经济管理、社会生活中的决策过程,而且可以用来进行分析和预报。

AHP 的基本思想是先按问题要求建立起一个描述系统功能或特征的内部独立的递阶层次结构;通过两两比较元素(或目标、准则、方案)的相对重要性,给出相应的比例标度,改造上层某要素对下层相关元素的判断矩阵,以给出相关元素对上层要素的相对重要序列。AHP 的核心问题是排序问题,包括递阶层次结构原理、标度原理和排序原理。

本章介绍基本层次分析法、群体层次分析法、灰色层次分析法和模糊层次分析法。

10. 2   基于基本层次分析法的建模

10. 2. 1   层次分析法的步骤

运用层次分析法建模,大体上可按下面五个步骤进行:

(1) 分析系统中各因素间的关系,建立系统的递阶层次结构;

(2) 对同一层次的各元素关于上一层次中某一准则的重要性进行两两比较,构造两两比较的判断矩阵;

(3) 由判断矩阵计算被比较元素对于选定准则的相对权重;

(4) 进行判断矩阵的一致性检验;

(5) 计算各层元素对于系统目标的总排序权重,并进行排序。

10. 2. 2   递阶层次结构的建立

建立问题的递阶层次结构模型是 AHP 中最重要的一步。将问题所包含的要素按属性不同而分层,可以划分为最高层、中间层、最低层。同一层次元素作为准则,对下一层次的某些元素起支配作用,同时它又受上一层次元素的支配,这种从上至下的支配关系形成了一个递阶层次。最高层通常只有一个元素,表示解决问题的目的;中间层为实现总目标而采取的措施、方案、政策,一般分为策略层、约束层、子准则层等;最低层包括决策的方案,是用于解决问题的各种途径和方法。如图 10 – 1 所示,条目之间的连线表示作用关系,同层次因素之间无连线,表示它们之间互相独立,称为内部独立。上层因素对下层元素具有支配(或包含)关系,而下层对上层无支配关系,称为递阶层次结构,内部独立的

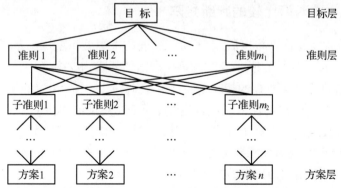

图 10 – 1   递阶层次结构示意图

递阶层次结构是最简单的系统结构。AHP 基本方法是针对这种结构而言的。

递阶层次结构中的层次数与问题的复杂程度及需要分析的详尽程度有关，一般地层次数不受限制。每一层次中各元素所支配的元素一般不要超过 9 个，一个好的层次结构对于解决问题是极为重要的，因而层次结构必须建立在决策者对所面临的问题有全面深入的认识基础上。必须弄清元素间相互关系，以确保建立一个合理的层次结构。一个递阶层次结构应具有以下特点：

（1）从上到下顺序地存在支配关系，并用直线段表示。除第一层外，每个元素至少受上一层一个元素支配；除最后一层外，每个元素至少支配下一层次一个元素。上下层元素的联系比同一层次中元素的联系要强得多，故认为同一层次及不相邻元素之间不存在支配关系；

（2）整个结构中层次数不受限制；

（3）最高层只有一个元素，每个元素所支配的元素一般不超过 9 个，元素过多时可进一步分组，理由：

① 心理学的试验表明，大多数人对不同事物在相同属性上差别的分辨能力在 5 级 ~9 级之间，采用 1 ~9 的标度反映大多数人的判断能力；

② 大量的社会调查表明，1 ~9 的标度早已为人们所熟悉和采用；

③ 科学考察表明，1 ~9 的比例标度已完全能标度引起人们感觉差别的事物的各种属性。

（4）对某些具有子层次的结构可引入虚元素，使之成为递阶层次结构。

递阶层次结构是 AHP 中最简单的层次结构形式。有时一个复杂问题仅仅用递阶层次结构难以表示，这时就要采用更复杂的形式，如内部依存的递阶层次结构、反馈层次结构等，它们都是递阶层次结构的扩展形式。

10.2.3　构造两两比较的判断矩阵

在建立递阶层次结构以后，上下层元素间的隶属关系就被确定了。假定以上一层次的元素 C 为准则，所支配的下一层次的元素为 $u_1, u_2, \cdots, u_n$，我们的目的是要按它们对于准则 C 的相对重要性赋予 $u_1, u_2, \cdots, u_n$ 相应的权重。当 $u_1, u_2, \cdots, u_n$ 对于 C 的重要性可以直接定量表示时（如利润多少），它们相应的权重量可以直接确定。但对于大多数问题，特别是比较复杂的问题，元素的权重不容易直接获得，这时就需要通过适当的方法导出它们的权重，AHP 所用的导出权重的方法就是两两比较的方法。

在构造两两比较矩阵时，决策者要反复地回答问题，针对准则 C，两个元素 u_i 和 u_j 哪一个更重要，重要程度如何？并按 1 ~9 的比例标度对重要性程度赋值。表 10−1 中列出了 1~9 标度的含义。这样对于准则 C, n 个被比较元素通过两两比较构成一个判断矩阵

$$A = (a_{ij})_{n \times n}$$

其中,a_{ij} 就是元素 u_i 与 u_j 相对于准则 C 的重要性的比例标度。

表 10−1 1~9 比例标度的含义

标 度	含 义
1	表示两个元素相比,具有相同重要性
3	表示两个元素相比,前者比后者稍重要
5	表示两个元素相比,前者比后者明显重要
7	表示两个元素相比,前者比后者强烈重要
9	表示两个元素相比,前者比后者极端重要
2,4,6,8	表示上述相邻判断的中间值
倒 数	若元素 i 与元素 j 的重要性之比为 a_{ij},那么元素 j 与元素 i 的重要性之比为 $a_{ji} = \dfrac{1}{a_{ij}}$

显然判断矩阵具有下述性质:

(1) $a_{ij} > 0$

(2) $a_{ji} = \dfrac{1}{a_{ij}}$

(3) $a_{ii} = 1$

我们称判断矩阵 A 为正互反矩阵。当下式

$$a_{ij} \cdot a_{jk} = a_{ik}$$

对 A 的所有元素均成立时,判断矩阵 A 称为一致性矩阵。

10.2.4 单一准则下元素相对排序权重计算

这一步要根据 n 个元素 $u_1, u_2, \cdots, u_n$ 对于准则 C 的判断矩阵 A 求出它们对于准则 C 的相对排序权重 $w_1, w_2, \cdots, w_n$。相对权重写成向量形式,即 $\boldsymbol{W} = (w_1, w_2, \cdots, w_n)^{\mathrm{T}}$。下面介绍几种常用的权重计算方法。

1. 和法

取判断矩阵 n 个列向量的归一化后的算术平均值近似作为权重向量,即有

$$w_i = \frac{1}{n} \sum_{j=1}^{n} \frac{a_{ij}}{\sum\limits_{k=1}^{n} a_{kj}}, \quad i = 1, 2, \cdots, n$$

类似地还可以用行和归一化方法计算:

$$w_i = \frac{\sum\limits_{j=1}^{n} a_{ij}}{\sum\limits_{k=1}^{n} \sum\limits_{j=1}^{n} a_{kj}}, \quad i = 1, 2, \cdots, n$$

2. 根法(即几何平均法)

将 A 的各个列向量采用几何平均然后归一化,得到的列向量近似作为加权向量:

$$w_i = \frac{\left(\prod\limits_{j=1}^{n} a_{ij}\right)^{\frac{1}{n}}}{\sum\limits_{k=1}^{n} \left(\prod\limits_{j=1}^{n} a_{kj}\right)^{\frac{1}{n}}}, \quad i = 1, 2, \cdots, n$$

3. 对数最小二乘法(LLSM)

用拟和方法确定权重向量 W,使残差平方和

$$\sum_{1 \leqslant i < j \leqslant n} \left[\log a_{ij} - \log\left(\frac{w_i}{w_j}\right) \right]^2$$

为最小。

4. 特征根方法(EM)

设 $W = (w_1, w_2, \cdots, w_n)^{\mathrm{T}}$ 是 n 阶判断矩阵的排序权重向量,当 A 为一致性矩阵时,显然有

$$A = \begin{pmatrix} \dfrac{w_1}{w_1} & \dfrac{w_1}{w_2} & \cdots & \dfrac{w_1}{w_n} \\[2mm] \dfrac{w_2}{w_1} & \dfrac{w_2}{w_2} & \cdots & \dfrac{w_2}{w_n} \\[2mm] \cdots & \cdots & \cdots & \cdots \\[2mm] \dfrac{w_n}{w_1} & \dfrac{w_n}{w_2} & \cdots & \dfrac{w_n}{w_n} \end{pmatrix}$$

因而满足

$$AW = nW$$

这里 n 是 A 的最大特征根,W 是相应的特征向量,对于一般的判断矩阵 A 有

$$AW = \lambda_{\max} W$$

这里 $\lambda_{\max}$ 是 A 的最大特征根(也称主特征根),W 是相应的特征向量(也称主特

征向量),经归一化后就可近似作为排序权重向量,这种方法称为特征根法,简记为 EM。

正矩阵 A 的最大特征根及特征向量可用数值计算中的幂法求取。可参见有关文献。

10.2.5 判断矩阵的一致性检验

在判断矩阵的构造中,并不要求判断具有传递性和一致性,这是由客观事物的复杂性与人的认识的多样性所决定的。但要求判断有大体上的一致是应该的,出现甲比乙极端重要,乙比丙极端重要而丙又比甲极端重要的判断,一般是违反常识的,一个混乱的经不起推敲的判断矩阵有可能导致决策的失误。而且上述各种计算排序权重的方法当判断矩阵过于偏离一致性时,其可靠程度也就值得怀疑了。因此需要对判断矩阵的一致性进行检验,其检验步骤如下:

(1) 计算一致性指标 CI。

$$CI = \frac{\lambda_{\max} - n}{n - 1}$$

(2) 查找相应的平均随机一致性指标 RI。表 10 - 2 给出了 1 ~ 15 阶正互反矩阵计算 1000 个样本容量得到的平均随机一致性指标。

表 10 - 2 平均随机一致性指标 RI

矩阵阶数	1	2	3	4	5	6	7	8
RI	0	0	0.52	0.89	1.12	1.26	1.36	1.41
矩阵阶数	9	10	11	12	13	14	15	
RI	1.46	1.49	1.52	1.54	1.56	1.58	1.59	

(3) 计算一致性比例 CR。

$$CR = \frac{CI}{RI}$$

当 $CR < 0.10$ 时,认为判断矩阵的一致性是可以接受的,否则应对判断矩阵作适当修正。

为了讨论一致性需要计算矩阵最大特征根 $\lambda_{\max}$,除特征根方法外,可用公式

$$\lambda_{\max} \approx \sum_{i=1}^{n} \frac{(AW)_i}{nw_i} = \frac{1}{n} \sum_{i=1}^{n} \frac{\sum_{j=1}^{n} a_{ij} w_j}{w_i}$$

求得。式中$(AW)_i$表示向量AW的第i个分量。

　　AHP在实际应用中,人们普遍感到棘手的是一致性检验问题。因为比较矩阵存在着固有的不一致性,使一致性检验很难一次性通过。因此不得不对矩阵中的元素进行调整,但其工作量很多,尤其是矩阵元素较多时,往往经过几次调整仍然无法通过。面对这个问题,有人提出放宽一致性指标,有的甚至采取回避的态度,这在很大程度上降低了AHP的实用性和有效性。

10.2.6　计算各层元素对目标层的总排序权重

　　上面我们得到的是一组元素对其上一层中某元素的权重向量。我们最终要得到各元素,特别是最低层中各方案对于目标的排序权重,即所谓总排序权重,从而进行方案选择。总排序权重要自上而下地将单一准则下的权重进行合成。

　　假定我们已经算出第$k-1$层上n_{k-1}个元素相对于总目标的排序权重$\boldsymbol{W}^{(k-1)} = (w_1^{(k-1)}, w_2^{(k-1)}, \cdots, w_{n_{k-1}}^{(k-1)})^{\mathrm{T}}$,以及第$k$层$n_k$个元素对于第$k-1$层上第$j$个元素为准则的单排序向量$\boldsymbol{P}_j^{(k)} = (p_{1j}^{(k)}, p_{2j}^{(k)}, \cdots, p_{n_k j}^{(k)})^{\mathrm{T}}$,其中不受$j$元素支配的元素权重取为零。矩阵$\boldsymbol{P}^{(k)} = (\boldsymbol{P}_1^{(k)}, \boldsymbol{P}_2^{(k)}, \cdots, \boldsymbol{P}_{n_{k-1}}^{(k)})$是$n_k \times n_{k-1}$阶矩阵,表示了第$k$层上元素对$k-1$层上各元素的排序,那么第$k$层上元素对目标的总排序$\boldsymbol{W}^{(k)}$为

$$\boldsymbol{W}^{(k)} = (w_1^{(k)}, w_2^{(k)}, \cdots, w_{n_k}^{(k)})^{\mathrm{T}} = \boldsymbol{P}^{(k)} \boldsymbol{W}^{(k-1)}$$

或

$$w_i^{(k)} = \sum_{j=1}^{n_{k-1}} p_{ij}^{(k)} w_j^{(k-1)}, i = 1, 2, \cdots, n$$

并且一般公式为

$$\boldsymbol{W}^{(k)} = \boldsymbol{P}^{(k)} \boldsymbol{P}^{(k-1)} \cdots \boldsymbol{P}^{(3)} \boldsymbol{W}^{(2)}$$

这里$\boldsymbol{W}^{(2)}$是第二层上元素的总排序向量,也是单一准则下排序向量。

　　为说明问题举一简化的摩步团选择主要突破口决策问题为例。

　　第一步是进行层次分析,首先把选择最佳的主要突破口这个决策目标,放在层次结构最高层。第二层是衡量目标最佳的指标,它们是:①符合上级意图;②最优利用地形条件;③灵活运用战术原则。第三层是指标的属性,如符合上级意图可包括:①上级集中兵力、兵器的地域;②对全局的影响;③完成本级任务的情况。地形条件包括:①有良好的冲击出发阵地;②便于隐蔽接敌;③便于冲击和突破;④便于协调作战;⑤便于保障;⑥有利于向纵深发展。运用战术原则包括:①敌人的防御要害;②敌人火力障碍的弱点;③便于分割围歼敌人;

④敌人的接合部。第四层是方案属性层,列出待选突破口的自然属性如比高、坡度、通视度、通行性、天然障碍、地幅纵深度、敌火力、敌工事等。第五层是最底层,列出备选的突破口。图 10 - 2 是简化的选择突破口模型。为了简化举例,图中没有列出指标属性层和方案属性层,这并不影响对步骤的说明。

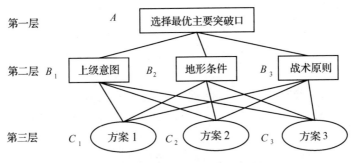

图 10 - 2   选择突破口的简化层次模型

层次分解中要注意的问题是使同一层次各因素的相对重要性不超过一个数量级。

第二步是按表 10 - 1 给出的两两比较标度,对每一层的因素进行两两比较。比较的结果得到一系列判断矩阵。本例的判断矩阵包括:

- 各指标(B_1, B_2, B_3)对突破口选择(A)重要性的两两比较结果;
- 各方案(C_1, C_2, C_3)关于上级意图(B_1)的两两比较结果;
- 各方案(C_1, C_2, C_3)关于地形条件(B_2)的两两比较结果;
- 各方案(C_1, C_2, C_3)关于战术原则(B_3)的两两比较结果。

表 10 - 3 给出各方案关于上级意图的两两比较判断矩阵。在两两比较中,要注意的问题是确保判断矩阵的一致性(例如判断 $A > B, B > C$,而 $A < C$ 就是判断不一致)。现在已经有一些方法(如借助模糊数构成模糊判断矩阵)可帮助决策者迅速得到满足一致性条件的判断矩阵。

表 10 - 3   各方案关于上级意图的两两比较判断矩阵

上级意图(B_1)	方案 1	方案 2	方案 3	权重
方案 1	1	1/2	1/4	0.143
方案 2	2	1	1/2	0.286
方案 3	4	2	1	0.571

第三步是应用特征值求解技术(如方根法)求判断矩阵的最大特征值。表 10 - 3 所列判断矩阵的最大特征值为 $\lambda_{max} = 3.0$。特征向量,即方案 1,2,3 关于上级意图的排序权重为 0.143,0.286,0.571。

为避免判断比较的不一致性,在求出 λ_{max} 后,并检查一致性 CR,要求 $CR <$ 0.1。显然,表 10 - 3 所列判断矩阵满足一致性条件。

第四步是聚合各层相对权重得到合成权重向量。合成权重向量表示各备选方案相对于决策目标的权重排序。在本例中,第二层、第三层各因素的相对权重如表 10 - 4 所列。

表 10 - 4　相对权重

第 二 层			
因素 目标	上级意图	地形条件	战术原则
选重要突破口	0.5	0.2	0.3
第 三 层			
方案 因素	方案 1	方案 2	方案 3
上级意图	0.14	0.29	0.57
地形条件	0.2	0.3	0.5
战术原则	0.2	0.1	0.7

组合权重的计算结果如下:

方案 1 权重 = 0.5 × 0.14 + 0.2 × 0.2 + 0.3 × 0.2 = 0.17

方案 2 权重 = 0.5 × 0.29 + 0.2 × 0.3 + 0.3 × 0.1 = 0.235

方案 3 权重 = 0.5 × 0.57 + 0.2 × 0.5 + 0.3 × 0.7 = 0.595

这个结果说明方案 3 优于方案 1 和方案 2。

10.3　基于群组层次分析法的建模

10.3.1　引言

为使决策科学化、民主化,一个复杂系统通常总是有多个决策者(即专家)或决策部门参与决策的。由于决策者的地位、立场、知识水平以及个人偏好的差异,对同一个问题会有不同的判断。在层次分析法的基础上考虑如何把这些个人判断综合成一个较合理的结果,于是就产生了群组层次分析法。层次分析法中许多定量分析是建立在专家判断基础上的,因而做好专家咨询工作至关重要。专家咨询工作必须注意以下四个方面:

（1）合理选择咨询对象。要充分了解专家专长及其熟悉的领域,可针对不同准则请有关专家填写判断矩阵;

（2）创造适合于咨询工作的良好环境。咨询过程中要向专家简明而准确地介绍 AHP,提供可靠的资料和信息,并创造既有集体讨论又有个人独立思考的环境;

（3）掌握正确的咨询方法。首先要通过咨询确定递阶层次结构,为节省时间避免误解要设计好咨询表格;

（4）及时分析专家咨询信息,必要时要进行反馈及多轮次咨询。

10.3.2　群组决策综合方法

这里仅介绍特征根法。用特征根法进行综合时有两类处理方法:一类是将各个专家的判断矩阵综合得到综合判断矩阵,然后求出这个综合判断矩阵的排序向量;另一类是先求出各个专家判断矩阵的排序向量,然后将它们综合成群组排序向量。无论从互反性、一致性上考虑以及计算机模拟计算分析,后一类方法均优于前一类方法。故这里仅介绍后一类方法。

10.3.2.1　加权几何平均综合排序向量法

对 S 个专家的判断矩阵 $A_k = (a_{ij}, k)$ 分别求出它们的排序向量 $W_k = (w_{1k}, w_{2k}, \cdots, w_{nk})^T, k = 1, 2, \cdots, S$,然后求出它们的加权几何平均综合向量 $W = (w_1, w_2, \cdots, w_n)^T$,其中

$$
\begin{cases}
w_j = \dfrac{\bar{w}_j}{\sum\limits_{i=1}^{n} \bar{w}_i} \\
\bar{w}_j = (w_{j1})^{\lambda_1} (w_{j2})^{\lambda_2} \cdots (w_{jS})^{\lambda_S}, j = 1, 2, \cdots, n \\
\sum\limits_{k=1}^{S} \lambda_k = 1
\end{cases}
$$

λ_k 为第 k 个专家的权重。当 $\lambda_1 = \lambda_2 = \cdots = \lambda_S$ 时,

$$
\bar{w}_j = (w_{j1} w_{j2} \cdots w_{jS})^{1/S}, j = 1, 2, \cdots, n
$$

计算 $\bar{w}_j$ 的标准差 σ_j

$$
\sigma_j = \sqrt{\frac{1}{S-1} \sum_{k=1}^{S} (w_{jk} - w_j)^2}
$$

以及相应于新的总体判断矩阵 $A = \left(a_{ij} = \dfrac{w_i}{w_j} \right)$ 的总体标准差

$$\sigma_{ij} = \sqrt{\frac{1}{S-1}\sum_{k=1}^{S}(a_{ij,k} - a_{ij})^2}$$

以及个体标准差

$$\sigma^{(k)} = \sqrt{\frac{1}{n-1}\sum_{j=1}^{n}(w_{jk} - w_j)^2}$$

当总体标准差满足要求时,这组群组判断可采用。当个体 $\sigma^{(k)} < \varepsilon$ 时,认为第 k 个专家可通过。否则将信息反馈给有关专家,供修改时参考。

10.3.2.2 加权算术平均综合向量法

将各专家判断矩阵得到的排序向量的加权算术平均作为综合排序向量 $\boldsymbol{W} = (w_1, w_2, \cdots, w_n)^T$,即

$$\begin{cases} w_j = \lambda_1 w_{j1} + \lambda_2 w_{j2} + \cdots + \lambda_S w_{jS}, j = 1,2,\cdots,n \\ \sum_{k=1}^{S}\lambda_k = 1 \end{cases}$$

当 $\lambda_1 = \lambda_2 = \cdots = \lambda_S = 1/S$ 时有

$$w_j = \frac{1}{S}(w_{j1} + w_{j2} + \cdots + w_{jS}), j = 1,2,\cdots,n$$

同样可类似地计算标准差,并反馈给专家供参考。

10.4 基于灰色层次分析法的建模

10.4.1 步骤

灰色层次分析法是灰色系统理论与层次分析法相结合的产物。具体讲就是在层次分析中,不同层次决策"权"的数值是按灰色系统理论计算的。灰色层次分析法的步骤如下所示。

第一步,建立评估对象的递阶层次结构。

在深入调查研究的基础上,应用层次分析法原理,经反复论证,对目标进行逐层分解,使同层次之间的元素其含义互不交叉,相邻上下层元素之间为"父子"关系,形成如图 10-3 所示的递阶层次结构。其底层元素即为所求的评估指标。

第二步,计算评估指标体系底层元素的组合权重。

根据简易表格法,由专家或评估者对上下层之间的关系进行定性填表,用精

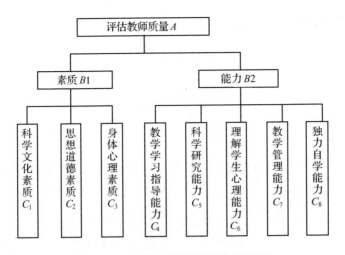

图 10 - 3　评估教师质量递阶层次结构

确法或和法计算相邻层次下层元素对于上层元上再算出底层元素对于目标的组合权重 $\boldsymbol{W} = (w_1, w_2, \cdots, w_n)^{\mathrm{T}}$。

第三步,求评估指标值矩阵 $D_{JI}^{(A)}$。

$$D_{JI}^{(A)} = \begin{bmatrix} d_{11}^{(A)} & d_{12}^{(A)} & \cdots & d_{1i}^{(A)} \\ d_{21}^{(A)} & d_{22}^{(A)} & \cdots & d_{2i}^{(A)} \\ \vdots & \vdots & & \vdots \\ d_{j1}^{(A)} & d_{j2}^{(A)} & \cdots & d_{ji}^{(A)} \end{bmatrix}$$

$D_{JI}^{(A)}$ 表示评估者 I 对受评者 J 的第 A 个评估因素给出的评估指标值矩阵。该矩阵可根据评估者的评分表,采取多种方法求得。比如,若评估者来自不同方面,具有不同的重要性,可按重要程度分成若干小组,对各组取不同权重,用加权平均的方法得到;如果评估者具有完全同等的重要性,则等权处理。

第四步,确定评估灰类。

确定评估灰类就是要确定评估灰类的等级数、灰类的灰数以及灰数的白化权函数。针对具体对象,通过定性分析确定。常用的白化权函数有下述三种:

(1)第 1 级(上),灰数为 $\otimes \in [d_1, \infty)$,其白化权函数如图 10 - 4 所示。

$$f_1(d_{ji}) = \begin{cases} \dfrac{d_{ji}}{d_1}, d_{ji} \in [0, d_1] \\ 1, d_{ji} \in [d_1, \infty) \\ 0, d_{ji} \in (-\infty, 0] \end{cases}$$

（2）第二级（中），灰数为$\otimes\in\left[0,d_1,2d_1\right]$，其白化权函数如图10-5所示。

$$f_2(d_{ji})=\begin{cases}\dfrac{d_{ji}}{d_1},d_{ji}\in\left[0,d_1\right]\\[3mm]2-\dfrac{d_{ji}}{d_1},d_{ji}\in\left[d_1,2d_1\right]\\[3mm]0,d_{ji}\notin\left(0,2d_1\right]\end{cases}$$

（3）第三级（下），灰数为$\otimes\in\left[0,d_1,d_2\right]$，其白化权函数如图10-6所示。

$$f_3(d_{ji})=\begin{cases}1,d_{ji}\in\left[0,d_1\right]\\[3mm]\dfrac{d_2-d_{ji}}{d_2-d_1},d_{ji}\in\left[d_1,d_2\right]\\[3mm]0,d_{ji}\notin\left(0,d_2\right]\end{cases}$$

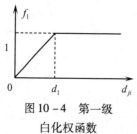

图10-4　第一级
白化权函数

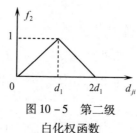

图10-5　第二级
白化权函数

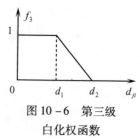

图10-6　第三级
白化权函数

　　白化权函数转折点的值称为阈值，可以按照准则或经验，用类比的方法获得（此法所得的阈值称客观阈值）。也可以从样本短阵中，寻找最大、最小和中等值，作为上限、下限和中等的阈值（此法所得的阈值称为相对阈值）。

　　第五步，计算灰色评估系数。

　　由$D_{JI}^{(A)}$和$f_K(d_{ji})$算出受评者J对于评估指标A属于第K类的灰色评估系数，记为$n_{JK}^{(A)}$，其计算公式：

$$\boldsymbol{n}_{JK}^{(A)}=\sum_{I=1}^{i}f_K(d_{JI}^{(A)})$$

以及对于评估指标A，受评者J属于各个评估灰类的总灰色评估系数$n_J^{(A)}$，则有

$$\boldsymbol{n}_J^{(A)}=\sum_{i=1}^{k}\boldsymbol{n}_{Ji}^{(A)}$$

　　第六步，计算灰色评估权向量和权矩阵。

由 $n_{JK}^{(A)}$ 和 $n_J^{(A)}$ 可算出对于评估指标 A 第 J 个受评者属于第 K 个灰类的评估权 $r_{JK}^{(A)}$ 和权向量 $r_J^{(A)}$:

$$r_{JK}^{(A)} = \frac{n_{JK}^{(A)}}{n_J^{(A)}}$$

考虑 $K = 1,2,3,\cdots,k$,则有灰色评估权行向量 $r_{jK}^{(A)}$:

$$r_{jK}^{(A)} = [\, r_{j1}^{(A)}, r_{j2}^{(A)}, \cdots, r_{jk}^{(A)} \,]$$

考虑 $J = 1,2,3,\cdots,j$,则有灰色评估权列向量 $r_{Jk}^{(A)}$:

$$r_{Jk}^{(A)} = [\, r_{1k}^{(A)}, r_{2k}^{(A)}, \cdots, r_{jk}^{(A)} \,]^{\mathrm{T}}$$

进而可求得所有受评者对于评估指标 A 的灰色评估权矩阵 $R^{(A)} = \{r_{JK}^{(A)}\}$

$$R^{(A)} = \begin{bmatrix} r_{11}^{(A)} & r_{12}^{(A)} & \cdots & r_{1k}^{(A)} \\ r_{21}^{(A)} & r_{22}^{(A)} & \cdots & r_{2k}^{(A)} \\ \vdots & \vdots & \cdots & \vdots \\ r_{j1}^{(A)} & r_{j2}^{(A)} & \cdots & r_{jk}^{(A)} \end{bmatrix}$$

第七步,进行不同评估指标的评估。

由 $R^{(A)}$ 求出:

$$r_J^{*(A)} = \max_K \{r_{JK}^{(A)}\}$$

进而得指标评估权向量

$$r^{*(A)} = \{r_1^{*(A)}, r_2^{*(A)}, \cdots, r_j^{*(A)}\}$$

根据 $r^{*(A)}$ 的结果可得出不同指标对受评者所属灰类,并排出他们的优劣顺序。

第八步,进行综合评估。

(1) 综合所有因素,确定受评者所属灰类。将 $r^{*(A)}$ $(A = 1,2,3,\cdots,a)$ 排列成矩阵 r^*,可得出受评者综合所有指标后的综合评估权向量。

$$r_J^* \ (J = 1,2,3,\cdots,j)$$

根据 r_J^* 可得出受评者评为不同灰类的总评估权,从而确定综合所有指标后受评者所属的灰类。

(2) 综合所有指标,给受评者排序

$$r_J = \sum_{K=1}^{k} B_K \cdot R_{JK}$$

式中,$B_K (K = 1,2,3,\cdots,k)$ 为不同灰类的权系数,可事先确定具体数值;$B_{JK}(J =$

$1,2,3,\cdots,j$)为受评者评为不同灰类的总评估权。

根据 r_j 值的大小可排出受评者综合所有指标后的优劣次序。

10.4.2 示例

例:教师质量的灰色层次分析

我们以评估教师质量为例,说明灰色层次评估法的应用。

第一步,确定评估对象的递阶层次结构。

图 10 - 5 给出教师质量灰色层次分析的指标体系。

第二步,计算递阶层次结构底层元素的组合权重。

(1)计算 B 层元素对于目标 A 和 C 层元素对于 B 层元素的相对权重。

根据简易表格法,由决策者(专家)填"√"得表 10 - 5 ~ 10 - 7 如下。

表 10 - 5　准则——教师质量(A)

	最重要	相邻中值	很重要	相邻中值	比较重要	相邻中值	稍重要	相邻中值	不重要
等级	一	二	三	四	五	六	七	八	九
B_1			√						
B_2	√								

表 10 - 6　准则——素质(B_1)

	最重要	相邻中值	很重要	相邻中值	比较重要	相邻中值	稍重要	相邻中值	不重要
等级	一	二	三	四	五	六	七	八	九
C_1	√								
C_2			√						
C_3					√				

表 10 - 7　准则——能力(B_3)

相对重要性 指标元素	最重要	相邻中值	很重要	相邻中值	比较重要	相邻中值	稍重要	相邻中值	不重要
等级	一	二	三	四	五	六	七	八	九
C_4	√								
C_5				√					
C_6		√							
C_7				√					
C_8					√				

由表 10-5~表 10-7 我们得到如图 10-7~表 10-9 所示的 A—B、B_1—C、B_2—C 判断矩阵和相应的矩阵 A_1, A_2, A_3。

A	B_1	B_2
B_1	1	1/3
B_2	3	1

B_1	C_1	C_2	C_3
C_1	1	3	5
C_2	1/3	1	3
C_3	1/5	1/3	1

B_2	C_4	C_5	C_6	C_7	C_8
C_4	1	4	2	3	5
C_5	1/4	1	1/3	1/2	2
C_6	1/2	3	1	2	4
C_7	1/3	2	1/2	1	3
C_8	1/5	1/2	1/4	1/3	1

图 10-7 A—B 判断矩阵　　图 10-8 B_1—C 判断矩阵　　图 10-9 B_2—C 判断矩阵

用和法算得 A_1、A_2 和 A_3 的特征向量分别为 $W^1 = (0.25, 0.75)^T$、$W^2 = (0.6334, 0.2605, 0.1061)^T$ 和 $W^3 = (0.4439, 0.1051, 0.2792, 0.1718, 0.0665)^T$。特征向量的分量就是该相应元素对于上层元素的相对权重。

$$A_1 = \begin{bmatrix} a_{11} & a_{12} \\ a_{21} & a_{22} \end{bmatrix} = \begin{bmatrix} 1 & 1/3 \\ 3 & 1 \end{bmatrix}$$

$$A_2 = \begin{bmatrix} a_{11} & a_{12} & a_{13} \\ a_{21} & a_{22} & a_{23} \\ a_{31} & a_{32} & a_{33} \end{bmatrix} = \begin{bmatrix} 1 & 3 & 5 \\ 1/3 & 1 & 3 \\ 1/5 & 1/3 & 1 \end{bmatrix}$$

$$A_3 = \begin{bmatrix} a_{11} & a_{12} & a_{13} & a_{14} & a_{15} \\ a_{21} & a_{22} & a_{23} & a_{24} & a_{25} \\ a_{31} & a_{32} & a_{33} & a_{34} & a_{35} \\ a_{41} & a_{42} & a_{43} & a_{44} & a_{45} \\ a_{51} & a_{52} & a_{53} & a_{54} & a_{55} \end{bmatrix} = \begin{bmatrix} 1 & 4 & 2 & 3 & 5 \\ 1/4 & 1 & 1/3 & 1/2 & 2 \\ 1/2 & 3 & 1 & 2 & 4 \\ 1/3 & 2 & 1/2 & 1 & 3 \\ 1/5 & 1/2 & 1/4 & 1/3 & 1 \end{bmatrix}$$

（2）计算底层元素对于目标的组合权重。

为此，我们将上面的计算结果列表，如表 10-5~表 10-7 中第一行数字是 B 层元素对于目标 A 的相对权重，大框内的两列数字分别是 C 层元素对于 B_1 和 B_2 的相对权重。记大框内的矩阵为 C^2，B 层元素对于目标 A 的相对权重（单排序）记为 $B^1 = (0.25, 0.75)$，则 C 层元素对目标 A 的组合权重（组合排序）为：
$W = C^2 B^1 = (w_1, w_2, w_3, w_4, w_5, w_6, w_7, w_8)^T = (0.1584, 0.0651, 0.0265, 0.3329, 0.0788, 0.2094, 0.1289, 0.0499)^T$，这就是表 10-8 中右边的一列数字。

表 10 - 8　层次排序表

层次 C　＼　层次 B	B_1	B_2	层次 C 对于 A 的组合排序
	0.25	0.75	
C_1	0.6334	0	0.1584
C_2	0.2605	0	0.0651
C_3	0.1061	0	0.0265
C_4	0	0.4439	0.3329
C_5	0	0.1051	0.0788
C_6	0	0.2792	0.2094
C_7	0	0.1718	0.1289
C_8	0	0.0665	0.0499

第三步,给出评估指标 A 的评估值矩阵 $D_{JI}^{(A)}$。

设有五组评估者,即 $I = 1,2,3,4,5$,记为 Ⅰ,Ⅱ,Ⅲ,Ⅳ,Ⅴ,五个受评者,即 $J = 1,2,3,4,5$,记为 $1°,2°,3°,4°,5°$;八个评估指标,即 $I = 1,2,3,4,5,6,7,8$,为图 10 - 3 所示的底层的八个元素。为简化计算,我们规定评估者的给分范围为 1 分 ~ 10 分,根据五组评估者的评分表格,得到评估指标值矩阵 $D_{JI}^{(1)} \sim D_{JI}^{(8)}$ 如下。

评估指标 1(科学文化素质)有

$$
D_{JI}^{(1)}
\begin{bmatrix}
d_{11}^{(1)} & d_{12}^{(1)} & d_{13}^{(1)} & d_{14}^{(1)} & d_{15}^{(1)} \\
d_{21}^{(1)} & d_{22}^{(1)} & d_{23}^{(1)} & d_{24}^{(1)} & d_{25}^{(1)} \\
d_{31}^{(1)} & d_{32}^{(1)} & d_{33}^{(1)} & d_{34}^{(1)} & d_{35}^{(1)} \\
d_{41}^{(1)} & d_{42}^{(1)} & d_{43}^{(1)} & d_{44}^{(1)} & d_{45}^{(1)} \\
d_{51}^{(1)} & d_{52}^{(1)} & d_{53}^{(1)} & d_{54}^{(1)} & d_{55}^{(1)}
\end{bmatrix}
\begin{matrix} 1° \\ 2° \\ 3° \\ 4° \\ 5° \end{matrix}
=
\begin{bmatrix}
8 & 7 & 10 & 9 & 6 \\
9 & 8 & 7 & 6 & 7 \\
8 & 10 & 6 & 5 & 7 \\
7 & 9 & 6 & 4 & 6 \\
6 & 8 & 5 & 3 & 9
\end{bmatrix}
\begin{matrix} 1° \\ 2° \\ 3° \\ 4° \\ 5° \end{matrix}
$$

评估指标 2 ~ 8 有

$$
D_{JI}^{(2)} =
\begin{bmatrix}
7 & 5 & 8 & 9 & 6 \\
7 & 7 & 6 & 5 & 9 \\
8 & 6 & 4 & 6 & 7 \\
9 & 5 & 7 & 6 & 6 \\
6 & 5 & 9 & 10 & 7
\end{bmatrix}
\qquad
D_{JI}^{(3)} =
\begin{bmatrix}
9 & 6 & 6 & 7 & 8 \\
9 & 4 & 5 & 6 & 7 \\
8 & 7 & 6 & 5 & 7 \\
7 & 5 & 9 & 4 & 10 \\
8 & 9 & 6 & 6 & 8
\end{bmatrix}
$$

$$\mathbf{D}_{JI}^{(4)} = \begin{bmatrix} 8 & 9 & 7 & 8 & 9 \\ 10 & 10 & 8 & 9 & 8 \\ 7 & 7 & 8 & 6 & 6 \\ 7 & 8 & 8 & 7 & 5 \\ 7 & 5 & 8 & 6 & 6 \end{bmatrix} \qquad \mathbf{D}_{JI}^{(5)} = \begin{bmatrix} 7 & 8 & 8 & 9 & 9 \\ 5 & 5 & 6 & 8 & 8 \\ 9 & 9 & 8 & 7 & 3 \\ 6 & 5 & 6 & 8 & 7 \\ 7 & 8 & 9 & 7 & 6 \end{bmatrix}$$

$$\mathbf{D}_{JI}^{(6)} = \begin{bmatrix} 7 & 7 & 8 & 6 & 6 \\ 6 & 8 & 7 & 4 & 5 \\ 8 & 6 & 4 & 9 & 6 \\ 10 & 8 & 5 & 6 & 6 \\ 7 & 8 & 5 & 7 & 6 \end{bmatrix} \qquad \mathbf{D}_{JI}^{(7)} = \begin{bmatrix} 8 & 6 & 9 & 8 & 8 \\ 5 & 5 & 4 & 6 & 6 \\ 10 & 10 & 9 & 8 & 8 \\ 7 & 8 & 5 & 5 & 4 \\ 6 & 4 & 5 & 5 & 9 \end{bmatrix}$$

$$\mathbf{D}_{JI}^{(8)} = \begin{bmatrix} 7 & 5 & 8 & 9 & 4 \\ 7 & 6 & 6 & 9 & 5 \\ 7 & 3 & 9 & 9 & 5 \\ 5 & 7 & 7 & 6 & 6 \\ 5 & 8 & 7 & 7 & 6 \end{bmatrix}$$

第四步,确定评估灰类。

设 $k = 4$,即 $K = 1,2,3,4$,有 4 个评估灰类,它们是"优"、"良"、"中"、"差"四级,其相应的灰数及白化权函数如下:

第 1 类"优"($K = 1$),设定灰数 $\otimes 1 \in [9, \infty)$,白化权函数如 f_1,如图 10 – 10 所示;

第 2 类"良"($K = 2$),设定灰数 $\otimes 2 \in [0, 7, 14]$,白化权函数如 f_2,如图 10 – 11所示;

第 3 类"中"($K = 3$),设定灰数 $\otimes 3 \in [0, 5, 10]$,白化权函数如 f_3,如图 10 – 12所示;

第 4 类"差"($K = 4$),设定灰数 $\otimes 4 \in [0, 1, 4]$,白化权函数如 f_4,如图 10 – 13所示。

第五步,计算灰色评估系数。

对于评估指标 1,1°受评者属各灰类的评估系数为:

$$\begin{aligned} k = 1 \qquad n_{11}^{(1)} &= f_1(d_{11}^{(1)} + d_{12}^{(1)} + d_{13}^{(1)} + d_{14}^{(1)} + d_{15}^{(1)}) \\ &= f_1^{(8)} + f_1^{(7)} + f_1^{(10)} + f_1^{(9)} + f_1^{(6)} \\ &= \frac{8}{9} + \frac{7}{9} + 1 + 1 + \frac{6}{9} = 4.3333 \end{aligned}$$

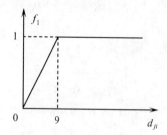

图 10 - 10　第 1 类白化权函数

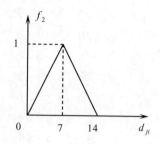

图 10 - 11　第 2 类白化权函数

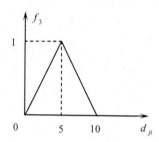

图 10 - 12　第 3 类白化权函数

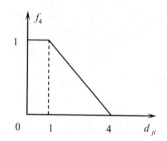

图 10 - 13　第 4 类白化权函数

$$k = 2 \qquad n_{12}^{(1)} = f_2^{(8)} + f_2^{(7)} + f_2^{(10)} + f_2^{(9)} + f_2^{(6)}$$

$$= \left(2 - \frac{8}{7}\right) + 1 + \left(2 - \frac{10}{7}\right) + \left(2 - \frac{9}{7}\right) + \frac{6}{7} = 4.0$$

$$k = 3 \qquad n_{13}^{(1)} = f_3^{(8)} + f_3^{(7)} + f_3^{(10)} + f_3^{(9)} + f_3^{(6)}$$

$$= \left(2 - \frac{8}{5}\right) + \left(2 - \frac{7}{5}\right) + \left(2 - \frac{9}{5}\right) + \left(2 - \frac{6}{5}\right) = 2.0$$

$$k = 4 \qquad n_{11}^{(1)} = f_4^{(8)} + f_4^{(7)} + f_4^{(10)} + f_4^{(9)} + f_4^{(6)} = 0$$

从而 1°受评者对评估指标 1 的总评估系数为：

$$n_1^{(1)} = \sum_{i=1}^{4} n_{1i}^{(1)} = n_{11}^{(1)} + n_{12}^{(1)} + n_{13}^{(1)} + n_{14}^{(1)} = 10.3333$$

第六步，计算灰色评估权向量及权矩阵。

由 $\{n_{1i}^{(1)}\}$ 及 $n_1^{(1)}$，得到 1°受评者对于评估指标 1 的灰色评估权向量 $r_1^{(1)} = (r_{11}^{(1)}, r_{12}^{(1)}, r_{13}^{(1)}, r_{14}^{(1)}) = (n_{11}^{(1)}/n_1^{(1)}, n_{12}^{(1)}/n_1^{(1)}, n_{13}^{(1)}/n_1^{(1)}, n_{14}^{(1)}/n_1^{(1)}) = (0.4194, 0.3871, 0.1935, 0)$。

同理，可得 2°~5°受评者对于评估指标 1 的灰色评估权向量 $r_2^{(1)} \sim r_5^{(1)}$，从而构成各受评者对于评估指标 1 的评估权矩阵 $R^{(1)}$：

$$R^{(1)} = \begin{bmatrix} r_{11}^{(1)} & r_{12}^{(1)} & r_{13}^{(1)} & r_{14}^{(1)} \\ r_{21}^{(1)} & r_{22}^{(1)} & r_{23}^{(1)} & r_{24}^{(1)} \\ r_{31}^{(1)} & r_{32}^{(1)} & r_{33}^{(1)} & r_{34}^{(1)} \\ r_{41}^{(1)} & r_{42}^{(1)} & r_{43}^{(1)} & r_{44}^{(1)} \\ r_{51}^{(1)} & r_{52}^{(1)} & r_{53}^{(1)} & r_{54}^{(1)} \end{bmatrix} = \begin{bmatrix} 0.4194 & 0.3871 & 0.1935 & 0 \\ 0.3838 & 0.3734 & 0.2427 & 0 \\ 0.3790 & 0.3481 & 0.2729 & 0 \\ 0.3425 & 0.4110 & 0.2465 & 0 \\ 0.3239 & 0.3627 & 0.2821 & 0 \end{bmatrix}$$

同理,可得评估指标 2~8 的评估权矩阵

$$R^{(2)} = \begin{bmatrix} 0.3525 & 0.3755 & 0.2719 & 0 \\ 0.3354 & 0.3805 & 0.2841 & 0 \\ 0.3135 & 0.3771 & 0.3094 & 0 \\ 0.3663 & 0.3140 & 0.3197 & 0 \\ 0.3825 & 0.3688 & 0.2486 & 0 \end{bmatrix}$$

$$R^{(3)} = \begin{bmatrix} 0.3608 & 0.3886 & 0.2626 & 0 \\ 0.3187 & 0.3586 & 0.3227 & 0 \\ 0.3494 & 0.4220 & 0.2287 & 0.0328 \\ 0.3605 & 0.3511 & 0.2556 & 0 \\ 0.3788 & 0.3817 & 0.2395 & 0 \end{bmatrix}$$

$$R^{(4)} = \begin{bmatrix} 0.4339 & 0.3946 & 0.1715 & 0 \\ 0.5510 & 0.3820 & 0.1070 & 0 \\ 0.3271 & 0.3958 & 0.2771 & 0 \\ 0.3436 & 0.3913 & 0.2651 & 0 \\ 0.2762 & 0.3545 & 0.3493 & 0 \end{bmatrix}$$

$$R^{(5)} = \begin{bmatrix} 0.4339 & 0.3946 & 0.1715 & 0 \\ 0.3187 & 0.3586 & 0.3227 & 0 \\ 0.3975 & 0.3766 & 0.2259 & 0 \\ 0.3108 & 0.3746 & 0.3147 & 0 \\ 0.3691 & 0.3975 & 0.2334 & 0 \end{bmatrix}$$

$$R^{(6)} = \begin{bmatrix} 0.3271 & 0.3958 & 0.2771 & 0 \\ 0.3049 & 0.3059 & 0.3293 & 0 \\ 0.3484 & 0.3665 & 0.2851 & 0 \\ 0.3552 & 0.3627 & 0.2821 & 0 \\ 0.3190 & 0.3853 & 0.2758 & 0 \end{bmatrix}$$

$$\boldsymbol{R}^{(7)} = \begin{bmatrix} 0.1059 & 0.3880 & 0.2061 & 0 \\ 0.2626 & 0.3376 & 0.3999 & 0 \\ 0.5110 & 0.3820 & 0.1070 & 0 \\ 0.2962 & 0.3545 & 0.3493 & 0 \\ 0.3040 & 0.3371 & 0.3587 & 0 \end{bmatrix}$$

$$\boldsymbol{R}^{(8)} = \begin{bmatrix} 0.3484 & 0.3665 & 0.2851 & 0 \\ 0.3271 & 0.3696 & 0.3033 & 0 \\ 0.3605 & 0.3511 & 0.2556 & 0.0328 \\ 0.2951 & 0.3794 & 0.3255 & 0 \\ 0.3190 & 0.3853 & 0.2958 & 0 \end{bmatrix}$$

第七步,进行不同评估指标的评估。

由 $\boldsymbol{R}^{(1)}$ 可得 1° 受评者对评估指标 1 的最大灰色评估权:

$$r_1^{*(1)} = \max_i \{ r_{1i}^{(1)} \} = \max \{ 0.4194, 0.3871, 0.1953, 0 \} = 0.4194$$

同理可得 2°~5° 受评者对评估指标 1 的最大灰色评估权和五个受评者对于评估指标 1 的灰色评估权向量:

$$r^{*(1)} = (r_1^{*(1)}, r_2^{*(1)}, r_3^{*(1)}, r_4^{*(1)}, r_5^{*(1)})$$
$$= (0.4194, 0.3838, 0.3790, 0.4110, 0.3627)$$

同理可得评估指标 2~8 的灰色评估权向量 $r^{*(2)} \sim r^{*(8)}$,并形成评估权矩阵 r^*:

$$r^* = \begin{bmatrix} r_1^{*(1)} & r_2^{*(1)} & r_3^{*(1)} & r_4^{*(1)} & r_5^{*(1)} \\ r_1^{*(2)} & r_2^{*(2)} & r_3^{*(2)} & r_4^{*(2)} & r_5^{*(2)} \\ r_1^{*(3)} & r_2^{*(3)} & r_3^{*(3)} & r_4^{*(3)} & r_5^{*(3)} \\ r_1^{*(4)} & r_2^{*(4)} & r_3^{*(4)} & r_4^{*(4)} & r_5^{*(4)} \\ r_1^{*(5)} & r_2^{*(5)} & r_3^{*(5)} & r_4^{*(5)} & r_5^{*(5)} \\ r_1^{*(6)} & r_2^{*(6)} & r_3^{*(6)} & r_4^{*(6)} & r_5^{*(6)} \\ r_1^{*(7)} & r_2^{*(7)} & r_3^{*(7)} & r_4^{*(7)} & r_5^{*(7)} \\ r_1^{*(8)} & r_2^{*(8)} & r_3^{*(8)} & r_4^{*(8)} & r_5^{*(8)} \end{bmatrix} =$$

$$\begin{bmatrix} 0.4194 & 0.3838 & 0.3790 & 0.4110 & 0.3627 \\ 0.3755 & 0.3805 & 0.3771 & 0.3663 & 0.3825 \\ 0.3886 & 0.3586 & 0.4220 & 0.3605 & 0.3817 \\ 0.4339 & 0.5110 & 0.3958 & 0.3919 & 0.3545 \\ 0.4339 & 0.3586 & 0.3975 & 0.3746 & 0.3975 \\ 0.3958 & 0.3659 & 0.3665 & 0.3627 & 0.3853 \\ 0.4059 & 0.3999 & 0.5110 & 0.3545 & 0.3587 \\ 0.3665 & 0.3696 & 0.3605 & 0.3794 & 0.3853 \end{bmatrix}$$

从评估矩阵 r^* 的 8 个行向量 $r^{*(1)} \sim r^{*(8)}$ 可列如表 10-9 所列的受评者对不同评估指标的排序。

表 10-9 受评者对不同评估指标的排序

受评者　顺序 ＼ 评估指标	1	2	3	4	5	6	7	8
第一名	1°	5°	3°	2°	1°	1°	3°	5°
第二名	4°	2°	1°	1°	3°	3°	1°	4°
第三名	2°	3°	5°	3°	5°	5°	2°	2°
第四名	3°	1°	4°	4°	4°	2°	5°	1°
第五名	5°	4°	2°	5°	2°	4°	4°	3°

第八步,进行综合评估。

记评估权矩阵 r^* 的列向量的转置向量为 r_J,则 r_J 为受评者综合所有评估指标后的综合评估权向量,计算 $r_J W$(W 为八个评估指标对于目标的组合权重,第二步已算出),得到各受评者对评估目标(教师质量高低)的综合分如下:

$$r_1 W = 0.4333$$
$$r_2 W = 0.4400$$
$$r_3 W = 0.4195$$
$$r_4 W = 0.3980$$
$$r_5 W = 0.3897$$

其排列顺序为 2°>1°>3°>4°>5°,即 2°受评者得分最高。

将上述结果与表 10-9 相比较,我们看到,虽然 1°和 3°、5°受评者在 8 个评估指标上都有 3 个和 2 个排上了第一名,但综合分仍排在第二、三、五位,2°受评者虽只有一个评估指标获得第一名,但综合分却排在第一位,究其原因,就是因为 2°受评者在主要评估指标获得第一名,但综合分却排在第一位,究其原因,就是因为 2°受评者在主要评估指标(教学和学习指导能力)上得分高。这就为决策者正确的决策提供了比较可靠的数量依据,使其不为表面现象所迷惑。

10.5 基于模糊层次分析法的建模

10.5.1 引言

在一般问题的层次分析法中,构造两两比较判断矩阵时通常采用 3 标度、5 标度、9 标度、12 标度法度量。不管采用上述的哪种标度法,都只是数值的类型和范围不同而已,其重要性程度本质上都是一个确定值,因而权重及结果也必然是一个确定值。即在方案两两比较重要性时只考虑了人的判断的两种可能的极端情况:以隶属度 1 选择某个标度值,同时又以隶属度 1 否定(以隶属度 0 选择)其他标度值,没有考虑人的判断的模糊性。但在有些问题中(例如费效分析、投资决策等)进行专家咨询时,专家们往往会给出一些模糊量(例如三值判断:最低可能值、最可能值、最高可能值;二值区间判断),其处理结果也必然是模糊量,从而可借此对方案进行风险评估。因此,AHP 在模糊环境下的扩展是有必要的。在理论上,有人提出 AHP 中判断应该用模糊集表示。由此产生了模糊层次分析法。

在用模糊集表示 AHP 中方案间的比较判断的问题上,理论上不存在困难。但为了使方案相对重要性的排序权值的计算比较容易,荷兰学者 F. J. M. VanLaarhoven 和 W. Pedryca 提出了用三角模糊数表示模糊比较判断的方法。

定义:R 上的模糊数 M 称为三角模糊数,如果 M 的隶属度函数 $\mu_M : R \rightarrow [0, 1]$ 表示为

$$\mu_M(x) = \begin{cases} \dfrac{x-l}{m-l}, x \in [l, m] \\ \dfrac{u-x}{u-m}, x \in [m, u] \\ 0, x \in (-\infty, l] \cup [u, +\infty) \end{cases}$$

式中,$l \leq m \leq u$,l 和 u 表示 m 的下界、上界值。m 为 M 的隶属度为 1 的中值。一般的,三角模糊数 M 表示为 (l, m, u)。

三角模糊 $M = (l, m, u)$ 用来表示方案间两两比较的模糊判断有明确的实际意义。如果用 $(4, 5, 6)$ 表示 i 方案比 j 方案明显重要这一模糊判断,则以隶属度

1 赋于这一判断标度 5,以隶属度 $x-4$ 赋予区间 $[4,5]$ 内的标度 x,以隶属度 $6-x$ 赋与区间 $[5,6]$ 内的标度 x。三角模糊数的几何解释见图 10-14。

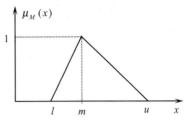

图 10-14　三角模糊数的几何图解

除三角模糊数表示外,还有梯形模糊数。下面介绍基于梯形模糊数的模糊层次分析法。

10.5.2　方法描述

1. 构造区间数表达的比较判断矩阵

首先根据专家及有关人员的意见,按照 $1 \sim 9$ 标度以区间数 $a_{ij} = [a_{ij}^-, a_{ij}^+]$ 进行相对重要程度赋值,分别构造准则层各个准则对目标的比较判断矩阵,以及各个方案分别针对各个准则的比较判断矩阵:

$$A = (a_{ij})_{m \times n} = [A^-, A^+]$$

式中,$a_{ij} = [a_{ij}^-, a_{ij}^+]$ 表示某层中第 i 个元素与第 j 个元素相对于上一层次中某元素的重要性比较的 $1 \sim 9$ 标度量化区间数值;$A^- = (a_{ij}^-)_{m \times n}, A^+ = (a_{ij}^+)_{m \times n}$。

构造完毕后,按通常数字判断矩阵的一致性检验方法分别对 A^-、A^+ 进行检验,完成 A 的一致性检验。

2. 求解区间数权向量

A^-、A^+ 都是清晰判断矩阵,采用特征向量法分别求出 A^-、A^+ 的权重向量,记为 x^-、x^+。然后,由下式得出 A 的区间数权重向量:

$$\omega = [\alpha x^-, \beta x^+] \tag{10-1}$$

式中

$$\alpha = \left[\sum_{j=1}^{n} \frac{1}{\sum_{i=1}^{n} a_{ij}^+} \right]^{\frac{1}{2}} \quad \beta = \left[\sum_{j=1}^{n} \frac{1}{\sum_{i=1}^{n} a_{ij}^-} \right]^{\frac{1}{2}} \tag{10-2}$$

3. 各层元素对总目标的合成权重

要对各个备选方案进行优选排序,必须计算出它们对于目标 C 的合成权重。记指标层各元素 $f_1, f_2, \cdots, f_m$ 针对于目标层 C 的权重分别为 $\omega_i^1, i = 1, 2, \cdots, m$;各备选方案针对指标层各元素的权重记为 $\omega_{ij}^2, i = 1, 2, \cdots, m, j = 1, 2, \cdots, n$,则各备选方案对于目标 C 的合成权重 $\omega_j, j = 1, 2, \cdots, n$ 由下式算出:

$$\omega_j = \sum_{i=1}^{m} \omega_i^1 \omega_{ij}^2 \tag{10-3}$$

4. 备选方案排序

得出的各备选方案相对于 C 的合成权重是一组区间数 $\omega_j = [\omega_j^-, \omega_j^+]$。它们是一种特殊的梯形模糊数。因此可采用 Yager 方法中的指标 $F_1(\tilde{N})$ 对它们进行排序。

在 Yager 方法中,排序指标 $F_1(\tilde{N})$ 表示模糊集 $\tilde{N}$ 的几何中心。对于区间数 $\omega_j = [\omega_j^-, \omega_j^+]$,它的几何中心如图 10 – 15 所示。

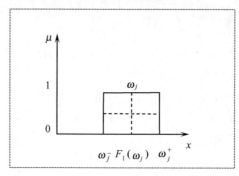

图 10 – 15　Yager 方法中的指标 $F_1(N)$

$F_1(\omega_j)$ 即是 $\omega_j = [\omega_j^-, \omega_j^+]$ 的几何中心。所以区间数 $\omega_j = [\omega_j^-, \omega_j^+]$ 的排序指数为:

$$F_1(\omega_j) = (\omega_j^- + \omega_j^+)/2, j = 1, 2, \cdots, n \qquad (10 - 4)$$

按上式求出各备选方案的排序指标后,就可以根据它们的大小排出优劣次序,找到最优方案。

10.5.3　应用

登陆地域是指提供战役登陆兵团第一梯队师上陆的海岸区域及其毗连的水域,是登陆战役地区的一部分。登陆地区选择的好坏直接影响到登陆成败、战场兵力与武器损耗的多少,以及作战价值的大小等。选择登陆地域应考虑的因素主要有:坡度、潮汐、底质、气象条件、纵深情况和敌战场布置。

根据上述分析,选择登陆地域应考虑的因素构成准则层的准则集,即登陆地域的评价指标集为 $F = \{f_1, f_2, f_3, f_4, f_5, f_6\}$:

f_1 为登陆地域的坡度符合登陆要求的程度;

f_2 为登陆地域的潮汐符合登陆要求的程度;

f_3 为登陆地域的底质符合登陆要求的程度;

f_4 为登陆地域的气象条件符合登陆要求的程度;

f_5 为登陆地域的纵深情况符合登陆要求的程度；

f_6 为登陆地域的战场布置符合登陆要求的程度。

所有可选择的登陆地域组成方案集，设为 $L = \{L_1, L_2, \cdots, L_n\}$。根据此建立的指标评价体系如图 10－16 所示。设 C 为选取满意的登陆地域。

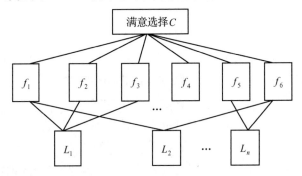

图 10－16　登陆地域指标评价体系

假设红方需进行登陆作战，研究得知有三个登陆地域可供选择，分别定为 L_1, L_2, L_3。通过各方侦查的情报与数据，以及专家的评价与分析，根据此次作战的目的及任务，首先得出准则层 F 对目标 C 的比较区间数判断矩阵，见表 10－10。

表 10－10　C—F 层判断结果及计算值

C	f_1	f_2	f_3	f_4	f_5	f_6	x^-	x^+	α, β
f_1	$[1,1]$	$[5,6]$	$[6,7]$	$[6,7]$	$[7,8]$	$[8,9]$	0.5623	0.5587	
f_2	$[1/6,1/5]$	$[1,1]$	$[1,1]$	$[2,2]$	$[2,3]$	$[3,4]$	0.1352	0.1395	
f_3	$[1/7,1/6]$	$[1,1]$	$[1,1]$	$[1,1]$	$[2,2]$	$[2,3]$	0.1104	0.1071	$\alpha = 0.9709$
f_4	$[1/7,1/6]$	$[1/2,1/2]$	$[1,1]$	$[1,1]$	$[1,1]$	$[1,2]$	0.0787	0.0789	$\beta = 1.0191$
f_5	$[1/8,1/7]$	$[1/3,1/2]$	$[1/2,1/2]$	$[1,1]$	$[1,1]$	$[1,1]$	0.0634	0.0604	
f_6	$[1/9,1/8]$	$[1/4,1/3]$	$[1/3,1/2]$	$[1/2,1]$	$[1,1]$	$[1,1]$	0.0499	0.0554	

根据表 10－10 的区间数判断矩阵，分别用特征向量法求出 A^-、A^+ 的特征向量 x^-、x^+ 如表 10－10 的 x^-、x^+ 列：

$$x^- = (0.5623, 0.1352, 0.1104, 0.0787, 0.0634, 0.0499)$$

$$x^+ = (0.5587, 0.1395, 0.1071, 0.0789, 0.0604, 0.0554)$$

再按式（10－2）求出 $\alpha = 0.9709, \beta = 1.0191$。由式（10－1）即得

$$\omega_1^1 = [0.5459, 0.5694] \qquad \omega_2^1 = [0.1313, 0.1422]$$

$$\omega_3^1 = [0.1072, 0.1091] \qquad \omega_4^1 = [0.0764, 0.0804]$$
$$\omega_5^1 = [0.0616, 0.0616] \qquad \omega_6^1 = [0.0484, 0.0565]$$

为指标层各元素 f_1、f_2、f_3、f_4、f_5、f_6 对于目标层 C 的权重。

用相同的方法可求出三个登陆地域 L_1, L_2, L_3 分别对于指标层 F 中任何一个元素 f_i 的权重 ω_{ij}^2, $i=1,2,\cdots,6, j=1,2,3$。

然后根据式(10-3)求得三个登陆地域关于目标层 C 的合成权重分别为

$$\omega_1 = [0.2036, 0.2774]; \omega_2 = [0.5250, 0.6078]; \omega_3 = [0.1596, 0.2201]$$

再根据式(10-4)求得三个登陆地域的排序指数为

$$L_1 : F_1(\omega_1) = 0.2405$$
$$L_2 : F_1(\omega_2) = 0.5664$$
$$L_3 : F_1(\omega_3) = 0.1898$$

从上面的结果可以得出 $L_2 > L_1 > L_3$，故 L_2 是最适合作战的登陆地域。

参 考 文 献

[1] 郭齐胜,等. 系统建模. 北京:国防工业出版社,2006.

[2] 熊光楞,等. 先进仿真技术与仿真环境. 北京:国防工业出版社,1997.

[3] 刘藻珍,等. 系统仿真. 北京:北京理工大学出版社,2000.

[4] 王显正,等. 控制理论基础. 北京:国防工业出版社,1989.

[5] 金先级. 机电系统的计算机仿真. 北京:机械工业出版社,1990.

[6] 方崇智,等. 过程辨识. 北京:清华大学出版社,1998.

[7] 王正中. 现代计算机仿真技术基础. 北京:国防工业出版社,1993.

[8] 胡寿松. 自动控制原理. 北京:国防工业出版社,1994.

[9] 王红卫. 建模与仿真. 北京:科学出版社,2002.

[10] 王惠刚. 计算机仿真原理及其应用. 长沙:国防科技大学出版社,1994.

[11] 徐南荣. 系统辨识导论. 北京:电子工业出版社,1986.

[12] 姜启源. 数学模型(第二版). 北京:高等教育出版社,1997.

[13] 蔡季冰. 系统辨识. 北京:北京理工大学出版社,1989.

[14] 顾启泰. 离散事件系统建模与仿真. 北京:清华大学出版社,1999.

[15] 王维平,等. 离散事件系统建模与仿真. 北京:国防科大出版社,1997.

[16] 肖田元,等. 系统仿真导论. 北京:清华大学出版社,2000.

[17] 袁崇义. Petri 网原理. 北京:电子工业出版社,1998.

[18] 杨文龙,等. 软件工程. 北京:电子工业出版社,1999.

[19] 邓聚龙. 灰色系统基本方法. 武汉:华中工学院出版社,1985.

[20] 邓聚龙. 灰色系统论文集. 武汉:华中理工大学出版社,1989.

[21] 邓聚龙. 灰色系统理论. 武汉:华中工学院出版社,1982.

[22] 曹军,等. 灰色系统理论与方法. 哈尔滨:东北林大出版社,1993.

[23] 焦李成. 神经网络系统理论. 西安:西安电子科技大学出版社,1990.

[24] 张乃尧,等. 神经网络与模糊控制. 北京:清华大学出版社,1998.

[25] 朱宝璋. 关于灰色建模的模型精度问题的研究. 系统工程,1991(5).

[26] 冯正元. 直接灰色模型. 应用数学学报,1992(3).

[27] 刘思峰,等. 灰色系统理论及其应用(第二版). 北京:科学出版社,2000.

[28] 王良曦,等. 装甲兵武器装备论述概论. 北京:解放军出版社, 1993.

[29] 陈文伟. 智能决策技术. 北京:电子工业出版社,1998.

[30] 郑南宁. 计算机视觉与模式识别. 北京:国防工业出版社,1998.

[31] 张树侠,等.数据建模与预报.哈尔滨:哈尔滨工程大学出版社,1999.

[32] 林汝长.水力机械流动理论.北京:机械工业出版社,1995.

[33] 韩亮,等.双机格斗仿真系统中的实时决策方法.系统仿真学报,1997(1).

[34] 刘秀罗,等.Hopfield神经网络模型在火力分配算法中的应用研究.计算机仿真,2001(4).

[35] 李斌,等.人工神经元网络在CGF智能行为模型中的应用研究.计算机仿真,2001(6).

[36] 刘高联.流体力学变分原理与泛函的变域变分."水动力学研究与进展"89年暑期研讨会主题报告文集(一).水动力学研究与进展编辑部,1989.

[37] 郭齐胜.旋转圆柱面叶栅内不可压缩流动杂交命题的变分原理和广义变分原理.甘肃工业大学学报,1988(2).

[38] 郭齐胜.水力机械旋成面叶栅杂交命题的变域变分理论.甘肃工业大学学报,1990(1).

[39] 郭齐胜,等.水力机械水动力学命题及其变分原理的建立.甘肃工业大学学报,1996(2).

[40] 郭齐胜,等.杂交命题用于叶栅设计.工程热物理学报,1995(4).

[41] 郭齐胜,等.系统建模技术初探.装甲兵工程学院学报,2000(1).

[42] 郭鹏.Hopfield网络用在优化计算中的应用.计算机仿真,2002(3).

[43] 江敬灼,等.具有模糊比较的层次分析法.军事系统工程研究与进展.北京:军事科学出版社,1999.

[44] O Gogus,T O Boucher. Strong transitivity, rationality an weak monotoicity in fuzzy pairwise comparisons. Fuzzy Sets and Systems,94(1998)133 – 144.

[45] 周文,等.模糊AHP法在登陆地域选择中的应用.未来战争与军事系统工程.北京:军事科学出版社,2003.

[46] 郭齐胜,李光辉,张伟.计算机仿真原理.北京:经济科学出版社,2002.

[47] 郭齐胜.分布式交互仿真及其军事应用.北京:国防工业出版社,2003.

[48] 郭齐胜,等.系统建模原理与方法.长沙:国防科技大学出版社,2003.

[49] 吴重光,等.基于符号定向图(SDG)深层次模型的定性仿真.系统仿真学报.2003(10).

[50] 李安峰,等.化工过程SDG建模方法.系统仿真学报.2003(10).

[51] 王正中.复杂大系统仿真方法及其应用.计算机仿真.2001(1).

[52] 涂序彦.大系统控制论.北京:国防工业出版社,2000.

[53] 周自全,等.现代飞行模拟技术.北京:国防工业出版社,1998.

[54] 白方舟,张雷.定性仿真导论.合肥:中国科技大学出版社,1999.

[55] 于云程,等.C^3I系统分析与设计.长沙:国防科技大学出版社,1996.

[56] 罗雪山,等.C^3I系统理论基础.长沙:国防科技大学出版社,2000.

[57] 毛媛,等.基于元模型的复杂系统建模方法研究.系统仿真学报.2002(4).

[58] 方理,白方周.定性建模、仿真和控制.系统仿真学报.2000(6).

[59] 【美】M. R. 斯皮格尔. J. 希勒. R. A. 斯里尼瓦桑. 概率与统计.北京:科学出版社,2002.

[60] 盛骤,谢式千,潘承毅.概率论与数理统计.北京:高等教育出版社,1979.

[61] 王会霞. 计算机生成兵力系统研究[D]. 北京航空航天大学学位论文. 2003:3~17.

[62] Mikel D Petty. Computer Generated Forces in Distributed Interactive Simulation, Critical Reviews of Optical Science and Technology, Volume CR58, 1995.

[63] Anthony J Courtemanche, Robert L Wittman Jr. OneSAF: A Product Line Approach for a Next-Generation CGF, 11th – CGF – 079, 2000.

[64] Paul Nielsen, Jonathan Beard, Jennifer Kiessel, James Beisaw. Robustness in Behavior Modeling Overview, 11th – CGF – 007, 2000.

[65] 王昌金. DIS 环境中的海军水面舰艇 CGF[D]. 北京航空航天大学学位论文. 1998:65–70.

[66] 龚雪根. 船舶操纵. 北京:人民交通出版社, 2003.

[67] 陈建华. 舰艇作战模拟理论与实践. 北京:国防工业出版社, 2002.

[68] 孔德培, 等. 雷达探测功能的仿真实现. 计算机仿真, 2003.

[69] 丁鹭飞, 等. 雷达原理. 西安:西安电子科技大学出版社, 2004.

[70] 李舰. 基于 DIS 技术的雷达对抗仿真方法. 计算机仿真, 2001.

[71] 张传富. 电子战条件下雷达功能仿真模型[D]. 国防科技大学研究生院学位论文, 2000.

[72] 孟秀云. 导弹制导与控制系统原理. 北京:北京理工大学出版社, 2002.

[73] 钱杏芳, 林瑞雄, 赵亚男. 导弹飞行力学. 北京:北京理工大学出版社, 2000.

[74] 王会霞, 王行仁. 面向 Agnet 的方法在计算机生成兵力中的研究. 系统仿真学报, 2002.

[75] Alexander M. Meystel. Intelligent Systems:Architecture. Design and Control. 2003:30–41.

[76] Michael Wooldridge. An Introduction to MultiAgent Systems. 2003:11–73.

[77] J. M. Bradshaw, An introduction to software agents, in Agents Software(J. M. Bradshaw, ed), AAAIpress, Menlo Park, CA, 1997.

[78] Brazier, F. M. T., Dunin-Keplicz, B. M. Jennings, N. R and Treur:J. DESIRE:Modeling Multi-Agent System in a compositional Formal Framework. In:Int. Journal of Cooperative Information Systems, 1997.

[79] 史忠植. 智能主体及其应用. 北京:科学出版社, 2000.

[80] 曹军海. 基于 Agent 的离散事件仿真建模框架及其在系统 RMS 建模与仿真中的应用研究. 装甲兵工程学院博士学位论文. 2002.

[81] Brenner W, Zarnekow R, Witting H. Intelligent Software Agent. Springer, 1998.

[82] K Sycara. Distributed Intelligent Agents, IEEE Expert, 1996.

[83] D McKay, J Pastor, R McEntire, T Finin. An architecture for information agents, in Advanced Planning Technology, The AAAIPress, Menlo Park, CA, 1996.

[84] Levesque, H J, Pirri, F. Logical Fountion for Cogntive Agents. Springer, 1999.

[85] 王立新. 模糊系统与模糊控制教程. 北京:清华大学出版社, 2003.

[86] Timothy J. Ross. 模糊逻辑及工程应用. 北京:电子工业出版社, 2001.

[87] 曹谢东. 模糊信息处理及应用. 北京:科学出版社, 2003.

[88] Doran J E, S Franklin, N R Jennings, T J Norman. On Cooperation in Multi-Agent System.

The Knowledge Engineering Review,1997.

[89] Hayzelden A,Bigham J. (Eds)Software Agents for Future Communication. Springer, 1999.

[90] Jenning N R. A knowledge Level Approach to Collaborative Problem soloving. AAAI Workgroup on Cooperation among Hetergeneous Intelligent Agents,1998.

[91] Osawa E. I. A Schema for Agent Collaboration in Open Multiagent Environments IJCA – 93,1993.

[92] A Haddadi. Communication and Cooperation in Agent System:A Pramatic Theory, Springer Verlag,Lecture Notes in Computer Science,1996.

[93] 刘同明,夏祖勋,解洪成. 数据融合技术及其应用. 北京:国防工业出版社,2000.

[94] B Hayes-Roth. A blackboard architecture for control,Artificial Intelligence, 1985.

[95] Shoham Y. Agent-Oriented Programming. Artificial Intelligence,1993 .

[96] 王正中. 复杂大系统仿真方法及其应用.计算机仿真,2001(1).

[97] 涂序彦. 大系统控制论. 北京:国防工业出版社,2000.

[98] 许国志. 系统科学与工程研究. 上海科技教育出版社,2000.

[99] Department of Defense, DoD Modeling and Simulation (M&S) Master Plan. Washington, DC, October 1995. http://www. dmso. mil/docslib/mspolicy/msmp/1095msmp.

[100] Col. Wm. Forrest Crain(2001)Updating the DoD Modeling and Simulation (M&S) Master Plan. http://www. msiac. dmso. mil/journal/su0124/update. html.

[101] 李德毅,孟海军,史雪梅. 隶属云和隶属云发生器.计算机研究与发展,1995.

[102] 李德毅. 知识表示中的不确定性.中国工程科学,2000,10:75 – 76.

[103] 孔繁胜.知识库系统管理. 杭州:浙江大学出版社,2000.

[104] LIU C Y, FENG M. A new algorithm of backward cloud[J]. Journal of System Simulation, 2004, 16(11): 2417 –2420.

[105] LU F, WU H Z. The research of trust evaluation based on could model[J]. Engineering Sciences, 2008, 10(10): 84 –90.

[106] HUANG H S, WANG R C. Subjective trust evaluation model based on membership cloud theory[J]. Journal on Communications, 2008, 29(4): 13 –19.

[107] WANG S X, LI L. Evaluation approach subjective trust based on cloud model[J]. Journal of Software, 2010, 21(6): 1341 –1352.

[108] 刘兴堂,等. 复杂系统建模理论、方法与技术. 北京:科学出版社,2008.

[109] 胡晓峰,等. 战争复杂系统建模与仿真. 北京:国防大学出版社,2005.